英文 完全攻略 4G021141

本書依108課綱宗旨全新編寫，針對課綱要點設計，例如書中的情境對話、時事報導就是「素養導向」以「生活化、情境化」為主題的核心概念，另外信函、時刻表這樣圖表化、表格化的思考分析，也達到新課綱所強調的多元閱讀與資訊整合。有鑑於新課綱的出題方向看似繁雜多變，特請名師將以上特色整合，一一剖析字彙、文法與應用，有別於以往單純記憶背誦的英文學習方法，本書跳脫制式傳統，更貼近實務應用，不只在考試中能拿到高分，使用在生活中的對話也絕對沒問題！

機械製造 完全攻略 4G131141

依據最新課程標準編寫，網羅各版本教科書之重點精華，利用具像化的圖表讓你易懂易讀，另外特別針對108課綱中所增加「塑膠模具設計與加工」、「電鍍原理與設備」等內容，以及最新加入「車銑複合與五軸機械加工」與「智慧製造與先進技術」加以細化分項，讓你不僅能以循序漸進熟讀單元內容，由淺入深、漸廣，更能特別注意這些特殊的重點。另外也加入國內外機械製造方法及產業發展趨勢，有助提升國際視野，並能主動探索新知。

機械群

共同科目

4G011141	國文完全攻略	李宜藍
4G021141	英文完全攻略 👑榮登金石堂暢銷榜	劉似蓉
4G051141	數學(C)工職完全攻略	高偉欽

專業科目

4G111141	機件原理完全攻略		黃蓉
4G121141	機械力學完全攻略		黃蓉
4G131141	機械製造完全攻略		盧彥富
4G141132	機械基礎實習完全攻略		劉得民・蔡忻芸
4G151132	機械製圖實習完全攻略 👑榮登金石堂暢銷榜		韓森・千均

了解教材

目次

第1單元 機械製造的演進

第2單元 材料與加工

第3單元 鑄造

第4單元 塑性加工

第10單元 螺紋與齒輪製造

第11單元 非傳統加工

第12單元 電腦輔助製造

第13單元 近年試題

解答及解析

作者的話

全書依據最新公布之108課綱標準編寫，主要目的為協助同學於最短時間完成「機械製造」之複習，達到事半功倍之成效。近年來「機械製造」考題命題方向主要為各種加工的基本方法與過程、各種加工機械之功能與特性、機械製造的演進及發展趨勢。主要考試內容包含機械製造的演進、材料與加工、鑄造、塑性加工、銲接、表面處理、量測與品管、切削加工、工作機械、螺紋與齒輪製造、非傳統加工、電腦輔助製造等。在108課綱中將原有之13單元整併為12個單元，在第4單元塑性加工加入「塑膠模具設計與加工」、第6單元加入「電鍍原理與設備」、第11單元加入「積層成型」與「雷射加工」，尤其在第12單元加入「車銑複合與五軸機械加工」與「智慧製造與先進技術」，都是符應目前國內外機械製造方法及產業發展趨勢，幫助學生提升國際視野，並能主動探索新知。

「機械製造」內容非常複雜，學科要得高分，不外乎多看多寫，選定好書後，加以精讀與融會貫通，拿高分並不困難，整體而言，未來考題仍是以「專業知識」為主，「計算題型」為輔的命題方式，相信日後的試題依然會以此方式呈現，期勉各位皆能金榜題名。全書主要以最短時間完成同學複習「機械製造」課程而編寫，期盼同學勤加研讀。本書之完成要特別感謝千華數位文化出版社之協助，謹致萬分之謝意。本書經嚴謹校正然仍有疏漏或錯誤之處，尚祈教學先進及同學不吝賜教，謝謝各位。

盧彥富 謹誌

近年統測命題分析

❖ 113年

偏向機械製造範疇的題目考了23題，各個試題章節分明，整體難度偏易，且結合<u>生活情境</u>與<u>政策時事</u>。作答需靈活運用機械製造基本知識分析能力與熟悉時事脈絡，便可輕易找出解答。此外，今年久未露面的<u>專業英文名詞</u>入題，考驗學生雙語能力的應對能力，顯示政府重視雙語學習的重要性。不過，計算題型偏少，且內容簡易，無法完整測驗學生理解邏輯能力。即便試題偏向<u>鑄造</u>章節考題，然較多基礎觀念，壓縮其他章節的能見度。綜合來看，此份考題仍可照顧至機械群各科學生的專業背景。一般同學在23題中應該可答對15題以上，細心認真之同學可答對19題以上。

❖ 112年

本次機械製造試題整體偏易，題幹詮釋清楚，選項答案明確，較易分辨，搭配簡易計算題，給予中低程度學生提升分數的優勢。另外第48題至第50題為塞規檢測、加工與裝配之<u>素養</u>試題，為本次測驗的一大亮點，融合機械製造與機械製圖實習<u>跨領域</u>試題整合，結合產業趨勢，並跨科目結合，訓練學生融會貫通的能力，以視圖角度帶入機械製造領域，落實機械專業素養，務實致用結合業界需求，自108課綱以來，首度出現素養與閱讀題型，除了要具備閱讀理解能力外，也將企業設計與製造加工<u>實務</u>過程會遭遇問題納入試題中，藉以綜合判斷理解應用能力，且素養題型難易度適中，一般同學在18題中應該可答對12題以上，細心認真之同學可答對16題以上。

第1單元 機械製造的演進

重點導讀

在這裡主要是在談機械製造的過程及演進，歷年來統測考題皆有出現，但歷屆考題大多出現在1-3切削性（有屑）加工與非切削性（無屑）加工與1-4切削工具的發展，所以只要把握住這兩個單元應不難得分，當你追求卓越，成功就在不遠處，同學們，加油！

1-1 加工機器的演進

一、加工機械演進

(一) 早期加工機器動力使用獸力或人力。

(二) 工業革命後加工機器動力取代了人力。

(三) 單能機又稱專用機，適合單樣而大量的生產方式。

(四) 工具機目前採用電腦數值控制（Computerized Numerical Control, CNC）為主。

(五) 目前工具機主流為五軸加工機。

(六) 彈性製造系統（FMS）設備整合了自動化生產機器、工業機器人及無人搬運車，進行數種不同零件的加工。

二、產品數量產品數量與機械加工方式

大量生產 單能機（專用機）。

中量生產 NC、CNC。

小量生產 工作母機如車床、銑床等來加工最適合。

三、以製造程度分類

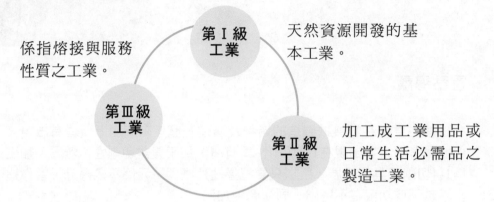

係指熔接與服務性質之工業。

第Ⅰ級工業

天然資源開發的基本工業。

第Ⅲ級工業

第Ⅱ級工業

加工成工業用品或日常生活必需品之製造工業。

四、產品數量大小分類

大量生產	中量生產	小量生產
年產量100,000件以上。	年產量2,500～100,000件。	每批10～500件。

牛刀小試

(　) 綜合CNC機械、倉儲管理系統、無人搬運車及自動檢驗的生產系統，稱為下列何者？　(A)彈性製造系統　(B)客製化製造系統　(C)零件製造專業化系統　(D)工具機複合化製造系統。　　　　　【107統測】

解答與解析

(A)。彈性製造系統（FMS）綜合CNC機械、倉儲管理系統、無人搬運車及自動檢驗等方式的生產系統方式。

1-2　機械製造的過程

一、機械製造的過程

設計產品　→　選擇材料　→　選擇加工方法

二、 機械製造的過程主要系統

(一) 輸入：包括資訊、人力、原料、機械、能源、教育、資金等。

(二) 處理：包括設計、加工、管理、製造、裝配等。

(三) 輸出：包括產品、廢棄物、消耗品等。

(四) 回饋：包括品管、客戶滿意度等。

三、 機械製造的過程成本

(一) 製造成本：包含材料費、人工費及製造費用（含折舊費）等。

(二) 管理成本：在經營管理部門或人員所發生之費用。

(三) 銷售成本：銷售產品或售後服務等所發生之成本。

1-3　切削性加工與非切削性加工

一、 機械製造主要方法，簡略分為二大部份

(一) 切削性（有屑）加工：包括有傳統式切削加工法與非傳統式切削加工法。

(二) 非切削性（無屑）加工：非切削性加工包括有改變材料形狀的加工法、表面的加工方法、機件或材料的結合法與改變材料物理性質的加工方法等。

二、 切削性（有屑）加工

(一) 傳統式切削加工法：如車、銑、鉋、輪磨、拉、鋸、鑽、搪孔、鉸孔……。

(二) 非傳統式（特殊）切削加工法：如超音波加工（USM）、放電加工（EDM）、雷射加工（LBM）、電化加工（ECM）……。

三、 非切削性（無屑）加工

(一) 改變材料形狀的加工法：（皆為非切削加工）

　1. 冶煉：從原礦中提煉成錠塊。

　2. 鑄造：主要有砂模鑄造與鑄造法。

　3. 熱作與冷作（塑性加工）：如鍛造、滾軋、擠製、沖孔等。

　4. 粉末冶金。

　5. 塑性塑模成型。

(二) **獲得良好表面的加工方法：**（皆為非切削加工）
　　1. 拋光（polishing）。
　　2. 電鍍（electroplating）。
　　3. 搪磨（honing）。【切削性之表面加工】
　　4. 研磨（lapping）。【切削性之表面加工】
　　5. 砂帶研磨（abrasive belt grinding）。
　　6. 滾筒打磨（barrel tumbling）。
　　7. 陽極氧化（專用於鋁材）。

(三) **機件或材料的結合法：**（皆為非切削加工）
　　1. 熔接（welding）：俗稱銲接。
　　2. 軟銲（soldering）：在427℃以下銲接。
　　3. 硬銲（brazing）：在427℃以上銲接。
　　4. 燒結（sintering）。

(四) **改變材料物理性質或機械性質加工方法：**（皆為非切削加工）
　　1. 熱處理（heat treatment）：包含淬火、回火、退火、正常化等。
　　2. 熱作（hot working）：再結晶溫度以上加工，包含鍛造、滾軋等。
　　3. 冷作（cold working）：再結晶溫度以下加工，包含抽製、穿孔等。
　　4. 珠擊法（shot peeing）：可增加抗疲勞強度，屬於冷作之一。

1-4　切削工具的發展

一、 切削與切削工具

(一) 切削與切削工具：金屬製品為獲得最後尺度之加工方法，最常用的是切削加工，如車、鑽、搪、銑、磨、鋸、拉削等等。
(二) 切削工具特性：切削工具必須具有耐高壓、耐高溫、耐磨耗及耐沖擊等基本特性。
(三) 切削加工無法被精密鑄造及粉末冶金之加工法等完全取代。
(四) 切削加工產生的熱會降低刀具的強度、硬度與耐磨性。
(五) 切削加工的時間較沖壓加工的時間長，材料也較浪費。

二、切削工具的發展

(一) 切削工具之刃數可分為：

單刃（鋒）切削刀具	如車刀、鉋刀等。
多刃（鋒）切削刀具	如銼刀、銑刀、鑽頭、砂輪等。

(二) 切削工具型式：

1. 整體式（成型刀）：高速鋼刀具。
2. 硬銲（銅銲）於刀柄：碳化物刀具。
3. 捨棄式：碳化物刀具。

(三) 切削工具紅熱硬性依序：鑽石、立方氮化硼、陶瓷、瓷金、碳化鎢、非鐵鑄合金、高速鋼、合金工具鋼、高碳鋼。

三、主要切削工具材料

(一) 高碳鋼（HC）：

1. 耐熱溫度200℃，切削效率約高速鋼之0.5倍。
2. 常用於銼刀、鋸條、鑽頭等。

(二) 合金工具鋼：

1. 合金工具鋼是高碳鋼內添加鉻、鎢、鉬、釩、錳及鈷等。
2. 改進高碳鋼的缺點，增加其適用性。

(三) 高速鋼（HSS；HS）：

1. 鐵（Fe）、碳（C）、鉻（Cr）、鎢（W）、釩（V）之合金。
2. 加熱至暗紅色才會軟化，故有紅熱硬性。可耐熱至600℃。
3. 研磨高速鋼刀具，刃口必須經常浸水，以防刃口退火軟化。
4. 高速鋼適合製成成形刀具。
5. 主要分類：
   (1) 鎢系高速鋼：代表為18-4-1，含18%鎢，4%鉻及1%釩。
   (2) 鉬系高速鋼：代表為6-6-4-2，含有6%鎢，6%鉬，4%鉻，2%釩。
   (3) 鈷系高速鋼：代表為18-4-1-5，含有18%鎢，4%鉻，1%釩及5%鈷，加入鈷5～12%，可提高耐熱性，增加高溫切削能力，又稱超高速鋼。

(四)**超硬鑄合金（非鑄鐵合金；史斗鉻鈷）（CA）：**

　　1. 以鈷（Co）、鉻（Cr）、鎢（W）為主成分，另加鉭（Ta）、鉬（Mo）、硼（B）等組成。

　　2. 可耐熱至820℃，切削效率為HSS之1.5～2倍。

(五)**碳化刀具（TC）：**

　　1. 碳化刀具為碳化鎢（WC）、碳化鈦（TiC）及碳化鉭（TaC）等；並以鈷為結合劑，目前最常用之刀具。

　　2. 耐磨耗性大，具有高熱硬度，故能耐相當高速的切削。

　　3. 利用粉末冶金於1500℃燒結，耐熱1200℃。

　　4. 研磨碳化刀具，冷卻時宜以刀柄先浸入水中徐徐冷卻。刀片不可急冷，以防止刀片因急冷而龜裂。

　　5. 精磨用鑽石砂輪（D），粗磨用綠色碳化矽砂輪（GC）。

　　6. 碳化刀具之分類：

> **K 類**　適於切削鑄鐵、非鐵金屬、非金屬材料、石材等。車刀刀柄端常塗紅色，又分K01、K10、K20、K30、K40等五類。

> **P 類**　適於切削連續長條狀之鋼或鑄鋼等。車刀刀柄塗藍色，又分P01、P10、P20、P30、P40、P50等六類。

> **M 類**　適於切削不鏽鋼、合金鋼、延性鑄鐵等抗拉強度大且韌性較大難切削之材料。車刀刀柄黃色，又分M10、M20、M30、M40等四類。

　　7. 碳化物各類編號，其編號愈小用於高速精加工；編號愈大用於低速粗加工。

(六)**陶瓷刀具（ceramic tools）**

　　1. 陶瓷刀具的主要成分為氧化鋁。

　　2. 不耐振動切削，不適於重切削及斷續切削。

　　3. 使用時採用－5°～－7°之負斜角。

(七)鑽石刀具（D、SD）

1. 鑽石為最高硬度刀具，用於超高速之超精密加工。
2. 鑽石主要切削軟質非鐵金屬材料，可得鏡面之切削精度。
3. 鑽石常用於研磨碳化鎢刀具、修整砂輪、切割玻璃、鏡面加工等。
4. 鑽石不適合切削鐵系材料。

(八)立方氮化硼（cBN）：

1. 硬度僅次於鑽石，廣用於切削硬鋼、淬火鋼、軸承淬火鋼。
2. 一般以碳化鎢為母體，再覆以氮化硼。

(九)鍍層碳化鎢（coated carbides）：

1. 利用蒸鍍法鍍上一層約0.005～0.008mm之氮化鈦（TiN）、碳化鈦（TiC）、氧化鋁（Al_2O_3）等材料而成。其中氮化鈦（TiN）為金黃色，最常用於端銑刀。
2. 具有耐磨性及降低和切屑間之親和性等特性。

(十)燒結瓷金（cermets）：

1. 係由陶瓷之氧化鋁（Al_2O_3）及30%之鈦基金屬之碳化鎢所組成，具陶瓷及金屬之特性。
2. 具有高強度、耐熱、耐沖擊性，用於銑切鋼材時如同切削鑄鐵，適於灰鑄鐵面的粗切、搪孔、面銑等工作。

牛刀小試

（　）**1** 有關碳化物刀具之敘述，下列何者正確？　(A)K類碳化物刀具適用於切削鑄鐵及石材，其刀柄顏色塗紅色識別　(B)P類碳化物刀具適用於切削不鏽鋼及延性鑄鐵，其刀柄顏色塗黃色識別　(C)M類碳化物刀具適用於切削高強度鋼類，其刀柄顏色塗藍色識別　(D)碳化鎢刀具主要成份為碳、鎢及錳。　【106統測】

（　）**2** 有關切削加工的一般敘述，下列何者正確？　(A)鑽削及車削均屬於刀具旋轉加工　(B)高速鋼刀具加入鈷5～12%，可提高耐熱性　(C)鑽石刀具硬度高，適合切削鐵類金屬　(D)碳化鎢刀具比陶瓷刀具硬度高。　【109統測】

─────── 解答與解析 ───────

1 (A)。(B)P類碳化物刀具適用於切削高強度鋼類,其刀柄顏色塗藍色識
別。(C)M類碳化物刀具適用於切削不鏽鋼及延性鑄鐵,其刀柄顏色塗
黃色識別。(D)碳化物刀具主要成分為碳化鎢(WC)、碳化鈦(TiC)及
碳化鉭(TaC)等組成;並以鈷(Co)為結合劑,為目前最常用之刀具。

2 (B)。(A)車削乃是工件旋轉加工,並非刀具旋轉。(C)鑽石刀具與鈦、鎳、
鈷以及鋼鐵類金屬的親和力高,故不適合鋼鐵材料之切削。(D)碳化鎢刀
具硬度約可達HRA92,陶瓷刀具硬度可達HRA94,陶瓷刀具硬度較高。

1-5　機械製造方法之趨勢

一、機械製造之重要性

(一) 機械是工業的基礎,又稱工業之母。

(二) 機械業透過機械製造,以生產工業產品。

(三) 經由機械製造,改善人類之生活,使人類更幸福,更有時間從事
休閒。

二、機械製造方法之趨勢

(一) 切削刀具材料的改良,切削刀具趨向耐高溫及耐磨損。

(二) 無屑加工法的採用。

(三) 零件製造專業化,主工廠負責生產主件及最後裝配。

(四) 數值控制機械的應用。

(五) 工具機趨向高速度與高精度。

(六) 生產自動化為強化競爭實力。

(七) 利用電腦軟體的強大功能,輔助產品之設計及加工製造。

(八) 邁向無人化工廠。

(九) 生產型態趨向專業化。

(十) 材料使用趨向多元化。

(十一)採用機械手臂或自動化機械生產與監控。

(十二)使用電腦數值控制(CNC)、直接式數值控制機械(DNC)、
電腦輔助設計(CAD)、電腦輔助製造(CAM)、逆向工程
(RE)、快速成型(RP)、群組技術(GT)、彈性製造系統
(FMS)、電腦整合製造(CIM)等系統。

考前實戰演練

( ) **1** 下列何者為電腦數值控制之英文縮寫？
(A)CNC　(B)CIM　(C)FMS　(D)CAD。

( ) **2** 下列哪一種<u>不是</u>彈性製造系統（FMS）設備？
(A)自動化生產機器　　　　(B)工業機器人
(C)無人搬運車　　　　　　(D)粉末冶金。

( ) **3** 形狀較簡單且複雜度不高之單一零件進行大量生產時，下列何種機具較適用？
(A)一般傳統工具機　　　　(B)數值控制工具機
(C)專用工具機　　　　　　(D)泛用工具機。　　　　【統測】

( ) **4** 下列哪一種設備整合了自動化生產機器、工業機器人及無人搬運車，進行數種不同零件的加工？
(A)電腦輔助設計及製造系統（CAD／CAM）
(B)電腦數值控制系統（CNC）
(C)固定型自動系統（fixed automation）
(D)彈性製造系統（FMS）。　　　　【統測】

( ) **5** 下列何者屬於機械製造系統的處理部分？
(A)材料　　　　　　　　　(B)消耗品
(C)設計　　　　　　　　　(D)品管。

( ) **6** 下列何者屬於機械製造系統的輸出部分？
(A)材料　　　　　　　　　(B)消耗品
(C)設計　　　　　　　　　(D)品管。

( ) **7** 機械設備之折舊費屬於成本計算中的那一種費用？
(A)材料費　　　　　　　　(B)人工費
(C)管銷費用　　　　　　　(D)製造費用。　　　　【統測】

( ) **8** 下列何種加工方法屬於非傳統加工？
(A)鑽床加工　　　　　　　(B)搪孔加工
(C)銑床加工　　　　　　　(D)放電加工。

(　　) **9** 機械製造方法可歸納為五大類，下列何者**不是**改變材料形狀的加工法：

(A)鑄造　(B)熱作與冷作　(C)粉末冶金　(D)珠擊法。　　　　【統測】

(　　) **10** 下列哪一種加工方法，**不能**改變工件材料內部之機械性質？

(A)熱處理（heat treatment）　(B)拋光（polishing）

(C)擠製（extrusion）　(D)鍛造（forging）。　　　　【統測】

(　　) **11** 下列那一項加工法屬於非切削性加工？

(A)放電加工法（Electrical discharge machining）

(B)搪孔（Boring）

(C)超音波加工法（Ultrasonic machining）

(D)珠擊法（Shot peening）。　　　　【統測】

(　　) **12** 金屬材料於製造過程中，使用熱處理加工法之主要目的為：

(A)改變材料的形狀　　　(B)改善產品的表面粗糙度

(C)結合材料　　　　　　(D)改變材料的機械性質。　　　　【統測】

(　　) **13** 下列何者**不屬於**塑性加工？

(A)銑床之銑削加工　　　(B)板金件之摺邊

(C)薄板件之沖壓加工　　(D)鍛造加工。　　　　【統測】

(　　) **14** 有關高速鋼車刀研磨，下列敘述何者**不正確**？

(A)研磨量不要太大，並且要經常冷卻以防止刀刃退火軟化

(B)冷卻時宜以刀柄先浸入水中徐徐冷卻，以防止刀片因急冷而龜裂

(C)車刀要微微左右移動，以保持砂輪的平整

(D)砂輪鈍化或輪面有凹槽不平時，應修整後再予使用。

(　　) **15** 欲切削鑄鐵工件及非鐵金屬工件，宜使用下列何種材質的刀具？

(A)P類碳化物　　　　　(B)M類碳化物

(C)K類碳化物　　　　　(D)鑽石。　　　　【統測】

(　　) **16** 下列四種刀具材質，何者的硬度最高？

(A)陶瓷　　　　　　　　(B)高速鋼

(C)碳化鎢　　　　　　　(D)合金工具鋼。　　　　【統測】

( ) **17** 材質為銅的光學反射鏡片，需要具有高精度的表面，以鏡面加工用車床進行高精密加工時，應選用何種刀具材料，才能夠得到最佳效果？
(A)鑽石 (B)碳化鎢 (C)高碳鋼 (D)高速鋼。 【統測】

( ) **18** 關於車刀，下列敘述何者<u>不正確</u>？
(A)被切削工件的材質是決定車刀後斜角（back rake angle）的主要因素之一
(B)車刀上斷屑槽之功能是為了使切屑（chip）形成捲曲而折斷
(C)燒結碳化物車刀中最適合車削鑄鐵的是M類
(D)端銲式車刀是指將刀片用銀或銅硬銲到刀柄上。 【統測】

( ) **19** 下列何種刀具，最適用於鋁合金工件之超精密加工？ (A)碳化鎢刀具 (B)碳化鈦刀具 (C)立方晶氮化硼（CBN）刀具 (D)鑽石刀具。 【統測】

( ) **20** 下列有關切削刀具的敘述，何者正確？ (A)碳化鎢刀具的耐溫性高於高速鋼刀具 (B)陶瓷刀具主要成分為氧化鋁，適合重切削或斷續切削 (C)鑽石刀具適合切削鐵系材料 (D)高速鋼硬度大於碳化鎢刀具。 【統測】

( ) **21** 下列刀具材料何者具有最高的硬度？ (A)高速鋼 (B)陶瓷 (C)鑽石 (D)立方氮化硼（CBN）。 【統測】

( ) **22** 研磨碳化物外徑車刀刀片時，通常選用何種砂輪？ (A)鑽石砂輪或綠色碳化矽砂輪 (B)氧化鋁砂輪 (C)立方氮化硼砂輪 (D)碳化硼砂輪。 【統測】

( ) **23** 下列有關切削加工的敘述，何者正確？
(A)切削加工時使用鑽石刀具加工軟質非鐵金屬，可得鏡面之切削精度
(B)切削加工產生的熱會提升刀具的強度、硬度與耐磨性
(C)切削加工可完全以精密鑄造及粉末冶金之加工法取代
(D)切削加工的時間較沖壓加工的時間短，材料也較節省。 【統測】

( ) **24** 依據ISO規定，可替換式碳化物車刀之分類，下列何者正確？
(A)A、B、C (B)P、M、K
(C)A、A+、A++ (D)P、B、L。 【統測】

(　　) **25** 有關銲接式碳化物車刀的識別及用途，下列敘述何者<u>不正確</u>？
(A)刀柄末端塗藍色，適用於碳鋼材料切削者為P類
(B)刀柄末端塗紅色，適用於鑄鐵材料切削者為K類
(C)刀柄末端塗綠色，適用於鑄鋼材料切削者為N類
(D)刀柄末端塗黃色，適用於不鏽鋼材料切削者為M類。　　【統測】

(　　) **26** 關於機械製造方法之趨勢，下列敘述何者<u>不正確</u>？
(A)切削刀具材料的改良　　　(B)無屑加工法的採用
(C)零件製造多樣化　　　　　(D)自動化一貫作業的加工。

(　　) **27** 下列敘述何者<u>不正確</u>？
(A)彈性製造系統簡稱FMS　　(B)電腦輔助製造簡稱CAD
(C)電腦整合製造簡稱CIM　　(D)放電加工簡稱EDM。

(　　) **28** 對於生產自動化中所用的專有名詞，下列敘述何者<u>不正確</u>？　(A)CAM中文稱為電腦輔助製造　(B)FMS中文稱為彈性製造系統 (C)NC中文稱為數值控制　(D)CIM中文稱為電腦應用製造。

(　　) **29** 下列何者不屬於生產自動化技術之範疇？
(A)微影技術（Lithography）
(B)機器人（Robot）
(C)自動倉儲（Automated warehouse）
(D)群組技術（Group technology）。　　【統測】

(　　) **30** 下列何者<u>不是</u>彈性製造系統（FMS）之優點？　(A)提高加工設備使用率　(B)適合小批量生產的自動加工線　(C)降低生產管理之需求　(D)改善產品之品質。　　【統測】

(　　) **31** 有關碳化物刀具之敘述，下列何者正確？
(A)P01刀具材質適用於低速切削與大進給率
(B)M01刀具材質適用於高速切削與小進給率
(C)K50刀具材質適用於低速切削與大進給率
(D)M類刀具的識別顏色為黃色，適用於切削韌性材料。　　【統測】

(　　) **32** 鎢系高速鋼，常見標準型為18-4-1，其中代號4表示：　(A)鉻含量4%　(B)鎢含量4%　(C)鉬含量4%　(D)鐵含量4%。　　【統測】

( ) **33** 以下何種加工方法，可以改變金屬材料的機械性質？ (A)龍門鉋削 (B)電腦數值控制切削 (C)熱作加工 (D)磨粒拋光加工。 【統測】

( ) **34** 有關碳化物車刀之敘述，下列何者正確？
(A)刀具編號33-2-P10，其中2為刀柄的尺寸
(B)右手外徑車刀的刀刃在右前方，適合由右向左的車削
(C)以油石礪並請延續原來題號，光碳化物刀具時應保持乾燥，不可使用機油
(D)全新的銲接式碳化物車刀無須研磨刀角，可直接使用。 【統測】

( ) **35** 有關車床使用的車刀，下列敘述何者<u>不正確</u>？ (A)高速鋼刀具的耐熱溫度達600℃～650℃ (B)P系碳化鎢刀具的識別顏色為藍色 (C)邊斜角對於切屑有導引作用 (D)碳化鎢刀具刀刃部分，應以氧化鋁材質砂輪研磨，並以水冷卻。 【統測】

( ) **36** 有關碳化物刀具之敘述，下列何者正確？ (A)K類碳化物刀具適用於切削鑄鐵及石材，其刀柄顏色塗紅色識別 (B)P類碳化物刀具適用於切削不鏽鋼及延性鑄鐵，其刀柄顏色塗黃色識別 (C)M類碳化物刀具適用於切削高強度鋼類，其刀柄顏色塗藍色識別 (D)碳化鎢刀具主要成份為碳、鎢及錳。 【統測】

( ) **37** 機械製造業是屬於： (A)第一級 (B)第二級 (C)第三級 (D)第四級 工業。

( ) **38** 專門生產某類產品，而將工具機加以改造成一種專用機器，適合單樣而大量的生產方式者為： (A)數值控制機器 (B)自動化機器 (C)單能專用機 (D)多功能機器。

( ) **39** 將各種加工數據資料，儲存於卡片、紙帶、磁帶、磁碟或直接輸入方式，用來控制機器的運轉者為： (A)數值控制機器 (B)自動化機器 (C)單能機 (D)多功能機器。

( ) **40** 下列何者為電腦數值控制之英文縮寫： (A)CNC (B)CIM (C)FMS (D)CAD。

第2單元 材料與加工

重點導讀

整體而言,「材料與加工」不難,重點是材料規格表示法,其中,最重要的為CNS與SAE的表示法,一定要熟讀。另外,機械材料的加工性也是本單元考題之一,各種金屬材料或非金屬材料的特性應為基本常識,研讀一下即可,同學們,機會是留給準備好的人!

2-1 材料的分類

一、 機械材料分類

(一) 機械材料一般分為金屬材料及非金屬材料兩大類。

(二) 金屬材料又分為鐵類金屬材料及非鐵類金屬材料兩種。

(三) 非金屬材料又分為有機質材料和無機質材料兩種。

機械材料	金屬材料	鐵金屬材料	碳鋼、合金鋼、工具鋼、耐蝕鋼、鑄鐵。
		非鐵金屬材料	鋁、鎂、銅、鋅、錫、鉛等及其合金。
	非金屬材料	有機質材料	木材、皮革、塑膠、瀝青。
		無機質材料	陶瓷、石材、黏土、混凝土、玻璃、石墨。

二、 金屬材料主要分

(一) **純金屬**:是指某一金屬元素,不含有其他元素者。

(二) **合金**:指某一金屬元素與其他一種或一種以上之金屬元素或非金屬元素結合,且具有一般金屬之通性者。

三、 一般金屬的通性

(一) 比重多大於1。

(二) 一般金屬之新磨光面,具有耀目之光澤。

(三) 在常溫時，除水銀（汞）為液態外，一般皆為固態。

(四) 固態金屬加熱至高溫，均能熔解。

(五) 一般金屬，為熱及電之良導體；其中以銀、銅、鋁最佳。

(六) 富於展性及延性，並有相當之硬度。

四、 合金的通性

(一) 一般性能較原成份金屬優。

(二) 硬度及強度較原成份金屬為高。

(三) 延展性較其原成份金屬為小。

(四) 熔點較其原成份金屬為低。

(五) 乃為熱與電之傳導體，但低於原成份金屬。

五、 機械上重要合金

(一) **鋼鐵類**：

1. **碳鋼與鑄鐵**：以鐵、碳為主要成份之合金。

2. **合金鋼**：除鐵及碳以外，尚有鎳、鉻、鎢、錳、矽等其他元素。

3. **合金鐵**：鐵中含有多量之矽、錳、鉻、鎢、鉬及其他元素。

(二) **銅合金**：

1. **黃銅**：以銅及鋅為主要成份之合金。

2. **青銅**：以銅及錫為主要成份之合金。

六、 常用鋼鐵材料

(一) **生鐵**：

1. 由鼓風爐冶鍊而得。

2. 含較多雜質，不能使用，尚須精煉。

3. 包括灰生鐵、白生鐵及合金生鐵等。

4. 灰生鐵為冶煉鑄鐵主要原料。

(二) **純鐵**：

1. 純鐵：含碳0.02%以下，以生鐵為原料，在電解爐內熔煉而得。

2. 純鐵又稱軟鐵、鍊鐵，為較純粹之鐵，含大量之肥粒鐵，性質較軟韌。

(三) **鋼**：

1. 碳鋼：含碳量0.02%～2.0%，主要成份為肥粒鐵、波來鐵、沃斯田鐵及雪明碳鐵等所組成。為機械工業重要之材料。

2. 碳鋼一般由平爐、轉爐（最常用）或電爐冶鍊而得。

3. 碳鋼依含碳量分類：
   (1) 低碳鋼：含碳量在0.02%～0.3%。
   (2) 中碳鋼：含碳量在0.3%～0.6%。
   (3) 高碳鋼：含碳量在0.6%～2.0%。

4. 碳鋼依其組織分有三種：
   (1) 亞共析鋼（含碳量0.02%～0.80%）：肥粒鐵與波來鐵之混合組織。
   (2) 共析鋼（含碳0.80%）：波來鐵組織，為肥粒鐵與雪明碳鐵層狀組織。
   (3) 過共析鋼（含碳量0.80%～2.0%）：波來鐵與雪明碳鐵之混合組織。

5. 合金鋼：為鋼中加入合金元素，具有特殊物理性質或化學性質，正常組織為肥粒鐵、麻田散鐵或沃斯田鐵。又分：
   (1) 低合金鋼：加入合金元素之總量在8%以下者。
   (2) 高合金鋼：加入合金元素總量在8%以上者。

6. 常用碳鋼：
   (1) 構造用鋼：所含元素較多，其正常組織為波來鐵，可施以熱處理，發揮優良的機械性質。
   (2) 工具用鋼：合金鋼含合金元素較多，在性質上要求常溫，高溫之硬度大、耐磨性優良、韌性佳等。
   (3) 不鏽鋼：含鉻12%以上。由鐵、鉻、鎳、碳組成，常用者有18-8型，表示鉻18%，鎳8%。
   (4) 易削鋼：加入硫、鉛。
   (5) 彈簧鋼：加入矽、錳、鉻、鉬等如鋼琴線。

(四) **鑄鐵**：

1. 鑄鐵含碳2.0%～6.67%。

2. 鑄鐵通常以灰生鐵為原料，在熔鐵爐內熔煉，主要組織為雪明碳鐵。

3. 鑄鐵依斷面顏色主要分類為：

灰鑄鐵	鑄鐵凝固過程中，使碳質呈薄片狀之游離石墨者，其截面灰色，質地軟。最具有吸震效果及制震能力。加入鎂、鈰得球狀石墨鑄鐵又稱延性鑄鐵。灰鑄鐵切削性較佳。
白鑄鐵	鑄鐵凝固過程中，急速冷卻，碳與鐵成化合狀態的雪明碳鐵（碳化鐵、化合碳），其截面呈白色，性質極硬脆。經退火後成展性鑄鐵。白鑄鐵切削性較差。
斑鑄鐵	為灰鑄鐵與白鑄鐵之合成鐵，其截面呈灰、白相混合之斑點狀者，其性質介於灰、白鑄鐵之間。

4. 鑄鐵依組織分類為：
   (1) 亞共晶鑄鐵：含碳2.0%～4.3%。
   (2) 共晶鑄鐵：含碳4.3%，成份為粒滴斑鐵。
   (3) 過共晶鑄鐵：含碳4.3%～6.67%。

5. 鑄鐵的五大元素：
   (1) 碳：分為化合碳及游離碳二種。化合碳稱雪明碳或碳化鐵，質硬脆，急冷得之，白鑄鐵主要成分。游離碳又稱石墨碳，質較鬆軟，緩冷得之，灰鑄鐵主要成分。

   (2) 矽：可增加強度、流動性、石墨化（軟化）。
   (3) 錳：可除硫，增加強硬度。
   (4) 硫：具有熱脆性、偏析等不良性質。
   (5) 磷：具有冷脆性，強硬性、耐磨性及流動性。

6. 鑄鐵常用的熱處理：
   (1) 淬火：硬化。　　　　(2) 回火：韌化。
   (3) 退火：軟化。　　　　(4) 季化：消除內應力（長時間）。

(五) **鋼鐵特別說明：**

1. 鋼含碳量愈高則強度、硬度愈高。
2. 鋼含碳量愈低則硬度愈低且具有韌性、延性、可鍛性及銲接性。
3. 鋼含碳量與韌性、延性、可鍛性及銲接性成反比。
4. 鑄鐵含碳量較碳鋼高，鑄造性高，鑄鐵不宜鍛造加工。
5. 鑄鐵的鑄造性比碳鋼佳。鑄鐵的銲接性比碳鋼差。

七、常用非鐵金屬材料

(一) **銅及銅合金：**

1. 純銅之導電及導熱率極佳，僅次於銀。富有展性及延性。比重8.9。熔點1083℃。
2. 黃銅為銅、鋅合金。黃銅切屑呈不連續狀，切削性佳，加鉛（Pb）成為快削黃銅則更好。
3. 青銅為銅、錫合金。青銅流動性好，鑄造性優，大都採用鑄造成型。含錫8～11%之青銅稱砲銅或機械青銅。青銅可製成軸承、貨幣、美術品、鏡青銅、鐘青銅。

(二) **鋁及鋁合金：**

1. 鋁為地球上存在最多的金屬元素。鋁為銀白色之金屬，質堅而輕，其比重為2.7，熔點為660℃。
2. 鋁合金為鋁矽合金用於活塞及汽缸蓋之製造，稱活塞合金。
3. 杜拉鋁為鋁（Al）、銅（Cu）、鎂（Mg）、錳（Mn）等合金，用於飛機之架構材料。
4. 鋁熱劑為鋁粉與氧化鐵或其他金屬氧化物之混合物稱鋁熱劑，供發熱（鋁熱）熔接之用，其中鋁粉與氧化鐵粉比例為1：3。

(三) **鎂及鎂合金：**

1. 鎂比重1.74，是工業用金屬中比重最小的。常溫不易加工。
2. 鎂合金廣用於筆記型電腦外殼。鎂由海水提煉。

(四) **錫及錫合金：**

1. 低碳鋼鍍錫稱馬口鐵，可製成食物容器。
2. 富展性，可製成錫箔。
3. 軟銲銲料為鉛錫合金。

(五) **鉛及鉛合金：**

1. 鉛為青白色軟金屬，性質極軟，為普通金屬中最軟者。
2. 鉛有化學耐蝕性，對X射線及其他多種射線具有遮斷力。
3. 鉛有毒為其缺點，食品容器含鉛量要在5%以下。
4. 軟銲銲料為鉛錫合金。

(六) **鋅及鋅合金：**

1. 鋅為青白色金屬，在常溫時性硬而脆，熔點為419.4℃。
2. 有化學耐蝕性，可製成鍍鋅鐵板，俗稱白鐵皮。
3. 可製多種合金，如銅鋅成黃銅，銅鋅鎳成德銀。
4. 壓鑄合金中最重要者為鋅基合金。

(七) **鎳及鎳合金：**

1. 鎳之比重為8.9。
2. 富延展性，適合冷作及熱作。
3. 常溫具強磁性，耐蝕性極高。

(八) **鈦及鈦合金：**

1. 鈦的比重小（4.54），耐蝕性優，並具有良好的高溫性質。
2. 熔點高、熱及電傳導率很低，變態溫度882℃，熔點1670℃。
3. 鈦合金可製機身、火箭、噴射引擎等。

八、 塑膠材料的分類

熱塑性塑膠

屬於線狀分子的集合體，加熱即軟化，聚合作用完成後，分子間會產生物理變化而逐漸硬化，硬化後能夠再加熱而使其產生變形或軟化，可重複使用，如PVC、PS、PE、PP、PA、尼龍、壓克力、ABS等。

熱硬（固）性塑膠

屬於分網狀的一種高分子物質，聚合作用完成後，分子間會產生化學變化而逐漸硬化，硬化後不能再加熱而使其產生變形或軟化，不可重複使用，如環氧樹脂、酚樹脂（電木）、尿素樹脂、聚脂樹脂等。

牛刀小試

（　　）**1** 有關機械材料之切削、鑄造、鍛造、銲接等特性，下列敘述何者<u>不正確</u>？　(A)低碳鋼中加入硫、磷等元素可增加其脆性，進而提高其切削性　(B)金屬熔點較低及流動性高者，其鑄造性較佳　(C)金屬晶粒細、硬度愈高者，其鍛造性較佳　(D)碳鋼含碳量低者，其銲接性較佳。　　　　　　【105統測】

（　　）**2** 有關一般合金通性之敘述，下列何者正確？　(A)合金之熔點較其成份金屬為高　(B)合金之抗氧化性較其成份金屬為佳　(C)合金之導電率較其成份金屬為高　(D)合金之延展性較其成份金屬為佳。　　　　　　【106統測】

（　　）**3** 有關加工方法的敘述，下列何者正確？　(A)淬火可增加鋼材硬度　(B)退火可增加鋼材硬度　(C)冷作不能改變材料性質　(D)熱作不能改變材料性質。　　　　　　【108統測】

（　　）**4** 下列何者<u>不屬於</u>有機類的非金屬材料？　(A)陶瓷　(B)塑膠　(C)皮革　(D)木材。　　　　　　【109統測】

解答與解析

1 (C)。金屬晶粒細、硬度愈高者，其鍛造性較差。

2 (B)。(A)合金之熔點較其成份金屬為低。(C)合金之導電率較其成份金屬為低。(D)合金之延展性較其成份金屬為差。

3 (A)。(B)鋼材經退火後會使鋼材軟化、消除內應力。(C)冷作能夠改變材料性質，增加強度。(D)熱作能夠改變材料性質，增加強度。

4 (A)。陶瓷屬於無機類的非金屬材料。

2-2 材料的規格

一、中華民國國家標準（CNS）

(一) 鋼鐵的規格一般通則，原則上由下列三部分組成：

1. 前段部分為材質：以S表示鋼或以F表示鐵。
2. 中段部分有兩種不同的表示法；

    (1) 表示標準名稱或是製品用途，常用的P（薄板；Plate）、T（管；Tube）、U（特殊用途；Use）、W（線材：Wire）、F（鍛造；Forging）、C（鑄造；Casting）。

    例如：SP：Plate，鋼薄板（冷軋）。

    SUP：Use Spring，彈簧用鋼。

    (2) 用於結構的鋼料（包括結構用碳鋼及合金鋼），代表主要合金元素或含碳量（結構用碳鋼時），表示含碳量時，通常以含碳量之100倍數值表示，

    例如：SCM420：鉻鉬鋼，第420種。

    S25C：碳鋼，含碳量0.25%。

3. 後段部分為該材料之種類號碼，或最小抗拉強度、最小降伏強度，若是表示最小抗拉強度或最小降伏強度，通常以三位數字表示。

    例如：SCM 450：表示鉻鉬鋼中編號450的材料。

    STB 234：表示鍋爐及熱交換器用鋼，抗拉強度不低於234 N/mm^2（MPa）。

(二) 機械結構用鋼符號由五部分組成：

1. 第一部分：為英文字母「S」，來表示鋼。
2. 第二部分：為主要合金元素符號。

合金元素符號

元素	單種時符號	複合時符號
錳	Mn	Mn
鉻	Cr	C
鉬	Mo	M
鎳	Ni	N
鋁	Al	A
硼	Bo	B

主要合金元素符號

區分	符號	區分	符號
碳鋼	SXXC	鉻鋼	SCr
錳鋼	SMn	鉻鉬鋼	SCM
錳硼鋼	SMnB	鎳鉻鋼	SNC
錳鉻鋼	SMnC	鎳鉻鉬鋼	SNCM

3. **第三部分**：主合金元素含量代碼。

(1) 以1位數號碼表示。

(2) 各鋼種之號碼與元素含量關係並不相同，需查表得知。

4. **第四部分**：含碳量之代表值。

(1) 採用規定以含碳量之中央值100倍之數值表示，如S25C表示含碳量0.25%碳鋼。

(2) 100倍值非整數值時，將其零數捨去修整為整數。

(3) 100倍值為9以下時，其第一位為0。

(4) 若有主合金元素符號、主合金元素含量代碼及碳含量代碼值相同之兩種鋼出現時，為區分其不同，將合金元素含量多者之碳含量代表值多加1。

5. **第五部分**：附加符號。

碳含量代表值之表示例

規定碳含量範圍		中央值x100	表示值
S12C	0.10~0.15	12.5	12
S09CK	0.07~0.12	9.5	9->09
SCM420	0.18~0.23	20.5	20->20
SCM421	0.17~0.23	20	20->21

例如：S50C：碳鋼，含碳量為0.5%。

　　　SMn327：第3種錳鋼，含碳量為0.27%。

　　　SNCM630：第6種鎳鉻鉬三元合金鋼，含碳量為0.3%。

二、 美國自動工程學會（SAE）及美國鋼鐵學會（AISI）

(一)美國SAE及AISI鋼之編號方法，係將常用之鋼料，編為數字記號：

1. 第一位數字表示鋼種。
2. 第二位數字表示其相異成份合金之類別。
3. 最後之2位或3位數字表示其含碳量之點數。

(二)美國SAE及AISI鋼命名法如下：（X代表數字，後面二位數字，代表含碳量0.XX%）

1.碳鋼	1XXX
(1) 純碳鋼	10XX
(2) 易削鋼	11XX
(3) 易削鋼	12XX
(4) 錳鋼	13XX
2.鎳鋼	2XXX
3.鎳鉻鋼（構造用鋼）	3XXX
4.鉬鋼	4XXX
5.鉻鋼	5XXX
6.鉻釩鋼	6XXX
7.鎢鋼（永久磁石材料）	7XXX
8.鎳鉻鉬鋼（構造用鋼中最佳）	8XXX
9.矽錳鋼（彈簧材料）	9XXX

例如：1.SAE1045表含碳量為0.45%之純碳鋼。
          2.SAE7654表含碳量為0.54%之鎢鋼。
          3.SAE71640表含碳量為0.40%之鎢鋼。

三、日本工業標準（JIS）之編號

(一)JIS編號之構成：

1. **第一位**：表示材質，如鐵（F）、鉻鐵（FCr）、錳鐵（FMn）、鉬鐵（FMo）、鎳鐵（FNi）、鋼（S）代號表示材料名。
2. **第二位**：表示製品類別，如一般構造用鋼（SS）、鑄造品（SC）、鍛造品（SF）、高碳鋼（SH）、工具鋼（SK）、高速鋼（SKH）、特殊鋼（SKS）、模具鋼（SKD）。
3. **第三位**：表示材料類別及最低抗拉強度，如410為最小抗拉強度410N/mm^2（MPa）。
4. **第四位**：附記代號。

(二) **例如：**

1. **S20C**：表示機械構造用碳鋼含碳量0.2%。

2. **SK2**：高碳工具鋼第2種。

3. **SKH3**：高速度工具鋼第3種。

4. **SS400**：表示一般構造用壓延碳鋼，最低抗拉強度400N/mm^2（MPa）。

牛刀小試

（　　）　CNS鋼鐵符號SS400，其中數字400代表意義為何？　(A)最低抗拉強度400kPa　(B)最低抗拉強度400MPa　(C)最低降伏強度400kPa　(D)最低降伏強度400MPa。　【107統測】

────── **解答與解析** ──────

(B)。　CNS鋼鐵符號SS400，其中SS是指構造用鋼，數字400代表最低抗拉強度400MPa（N/mm^2）。

2-3 主要機械材料的加工性

一、碳鋼

(一) 碳鋼含碳量低時，延展性高，容易產生刀口積屑（BUE），切削性不良。

(二) 碳鋼含碳量高時，硬度高，容易使刀具磨損，切削性不良。

(三) 碳鋼含碳約0.3%之中碳鋼軟硬適中，具有優良之切削性。

(四) 碳鋼含碳量高時，硬度高，可利用退火軟化，改善切削性。

(五) 碳鋼加入硫、鉛可改善切削性。

(六) 略具脆性碳鋼材料切削較佳。

(七) 硬鋼可藉退火軟化以利切削。

(八) 碳鋼的冷作鍛造性與含碳量成反比。

(九) 碳鋼的銲接性與含碳量成反比。

二、鑄鐵

(一) 鑄鐵之含碳量為2.0～6.67%，常用者含碳量約2.5～4.5%。

(二) 灰鑄鐵為含矽量適當且冷卻速度慢時，碳成獨立之石墨存在。石墨於切削時有潤滑作用，可防止刀口積屑之形成，切削性極佳。

(三) 白鑄鐵之中碳與鐵化合成碳化鐵（雪明碳鐵），硬度極高，容易磨損刀刃，切削性很差。若將白鑄鐵退火成展性鑄鐵，使碳化鐵形成石墨和純鐵，可以改善其切削性。

三、合金鋼

(一) 鉬（Mo）和釩（V）鋼硬度高，經高溫退火軟化可改善切削性。

(二) 不鏽鋼含有多量之鉻與鎳（Ni），切削時會產生硬化，切削性不佳，但加硫（S）或硒（Se）可改善切削性。

四、銅

(一) 純銅質軟且黏性強不易切削加工，其切削性比黃銅差。

(二) 銅加鋅（Zn）成黃銅，黃銅切屑呈不連續狀，切削性不錯，若加鉛（Pb）成為快削黃銅則更好。

(三) 銅加錫（Sn）成為青銅，青銅流動性好，鑄造性優，大都採用鑄造成型。

五、鋁

(一) 純鋁質軟且富延展性，切削時容易形成刀口積屑，所以切削性不佳。

(二) 鋁質軟，採用宜採用大斜角及高速切削。

(三) 純鋁的鍛造性比鋁合金佳。

六、鎂

(一) 鎂之化學性活潑，熔解時容易氧化而著火爆炸，最好在真空中熔練。

(二) 鎂常溫不易加工。

牛刀小試

(　　) 有關機械材料與加工性的敘述，下列何者正確？　(A)純銅的切削性比黃銅佳　(B)碳鋼的鑄造性比鑄鐵佳　(C)純鋁的鍛造性比鋁合金佳　(D)鑄鐵的銲接性比碳鋼佳。　　　　【108統測】

—— 解答與解析 ——

(C)。 (A)純銅質軟不易切削加工，切削性比黃銅差。(B)碳鋼的鑄造性比鑄鐵差。(D)鑄鐵的銲接性比碳鋼差。

2-4 材料的選用

一、材料的選用特點

(一) 要了解材料的特性。　　(二) 要了解材料的使用條件。
(三) 要選用標準編號的材料。　　(四) 要考慮材料的加工性。

二、材料的選用注意事項

(一) 要了解材料性質。　　(二) 要了解材料製造加工。
(三) 要了解材料成本。　　(四) 要了解材料品質。
(五) 要了解材料生產管制與品質管制。

考前實戰演練

(　)　**1** 青銅為下列何者之合金？
(A)銅錫　(B)銅銀　(C)銅鐵　(D)銅鋅。

(　)　**2** 石材是屬於：
(A)鐵金屬材料　　　　　　　(B)非鐵金屬材料
(C)有機質材料　　　　　　　(D)無機質材料。

(　)　**3** 塑膠是屬於：
(A)鐵金屬材料　　　　　　　(B)非鐵金屬材料
(C)有機質材料　　　　　　　(D)無機質材料。

(　)　**4** 鋁是屬於：
(A)鐵金屬材料　　　　　　　(B)非鐵金屬材料
(C)有機質材料　　　　　　　(D)無機質材料。

(　)　**5** 合金鋼是屬於：
(A)鐵金屬材料　　　　　　　(B)非鐵金屬材料
(C)有機質材料　　　　　　　(D)無機質材料。

(　)　**6** 從轉爐提煉出來的產品為：
(A)生鐵　(B)鑄鐵　(C)熟鐵　(D)鋼。

(　)　**7** 從熔鐵爐（Cupola）提煉出來的產品為：
(A)生鐵　(B)鑄鐵　(C)熟鐵　(D)鋼。

(　)　**8** 中碳鋼之含碳量為：
(A)0.008%～0.3%　　　　　　(B)0.06%～2.0%
(C)0.3%～0.6%　　　　　　　(D)2%～3%。

(　)　**9** 下列關於機工常用材料之敘述，何者<u>不正確</u>？
(A)鑄鐵是指含碳量在2 % 以上之碳鐵合金
(B)含碳量0.5 % 之碳鋼被歸類為高碳鋼
(C)常用米漢納鑄鐵製作工具機之機架或床台
(D)高速鋼可作為車刀或銑刀等切削刀具。

（　）**10** 「白鐵皮」為金屬塗層成品之一，其採用下列何種方法製造？
(A)浸鋅處理　(B)浸錫處理　(C)浸銀處理　(D)滲鋁處理。

（　）**11** 塑膠有熱塑性塑膠，下列哪一項不屬於熱塑性塑膠？
(A)可反覆使用的　　　　　　(B)電木（Bakalite）
(C)尼龍（Nylon）　　　　　(D)加熱即軟化的。

（　）**12** 下列何者<u>不屬於</u>熱塑性塑膠？
(A)壓克力　(B)尼龍　(C)環氧樹脂　(D)聚乙烯。

（　）**13** 有關合金之通性，下列敘述何者<u>不正確</u>？
(A)延展性常較其成分金屬為小
(B)硬度及強度常較其成分金屬為低
(C)一般熔點較其成分金屬為低
(D)導熱率常低於其成分金屬。　　　　　　　　　　【統測】

（　）**14** 有些筆記型電腦的外殼是以鎂合金製造，此材料是屬於：
(A)鐵金屬材料　　　　　　　(B)非鐵金屬材料
(C)有機質材料　　　　　　　(D)無機質材料。　　　【統測】

（　）**15** 下列何者是黃銅的主要合金元素？
(A)銅與錫　(B)銅與鉛　(C)銅與鋅　(D)銅與鎂。　　【統測】

（　）**16** 下列何種塑膠原料於加熱後具有可塑性，但聚合作用完成後，分
子間會產生化學變化而逐漸硬化，硬化後不能再加熱而使其產生
變形或軟化？
(A)聚氯乙烯（PVC）　　　　(B)尼龍（nylon）
(C)環氧樹脂（EP）　　　　　(D)壓克力（PMMA）。　【統測】

（　）**17** SAE1325代表：　(A)碳鋼　(B)鎳鋼　(C)錳鋼　(D)鎳鉻鋼。

（　）**18** CNS碳鋼S40C，代表含碳量約為？
(A)40%　(B)0.40%　(C)0.04%　(D)0.004%。

（　）**19** 鋼鐵材料S12C是代表？
(A)鑄鐵　(B)低碳鋼　(C)中碳鋼　(D)高碳鋼。

（　）**20** 鋼鐵材料S45C是代表？
(A)鑄鐵　(B)低碳鋼　(C)中碳鋼　(D)高碳鋼。

（　）**21** 鋼鐵材料S120C是代表？
(A)鑄鐵　(B)低碳鋼　(C)中碳鋼　(D)高碳鋼。

（　）**22** SEA3140，其中「31」代表？
(A)高碳鋼　(B)易削鋼　(C)鉻釩鋼　(D)鎳鉻鋼。

（　）**23** 依CNS規格，S34C表示何種材料？
(A)含碳量為0.34%的碳鋼
(B)抗拉強度最小為34 N/mm^2的碳鋼
(C)含碳量為3.4%的碳鋼
(D)抗拉強度最大為34 N/mm^2的碳鋼。

（　）**24** 有關一般合金通性之敘述，下列何者正確？
(A)合金之熔點較其成份金屬為高
(B)合金之抗氧化性較其成份金屬為佳
(C)合金之導電率較其成份金屬為高
(D)合金之延展性較其成份金屬為佳。　　　　　　　　　【統測】

（　）**25** 有關鐵系材料規格，下列敘述何者<u>不正確</u>？
(A)CNS規格中S30C表示含碳量約為0.30%的碳鋼
(B)CNS規格中S(50)C表示一般構造用碳鋼，最大抗拉強度約為
　　$50N／mm^2$
(C)CNS規格中FMnM2表示第二種中碳錳鐵
(D)SAE規格中編號4025表示含碳量約為0.25%的鉬鋼。　【統測】

（　）**26** 對一些常見縮寫或符號之說明，下列敘述何者<u>不正確</u>？
(A)「ISO」為「International Organization for Standards」之縮寫
(B)「HRC 60」代表「洛氏（Rockwell）硬度C尺度60度」之意
(C)「CNS 9788」為「我國之國家標準，編號第9788號」
(D)材質「S40C」為碳鋼之一種，且其「含碳約在4%左右之機械
　　結構用鋼」。　　　　　　　　　　　　　　　　　　【統測】

（　）**27** 在鋼料中加入下列何種成分，可改善其切削性？
(A)鉛、硫　(B)鎳、鎂　(C)銻、鎢　(D)銅、鈷。　　　【統測】

(　　) **28** 下列各種機械材料中，哪一種材料的切削性最好？
(A)沃斯田鐵系不鏽鋼　　　　(B)白鑄鐵
(C)中碳鋼　　　　　　　　　(D)高碳鋼。　　　　　　　　　【統測】

(　　) **29** 對於材料的選用，下列敘述何者正確？
(A)S45C和S（45）C的意義相同
(B)P2代表兩公分厚的鋼板
(C)S45C比S22C鋼的熔接性好
(D)S45C比S22C鋼的硬度高。　　　　　　　　　　　　　　【統測】

(　　) **30** 有關碳鋼加工性，下列敘述何者正確？
(A)碳鋼的切削性與其含碳量沒有關係
(B)碳鋼的冷作鍛造性與含碳量成正比
(C)碳鋼的鑄造性比鑄鐵為佳
(D)碳鋼的銲接性與含碳量成反比。　　　　　　　　　　　　【統測】

(　　) **31** 有關金屬材料加工性，下列敘述何者**不正確**？
(A)CNS規格中S30C的切削性優於S50C
(B)碳鋼的含碳量愈高則其鍛造性愈好
(C)於銅中添加錫，其鑄造性會變好
(D)於不鏽鋼中添加硫，可以改善其切削性。　　　　　　　　【統測】

(　　) **32** 下列有關機械材料加工性的敘述，何者**不正確**？
(A)硬度高或延展性高之材料，其切削性較差
(B)鋼鐵材料中加入鉛、硫等，可提高其切削性
(C)鋁之切削易成不連續切屑，宜採用小斜角及低速切削
(D)鎂易氧化而燃燒，常溫加工不易。　　　　　　　　　　　【統測】

(　　) **33** 下列有關材料的選用特點，何者**不正確**？
(A)要考慮材料的加工性　　(B)要了解材料的特性
(C)要了解材料的使用條件　(D)不需選用標準編號的材料。

(　　) **34** 下列有關機械材料的選用注意事項，何者**不正確**？
(A)要了解材料性質
(B)要了解材料製造加工
(C)要了解材料成本
(D)不需要了解材料生產管制與品質管制。

( ) **35** 若鑄鐵中之石墨主要為片狀形態時,則稱為何種鑄鐵?
(A)白鑄鐵 (B)延性鑄鐵
(C)展性鑄鐵 (D)灰鑄鐵。 【統測】

( ) **36** 有關機械材料加工性之敘述,下列何者正確?
(A)合金鋼之切削性皆不良
(B)碳鋼含碳量愈高,熔接性愈佳
(C)硬度高及延展高之材料,切削性愈佳
(D)兩相同之金屬材料,晶粒較粗者,其材質較軟,因此鍛造性比
晶粒較細者為佳。 【統測】

( ) **37** 有關材料與加工的敘述,下列何者不正確?
(A)鎂鋁合金適用於製造重量輕的小鑄件
(B)JIS編號中,SKD11代表模具合金鋼
(C)SAE鋼鐵編號中,1025代表一般碳鋼
(D)不鏽鋼可防鏽,主要因為其表面有氧化鎳薄膜層。 【統測】

( ) **38** 有關S(50)C材料之敘述,下列何者正確?
(A)含碳量為0.5%的碳鋼
(B)含碳量為0.05%的碳鋼
(C)抗拉強度最小為50kg/mm^{2}的碳鋼
(D)抗拉強度最大為50kg/mm^{2}的碳鋼。 【統測】

( ) **39** 有關機械材料之切削、鑄造、鍛造、銲接等特性,下列敘述何者
不正確?
(A)低碳鋼中加入硫、磷等元素可增加其脆性,進而提高其切削性
(B)金屬熔點較低及流動性高者,其鑄造性較佳
(C)金屬晶粒細、硬度愈高者,其鍛造性較佳
(D)碳鋼含碳量低者,其銲接性較佳。 【統測】

( ) **40** 下列有關合金之通性的敘述,何者不正確?
(A)延展性常較其成分金屬為大
(B)硬度及強度常較其成分金屬為高
(C)一般熔點較其成分金屬為低
(D)導熱率常低於其成分金屬。

第3單元 鑄造

>>> ▶▶▶

重點導讀

此處可說是非常重要的一個單元，統測年年必考，絕無例外，在研讀時必須先了解何謂模型？何謂砂模？與一些特殊鑄造模的分辨，及特殊鑄造模應用之處，本書已幫你做好最佳分類，讀起本單元應會更加得心應手，加油！

3-1 鑄造介紹

一、鑄造

(一) 鑄造為改變材料形狀的加工法。

(二) 鑄造為將熔融之金屬材料，在適當之溫度範圍之條件下，澆鑄於由模型、心型（砂心）及模砂所製作之鑄模內，待其冷卻凝固後自模中取出，清砂、修整即得所要求之鑄件。

二、鑄造之三要素

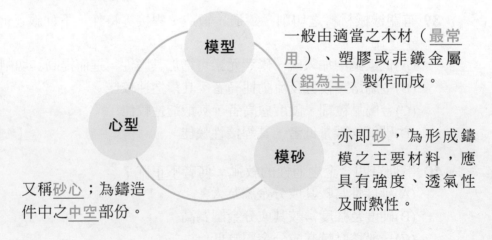

模型 ── 一般由適當之木材（最常用）、塑膠或非鐵金屬（鋁為主）製作而成。

模砂 ── 亦即砂，為形成鑄模之主要材料，應具有強度、透氣性及耐熱性。

心型 ── 又稱砂心；為鑄造件中之中空部份。

三、鑄造之基本認識

(一) 鑄模用於容納熔融之金屬之穴之模具即為鑄模。

(二) 金屬熔解是藉熔鐵爐或電爐完成。

(三) 澆注係將金屬熔液澆入鑄模中，冷卻後取出，清砂修整即完成鑄件。

(四) 鑄型（鑄模）材料：模砂、金屬、石膏、陶瓷與聚苯乙烯等，一般以模砂為主要。

(五) 銲接作業不需要砂心及木模，故所需之作業空間較鑄造小。

(六) 精密脫臘鑄造通常較適於高熔點之小工件。

四、鑄造主要分類

(一) **普通砂模鑄造：**

濕砂模	為鑄造上最常用之一種鑄型，常用於鐵鑄件，成本低。
表面乾燥模	模型周圍堆以一層12mm厚混有膠合劑之型砂，常用於較精光表面。
乾砂模	常用於鋼鑄件的鑄造，採用金屬砂箱為主。
泥土模	又稱泥砂模，用於大鑄件的鑄造。

(二) **特殊砂模鑄造：**

1. **呋喃模**：型砂與磷酸徹底攪拌之，在攪拌中加入呋喃樹脂，適用於消散模型鑄模及模心之製作。

2. **二氧化碳模**：適用於形狀複雜而需表面光潔之鑄品砂模或砂心，將矽酸鈉（矽酸鹽；水玻璃）與乾淨之砂混合，製成砂模後，再通以CO_2氣體。二氧化碳模砂不可重複使用。

(三) **特殊鑄造：**

1. **金屬模**：用於低熔點合金壓鑄之用，模具可以重覆使用，但模具成本高。適於小件大量生產。

2. **離心力模**：離心力鑄造法是將熔融之金屬注入旋轉中之鑄模內，利用離心力作用，鑄出管狀或輻射式鑄件。適於大量生產。

3.**精密（包模、脫蠟）**：以低熔點的模型製造高熔點金屬材料，由包模材料（如蠟）包圍，加溫時低熔點的模型熔化而遺留原有模型形狀於模內，形成澆鑄金屬的模穴，再進行澆注。

4.**連續鑄造法**：連續鑄造法是將熔融之金屬，連續澆鑄於鑄模，鑄模具有冷卻凝固之設施，然後再將金屬以壓力抽出，則得所欲鑄之鑄件。

(四) **其他模**：係以塑膠、水泥、石膏、紙、木材及橡膠所製。

3-2　模型種類

一、模型材料

(一) **活動模型材料**：最主要材料為木材，但鑄件數量大時則以非鐵金屬製成模型，其中以鋁最常用。

(二) **消散模型材料**：以聚苯乙烯（PS）為主，亦可用其他塑膠或蠟為之。

(三) **塑膠模型**：適於精密鑄件。

二、模型型式

(一) **活動（取出）模型**：

1	**實體模型**	或稱單體模型，適用於鑄件形狀簡單。
2	**對合模型** （模板模、分面模）	分為兩部份。
3	**鬆件模型**	個別製出模型再組合使用。
4	**附流路模型**	一次澆出多件鑄件，又稱聯口模型。
5	**雙面模板模型**	適於機械造模。
6	**從動板**	又稱嵌板模，模型太薄不能承受太大壓力時採用。
7	**刮板模型**	製造圓形規則鑄件時用，最常用者為轉刮模。
8	**骨架模型**	製作大型不規則機架鑄件時用之。

(二) **消散（**不取出**）模型：**

消散模型係使用聚苯乙烯（PS）為主，亦可用其他塑膠或蠟為之。

三、 模型裕度

(一) **收縮裕度：**

1. 砂模鑄造時，模型最主要理由是考慮到收縮裕度。
2. 鑄造時絕對長度＝普通尺＋收縮量。
3. 一般收縮率鐵1%，鋼2%，銅1.5%，鋁、鎂1.3%。
4. 鑄鐵平均每呎收縮約1／8吋。
5. 收縮最易產生變形。

(二) **拔模斜度：**主要目的為拔模，外形約1°～2°，內形約2°～3°。

(三) **加工裕度：**一般預留3～5mm加工，小工件預留3mm加工。

紅色	鑄件表面須加工部份。
黑色	心型部份或不再加工部份。
黃色	砂心頭座。

(四) **變形裕度：**不規則或薄而面大之鑄件易產生變形，且冷卻收縮最易產生變形。

(五) **震動（搖動）裕度：**

1. 砂模取出前先震動（搖動），會使模穴微微擴大。
2. 模型必須減去此種裕度方為正確，震動（搖動）裕度為負的裕度。

四、 模型設計原則

(一) 應避免尖銳之轉角，做成圓角（圓弧），以增鑄品強度。

(二) 模型各部斷面應力求均勻，以免產生應力不均。

(三) 模型表面須擦光並塗三層以上之蟲膠（洋乾漆），使鑄品表面光潔。

(四) 消散模型不需考慮拔模及震動裕度。

牛刀小試

(　　) 金屬鑄件設計需考慮收縮裕度，有關收縮率大小的比較，下列
　　　 何者正確？　(A)鑄鐵＜鋁合金＜銅合金＜鑄鋼　(B)鑄鐵＜銅
　　　 合金＜鑄鋼＜鋁合金　(C)鑄鐵＜鑄鋼＜銅合金＜鋁合金　(D)
　　　 鑄鐵＜鋁合金＜鑄鋼＜銅合金。　　　　　　　　　　【109統測】

──── 解答與解析 ────

(A)。鑄鐵收縮率約為1%；鋁合金收縮率約為1.3%；銅合金收縮率約
為1.5%；鑄鋼收縮率約為2%。鑄件設計收縮率由小至大為鑄鐵＜鋁合
金＜銅合金＜鑄鋼。

3-3 鑄模種類

一、濕砂模

(一) 濕砂模為鑄造上最常用之一種鑄型，常用於鐵鑄件，成本低。

(二) 濕模砂之成份：
　　　1.矽砂：二氧化矽（SiO_2）。
　　　2.黏土：氧化鋁（Al_2O_3），約含8～15%。
　　　3.水份：約含2～8%。

(三) 濕模砂應具備之特性：
　　　1.結合強度大。　　　　　2.透氣性良好。
　　　3.耐熱，不易熔化。　　　4.具有各種大小不同的顆粒及形狀。
　　　5.價格低廉使壽命更長。　6.崩散性良好，以利於回收再使用。

(四) 濕模砂之試驗：
　　　1.硬度試驗：
　　　　(1)硬度試驗包括強度、耐壓性及砂之透氣性。
　　　　(2)硬度高的砂之錘實程度必高，則強度及抗壓性也高，但透氣
　　　　　 性差。
　　　2.粗細度試驗：
　　　　(1)粗細度通常以通過25.4mm長篩綱目表示。
　　　　(2)粗砂之透氣良好。細砂可得較為光平表面之鑄件。
　　　　(3)鑄砂顆粒愈粗，耐火性愈佳。鑄砂顆粒愈細，砂模強度愈佳。

3. **水份含量試驗：**
   (1) 水份之功用使黏土產生膠合力。
   (2) 一般砂模之含水量約在2～8%左右。
   (3) 水份量=$\dfrac{含水總重-不含水砂重}{含水總重}\times100\%$

   註：一般砂模之含水量約在2%～8%左右，50公克之樣砂最合適的含水量約在1公克～4公克左右。
4. **黏土含量試驗：**黏土之功用在於產生砂粒與砂粒間結合力。
5. **透氣性試驗：**一定的時間及標準情況下，通過砂樣試品之空氣容量來表示之。
6. **強度試驗：**一般強度試驗均以抗壓試驗為主。

二、表面乾燥模
(一) 模型周圍堆以一層約12mm厚混有膠合劑之型砂。
(二) 常用於較精光表面。

三、乾砂模
(一) 常用於鋼鑄件的鑄造。　　　(二) 採用金屬砂箱為主。

四、泥土模
(一) 又稱泥砂模。　　　　　　　(二) 用於大鑄件的鑄造。

五、呋喃模
(一) 型砂與磷酸徹底攪拌之，在攪拌中加入呋喃樹脂。
(二) 適用於消散模型及模心之製作。

六、二氧化碳模
(一) 適用於形狀複雜而需表面光潔之鑄品砂模，專用於製造砂心。
(二) 將矽酸鈉（矽酸鹽；水玻璃）與乾淨之砂混合，製成砂模後，再通以CO_2氣體。
(三) 二氧化碳模砂因回收困難不可重複使用。

七、金屬模
(一) 用於低熔點合金壓鑄之用，模具可以重複使用。
(二) 但模具成本高。
(三) 適於小件大量生產。

八、特殊模

(一) 係以塑膠、水泥、石膏、紙、木材及橡膠所製。
(二) 適於特殊用途。

3-4　砂模的製造

一、砂模製造主要程序

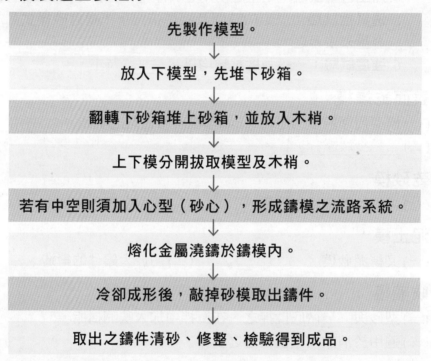

先製作模型。

↓

放入下模型，先堆下砂箱。

↓

翻轉下砂箱堆上砂箱，並放入木梢。

↓

上下模分開拔取模型及木梢。

↓

若有中空則須加入心型（砂心），形成鑄模之流路系統。

↓

熔化金屬澆鑄於鑄模內。

↓

冷卻成形後，敲掉砂模取出鑄件。

↓

取出之鑄件清砂、修整、檢驗得到成品。

二、砂模流路系統

澆池	又稱澆槽或澆口箱，製於靠近頂端處，可減緩熔漿（液）流速，避免渦流，防止熔渣進入鑄模。
澆口	又稱澆道，為一垂直通道距離模穴邊約25mm。形狀為上大下小。
撇渣口	使金屬進入模穴前，所含之熔渣截留該處。
流道	大型鑄件，澆口至模穴之間，常在澆口之底分散成若干處進入模穴，此分散支流稱為流道。

澆入口	又稱鑄口，流道進入模穴之入口。
冒口	用以補充熱金屬於鑄件主體之內，以補償其收縮。其位置應置於最大斷面之正上方處。形狀為上大下小。
盲冒口	在澆入門上一鐘形孔，用以補充供給熱金屬於模穴內。
排氣孔	排氣作用，避免鑄件產生氣孔。
溢放口	較排氣孔大，可排泄低溫不潔金屬液體及排氣，屬於冒口系統。一般設置在離澆口最遠處。
砂心	砂心是用於形成鑄件內中空部份。砂心為不便用砂模製出的鑄件外形凹入部分。砂心可定義為任何突出於砂模中的部分。

三、冒口之功用

(一) 補充金屬液收縮不足。 ⊲ 最主要

(二) 做為通氣孔。

(三) 去除熔渣。

(四) 能窺視澆注是否充足。

(五) 可對鑄品加大壓力，使得組織密緻之鑄件。

(六) 需位於最大斷面正上方處。

四、砂心應具備性能

(一) 為使砂心表面光滑及耐高溫可塗刷石墨液。

(二) 避免砂心掉落可用砂心撐。

(三) 要有足夠之強度，在澆注時不會破壞。應具備通氣的結構。

(四) 應能使鑄件內孔（內部）表面保持清潔而平滑。

(五) 清砂步驟中應易於去除。

(六) 砂心可分為濕砂心與乾砂心兩大類。

(七) 乾砂心精度與強度通常比濕砂心高。

(八) 濕砂心係於製作砂模時，與砂模同時製作完成。

(九) 乾砂心係於製作砂模時，先製成鑄型後再使用。

(十) 砂心表面應做成較精光表面，以增加工件精光度。

(十一)與砂模比較，砂心應有較高強度，且應使之有適當孔隙。

(十二)砂心砂（core sand）通常是用矽砂、鋯砂或鉻砂、黏結劑混合而成。

(十三)砂心撐可克服金屬溶液的浮力，使澆鑄時不易浮動與移位。

五、鑄造注意事項

(一)鑄件表面先急冷，故硬脆。

(二)大型鑄件做成階梯式澆入門。

(三)小型鑄件避免亂流，鑄口位於底部。

(四)冒口需位於最大斷面處。

(五)鑄件收縮最大位於最高溫處。

(六)為了使大件鑄件產品內外冷卻均一，可在模穴內放置冷激塊。

(七)為減少鑄件冷卻時所造成收縮不均之現象，可增加冷卻時間。

牛刀小試

(　　) **1** 有關鑄造使用之冒口（Riser），下列何者不是其最主要的功用？　(A)有助於排渣與排氣　(B)加速鑄件之冷卻速度　(C)可觀察鑄造模穴內之金屬熔液是否灌滿　(D)保持部分熔融金屬維持液態，以補充鑄件凝固收縮所需金屬熔液。　　　　　　　　　　　　　　　【105統測】

(　　) **2** 有關砂模的澆冒口系統敘述，下列何者不正確？　(A)豎澆道主要功用為輸送金屬液　(B)冒口一般設置在金屬液最快凝固處　(C)溢放口一般設置在離澆口最遠處　(D)通氣孔主要功用為避免鑄件產生氣孔。　　　　　　　　　【108統測】

―――― 解答與解析 ――――

1 (B)。冒口（Riser）主要是補充收縮，不具有加速鑄件之冷卻速度之功能。

2 (B)。冒口一般設置在最大斷面處，其最主要功能為補充鑄件凝固收縮所需金屬熔液。

3-5 機械造模

一、 主要造模法

地坑造模	大型鑄件而尺度不需十分精確者。
檯上造模	小型鑄件。
地面造模	一般鑄件。
機械造模	大量生產鑄件。

二、 機械製模的原理

(一) **震搗（Jolt）**：以連續之震動，使鑄模內模砂震緊，用於製造下模。

(二) **擠壓（Squeeze）**：以壓力將模砂壓緊。用於製造上模。

(三) **拋砂（Sand sling）**：以壓縮空氣將砂自漏斗中吹下而鑄模。

三、 機械製模的主要程序

調砂 ⟶ 製造鑄模 ⟶ 澆模 ⟶ 鑄件清理(脫砂) ⟶ 模砂之回收

四、 機械製模機之種類

(一) **震搗製模機**：機上裝有可調整之砂策升稍，砂模台上可容納各種尺寸的砂箱。

(二) **震搗擠壓製模機**：利用震搗及擠壓兩種同時作用而製模的設備。

(三) **拋砂機**：型砂由機架上之砂斗中供給到輸送帶上；然後送到轉輪上，將型砂投擲於砂箱內，因拋擲出去的砂，力量相同，可得錘實均勻的砂模。

(四) **拔模機**：複雜模型自砂模中取出較難，有破壞之處，故用拔模機拔模。

(五) **翻箱機**：兼有翻轉及拔模兩功用。

五、 機械製模之優點

(一) 節省勞力，適於大量生產。

(二) 取模精確，不易損壞砂模。

(三) 模砂由機械振動，緊密度均勻，品質一致。

(四) 製模技術部份移植於機械上，操作者之技術要求可不用過高。

3-6　特殊鑄造法

一、金屬模鑄造法

(一) **金屬模鑄造法特性：**

1. 金屬模為永久模子，可重複使用。
2. 金屬模適用於低熔點非鐵金屬之中、小型鑄件的大量生產。
3. 鑄品之形狀準確而精光，模具堅固耐用，但模具成本高。
4. 鑄件較砂模鑄件精度高。
5. 熔融金屬注入金屬模的速度較砂模鑄造法快。

(二) **金屬模鑄造法主要方法：**

1. **壓鑄法：**
   (1) 壓鑄為金屬模中最常用者，利用高壓鑄造。
   (2) 只能用於低溫（低熔點）金屬之鑄造。
   (3) 目前工業產品壓鑄件所採用最多之金屬為鋁或鋅及其合金。
   (4) 壓鑄法分類：熱膛壓鑄法及冷膛壓鑄法。
   (5) 熱膛（熱室）壓鑄法：熔化設備在壓鑄機內，適用於熔點較低之鉛、鋅、錫等金屬之鑄造。
   (6) 冷膛（冷室）壓鑄法：熔化設備在壓鑄機外，適用於熔點稍高之鎂、鋁、銅等金屬之鑄造。冷室法常用於大量製作高精度的鋁、鎂合金零件，如筆記型電腦與手機等產品。
2. **低壓式永久模鑄造法：**模穴抽成真空，鑄件品質純，尺度精確。
3. **重力式永久模鑄法：**利用本身重量，不需特別設備，成本低。
4. **瀝鑄法：**將熔融金屬液，澆鑄於模穴內，趁中心部份尚未凝固時須即刻傾倒熔液，形成中空鑄件，可節省材料。瀝鑄法常用於製造玩具、人像及藝術品等。
5. **加壓鑄造法：**綜合重力與瀝鑄法二者合併，常用於形狀複雜之成品如裝飾品。

二、離心力鑄造法

(一) **離心力鑄造法特性：**

1. 離心力鑄造法是將熔融之金屬注入旋轉中之鑄模內。
2. 鑄造管狀或輻射式鑄件。
3. 市面上之鑄鐵管、氣缸、襯套、齒輪均可以此法製造。
4. 利用離心力，可不用心型（砂心），解決了心型製作之困難。

5. 不需澆口、冒口，熔融之金屬需要量較少。
6. 可節省高級材料改善材質。
7. 離心力鑄造時純金屬首先拋於外表，而內部有雜質。

(二) **離心力鑄造法主要方法：**
1. **真離心力鑄造法：**適用於製造管子、襯套及其他有中空對稱軸之製品。長管子採用水平式。若為垂直式，其斷面形成拋物線狀，且厚度不均。
2. **半離心力鑄造法：**離心力旋轉數度較慢，鑄件皆為實心，但中央部份有雜質，如火車鐵輪子。
3. **離心力加壓鑄造法：**並不一定限制對稱形狀之鑄件，不規則形狀者最適宜。

三、 精密或包模鑄造法（又稱脫蠟法）
(一) **精密或包模鑄造法特性：**
1. 以低熔點的模型（以蠟為主），由包模材料包圍。
2. 可以鑄造形狀複雜熔點高有內凹的鑄件
3. 成品如高爾夫球桿頭、噴射引擎之渦輪葉片、佛像、假牙等。
4. 鑄件之形狀準確，尺度精密，可得到表面光滑且無分型線的鑄件。
5. 最適合於熔點高小鑄件的製作。
6. 鑄造成本高，需要心型之鑄件，處理困難。

(二) **精密或包模鑄造法主要方法：**
1. **去蠟式精密鑄造法：**常用於鑲牙、假牙或藝術品的複製。
2. **瓷殼模法：**模型以蠟或低熔點塑膠製作，可製成薄件產品。
3. **石膏模法：**只能澆鑄非鐵金屬，常用於用鋁、鋅等材料。通氣性及絕熱性最佳，石膏模法以含水量控制孔隙大小。
4. **殼模法：**將乾矽砂及酚醛樹脂（電木）混合。適宜小件鑄件砂心之大量生產。
5. **CO_2模法：**將乾而純之矽砂與5～6%之矽酸鈉（水玻璃）混合後再吹CO_2進入。其缺點為舊砂不能再重複使用。最適宜形狀複雜，表面精光工件。

四、 連續鑄造法
(一) 連續鑄造法是將熔融之金屬，連續澆鑄於鑄模，鑄模具有冷卻凝固之設施，然後再將金屬以壓力抽出，則得所欲鑄之鑄件。

(二) 通常採用水冷卻式石墨模為主。

(三) 常用於大煉鋼廠，大量生產用。

(四) 效率最高，用於大量生產。

牛刀小試

( ) **1** 有關各種離心鑄造法之敘述，下列何者不正確？ (A)離心鑄造法因離心力作用，金屬填充能力佳 (B)真離心鑄造法不需砂心即可獲得中空鑄件 (C)半離心鑄造法廣泛應用於不對稱鑄件之鑄造 (D)離心加壓鑄造法適用於形狀複雜鑄件之鑄造。 【106統測】

( ) **2** 有關金屬管製造方法的敘述，下列何者不正確？ (A)銲接法適用製造有縫鋼管 (B)擠製法適用於鉛、鋁等非鐵金屬管材之製造 (C)半離心鑄造法適用製造鑄鐵管 (D)穿孔法適用製造無縫鋼管。 【109統測】

── 解答與解析 ──

1 (C)。半離心鑄造法廣泛應用於形狀對稱之較大型鑄件之鑄造，如火車車輪。

2 (C)。真離心鑄造法適用製造中空鑄鐵管。

3-7 金屬熔化及澆鑄

一、金屬的熔化

(一) 金屬的熔化爐有熔鐵爐 (cupola furnace)、坩堝爐 (crucible furnace) 及感應電爐 (induction furnace) 三種，其中以熔鐵爐最常用。

(二) 熔鐵爐的構造簡單、維護容易，且可以連續出鐵，廣用於灰鑄鐵及可鍛鑄鐵的熔煉，是一種最經濟的熔煉爐。

(三) 熔鐵爐規格以熔鐵速率表示。

二、澆鑄溫度

(一) 澆鑄溫度：為熔液進入砂模前之瞬間溫度。

(二) 澆鑄溫度太高：易造成模砂熔燒、易造成縮孔現象、易造成鑄件內含氣泡。

(三) 澆鑄溫度太低：易形成金屬液滯流現象。

(四) 澆鑄溫度應高於金屬熔點10～20%左右，以保證金屬液在充滿模穴之前不凝固。

(五) 而溶解溫度應高於澆鑄溫度50℃～100℃左右，以便完成後作各種爐前的處理工作。

三、澆鑄速度

速度太快	速度太慢
砂模容易被沖潰破壞，且捲進去的氣體不易排出會造成氣孔。	會造成鐵水滯流而無法鑄滿模穴。

四、金屬澆鑄注意事項

(一) 高溫流動性好，適於澆鑄薄件及複雜形狀鑄件。

(二) 薄的工件比厚的工件應使用較高溫度來澆鑄，且應提高澆鑄速率。

(三) 金屬熔液溫度可以用紅外線溫度計測定。

(四) 目測法亦可判定鑄鐵金屬液溫度，若顏色愈亮白，則表示溫度愈高。

(五) 光高溫計可在未與金屬液接觸的情況下，藉助金屬液之顏色來量測其溫度。

(六) 利用浸入式熱電偶高溫計來量測溫度時，可直接插入金屬液並顯示出溫度。

(七) 紅外線測溫計可透過金屬液所放出的可見光與輻射，來量測金屬液的溫度。

3-8 鑄件之清理與檢驗

一、鑄件的清理

(一) 鑄砂清理包括鑄件澆口去除、毛邊等之去除、流路系統的切除等。

(二) 清理鑄鐵或鑄鋼可用鋼珠噴光。

(三) 清理非鐵金屬，由於材質軟，宜用矽砂噴洗。

(四) 簡單鑄件的澆口，可在進模口上鋸切一缺口後，用鐵鎚敲擊而去除。

二、鑄件的檢驗方法

破壞試驗	拉伸試驗、硬度試驗、衝擊試驗、金相顯微試驗、火花試驗、疲勞試驗。
非破壞試驗	外觀檢驗、尺度檢驗、X放射線探測法、超音波探測法、滲透探測法、磁粉探測法、敲擊音響試驗。

三、非破壞試驗

(一) 表面：外觀檢驗、尺度檢驗、滲透探測法、磁粉探測法。

(二) 內部：超音波探測法、X射線探測法。

四、注意事項

(一) X光放射線探測法及超音波探測法主要檢驗內部組織。

(二) 滲透及磁粉探測法主要檢驗外表面。

(三) 鑄件的液體滲透檢驗法，屬於檢查鑄件表面缺陷的一種非破壞性檢驗法。

(四) 鑄件的磁粉檢驗法，可用於檢查鋼鐵物體表面及表面近層的缺陷。

牛刀小試

(　　) 下列何者不屬於鑄件非破壞性檢驗的方式？　(A)音響試驗 (B)磁粉檢驗　(C)金相顯微檢驗　(D)超音波檢驗。　【107統測】

──── 解答與解析 ────

(C)。 金相顯微檢驗必須將試件切割下一小片後用砂紙研磨再經拋光，屬於鑄件破壞性檢驗的方式。

考前實戰演練

( ) **1** 品質較好的鑄砂不須具備： (A)透氣性 (B)耐熱性 (C)強度 (D)流動性。

( ) **2** 鑄型（鑄模）所用的材料是以： (A)鋁金屬 (B)聚苯乙烯 (C)石膏 (D)模砂 為主。

( ) **3** 鑄造模型，常用何種材料製作？ (A)聚苯乙烯 (B)金屬 (C)石膏 (D)木材。 【統測】

( ) **4** 砂心又稱為心型，下列有關其用途之敘述，何者正確？ (A)加重鑄件壓力，使金屬組織緻密 (B)補給收縮所需金屬液 (C)使熔渣排除 (D)形成鑄件的中空部分。 【統測】

( ) **5** 下列關於鑄造及鑄件之敘述，何者不正確？ (A)鑄鋼之收縮裕度較鑄鐵者大 (B)脫臘鑄造可以不考慮拔模斜度 (C)砂模鑄造時，可利用砂心形成鑄件之中空部份 (D)砂模鑄造時，一般至少需準備模砂、鑄件及模型（或稱木模）。 【統測】

( ) **6** 在製作木模時，下列何種材料的鑄件應加放最大的收縮裕度（shrinkage allowance）？ (A)鑄鐵 (B)鑄鋼 (C)鋁合金 (D)黃銅。

( ) **7** 金屬鑄造時，若僅考慮凝固時體積收縮之因素，在製作模型時除了收縮裕度外還需考慮： (A)拔模裕度 (B)加工裕度 (C)變形裕度 (D)振動裕度。

( ) **8** 下列何種模型裕度在鑄造時需將模型縮小？ (A)變形裕度 (B)搖動裕度 (C)加工裕度 (D)收縮裕度。 【統測】

( ) **9** 鑄造作業所使用之模型中，消散模型於澆鑄前不必自鑄模中取出，其最常使用之材料為： (A)木材 (B)金屬 (C)水銀 (D)聚苯乙烯。 【統測】

( ) **10** 製作消散模型時，下列何者不需考慮？ (A)收縮裕度 (B)加工裕度 (C)拔模及震動裕度 (D)變形裕度。 【統測】

(　　) **11** 關於鑄造，下列敘述何者<u>不正確</u>？　(A)一般而言，鑄件的收縮裕度約為每呎1英吋　(B)以木材製作模型，必須考慮收縮裕度　(C)塑膠模型可用於精密鑄造法　(D)影響加工裕度之因素，包括金屬的種類及鑄件設計等。　　　　　　　　　　　【統測】

(　　) **12** 蠟可用來製造可消散模型，應用於脫蠟鑄造法，其在製作時<u>不必</u>考慮下列那一種裕度？　(A)收縮裕度　(B)加工裕度　(C)振動裕度　(D)變形裕度。　　　　　　　　　　　　　　　　　　【統測】

(　　) **13** 為減少鑄件收縮時引起龜裂，因此常將木模之轉角處作成何種形狀？　(A)圓弧狀　(B)階梯狀　(C)斜角狀　(D)鋸齒狀。　　　【統測】

(　　) **14** 下列四種材料常被用來製作模型（Pattern），在造模完成後，何者可以不需要從鑄模（Casting mold）中先被移除，因而產生空穴，然後再進行熔融金屬液澆鑄（Pouring）的步驟？　(A)檜木　(B)鋁合金　(C)蠟　(D)聚苯乙烯（PS）。　　　　　　　【統測】

(　　) **15** 砂模鑄造時，將模型的尺度製作成比鑄件稍大，最主要理由是考慮到下列何種模型裕度？　(A)收縮裕度　(B)拔模裕度　(C)變形裕度　(D)振動裕度。　　　　　　　　　　　　　　　　　【統測】

(　　) **16** 下列有關鑄造、鍛造、及銲接加工之敘述，何者較<u>不正確</u>？
(A)鍛造較不適於形狀複雜之大型工件，若工件數量少時可改以銲接替代鍛造
(B)工件採銲接加工雖容易產生殘留應力，但變形甚小，可以忽略
(C)銲接作業不需要砂心及木模，故所需之作業空間較鑄造小
(D)精密脫臘鑄造通常較適於高熔點之小工件。　　　　　　　【統測】

(　　) **17** 呋喃製鑄型時，常以何者為加速劑？　(A)鹽酸　(B)磷酸　(C)砂酸　(D)碳酸。

(　　) **18** 下列哪一種鑄模可以重複使用？　(A)金屬模　(B)砂模　(C)石膏模　(D)瓷殼模。

(　　) **19** 專用於製造砂心，而且可用於形狀複雜之鑄件的是？　(A)泥土模　(B)乾面模　(C)二氧化碳模　(D)金屬模。

( ) **20** 取50公克模砂做水份含量試驗，經烘乾後稱得殘餘重量為46.51公克，則測得模砂之含水份為： (A)3.49% (B)4.98% (C)4.49% (D)6.98%。

( ) **21** 翻砂鑄造所用之基本模砂，其主要原料是： (A)矽酸鈉 (B)矽酸鈣 (C)氧化矽 (D)氧化鋁。

( ) **22** 有關模砂性質，下列敘述何者正確？ (A)較粗的砂，則砂模透氣性較差 (B)較粗的砂，可得較佳鑄件表面光度 (C)砂的含水量愈少，其結合強度愈高 (D)新砂的性質較舊砂為佳。 【統測】

( ) **23** 關於砂模製造作業，下列敘述何者<u>不正確</u>？ (A)模砂（molding sand）內常添加一些木粉，其作用為減低砂模的膨脹與防止金屬氧化 (B)模砂主要的成分為氧化鋁（Al_2O_3）顆粒，配合適量的黏土（clay）和水 (C)砂心砂（core sand）通常是用矽砂、鋯砂或鉻砂、黏結劑混合而成 (D)常用的分型砂（parting sand）為不含黏土及其他黏結劑的純矽砂。 【統測】

( ) **24** 有關砂模（Sand mold），下列敘述何者正確？ (A)砂模係利用矽砂（又稱模砂）來造模，矽砂的主要成分為碳化矽（SiC） (B)砂模需具有適當的強度，因此須對模砂進行各種強度試驗，其中以抗壓試驗最為重要 (C)砂模流路系統中的澆口（又稱澆道），一般為上小下大之直立錐孔形式 (D)砂模流路系統中的冒口位置，通常是設置在鑄件最小斷面處的正上方。 【統測】

( ) **25** 二氧化碳模係： (A)將砂與矽酸鈉混合成型後再通以CO_2 (B)將砂、矽酸鈉與液化之CO_2混合造模 (C)以矽酸鈉做成模型再通以CO_2使之硬化 (D)細砂摻入樹脂，成型後再通入CO_2使強度增加。 【統測】

( ) **26** 鑄件之中空部分或其外型凹入部分，造模時難以順利製出時，可以利用一種嵌入件來達成，此嵌入件稱為： (A)砂心 (B)鬆件 (C)塞塊 (D)擋塊。

( ) **27** 在砂模流路系統，用以減緩熔漿（液）流速，避免渦流擾動形成的是： (A)澆槽（澆池） (B)澆口 (C)流道與鑄口 (D)冒口。

( ) **28** 鑄造時應在砂模上開一澆注金屬之澆口,最佳位置為? (A)砂模孔正上方 (B)距砂模孔25mm處 (C)距砂框25mm處 (D)砂框四角上。

( ) **29** 補充金屬液收縮不足之冒口位於: (A)溫度最低處 (B)溫度最高處 (C)最大斷面處 (D)最小斷面處。

( ) **30** 砂模鑄造中,下列敘述何者不為冒口之目的? (A)鑄件收縮時,補充金屬液之用 (B)排除氣體之用 (C)排除低溫不潔的金屬液之用 (D)容易澆鑄。

( ) **31** 砂模的流路系統中,那一部分具有補充收縮、排氣、除渣、檢視金屬液是否充滿的功能? (A)溢放口(flow off) (B)通氣孔(vent) (C)冒口(riser) (D)流道(runner)。 【統測】

( ) **32** 關於砂模之造模作業,下列敘述何者不正確? (A)普通砂模是以黏土為黏結劑,一般可分為濕砂模、乾砂模、表面乾砂模及泥砂模等 (B)特殊砂模是以黏土以外之材料為黏結劑,如水玻璃及各種樹脂等 (C)在造模作業中,為了形成特殊之內部形狀,必須使用砂心 (D)CO_2模中為了提高通氣的效果,模砂的顆粒應愈細愈好。 【統測】

( ) **33** 下列敘述,何者不是冒口的功用? (A)使砂模內之氣體較易排出 (B)為了使冒口四周較慢凝固,並提高冒口之補充能力,可在冒口頂端或四周放置冷激塊 (C)可排除殘渣 (D)補充鑄件較厚部分所需之金屬熔液。 【統測】

( ) **34** 關於砂心應具備性能,下列敘述何者不正確? (A)要有足夠之強度,在澆注時不會破壞 (B)應具備密不通氣的結構 (C)應能使鑄件內孔表面保持清潔而平滑 (D)在清砂步驟中應易於去除。 【統測】

( ) **35** 有關砂心,下列敘述何者正確? (A)濕砂心係於製作砂模時,與砂模同時製作完成 (B)砂心表面應做成粗糙面,以增加金屬附著力 (C)與砂模比較,砂心應有較高強度,故應使之密實,無孔隙 (D)在砂心表面塗上一層水玻璃液,可以增加耐熱度。 【統測】

( ) **36** 有關鑄造使用之冒口（Riser），下列何者<u>不是</u>其最主要的功用？
(A)有助於排渣與排氣
(B)加速鑄件之冷卻速度
(C)可觀察鑄造模穴內之金屬熔液是否灌滿
(D)保持部分熔融金屬維持液態，以補充鑄件凝固收縮所需金屬
熔液。　　　　　　　　　　　　　　　　　　　【統測】

( ) **37** 鑄鐵零件利用砂模鑄造時，設置冒口之主要功能為何？　(A)補
充鑄鐵熔液防止縮孔　(B)幫助鑄鐵熔液進入豎澆口　(C)排出冷
鑄鐵液　(D)防止鑄鐵熔液產生亂流。　　　　　　　【統測】

( ) **38** 有關各種離心鑄造法之敘述，下列何者<u>不正確</u>？
(A)離心鑄造法因離心力作用，金屬填充能力佳
(B)真離心鑄造法不需砂心即可獲得中空鑄件
(C)半離心鑄造法廣泛應用於不對稱鑄件之鑄造
(D)離心加壓鑄造法適用於形狀複雜鑄件之鑄造。　　【統測】

( ) **39** 關於機械製模之優點，下列敘述何者<u>不正確</u>？　(A)操作者之技術
要求較高　(B)模砂由機械振動，緊密度均勻，品質一致　(C)節
省勞力，適於大量生產　(D)在清砂步驟中應易於去除。　【統測】

( ) **40** 下列何者<u>不為</u>機械製造模機之種類？　(A)拔模機　(B)翻箱機
(C)砂心機　(D)震搗製模機。　　　　　　　　　　　【統測】

( ) **41** 包模法又稱為：　(A)離心鑄造法　(B)真空鑄造法　(C)脫蠟法
(D)壓鑄法。

( ) **42** 將熔融金屬液，澆鑄於模穴內，趁中心部份尚未凝固即行倒出
之鑄造法為：　(A)包模鑄造法　(B)CO_2硬化模法　(C)瀝鑄法
(D)殼模法。

( ) **43** 鑄模中通氣性與絕熱性最佳的模型為：　(A)砂模　(B)CO_2模
(C)石膏模　(D)金屬模。

( ) **44** 連續鑄造法的冷卻方式大都採用：　(A)水冷式　(B)油冷式
(C)空氣冷卻　(D)爐冷式。

(　　) **45** 殼模鑄造中，製造殼模的原料為乾矽細砂和：　(A)水玻璃　(B)焦碳粉　(C)瀝青粉　(D)酚樹脂。

(　　) **46** 以垂直式真離心鑄造法製造之管，其內徑易成：　(A)螺旋線　(B)拋物線　(C)雙曲線　(D)漸開線。

(　　) **47** 下列何者<u>不是</u>離心鑄造法之優點？
(A)鑄件外表面機械性能佳　　(B)可直接獲得中空鑄件
(C)金屬填充能力佳　　　　　(D)內表面光滑度佳，尺度準確。

(　　) **48** 中華民國鋼鐵公司所生產的鋼胚是採用下述何種方法來鑄造？
(A)離心力鑄造法　(B)連續鑄造法　(C)包模鑄造法　(D)壓鑄法。

(　　) **49** 噴射引擎之渦輪葉片、假牙，最適合用何種方法製造：
(A)離心鑄造法　　　　　(B)脫蠟鑄造法
(C)瀝鑄法　　　　　　　(D)壓鑄法。　　　　【統測】

(　　) **50** 有關金屬模鑄造法，下列敘述何者<u>不正確</u>？　(A)主要用於低熔點合金的壓鑄　(B)所得鑄件表面光滑　(C)模具成本較低　(D)適合大量生產。　　　　【統測】

(　　) **51** 下列鑄造方法中，何者<u>不屬於</u>包模鑄造法？　(A)石膏模法　(B)去蠟法　(C)壓鑄法　(D)二氧化碳硬化模法。　　　　【統測】

(　　) **52** 下列敘述何者正確？
(A)壓鑄法之金屬模費用高，不適合大量生產
(B)壓鑄法僅適用於較低熔點之合金或金屬的鑄造
(C)壓鑄法的鑄件較砂模鑄件精度低
(D)壓鑄法熔融金屬注入金屬模的速度較砂模鑄造法慢。　　【統測】

(　　) **53** 長鑄鐵管適用下列何種方法鑄造？　(A)垂直式真離心鑄造法　(B)水平式真離心鑄造法　(C)垂直式半離心鑄造法　(D)水平式半離心鑄造法。　　　　【統測】

(　　) **54** 不鏽鋼高爾夫球桿頭形狀複雜，熔點高，適合用下列那種方法？
(A)石膏模鑄造法　(B)瓷殼模脫蠟鑄造法　(C)壓鑄模鑄造法　(D)瀝鑄法。　　　　【統測】

( ) **55** 以蠟製作蛋形工件，其方法可將雞蛋內部掏空，灌入熔融的蠟，俟其表面稍微凝固後，將中央尚未凝固之蠟倒掉，再將蛋殼打破，即可得到蛋的蠟薄殼造型。針對這種鑄造方法，下列敘述何者正確？
(A)這是脫蠟製造法（lost wax casting）的應用
(B)這是陶瓷殼模法（ceramic shell process）的應用
(C)這是低壓模製造法（low pressure mold casting）的應用
(D)這是瀝鑄法（slush casting）的應用。　　　【統測】

( ) **56** 大量製作高精度的鋁合金機車零件，最適合用下列那一種鑄造法？
(A)冷室壓鑄法（Cold chamber die casting）
(B)熱室壓鑄法（Hot chamber die casting）
(C)重力永久模鑄造法（Gravity permanent mold casting）
(D)瀝鑄法（Slush casting）。　　　【統測】

( ) **57** 下列關於鑄造之敘述，何者<u>不正確</u>？　(A)造砂模時，鑄件之中空部分是以砂心來達成　(B)金屬模之造模成本較砂模高，故大量之小形鋁鑄件，宜採砂模鑄造　(C)砂心須有足夠之強度，以承受澆鑄金屬熔液之壓力　(D)砂模鑄件之冒口（riser）採上大下小，乃是有利於清理鑄件時截斷。　　　【統測】

( ) **58** 下列有關離心鑄造法的敘述，何者正確？　(A)適用的鑄件為中空件，但不一定要為對稱件　(B)長管鑄件使用水平式離心鑄造法要比垂直式離心鑄造法適當　(C)短管鑄件須有冒口及砂心的設計　(D)所得到的鑄件組織，其外壁比內部鬆散，且雜質大都存在外壁。　　　【統測】

( ) **59** 脫蠟鑄造法（lost wax casting）使用之「蠟」，其用途相當於砂模鑄造法中之下列何種組件？
(A)模砂（molding sand）　　(B)砂模（sand mold）
(C)砂箱（molding flask）　　(D)模型（pattern）。　　　【統測】

( ) **60** 鎂合金之比重較輕，且具電磁遮蔽性，下列加工方法何者較常用於筆電與手機等產品？　(A)沖壓法　(B)切削法　(C)壓鑄法　(D)輥壓法。　　　【統測】

( ) **61** 下列何者係將熔融金屬液澆鑄於模穴內，在中心部分尚未凝固前，立即倒出未凝固的熔液，以形成中空鑄件的鑄造法？ (A)殼模法 (B)瀝鑄法 (C)包模鑄造法 (D)低壓鑄造法。 【統測】

( ) **62** 熔液進入砂模前之瞬間溫度稱為澆鑄溫度，下列敘述何者<u>不正確</u>？ (A)溫度太高，易造成模砂熔燒 (B)溫度太高，易造成縮孔現象 (C)溫度太低，易造成鑄件內含氣泡 (D)溫度太低，易形成金屬液滯流現象。

( ) **63** 下列有關金屬澆鑄的敘述，下列敘述何者<u>不正確</u>？
(A)金屬熔液溫度可以用紅外線溫度計測定
(B)澆鑄速度太快會破壞砂模
(C)澆鑄速度太慢會造成金屬液滯流而無法充滿模穴
(D)與厚的工件比較，薄的工件應使用較低溫度來澆鑄。 【統測】

( ) **64** 關於鑄造時金屬液的溫度量測與判定，下列敘述何者<u>不正確</u>？
(A)利用直接目測法亦可判定鑄鐵金屬液溫度，若顏色愈白，則表示溫度愈低 (B)光高溫計可在未與金屬液接觸的情況下，藉助金屬液之顏色來量測其溫度 (C)利用浸入式熱電偶高溫計來量測溫度時，可直接插入金屬液並顯示出溫度 (D)紅外線測溫計可透過金屬液所放出的可見光與輻射，來量測金屬液的溫度。 【統測】

( ) **65** 下列何者為非破壞性檢驗？ (A)疲勞試驗法 (B)硬度試驗法 (C)拉力試驗法 (D)磁粉檢驗法。

( ) **66** 關於鑄造作業，下列敘述何者<u>不正確</u>？ (A)簡單鑄件的澆口，可在進模口上鋸切一缺口後，用鐵鎚敲擊而去除 (B)鑄件的液體滲透檢驗法，屬於檢查鑄件表面缺陷的一種非破壞性檢驗法 (C)鑄件的磁粉檢驗法，可用於檢查鋼鐵物體表面及表面近層的缺陷 (D)非鐵的鑄件由於材質較軟，可用鋼珠噴擊以提高其表面光度和硬度。 【統測】

( ) **67** 下列關於鑄件之檢驗法中，何者不屬於非破壞性檢驗？
(A)沖擊試驗 (B)螢光滲透液檢驗
(C)放射線檢驗 (D)磁粉檢驗。 【統測】

(　) **68** 製造鋁鎂合金筆記型電腦的金屬外殼時，宜使用下列哪一項製造
技術組合？
(A)壓鑄模鑄造法配合CNC銑削
(B)CNC車削配合CNC銑削
(C)擠製成型配合CNC銑削
(D)沖壓成型配合CNC銑削。　　　　　　　　　　　　　　【統測】

(　) **69** 不用砂心或心型（Core）即可製作薄壁中空鑄件之鑄造方法為？
(A)壓鑄法　　　　　　　　　(B)瀝鑄法
(C)石膏模鑄法　　　　　　　(D)砂模鑄法。　　　　　　【統測】

(　) **70** 下列何者<u>不是</u>良好的鑄件模型（木模）設計所需考慮的裕度？
(A)收縮裕度　　　　　　　　(B)加工裕度
(C)變形裕度　　　　　　　　(D)腐蝕裕度。　　　　　　【統測】

(　) **71** 有關鑄件模型設計原則之敘述，下列何者<u>不正確</u>？
(A)鑄件內外尖角處應改成圓角
(B)鑄件應避免斷面變化大
(C)鑄件輪輻之輻條設計數目應為偶數
(D)鑄件肋條應避免十字交叉。　　　　　　　　　　　　　【統測】

(　) **72** 工作母機之床體部分通常以鑄鐵材料製造，其目的在於：
(A)較為便宜　　　　　　　　(B)設計容易
(C)具有吸震作用　　　　　　(D)易於修理。

(　) **73** 下列敘述何者<u>不正確</u>？
(A)金屬種類影響加工裕度
(B)金屬種類影響收縮裕度
(C)澆鑄溫度影響拔模斜度
(D)可消失模型不需考慮拔模及振動裕度。

(　) **74** 為減少鑄件收縮時引起龜裂，應在鑄件轉角處作成：　(A)銳角
(B)倒角　 (C)圓角　 (D)肩角。

(　) **75** 一般鑄件的加工裕度約為：
(A)1～2 mm　　　　　　　　(B)3～5 mm
(C)6～8 mm　　　　　　　　(D)9～11 mm。

第4單元　塑性加工

重點導讀

「塑性加工」也是統測必考的章節，大概可分為三大類：熱作、冷作及沖壓加工，同學們必須了解哪種加工法為熱作，哪種加工法為冷作及冷熱作加工法可做什麼工件，必須詳細了解，另外沖壓加工中連續沖模（級進模）與複合模的差異處，同學們也必須確實了解，加油！

4-1　塑性加工介紹

一、塑性加工

(一) 當外力除去後，不可恢復原來形狀，稱為塑性

(二) 塑性加工包含冷作、熱作，為改變材料形狀或性質之非切削加工方法。

(三) 塑性加工利用材料可塑性的特質，給予超過彈性限界的應變，在機械加工中包含有鍛造、軋延、抽拉、擠壓、剪斷、彎曲、輥製、摺縫等皆屬塑性加工。

(四) 進行塑性加工應使工件材料之受力大於屈服強度（降伏強度）而小於極限強度（抗拉強度）。

(五) 經過任何塑性加工製程所形成之鋼鐵稱之為熟料鋼或熟料鐵。

(六) 塑性加工的分類：

熱作：金屬加工過程在再結晶溫度以上實施者。

冷作：金屬加工過程在再結晶溫度以下實施者。

(七) 冷作與熱作優先順序：為了使外形改變迅速，同時又可得光滑的表面，一般採用先熱作（較省力）再冷作（較精光）。

二、再結晶溫度

(一) 使材料變硬變脆之效應產生加工硬化及殘留應力，稱為應變硬化或稱加工硬化。

(二) 冷作會產生殘留應力、應變硬化及加工硬化，使晶粒除去因加工而存下之殘留應力之最低溫度，稱為再結晶溫度。

(三) 再結晶溫度以絕對溫度（K）（凱氏溫度）表示時，再結晶溫度約為熔點溫度的0.4倍左右。

小叮嚀

$K = {}^\circ C + 273$

(四) 常用金屬之再結晶溫度：鋼：510℃～720℃。鐵：450℃。鉛：低於20℃。鋅：20℃。鋁：150℃。銅：200℃。

三、熱作

(一) **熱作特點：**

1. 係將金屬加熱到再結晶溫度或硬化工作溫度範圍以上加工方法。

2. 由於金屬在高溫狀態時失去其強度及剛性，故熱作可以極小之力，便可使材料塑性變性，得到無應變之晶粒組織。

3. 熱作後冷卻會生收縮變形，無法得到精確及光滑的成品。

4. 熱作的主要方法：(1)滾軋；(2)鍛造；(3)擠製；(4)製管；(5)抽製或壓凹；(6)熱旋造；(7)特殊加工法。

(二) **熱作的優點：**

1. 可消除大部金屬之隙孔，如鋼錠鑄造時氣孔之消除。

2. 可消除金屬內部之雜質，因而導電性增加，電阻變小。

3. 改變金屬之結晶顆粒（粗變細）之組織，使材料組織均勻化。

4. 增加金屬之延展性、抗衝擊性及強韌性等。

5. 在塑性狀態極易改變鋼之形狀。

6. 熱作所需力量較冷作小。

(三) **熱作的缺點：**

1. 因金屬在高溫度具有迅速之氧化作用，致使金屬表面積垢（鏽皮）精光不良，影響公差的準確性。

2. 熱作之設備及維護費用高。

四、冷作

(一) 冷作特點：

1. 冷作係在<u>再結晶溫度下之低溫或室溫</u>，對金屬實施加工者。
2. 冷作會產生殘留應力、應變硬化及加工硬化，
3. 冷作主要主要方法：抽製加工、壓擠、擠製、珠擊、高能量成形等。

(二) 冷作的優點：

1. <u>硬度及強度增加</u>，但延展性降低。
2. 能<u>增進表面精光度及切削性</u>。
3. 可維持<u>精密的尺度公差</u>。
4. 大結晶的金屬較易實施，因其延展性高。

(三) 冷作的缺點：

1. 結晶粒發生畸變或破裂，導電性降低，電阻變大。
2. <u>冷作後材料的再結晶溫度升高。</u>
3. 冷作後材料產生殘留應力，可以利用熱處理消除之。（<u>可藉製程退火消除</u>）

牛刀小試

(　　) 與熱作加工比較，下列何者<u>不是</u>金屬材料冷作加工的主要效應？　(A)可增加強度及硬度　(B)可增加尺寸精度　(C)會增加殘留應力　(D)使材料組織均勻化。　　　　【107統測】

――― **解答與解析** ―――

(D)。使材料組織均勻化為熱作加工的主要效應。

`4-2` 金屬之熱作

一、滾軋（滾壓）

(一) 滾軋（滾壓）加工：

1. 滾軋（Rolling）係將金屬材料置入<u>兩個反方向</u>轉動的滾輪之間，藉摩擦力的帶動而前進。

2. 凡是斷面相同之鋼料，皆以滾軋加工為主，加工速度為金屬熱作中最快，有再結晶的作用，可使晶粒細化。

3. 滾軋常用於製造鋼筋、鋼板、角鋼、型鋼（T、L、H、I型）等。

4. 滾軋鋼板時金屬材料的斷面積逐漸減少（厚度減少）。

5. 冷軋法比熱軋法可獲得較高的尺度精度及表面品質。

6. 軋鋼錠在熱加工範圍施工，由於再結晶作用可使晶粒細化。

(二) **滾軋方式：**

1. 鋼錠溫度約為1200℃鋼錠自燜爐送至軋鋼機。先軋成中塊、小塊、扁塊等中等成品，然後再軋成最後形狀。

2. 將方錠塊、粗錠塊及扁鋼塊，加工成板狀、片狀、條狀、建築鋼筋形狀或箔狀。

(三) **滾輪裝置不同可分類：**

雙重往復式	滾子只有兩個，可作正反兩面之滾動，最為常用。
三重往復式	三滾輪重疊，可連續滾軋，故速度較快，生產量高。
四重及叢集式	負荷較大。

二、鍛造（Forging）

(一) **鍛造加工：**

1. 鍛造（Forging）加工是藉著沖擊或擠壓的方式，將材料以塑性變形方式轉換成另一種形狀的工件。

2. 鍛造工作適於加工延展性材料，如低碳鋼塊、合金鋼板、二種相容之鋼材。

3. 鍛造工作不適於加工脆性材料，如鑄鐵、粗石墨棒材。

4. 鍛造加工常用於機械上製造各種工具如扳手、起子等。

5. 鍛造加工常用於機械上製造高強度耐沖擊機件，如曲柄、連桿等。

(二) **鍛造加工分類：**

熱鍛 ||||||||||||||||||||||||||| **溫鍛** ||||||||||||||||||||||||||| **冷鍛**

1. **熱鍛**：加熱至再結晶溫度以上，<u>易於在鍛模中成型</u>。
2. **冷鍛**：材料在室溫（18℃～25℃）加工者是為冷間鍛造，會引起加工硬化（殘留應力、應變硬化），須<u>進行製程退火消除此種現象</u>。
3. **溫鍛**：介於二者之間者為溫熱鍛造，係取熱間鍛造及冷間鍛造兩者之優點。

(三)鍛造設備分類：

1. **手錘鍛或鐵匠錘鍛（Hammer or Smith Forging）**：係以手錘鍛或蒸汽錘，生產數量小之零件。
2. **落錘鍛造法（Drop Forging）**：係使熱而軟之金屬在兩模之間以沖擊或壓力而迫使變成模穴形狀。因使用對合鍛模成形，<u>稱為模鍛</u>。
3. **重力落錘（Gravity Drop）又稱板錘機（Board Dammer）**：利用沖柱及模具之重量垂直自由落下時所產生沖擊的力量，作用於鍛模，而實施鍛造者。重力落錘特性：速度快、品質較差。
4. **空氣錘（Compress Air Hammer）**：動力改用壓縮空氣。
5. **沖擊鍛錘（immpact forging hammer）**：利用成<u>相對之二水平汽缸力</u>，作用固定於中間之鍛件，因鍛件兩面受力，故所需之力，較其他鍛造法為低。
6. **端壓鍛法（upset forging）**：廣用於製造彈殼、汽缸。端壓鍛所用之材料長度不得超過其厚斷面<u>直徑之2～3倍</u>以上，否則材料受壓力成彎曲非成型。
7. **壓鍛法（Press Forging）**：利用<u>緩慢之壓力</u>，壓迫金屬塑性變形，速度慢、品質佳。壓床一般均為垂直式。其動力傳達可為液力式或機械式：
   (1)液力式：利用油壓之高壓泵傳達動力產生沖力以鍛打工作物，<u>缺點為速度太慢</u>，完成一次鍛考行程往往在數秒鐘以上。
   (2)機械式：利用偏心凸輪、曲柄、連桿及其他連接機件傳達動力產生沖力以鍛打工作物，適於鍛造外形較薄之鍛件，<u>主要優點為行程長度可以準備控制</u>。
8. **滾壓鍛法（roll forging）**：滾壓鍛法為滾軋與鍛造法之合成，廣用於車輪、刀片、鑿子、鋼板彈簧等機件之鍛造。

(四) **鍛造模具**：

  1. **開模鍛造**：開模鍛造是將金屬胚料放置在上下平面或簡易形狀上下鍛模之間所進行之加壓鍛打加工，又稱自由鍛造或手工鍛造。開模鍛造通常用於<u>少量生產</u>、大型之鍛件及閉模鍛造之預鍛成型。

  2. **閉模鍛造**：閉模鍛造是將金屬完全密封在三度空間的模具之中，藉由鍛機施加之擠壓或沖擊之能量使金屬變形以充滿上下模穴。閉模鍛造適合<u>大量生產</u>，且尺度穩定，造型複雜產品亦適合，故大部分的鍛件均採用閉模鍛造方法。在模具設計、製程變數之控制上較開模鍛造困難，鍛造經驗的累積相當重要。

(五) **鍛造溫度**：

  1. 鍛造時最重要的莫過於<u>鍛造溫度</u>。

  2. 鍛造溫度由火色判別。

  3. 鍛造時加熱溫度太低會使工件產生裂痕。

  4. 鍛造時加熱溫太高會使工件增加鍛件鏽皮、晶粒間喪失結合力、結晶粗大。

  5. 在再結晶溫度以上之溫度所鍛得之鍛件，其晶粒呈多角形。

  6. 碳鋼之鍛造溫度一般約在固相線以下260℃～320℃之間。

(六) **鍛造特別注意事項**：

  1. 冷鍛可維持工件的尺度精度，但會產生工件內部的殘留應力。

  2. 熱鍛可使工件材料的<u>結晶細微化</u>，但易使工件的表面平滑度變差，精光度較差。

  3. 高溫的熱鍛，較<u>適用於抵抗塑性變形強度較高</u>、<u>高韌性的材料</u>。

  4. 常溫下的冷鍛，較適用於<u>精光度較高的材料</u>。

  5. 重力落錘鍛造<u>速度快</u>，<u>而品質差</u>。

  6. 壓力鍛造<u>速度慢</u>，但<u>品質較佳</u>。

  7. 鋼之<u>含碳量愈低</u>者，<u>可鍛性愈好</u>，<u>同時亦容易銲接</u>。

  8. 模鍛造中的上下模塊逐漸接近時，溢出模穴的餘料（flash）將有助於材料完全充滿整個模穴。

  9. 機械式壓鍛機的輸出壓力是由利用偏心凸輪、曲柄、連桿及其他連接機件傳達動力，速度較快。

  10. 油壓式（液力式）壓鍛機的輸出壓力是由高壓泵決定，速度較慢。

(七)**鍛造自動化：**

今日及未來的機械製造程序無不朝自動化邁進，鍛造自不例外，鍛造業努力的方向是朝省力、省人化、高速化、高品質化、低成本化等研究及改善。

三、擠製法（押出）

(一)擠製法（押出）係將金屬加熱至塑性狀態，或成半固體狀態時，置於壓力室，以壓力迫其經過各型之模具孔而得所需之形狀。

(二)擠製法（押出）主要形狀為長條狀或長管狀。

(三)擠製常用於製造圓桿狀、管狀、長條狀、黃銅彈殼、磚塊、鋁門窗（鋁擠型）、空心磚及鉛覆層電纜線等。

(四)擠製法主要分類：

直接擠製法	由對邊擠出。
間接擠製法	由同一邊擠出，較省力。
覆層擠製法	製造電纜線。
沖擊擠製法	製造可壓摺產品，如牙膏管、藥膏管製法。

四、製管

(一)金屬管分有縫管及無縫管兩大類。

(二)無縫管所能承受之壓力較有縫管高，用於高溫及高壓下氣體或液體之輸送。

(三)製管法主要分有縫管之製造法及無縫管之製造法。

(四)有縫管之製造法：以熔接（搭接、對接）、鉚接等方式。

(五)無縫管之製造法主要分：

　　1.**刺穿法**：又稱穿孔法，用於製造鋼管。

　　2.**擠製法**：用於銅、鋁、鉛等低熔點非鐵金屬管，如冷氣機中之銅管，管內徑為心軸外徑。

　　3.**引伸法（Drawing）**：又稱抽製法，用於製造氧氣瓶、圓筒形不鏽鋼杯的製造。

牛刀小試

( ) **1** 有關冷、熱作塑性加工，下列敘述何者<u>不正確</u>？ (A)冷作改變材料形狀之成型力比熱作大 (B)搭接法經常用於無縫管之製造 (C)壓模印（Coining）適合用於軟性金屬之塑性加工 (D)熱作比冷作更能使材料組織均勻化。 【105統測】

( ) **2** 有關金屬管製造方法的敘述，下列何者<u>不正確</u>？ (A)銲接法適用製造有縫鋼管 (B)擠製法適用於鉛、鋁等非鐵金屬管材之製造 (C)半離心鑄造法適用製造鑄鐵管 (D)穿孔法適用製造無縫鋼管。 【109統測】

———— 解答與解析 ————

1 (B)。搭接法經常用於有縫管之製造。

2 (C)。真離心鑄造法適用製造中空鑄鐵管。

4-3 金屬之冷作

一、冷作抽製（抽拉）

(一) 冷作之抽製主要的目的是使產品能得到精確的尺度，光潔的表面及良好的機械性質。

(二) 一般加工以先以熱作（<u>較省力</u>），再冷作（<u>較精光</u>）。其缺點為夾持廢料太多，浪費材料。

(三) 抽製（抽拉）主要分：

　　1. 管抽製加工：用於<u>縮小管徑</u>、<u>注射針頭</u>等加工。

　　2. 線抽製加工：用於<u>鐵絲</u>、金屬線等加工，常採用碳化鎢模具。

二、製箔

(一) 將熔解金屬在壓力作用下，通過噴嘴至冷卻之滾子間，凝成金屬板，再經滾軋而成。

(二) 製箔主要製造薄板材料。

三、金屬旋造（旋壓；鏇壓）

(一) 在旋轉運動中之金屬，利用鈍工具或滾子施壓力，迫使材料成形。通常以簡單之高速車床上加工。

(二) 常用於製造花瓶、茶壺、炊具、樂器、臉盆、漏斗、圓盤等。

四、剪旋造

(一)厚金屬板的旋造，此法金屬受滾軋及擠製的作用。

(二)使材料變薄。

五、拉伸成形

(一)薄而大的金屬板，製造對稱形狀（或雙曲線）之產品。

(二)常用拉伸成形，如汽車板金。

六、壓擠

(一)將材料放置於沖頭與沖模之間，外加壓力或沖力迫使材料成形之
加工法謂之。

(二)壓擠又分：

1.壓印法：又稱鑄幣法，適用於製造硬幣。

2.壓浮花法：適用於名牌、車牌、信用卡等，厚度不變。

3.冷軋：適用於金屬板成形。

4.冷鍛：適用於尺度矯正、鐵釘釘頭之製造。

5.內孔造形：適用於製造內齒輪。

6.鉚接及椿接。

七、彎曲

(一)利用三個直徑相同之滾子組成之輥圓機，可調整三輥輪間之距
離，可得不同直徑成品。

(二)三個滾子之距離愈近，所得圓筒之直徑愈小。

(三)彎曲最易產生彈性回復（彈回）。

八、珠擊法

(一)利用離心力或壓縮空氣，吹動小鋼珠，以高速而密集打擊在金屬
表面上，增進金屬的抗疲勞強度。

(二)珠擊法之主要目的及特性：

1.增加表面硬度。

2.增加抗疲勞抵抗強度。

3.鍛件或鑄件表面的清潔處理。

4.可去除鍛件表面的鏽皮。

5. 改變材料之機械性質。
6. 屬於冷作加工
7. 在表面會產生壓應力。
8. 因有凹痕無法大幅矯正尺度及無法改變形狀公差。

九、 高能量成形（High energy rate forming；簡稱HERF）

高能量成形簡稱HERF是在極短時間內以很高的壓力作用在金屬胚料上，達到造型目的之加工法。分為下類三種：

爆炸成形（explosive forming）

爆炸成形法係使火藥在爆炸的瞬間，所釋放出的能量，藉氣體、液體或固體等介質傳達工件，使胚料快速成型的加工方法，為最優良的HERF法，使用的機會很多，最適於大面積板金。

電液壓成形

電液壓成形法又稱做電火花造型法，與爆炸成形類似。此法具有設備費用低、可以控制能量放出速率，以及工作安全等優點。

磁力成形

磁力成形具有生產速度快、壓力均勻、不需潤滑劑、設備無活動機件及不需要高級技術等優點。而缺點為工件各處壓力不能變化，及不能製造形狀複雜的產品等。

牛刀小試

( ) 有關珠擊法之敘述，下列何者不正確？　(A)可消除鑄件表面鑄砂及鏽皮清除　(B)可增加工件抗疲勞強度　(C)屬於冷作加工方法　(D)使工件表面產生凹陷，對其表面產生拉應力。　【106統測】

解答與解析
(D)。 使工件表面產生凹陷，對其表面產生壓應力。

4-4　沖壓模具設計與加工

一、沖壓之意義

(一) 沖：對壓力小快速壓下的方式稱為沖或衝，大多以切割、剪斷、沖孔、下料為主，常利用機械式沖壓床傳動，利用曲柄、凸輪、連桿、輪系等傳動。

(二) 壓：對壓力大較慢速壓下的方式稱為壓，大多以彎曲、成型、引伸為主，常利用油壓式或氣壓式沖壓床傳動。

(三) 沖壓作業為高效率的加工法，製品品質均一性高，材料經濟，作為引伸、造形、剪切、沖孔、修邊等加工。

(四) 沖床或壓床可用於鍛造、引伸、造形、剪切等加工。滾軋為旋轉方式加工較不適合使用沖床或壓床來執行。

二、沖壓加工特性

(一) 沖壓加工特性為加工效率高，產品均一，材料經濟，節省材料。

(二) 沖壓精度較差、有毛邊。冷作方式加工居多。

(三) 沖壓較切削加工節省時間，也節省材料。

(四) 模具製作成本高，僅適宜加工薄材。

(五) 沖壓尺度精度低，適於大量少變化的薄材加工。

(六) 對一板材進行彎折成形時，加工機械之傳動機構比較不會影響其彎折精度。而模具、材料性質、材料厚度會影響其彎折精度。

(七) 沖壓加工所得之零件尺度皆較切削加工精密度差，有毛邊。

(八) 沖壓加工變動性不靈活，適合大量少變化之產品製造。

(九) 模具製作技術及成本高，要考慮操作者之安全，操作人員的手不可靠近加工中之沖壓模。

三、沖壓床的種類

凹口式壓床	又稱C型壓床，用於大面積。
拱門式壓床	兩側機架受力不在一條直線上，負荷小。
直邊式壓床	兩側邊平行、負荷最大。
摺縫式壓床	又稱圓筒式、號角式，可用於圓筒之摺縫。

傾斜式壓床	可自動送料。
真空吸取式壓床	適於薄小件產品。

四、沖壓床的驅動機構

曲柄式	運動方式<u>近似簡諧直線運動</u>，最高速度產生在行程之中點。
偏心式	行程較短，剛性較大。
齒輪傳動式	行程較長。
液壓式	<u>大壓力成形</u>，速度較慢，適宜彎曲、引伸、成形大件產品。
凸輪式	類似偏心式，常用於複雜傳動。
關節式	適用於壓花紋、壓印及矯正尺度，<u>機械利益最高</u>，<u>負荷較大</u>。
肘節式	類似關節式，機械利益高且承受高負荷能量佳。
無曲柄式	利用偏心齒輪機構，沖程長度可拉長。
螺旋式	又稱沖擊式。行程開始到終了，皆處於加速狀態的沖壓床。
摩擦式	下死點沒有嚴格極限，能適應厚薄不均工件的沖床。

五、沖壓加工的形式

(一) **剪切**：

1. 沖子（上模、沖頭）與模子（下模、沖模）之間隙要適當，通常每邊間隙約為材料厚度之5～8%。
2. 導柱用於定上下模位置，而工件之定位則採用定位銷。
3. 作用力必須大於材料之極限剪力強度。
4. 沖頭深入模穴之深度一般約為材料厚度之40～100%。
5. 沖頭之剪切邊若稍具有斜面，約0.25倍厚度，即可省力50%。

註：以沖床剪切5mm厚的金屬板，沖頭與沖模每邊的間隙應為 0.25 mm～0.4mm（材料厚度之5%～8%）。

(二) 下胚料與沖孔：

> ❶ **下胚料（下料）**
>
> 從金屬板上切下所需要之板材，尺度由下模（沖模）決定。

> ❷ **沖孔、穿孔**
>
> 廢料切除，其尺度由上模（沖頭）決定。

(三) **沖縫與沖凹孔：**

沖縫	切開三邊保留一邊。

沖凹孔	切開一邊保留三邊。

(四) **彎曲：**
   1. 金屬板彎曲時最常遭遇的為彈性彈回（回復）。
   2. 彈性彈回多少視材料性質、板厚、彎曲半徑、彎曲角度等因素而決定。
   3. 一般材料彎曲90°時，約回復2°～6°，即成品90°時，上下沖模皆要小於90°。
   4. 沖床應用於彎曲加工時，若沖（衝）頭前端之圓角半徑愈大，則工件彈回量會愈大。
(五) **抽製（引伸）**：以定型模具的堅實沖壓作用，可導致過分之金屬皺紋或裂紋者，則需應用抽製模具，常用於製造杯狀產品。
(六) **修剪邊材**：是沿工作件之邊緣切除其毛邊，或把多餘之材料剪除。
(七) **刮刨**：是在材料表面上施以薄薄一層加工，主要目的修整面層或作微小尺度之修正。

六、 沖模設計、安裝之原則
(一) 沖孔的尺度由上模、沖頭決定。
(二) 下胚料的尺度由下模、沖模決定。
(三) 沖模先安裝上模後下模。

七、模具簡述

1 模具組

主要構造為上模座（固定上模）、下模座（固定下模）、上模、下模、導柱（上下模定位）、導筒、定位銷、彈簧（吸收震動）等組成。

2 沖壓工作

要用到模具組、模具（沖頭、沖模）、定位銷、彈簧等。

3 級進模

沖床或壓床沖柱一個上下行程，在模具內不同位置上，能同時完成兩個或兩個以上之加工操作，又稱連續模。

4 複合模

當沖柱一個上下行程時，模具能產生兩個或兩個以上不同之加工步驟者，謂之複合模。

5 橡皮模

利用橡皮之彈性，作為薄板之彎曲、成形、剪切等工作，常用的有格倫法（最常用）、瑪佛法、優麗旦法等方法。

牛刀小試

（　　）有關沖壓加工的敘述，下列何者正確？　(A)沖壓加工通常不需要製作模具配合　(B)壓床速度高，常用於剪切、沖孔加工　(C)沖床速度慢，常用於彎曲、抽製加工　(D)彎曲加工需考慮回彈角設計。　　　　　　　　　　【108統測】

── 解答與解析 ──

(D)。(A)沖壓加工通常先需要製作模具以配合製作機件。(B)沖床速度高，常用於剪切、沖孔、剪斷等加工。(C)壓床速度慢，常用於彎曲、抽製、引伸等加工。

4-5 塑膠模具設計與加工

一、塑膠模具概述

(一) 塑膠模具主要是指裝在塑膠成型機上生產塑膠製胚和成品使用之模具。

(二) 塑膠模具設計與加工需先了解生產塑膠產品過程，主要過程為：開模→鎖模→射出澆注→保壓→完成開模→頂出→冷卻取出。

(三) 塑膠模具材料為模具鋼（SKD），包括合金工具鋼（SKS）、不鏽鋼（SUS）、構造鋼（SC）、碳工具鋼（SK）、鉻鉬鋼（SCM）等。

(四) 模具組主要元件：射出單元與鎖模單元兩個主要元件。

(五) 塑膠模具設計與加工主要考慮項目：成形品尺度精度、模溫控制系統、頂出系統、控制系統、拔模斜度、分模面、流道系統（澆注系統）、模穴（成形空間）、成形收縮率等。

(六) 塑膠模具設計注意事項：接縫合線、壁厚（肉厚）、角度、變形等等。

二、射出成型模模具元件組成系統

(一) **成型系統**：主要利用使公模（凸模、上模）和母模（凹模、下模）使塑膠成型。

(二) **定位及固定系統**：主要使模具定位準確、導向精確，包括導柱、導套、工字板、碼模坑等。

(三) **冷卻系統**：包括模具溫度控制器、冷卻水道及加熱元件等。

(四) **恆溫系統**：包括加熱管、發熱線等。

(五) **流道系統**：又稱澆注系統，將熔融塑膠從射出成型機的噴嘴壓出後，到達模具前所流經之通道，包含主流道、分流道、澆口與流道孔等。

(六) **排氣系統**：用以排出模具中原有的及塑料擠入的氣體及高溫產生的蒸氣。

(七) **頂出系統**：製品頂出是射出成型過程中最後一個環節，製品在模具中固化後，需要將成品從模具中頂出，應避免製品在頂出中產生變形與破裂等，常利用頂針、頂棍等元件。

三、塑膠模具依據澆注系統型式分類

(一) **熱流道模具**：又稱熱澆道模具或無水口系統模具，不需脫模，無二次料循環使用，塑料品質高無廢料產生，適用於製品要求較高的情況。

(二) **大水口模具**：流道及澆口在分模線上，設計簡單、容易加工，成本較低。

(三) **細水口模具**：流道及澆口一般直接在產品上，設計較為複雜，加工較困難。

四、塑膠模具設計與加工考慮因素（以射出成型機為例）

(一) 選用適當模具材料。

(二) 選擇適當模具加工法，從整體到零件都能易於加工。

(三) 提高射出次數，縮短塑膠製品成型週期。

(四) 強化分模面及澆注系統的設計。

(五) 強化脫模方式及機構的設計。

(六) 注意溫度控制方式。

(七) 模具結構力求簡單適用、穩定可靠。

(八) 模具應便於裝配，便於維修和便於更換易損件等。

(九) 模具生產標準化，盡量採用標準元件。

(十) 結構零件提高耐磨性及強度，以減少故障，提高模具壽命。

考前實戰演練

( ) **1** 為了使外形改變迅速，同時又可得光滑的表面，一般採用：
(A)先冷作再熱作　(B)冷作　(C)熱作　(D)先熱作再冷作。

( ) **2** 下列何者<u>不為</u>金屬熱作之特性？
(A)金屬內孔隙減少　　　　　(B)金屬內雜質破碎並分散
(C)金屬顯微組織細化　　　　(D)金屬表面光淨。

( ) **3** 有關冷作加工，下列敘述何者<u>不正確</u>？
(A)大結晶的金屬較易實施，因其延展性高
(B)冷作件的硬度及強度增加，但延展性降低
(C)冷作工件可維持較精密的尺度公差
(D)冷作後可消除金屬內部殘留應力。

( ) **4** 下述哪一項<u>不是</u>熱作的缺點？
(A)高溫易於氧化，產生鐵皮脫落
(B)表面粗糙，缺乏光平的外觀，尺度甚難精確
(C)高溫作業的設備及維持費用較高
(D)易產生殘留應力。

( ) **5** 在室溫抽拉完成之黃銅線，與原材料之特性相比較，下列敘述何者正確？
(A)線材晶粒變大　　　　　(B)線材電阻變高
(C)線材延展性變好　　　　(D)線材硬度降低。　　　【統測】

( ) **6** 熱作的定義係指工件在什麼溫度狀態下，施以外力，使其產生塑性變形的加工法？
(A)退火溫度以下　　　　　(B)退火溫度以上
(C)再結晶溫度以下　　　　(D)再結晶溫度以上。　　【統測】

( ) **7** 有關塑性加工，下列敘述何者正確？
(A)鉛常在室溫（25℃）加工，因為沒有加熱所以屬於冷作
(B)加工同一工件，冷作所需的成形壓力比熱作大
(C)熱作的溫度在材料的再結晶溫度以下
(D)熱作製成的工件尺度比冷作精確。　　　　　　　【統測】

( ) **8** 有關金屬塑性加工，下列敘述何者**不正確**？
(A)塑性加工所施加的應力，需大於工件材料的極限應力或抗拉強度
(B)熱作是在材料的再結晶溫度以上加工
(C)冷作加工所得工件之尺度精度，通常會高於熱作加工所得者
(D)冷作加工常會使材料產生應變硬化（又稱加工硬化）。 【統測】

( ) **9** 下列有關金屬材料熱作加工的敘述，何者正確？
(A)在材料的再結晶溫度以下加工
(B)不會產生新的晶粒
(C)不會產生加工硬化現象
(D)在相同變形量條件下，其成形負荷比冷作加工大。 【統測】

( ) **10** 下列有關S35C（CNS規格）材料的敘述，何者正確？
(A)在室溫下塑性變形後，導電性比未塑性變形高
(B)在室溫下塑性變形後，強度比未塑性變形高
(C)屬於低碳鋼材料
(D)在室溫下硬度比S50C高。 【統測】

( ) **11** 下列有關金屬塑性加工的敘述，何者正確？ (A)熱作加工通常會引起加工硬化，增加材料之強度與韌性 (B)熱作加工之缺點為金屬易氧化而且精度較差 (C)冷作加工會使晶粒發生扭歪變形，故硬度會降低 (D)冷作加工是將材料加熱至再結晶溫度以上，再施以加工。 【統測】

( ) **12** 建築用鋼筋的製造法為：
(A)鑄造 (B)冷鍛 (C)輥軋（滾壓） (D)抽拉。

( ) **13** 下列何種製程最適合生產長條形棒材或板材？
(A)沖壓 (B)滾壓（輥軋） (C)落錘鍛 (D)壓鑄。

( ) **14** 建造大樓、橋樑所用的H型鋼是以何種方法製成？
(A)抽製 (B)輥軋（滾壓） (C)擠製 (D)冷鍛。

( ) **15** 金屬鍛造時鍛件產生裂痕的最可能原因是？
(A)加工溫度太低 (B)加工溫度太高
(C)材質太軟 (D)施加之加工能量不足。

考前實戰演練

（　）**16** 下列哪種鍛造方法是利用緩慢的擠壓作用使塑性金屬變形？
(A)端鍛　(B)落錘　(C)壓力鍛造　(D)型砧鍛。

（　）**17** 以壓力將可塑性材料通過一定形狀之模孔，而成為斷面形狀均一
的長條狀製品之方法為：
(A)輥軋　(B)擠製　(C)鍛造　(D)燒結。

（　）**18** 在擠壓工作電纜線的製造常用哪種擠壓法？
(A)直接擠壓法　　　　　　(B)間接擠壓法
(C)覆層擠壓法　　　　　　(D)沖擊擠壓法。

（　）**19** 牙膏的可摺薄鋁管是用下列哪一方法製造？
(A)高能量成形　(B)滾軋　(C)擠壓　(D)銲接。

（　）**20** 製造無縫管的方法為？
(A)連續對頭熔接法　　　　(B)電阻對頭熔接法
(C)搭熔接法　　　　　　　(D)穿孔法。

（　）**21** 下述哪一加工法可將薄鋼板製成杯狀成品？　(A)剪切　(B)彎曲
(C)引伸　(D)抽拉。

（　）**22** 低熔點合金之金屬管（如：銅管、鋁管等），最常用的製法為：
(A)對接法　(B)搭接法　(C)穿孔法　(D)擠製法。

（　）**23** 下列敘述何者<u>不正確</u>？　(A)重力落鎚鍛造機之沖擊力，是鎚體上
模自某一高度自由落下時沖擊到下方固定模上所產生之力　(B)壓
力鍛造是用緩慢的壓力使金屬在模內擠壓造形之鍛造法　(C)金屬
熱作可使金屬內孔隙大為減少　(D)一般而言，重力落鎚鍛造之成
品其機械性質優於壓力鍛造。　　　　　　　　　　　　　【統測】

（　）**24** 航空發動機的汽缸，最適合用何種方法製造：　(A)端壓鍛造法
(B)脫蠟鑄造法　(C)超音波加工　(D)電化加工。　　　　【統測】

（　）**25** 與閉模鍛造（close-die forging）比較，下面那一項敘述為開模鍛
造（open-die forging）的特點？
(A)較適合小量生產　　　　(B)尺度較穩定
(C)較無人工技術要求　　　(D)模具費用較高。　　　　　【統測】

（　　）**26** 關於鍛造工作，下列敘述何者<u>不正確</u>？
(A)可鍛粗石墨棒材
(B)可鍛長低碳鋼塊
(C)可鍛彎厚合金鋼板
(D)可鍛接二種相容之鋼材。　　　　　　　　　　　　【統測】

（　　）**27** 關於鍛造作業，下列敘述何者<u>不正確</u>？
(A)鍛造後的產品，內部組織將更為細密
(B)熱鍛（hot forging）適合於製造韌性要求較高的零件
(C)模鍛造中的上下模塊逐漸接近時，溢出模穴的餘料（flash）將
　　有助於材料完全充滿整個模穴
(D)機械式壓鍛機的輸出壓力是由高壓泵之功率決定。　　【統測】

（　　）**28** 關於熱鍛及冷鍛工作的特性，下列敘述何者<u>不正確</u>？
(A)冷鍛可維持工件的尺度精度
(B)熱鍛可使工件材料的結晶細微化
(C)冷鍛可消除工件內部的殘留應力
(D)熱鍛易使工件的表面平滑度變差。　　　　　　　　【統測】

（　　）**29** 有關滾軋，下列敘述何者正確？
(A)滾軋適合用於生產鋼板以及建築用鋼筋等產品
(B)滾軋鋼板時金屬材料的斷面積逐漸增大
(C)滾軋鋼板時係將金屬材料置入兩個同向轉動的滾輪之間，藉摩
　　擦力的帶動而前進
(D)熱軋法比冷軋法可獲得較高的尺度精度及表面品質。　【統測】

（　　）**30** 關於鍛造工作，下列敘述何者<u>不正確</u>？　　(A)鍛造是屬於一種塑性
變形之成形加工方法　　(B)產品經鍛造後，內部組織更為細密，可
減少孔隙缺陷　　(C)熱鍛後工件的表面，容易因氧化產生剝落等現
象而較為不平整　　(D)常溫下的冷鍛，較適用於抵抗塑性變形強度
較高的材料。　　　　　　　　　　　　　　　　　　【統測】

（　　）**31** 圓筒形不鏽鋼杯最適合用下列那一種方法製造？
(A)下料（Blanking）　　　　　(B)引伸（Drawing）
(C)剪切（Shearing）　　　　　(D)彎曲（Bending）。　　【統測】

(　　) **32** 下列有關鑄造、鍛造、及銲接加工之敘述，何者較<u>不正確</u>？
(A)鍛造較不適於形狀複雜之大型工件，若工件數量少時可改以銲接替代鍛造
(B)工件採銲接加工雖容易產生殘留應力，但變形甚小，可以忽略
(C)銲接作業不需要砂心及木模，故所需之作業空間較鑄造小
(D)精密脫臘鑄造通常較適於高熔點之小工件。　　　　【統測】

(　　) **33** 使用在冷氣機中之銅管，工業上常用之製造方法為：　(A)擠製法　(B)沖壓法　(C)切削法　(D)鑄造法。　　　　【統測】

(　　) **34** 汽車曲軸、連桿及齒輪等形狀複雜之零件，為獲得高韌性及高強度，下列何種成形方法最適合？
(A)鍛造（forging）
(B)鑄造（casting）
(C)火焰切割成形（torch cutting）
(D)粉末金屬成形（powder metal forming）。　　　　【統測】

(　　) **35** 有關珠擊法，下列敘述何者<u>不正確</u>？
(A)在工件表面層建立壓應力
(B)工件表面層會增加硬度
(C)可增加工件之疲勞強度
(D)為一種熱加工。

(　　) **36** 有關珠擊法，下列敘述何者<u>不正確</u>？
(A)屬於冷加工　　　　　(B)可增加機件對疲勞之抵抗力
(C)可作機件尺度之矯正　(D)可增加機件表面硬度及強度。

(　　) **37** 有關珠擊法，下列敘述何者<u>不正確</u>？
(A)工作表面層的硬度增加　(B)在工件表面層殘留張應力
(C)可提高工件的疲勞強度　(D)屬於冷作加工。

(　　) **38** 硬幣上的花紋，常用何種方法製成？　(A)壓印法　(B)冷軋法　(C)壓浮花法　(D)冷鍛法。

(　　) **39** 鋼線抽拉過程中，須施以何種處理，可使加工硬化之鋼材改善延性，以便繼續加工？　(A)氰化法　(B)淬火　(C)製程退火　(D)氮化法。

( ) **40** 注射用的金屬針頭可用：
(A)壓印法 (B)滾軋法
(C)伸拉造形法 (D)管子抽製法 製造。

( ) **41** 下列何者不屬於HERF的加工方法？
(A)電氣液壓成型法 (B)磁力成型法
(C)沖擊擠製法 (D)爆炸成型法。

( ) **42** 圓盤形材料置於車床之模具與尾座固持器間，隨模具旋轉，另以鈍頭工具或滾子與旋轉中之材料接觸，並加壓成形之加工方法稱為？
(A)鏇壓法 (B)引伸法
(C)擠製法 (D)鍛造法。

( ) **43** 下列敘述何者為正確？
(A)熱作產生之加工硬化，須以退火消除
(B)熱作比冷作容易精確控制尺度
(C)珠擊法（shot peening）可以提高材料之疲勞強度
(D)溫熱鍛造（thermo-forging）的溫度高於再結晶溫度。 【統測】

( ) **44** 有關珠擊法，下列敘述何者不正確？
(A)會在材料表面殘留張應力
(B)可增加材料的疲勞強度
(C)可用於鑄件的清潔
(D)可去除鍛件表面的鏽皮。 【統測】

( ) **45** 曲柄式沖床，其最大速度在行程之： (A)最低點 (B)最高點 (C)中點 (D)距最高點1/3處。

( ) **46** 下列何者不是沖床加工的特點：
(A)加工效率高 (B)模具製作成本低
(C)製品均一性高 (D)材料經濟。

( ) **47** 下列何者為非切削性加工？
(A)搪孔（boring） (B)沖孔（punching）
(C)鉸孔（reaming） (D)鑽孔（driling）。

（　　）**48** 下列何者為無曲柄沖床的主要優點？
(A)沖程長度可拉長　　　　　　(B)不需潤滑
(C)對左右偏心負荷之承受力強　(D)沖壓速度快。

（　　）**49** 下列何種成形加工，在模具設計時必須考慮彈回（spring back）現
象？　(A)板金屬彎曲成形　(B)擠製成形　(C)鍛造　(D)鑄造。

（　　）**50** 從金屬板上剪切下所需的平板材料，以作為下一步施工之用的沖
床剪切工作稱為：　(A)沖縫　(B)沖孔　(C)下料　(D)沖凹孔。

（　　）**51** 沖床工作中，當材料被沖頭剪切三邊而仍保留一邊時，此剪切工
作稱為：　(A)下料　(B)沖缺口　(C)沖縫　(D)沖凹孔。

（　　）**52** 將金屬板剪開一邊而保留三邊的剪切工作稱為：
(A)沖孔　(B)沖縫　(C)修邊　(D)沖凹孔。

（　　）**53** 沖壓機沖柱一個上下行程，模具能在不同位置完成兩個以上不同
的加工步驟者稱為：
(A)複合模　(B)級進模或連續模　(C)往復模　(D)橡皮模。

（　　）**54** 對於液壓壓床，下列敘述何者不正確？
(A)通常比機械式壓床行程長
(B)動作比機械式壓床緩慢且均勻
(C)適合金屬板之引伸工作
(D)適合金屬板之大量沖孔及剪切工作。　　　　　　　【統測】

（　　）**55** 沖壓機沖柱一個上下行程，模具能完成兩個以上不同的加工步驟者
稱為：　(A)複合模　(B)級進模　(C)連續模　(D)橡皮模。　【統測】

（　　）**56** 下列敘述何者正確？
(A)凹口式沖床工作範圍比直邊式沖床大，前者的機架結構強度較
後者大
(B)剪切加工（shearing）中，沖頭與沖模必須留有間隙
(C)沖壓加工所得之零件尺度皆較切削加工精密度高
(D)沖壓加工變動性靈活，適合小量多變化之產品製造。　【統測】

（　　）**57** 下列何者是沖壓加工模具<u>最不常用</u>的零組件：
(A)沖頭　(B)定位銷　(C)齒輪　(D)彈簧。　　　　　【統測】

（　　）**58** 利用90°沖頭及90°沖模壓製金屬平板，使彎曲成90°時，會有彈回的現象，要解決彈回造成的角度誤差，應如何處理？　(A)同時增加沖頭角度及沖模角度，使之略大於90°　(B)同時減少沖頭角度及沖模角度，使之略小於90°　(C)沖頭角度不變，維持90°；但沖模角度增加，使之略大於90°　(D)沖模角度不變，維持90°；但沖頭角度增加，使之略大於90°。　　　　　　　　　　　【統測】

（　　）**59** 下列哪一項工作法，通常較不適合使用沖床或壓床來執行？
(A)鍛造　(B)引伸造形　(C)滾軋　(D)剪切。　　　【統測】

（　　）**60** 剪切、沖孔及下料是屬於下列何種加工方法？
(A)鍛造　(B)鑄造　(C)沖壓　(D)切削。　　　　　【統測】

（　　）**61** 有關沖壓加工，下列敘述何者正確？
(A)機械式沖床的生產速度較液壓者慢
(B)肘節式沖床之機械利益及承受高負荷能量較差
(C)液壓式沖床能產生較小之沖壓力
(D)曲柄式沖床之最高速度產生在行程之中點。　　【統測】

（　　）**62** 有關沖壓工作，下列敘述何者<u>不正確</u>？　(A)沖床的動力大多為機械式，速度較快　(B)壓床的動力大多為液壓式，速度較慢　(C)極適於薄板材加工　(D)沖床比壓床適合用於引伸成形。　　【統測】

（　　）**63** 沖床應用於彎曲加工時，若沖（衝）頭（Punch）前端之圓角半徑愈大，則工件彈回量（Spring back）的可能變化為何？
(A)會愈大　　　　　　　　(B)會愈小
(C)並不會改變　　　　　　(D)有時大，有時小。　【統測】

（　　）**64** 有關熱作加工之敘述，下列何者<u>不正確</u>？
(A)熱作加工完成之工件的尺寸精度，較冷作為佳
(B)熱作加工完成後，會降低材料表面光滑度
(C)熱作的設備成本及維護費較冷作高
(D)熱作所須之加工能量較冷作低。　　　　　　　【統測】

(   ) **65** 有關塑性加工的製造方法，下列何者<u>不正確</u>？
(A)無縫管可採用穿孔法（Piercing）
(B)螺栓頭可採用端壓鍛造法（Upset Forging）
(C)獎牌可採用凹穴壓印法（Hobbing）
(D)鋁質結構型材可採用擠製法（Extrusion）。 【統測】

(   ) **66** 材料塑性加工包括冷加工及熱加工，下列敘述何者<u>不正確</u>？
(A)熱加工時材料常加熱至接近熔點溫度
(B)冷加工較熱加工所需的作用力大
(C)冷加工可以提昇金屬材料的強度
(D)冷加工後金屬材料內部會產生殘留應力。 【統測】

(   ) **67** 有關塑性加工之敘述，下列何者正確？
(A)熱作完成的工件尺寸通常比冷作精確
(B)冷作常會使工件產生應變（加工）硬化
(C)所施加的應力，需大於工件的抗拉強度或極限應力
(D)冷作的定義為工件在再結晶溫度以下使其彈性變形。 【統測】

(   ) **68** 有關冷、熱作塑性加工，下列敘述何者<u>不正確</u>？
(A)冷作改變材料形狀之成型力比熱作大
(B)搭接法經常用於無縫管之製造
(C)壓模印（Coining）適合用於軟性金屬之塑性加工
(D)熱作比冷作更能使材料組織均勻化。 【統測】

(   ) **69** 有關珠擊法之敘述，下列何者<u>不正確</u>？
(A)可消除鑄件表面鑄砂及鏽皮清除
(B)可增加工件抗疲勞強度
(C)屬於冷作加工方法
(D)使工件表面產生凹陷，對其表面產生拉應力。 【統測】

(   ) **70** 冷作加工與熱作加工，以何者為主要區別：
(A)材料硬度 (B)材料強度
(C)材料延展性 (D)材料再結晶溫度。

第5單元　銲接

重點導讀

此處內容是銲接加工，同學們應該在高一機械基礎實習課程中有實際操作過電銲的實務經驗，所以唸起來並不陌生，其實本章不難唸，電銲、氣銲為基本銲接法，其餘的氬銲、二氧化碳銲接或是一些特殊銲接法，只要熟讀知道可應用在何處，應可拿高分，此處也是統測必考的章節，同學們，繼續努力吧！

5-1　銲接介紹

一、銲接（或稱熔接）

(一) 係利用加熱或加壓或兩者同時使用而將金屬接合在一起的方法。
(二) 利用金屬原子間的吸力，達成冶金上的結合。
(三) 在加壓法中，可用錘擊、滾壓或直向加壓。
(四) 在加熱法中，可用電流、氣體、火焰或火爐加熱。
(五) 鍛造較不適於形狀複雜之大型工件，若工件數量少時可改以銲接替代鍛造。
(六) 銲接作業不需要砂心及木模，故所需之作業空間較鑄造小。

二、銲接（或稱熔接）主要方式

(一) 銲接時不一定要施加熱。
(二) 銲接時不一定要施加壓力。
(三) 銲接時母材不一定要加熱至熔化狀態。
(四) 銲接時不一定要添加填料。
(五) 銲接可適用於同種類或不同種類金屬材料間的結合。

三、銲接方法主要代號

銲接方法	英文名稱	代號
電弧銲	**Arc welding**	**AW**
原子氫弧銲	Atomic hydrogen welding	AHW

銲接方法	英文名稱	代號
氣體遮護金屬電弧銲	Gas metal arc welding	GMAW【MIG】
惰氣遮護鎢極電弧銲	Gas tungsten arc welding	GTAW【TIG】
電漿電弧銲	Plasma arc welding	PAW
潛弧銲	Submerged arc welding	SAW
氣銲	**Gas welding**	**GW**
空氣乙炔氣銲	Air acetylene welding	AAW
氧乙炔氣銲	Oxyacetylene welding	OAW
電阻銲	**Resistance welding**	**RW**
高週波電阻銲	High frequency resistance welding	HFRW
浮凸銲	Projection welding	RPW
電阻縫銲	Resistance seam welding	RSEW
電阻點銲	Resistance spot welding	RSW
端壓銲	Upset welding	UW
固態銲	**Solid state welding**	**SSW**
冷銲	Cold welding	CW
爆炸銲	Explosion welding	EXW
超音波銲	Ultrasonic welding	USW
其他銲接法		
電子束銲	Electron beam welding	EBW
感應銲	Induction welding	IW
雷射銲	Laser beam welding	LBW
高熱銲	Thermit welding	TW
電熱熔渣銲	Electroslag welding	ESW

5-2 軟銲與硬銲

一、軟銲及硬銲（鑞接）熔接法

(一) 軟銲及硬銲又稱鑞接，係將第三種金屬熔化，引入接合點，使其凝固而成。

(二) 鑞接特性是材料（母材）本身不需熔化。

二、軟銲法

(一) 係將金屬加熱成液體狀態，引入兩工作物間，其溫度在427℃（800℉）以下，以接合兩工作物，此法一般稱為錫銲。

(二) 銲料為錫鉛合金（熔點177～371℃），常用於電子、電路產品、食品罐頭等飲食餐具之摺縫密封的銲接。

(三) 銲劑以氯化鋅為主，鍍鋅鋼板則常用鹽酸或氯化氨，亦可用松香。

三、硬銲法

(一) 係將金屬加熱成液體狀態，引入兩工作物間，使其凝固而將工作物接合，溫度在427℃（800℉）以上，此法一般稱為銅銲。

(二) 銲料為黃銅、銀銲料及白銅銲料，常用於碳化鎢刀具銲於刀把之熔接。

(三) 銲劑以硼砂或硼酸為銲劑。

(四) 以搭接強度最佳。

四、銲劑功用

(一) 使氧化物成為銲渣而排除。

(二) 可藉由化學作用清潔金屬表面而使銲接容易進行。

(三) 可除去材料表面之氧化物、油漬及生鏽等不潔物。

(四) 可防止材料銲接時因溫度升高而產生新的氧化雜物。

(五) 可降低熔融狀銲料（銲錫）的表面張力，以利銲錫球的產生。

牛刀小試

(   ) 工業上常用於電路板及食品罐頭摺縫密封的銲接方法為何？
(A)錫銲　(B)銅銲　(C)氬銲　(D)潛弧銲。　　　【108統測】

── 解答與解析 ──

(A)。 工業上利用錫銲方式用於電路板及食品罐頭摺縫密封等加工。

5-3 氣銲

一、氣銲

(一) 氣銲係利用氣體之組合燃燒以得到高溫之火焰，以使工作物接合。

(二) 常用之自燃氣體燃料為乙炔、氫氣及天然氣等。

(三) 氧為助燃劑。

(四) 最常用者為氧乙炔熔接（OAW）。

二、氧乙炔熔接（OAW）

(一) **氧乙炔熔接特性**：

1. 氧乙炔熔接為氣銲最常用者，氧乙炔熔接藉氧與乙炔混合燃燒之火焰加熱工作物，使熔化接合。溫度高達3500℃。

2. 乙炔之來源係由電石（碳化鈣）與水之作用。

(二) **氧乙炔熔接火焰種類**：

1. 中性焰：氧與乙炔的混合比為1：1，即等量的混合。中性焰為標準火焰，最常用火焰，常用於預熱及軟鋼、鉻鋼、鎳鉻鋼等鋼料之銲接及其火焰切割。

2. 還原焰：亦稱碳化焰，乙炔氣過多時為還原焰，火焰較長，常用於高碳鋼、合金鋼、鎳、蒙納合金及非鐵金屬熔接。

3. 氧化焰：氧氣過多時稱氧化焰，藍色火焰，溫度高，常用於黃銅、青銅等熔接。

(三) **氧乙炔熔接使用要點**：

1. 使用壓力：乙炔氣體壓力超過約$1.1kg／cm^2$以上時，有爆炸之危險性，加入纖維質材料或丙酮防爆。

2. 工作壓力：氧為$2\sim3kg／cm^2$，乙炔為$0.1\sim0.5kg／cm^2$。

3. 氣乙炔銲接之點火與熄火順序。

   (1) 點火：先開乙炔氣鋼瓶氣閥閥門，再開氧氣鋼瓶氣閥閥門，最後開乙炔氣銲矩（火嘴）點火，再開氧氣銲矩（火嘴）依需求調整至所需之火焰。

   (2) 熄火：先關閉氧氣銲矩（火嘴），再關閉乙炔氣銲矩（火嘴），最後關閉氧氣鋼瓶氣閥閥門，再關閉乙炔氣鋼瓶氣閥閥門。

4.氧氣瓶：為黑色，接頭配以右螺紋，管子為綠色。

5.乙炔瓶：為咖啡（褐）色，接頭配以左螺紋，管子為紅色。

6.先點火後再依需求調壓。

7.氧乙炔可以銲接與切割，其最大差異在於火嘴。

8.切割用之火嘴，中心有一較大的孔（為氧氣）及周圍有若干小孔（為乙炔氣）。

9.銲接用的火嘴，僅有中心一孔。

(四) 氧乙炔熔接注意事項：

1.一般採用氧乙炔火焰切割工件時，應將火焰調整至中性焰。

2.銲條可在火口（火嘴）之前或後。

3.回火（back fire）表示火焰無法噴出，發生的原因，可能是乙炔與氧氣的工作壓力太低。

4.火嘴（銲炬）太靠近工件，也有可能造成回火。

5.利用點火石點火，不可使用火柴或一般之打火機做為點火源。

6.利用肥皂泡沫檢查橡皮導管是否漏氣，不可使用火焰檢查。

7.氧乙炔氣先點燃乙炔後，氧氣與乙炔使用中可隨時依需要調整比例混合至銲炬中使用，以適應不同之銲接之火焰需求。

8.氧氣壓力調節器與乙炔壓力調節器構造不同，不可混用。

三、 其他氣體熔接

(一) **氫氧熔接**：氫氣比氧乙炔燃燒溫度低，用於在薄片與低熔點合金之接合。

(二) **空氣乙炔熔接**：此種燃燒之溫度極低，故應用有限。

(三) **鍛打熔接法**：此法係在鍛爐中，將金屬加熱成膠狀，再施以壓力接合。

牛刀小試

(　　) 有關氧乙炔銲接之敘述，下列何者不正確？　(A)碳化焰之火炬表示乙炔量小於氧氣量　(B)氧化焰常用於黃銅、青銅之銲接　(C)點火前需先開乙炔氣閥，後開氧氣閥　(D)乙炔鋼瓶常填充丙酮藉以增加安定性。　　　　　　　　　　【106統測】

──── 解答與解析 ────

(A)。碳化焰又稱還原焰，之火炬表示乙炔量大於氧氣量。

5-4 電銲

一、電弧銲

(一) 電弧銲又稱電銲，係藉工件與電極（銲條）間之間隙（不須直接接觸），所產生之高溫電弧熱量持續放電來熔化本體金屬與電極（銲條），而予以接合的方法。

(二) 採用低電壓、大電流進行銲接。用途最廣，溫度最高達6000°C以上，電銲廣用於機械及造船工業。

(三) 電銲銲件厚度較大時，應選用直徑較大之銲條。

(四) 多層銲接之第一層銲道，為防止熔化不足之缺陷，宜採用直徑較小之銲條。

(五) 適用於銲接位置為平銲、橫銲、仰銲或立銲。

(六) 平銲時，可使用直徑較大之銲條。立銲、仰銲及橫銲時，應選用直徑較小之銲條。

二、電弧銲特性

(一) 電弧長度與電弧電壓成正比。

(二) 電極（銲條）可以為消耗性電極也可以為非消耗性電極。

(三) 碳與鎢電極之熔點高，可用為非消耗性電極，需要填補銲料。

(四) 一般低碳鋼電極為金屬電極，為消耗性電極，較常用。

(五) 電流可使用直流電弧或交流電弧。

(六) 交流電弧銲接機構造比直流電弧銲接機簡單，效率高，較危險。

(七) 直流電弧可使用正極或負極銲接。正極性電路銲接時，工件接正極，產生的熱量大部分集中正極工件上。反極性電路銲接時，工件接負極。

三、電弧銲之電流分類

(一) **直流機（DC）：**

1. 直流機電弧較為穩定，電弧不會中斷，當施行短路，不會有太大之沖電流，大都以此為佳。

2. 直流電弧銲機需整流，構造比交流電弧銲接機複雜。且直流電銲機會產生偏弧（吹弧）。

3. 直流電銲機能供給穩定的電流，其接法有二：
(1) 直流正極性連接法（DCSP）：工件接正極，銲把接負極。
(2) 直流反極性連接法（DCRP）：工件接負極，銲把接正極。
4. 直流正極負極依工件而定，正極熱量占2/3。
5. 偏弧在直流電銲機會產生，在交流電銲機中很少發生。

(二) **交流機（AC）：**
1. 交流機銲接速度快、效率高，惟電壓大，易生危險。
2. 交流電弧銲機不需整流，構造比直流電弧銲接機簡單。

四、 電弧銲依銲條（電極）分類
(一) **不消耗電極**：主要係指碳棒或鎢棒電極銲接，電極較不易消耗，又稱永久式電極，需填補料。
(二) **消耗電極**：主要係指金屬電極銲接，電極為低碳鋼，易消耗，又稱消耗式電極，最常用，不需填補料，具有電極塗層（銲藥；銲劑）。

五、 電弧銲條
(一) 最常用銲條為消耗式之金屬電極。又可分為赤裸式、厚覆蓋式。具有塗層之厚覆蓋式（有銲藥塗層）最常用，占95%。
(二) 電銲條銲條越粗則所需之銲接電流越大。
(三) 通常電流大小約取銲條直徑的40倍，例如 ϕ 3.2mm電銲條，電流大小＝3.2×40＝128安培。

六、 CNS電弧銲接銲條規格
（以下規格採CNS13719（現行標準），103年9月29日修訂資料）
(一) **CNS電銲條編號原則**

規格： **CNS E XX XX**
　　　　 1　　2　　3　　4

說明：
1. CNS：代表中華民國國家標準規格。
2. E：英文字母表示電弧銲接用電銲條。
3. 前XX數字表示熔填金屬抗拉強度的符號，單位為每mm平方的抗拉強度（N/mm^2；MPa），如表5-1所示。

表5-1　熔填金屬抗拉強度的符號（單位：MPa）

符號	抗拉強度	符號	抗拉強度
43	430以上	62	620以上
49	490以上	69	690以上
55	550以上	76	760以上
57	570以上	78	780以上
57J	570以上	78J	780以上
59	590以上	83	830以上
59J	590以上		

4. 後XX數字表示表示披覆劑種類的符號（銲藥種類）。（常用軟鋼電銲條：03：石灰氧化鈦系。10：高纖維素系。11：高纖維素系。13：高氧化鈦系。16：低氫系。18：鐵粉低氫系。24：鐵粉氧化鈦系。27：鐵粉氧化鐵系。40：特殊系（無規定）。）

(二) **電銲條之選用範例**

製品之稱呼方法依銲條種類、線徑及長度。

例1：$\underset{\text{銲條種類}}{\text{E4303}}-\underset{\text{線徑}}{\text{4.0}}\ \underset{\text{長度}}{\text{450}}$

　　　43：熔填金屬抗拉強度在430 MPa以上。

　　　03：被覆劑種類為石灰氧化鈦系。

例2：$\underset{\text{銲條種類}}{\text{E5516}}-\underset{\text{線徑}}{\text{5.0}}\ \underset{\text{長度}}{\text{400}}$

　　　55：熔填金屬抗拉強度在550 MPa以上。

　　　16：被覆劑種類為低氫系。

七、電極塗層（銲藥；銲劑）功用

(一) 產生保護氣層，除去不純物及氧化物。

(二) 減少金屬的濺散。

(三) 降低冷卻速度。

(四) 產生適當之熔渣以保護熔化金屬。

(五) 穩定電弧並增加貫穿深度。

(六) 滲入合金元素。

(七) 改善銲珠的形狀。

(八) 增進金屬聚集之效率。

(九) 延長熔池冷卻之時間。

八、惰氣遮蔽電弧銲

(一) **惰氣遮護鎢極電弧銲（TIG；GTAW）**：鎢電極，不消耗，氬、氦遮蔽，又稱氬銲，用於薄板，效率低，需填補料，常採用交流（AC）或直流正極（DCSP）。

(二) **氣體遮護金屬電弧銲（MIG；GMAW）**：金屬電極（低碳鋼為主），會消耗，CO_2遮蔽，又稱CO_2銲，用於厚材，效率高，不需填補料，常採用直流反極（DCRP）。

九、潛弧銲（SAW）

(一) 金屬產生之電弧，填入隱藏在粉末狀之熔劑下進行熔接。

(二) 只適用於平銲，不適用於立銲及仰銲。

(三) 適於低碳鋼、合金鋼及非鐵金屬之銲接。

十、電漿（電離氣）電弧銲（PAW）

(一) 電漿電弧銲採用直流電弧銲接，屬於非消耗性電極，溫度高達16000℃。

(二) 電漿電弧銲使用兩道給氣系統，一道供給產生電離氣之用，另一道作為保護氣。

(三) 銲接時電離氣可採用氬氣、氫氣、氮氣或氬－氮混合氣；保護氣通常用氬氣。

(四) 電漿電弧銲之電離氣束徑小，熱量集中，可得較深的滲透與較高的熔化率，銲道的熱影響區亦小。

(五) 電漿電弧銲（PAW）與惰氣鎢極電弧銲（GTAW）原理與設備非常類似，只在火嘴構造有所不同。

牛刀小試

(　　) **1** 下列何者不是消耗性電極電弧銲接？　(A)遮蔽金屬電弧銲接（SMAW）　(B)惰氣鎢極電弧銲接（GTAW）　(C)惰氣金屬極電弧銲接（GMAW）　(D)潛弧銲接（SAW）。　【107統測】

（　　）**2** 有關電漿電弧銲（PAW）的原理與設備，與下列何者銲接方法比較類似？　(A)潛弧銲（SAW）　(B)電子束銲（EBW）(C)氣體金屬極電弧銲（GMAW）　(D)惰氣鎢極電弧銲（GTAW）。　　　　　　　　　　　　　　　　　　　　　　【109統測】

─── **解答與解析** ───

1 (B)。惰氣鎢極電弧銲接（GTAW）是使用鎢棒當電極，屬於非消耗性電極電弧銲接。

2 (D)。電漿電弧銲與惰氣鎢極電弧銲原理設備非常類似，只在噴嘴構造有所不同。

5-5　其他銲接方法

一、電阻銲法

(一) 電阻銲法特性：

1. 電阻銲法係藉一強大電流通過金屬，於接合處加熱並加壓使其接合。

2. 電阻銲法藉著低電壓、大電流進行熔接，其中電流影響最大。

3. 電阻銲法適用於銲接薄板、板金。

4. 電阻銲種類：

　(1) 搭接：點銲、浮凸銲、縫銲。

　(2) 對接：端壓銲、閃光銲、撞擊銲。

5. 電阻銲一般皆不需填補熔接料。

6. 影響熱量之三因素為電流、電阻及通電時間。即 $H=I^2RT=IVT$，I為電流（安培），R為電阻（歐姆），T為時間（秒），H為熱量（焦耳）。

(二) 電阻銲分類：

1. **電阻點銲（Resistance Spot Welding；簡稱RSW）：**

　(1) 電阻點銲為電阻銲最常用者。先加壓力再通電流，使工作物能升至熔接溫度，主要用於薄板之銲接。

　(2) 會產生0.2～0.3倍板厚之凹痕。

　(3) 鐵櫃、廚具等大型工件之銲接可使用攜帶式點銲機。

　　(4) 電極應具備導電性強、電阻小、導熱性優良、強硬度大、電極柱與工作物間黏結性小等。電極以黃銅最佳。

　　(5) 電阻點銲常用於薄板、板金之銲接。

　　(6) 電阻點銲需施加外力作用，才能牢固接合。

　　(7) 電阻點銲，一般使用搭接方式接合，不需填料。

　　(8) 點銲可分四段時間為：加壓、銲接、保持、完成。

2. **浮凸銲**：此種與點銲相似，此方法工作物須先以沖床沖出0.6倍板厚凸點。

3. **縫銲**：縫銲係使用兩個反向滾子作為電極，又稱連續點銲法。密接效果最佳，常用於油箱之銲接。

4. **端壓銲**：通常限於小面積。

5. **閃光銲**：銲接之前並不施壓，兩母材僅輕輕接觸，接合面留有細小的空隙，再通以大電流產生電弧，將接合面加熱達半熔化狀態，再由活動夾頭施加壓力進行接合。適合於大面積。

6. **撞擊銲**：放電作用發生，於接合處產生強大電弧，升至高溫，兩件撞擊在一起。

二、 爆炸熔接（EXW）（Explosion welding）

(一) 屬於固態銲接，不需加熱。

(二) 主要用途為大面積之不同金屬板材之銲接。

三、 電子束熔接（EBW）（Electron beam welding）

(一) 在充滿真空的環境中，將電子加速成高速的狀態撞擊銲件，藉由其動能所轉換成的熱能來熔化銲件接合面的母材，以達結合作用。

(二) 可得到較大深寬比。

四、 雷射熔接（LBW）（Laser beam welding）

(一) 在大氣的環境中，將平行之單頻雷射束聚焦，使銲件接合面的母材受熱產生高溫熔化而結合。

(二) 受力及受熱面積小，最為精密。

(三) 可得到較大深寬比。

註：集膚效應是指導體中有交流電或者交變電磁場時，導體內部的電流分布不均勻的一種現象。雷射銲接並未產生集膚效應。

五、 超音波熔接（USW）（Ultrasonic welding）

(一) 屬於固態銲接，係利用機械能高週波振動能量，不需加熱，在平行於接合體表面銲接，可焊接金屬或塑膠。

(二) 常用於薄板、罐頭之熔接。

六、 高熱（發熱；鋁熱）熔接法（TW）（Thermit welding）

(一) 利用化學反應，將鋁粉與氧化鐵粉按其重量約1比3之比例混合，用來銲接。

(二) 適於戶外，常用於鐵軌及機軸熔接。

七、 摩擦熔接（FRW）（Friction welding）

(一) 屬於固態銲接，係將圓桿相對，一邊高速旋轉，一邊在軸向再加壓力使接合，接合處產生不平整的毛邊。

(二) 常用於大型鑽頭或塑膠之接合，不需加熱。

八、 冷銲接（CW）（Cold welding）

(一) 屬於固態銲接，係一種在室溫加壓力接合法。

(二) 不需加熱。

九、 電熱熔渣銲（ESW）（Electroslag welding）

(一) 將銲料熔化後灌入銲道中，可得最大厚度，常用於厚材。

(二) 適於垂直之立銲方式進行。

牛刀小試

(　　) 有關銲接技術，下列敘述何者不正確？　(A)潛弧銲適合用於厚金屬板之水平銲接　(B)氬銲（TIG）之電極及氣體分別為鎢棒與氬氣　(C)軟銲與硬銲是以銲接金屬的熔點溫度800°F來區別　(D)摩擦銲接是應用高頻率振動能，不須施加適當壓力接合的銲接法。　　　　　　　【105統測】

──── 解答與解析 ────

(D)。 摩擦銲接是應用銲件高速迴轉動能，使兩銲件接合面因摩擦生熱，並在軸向施加壓力，以達成結合。

5-6 接頭形狀

(一) 銲接接合型式依銲接件<u>厚薄</u>、<u>材質</u>、<u>使用場合等不同</u>。

(二) 常用的基本型式有對接、搭接、T型接合、隅角接合、邊緣接合（Edge Joint）等型式。

(三) 可視使用需要予以<u>變化或組合使用</u>。

(四) <u>基本銲接符號表示法</u>：

編號	名稱	示意圖	符號	編號	名稱	示意圖	符號
1	凸緣銲接	凸緣熔成平版	八	2	I形槽銲接		‖
3	V形槽銲接		V	4	單斜形槽銲接		V
5	Y形槽銲接		Y	6	斜Y形槽銲接		Y
7	U形槽銲接		Y	8	J形槽銲接		P
9	平底V形槽銲接		V	10	平底單斜形槽銲接		V
11	背面銲接		⌣	12	填角銲接		◺
13	塞孔或塞槽銲接		⊓	14	點銲或浮凸銲		○
15	縫銲		⊖	16	端緣銲接		‖‖
				17	表面銲接		⌢

(五) 輔助符號：

銲接輔助符號包括象形記號與拉丁字母，用以說明銲接道之表面形狀、加工方法及銲接之作業指示等；因此，輔助符號不能單獨使用，必須配合基本符號使用，輔助符號名稱如表所示。

	名稱	符號		名稱	符號
銲道之表面形狀	平面	─	現場及全周銲接	全周銲接	○
	凸面	⌒		現場銲接	⚑
	凹面	⌣		現場全周銲接	⚑○
	去銲趾	⌡⌡	使用背托條	永久者	M
				可去除者	MR

5-7　銲接符號與檢驗

一、銲接符號

銲接符號由下列各項所組成，但可視實際情況將<u>不需要之項目予以省略</u>。

(一) 標示線。
(二) 基本符號。
(三) 輔助符號。
(四) 尺度。
(五) 註解或特殊說明。

二、銲接符號說明

(一) **標示線**：標示線係由引線、基線、副基線及尾叉組成。

(二) **標示線之粗細**：標示線之引線、基線及尾叉用細實線表示，副基線箭頭之大小與尺度標註方法之箭頭相同。

(三) **引線之畫法**：引線為末端帶一箭頭之傾斜線，接在基線之一端，向上或向下與基線約成60°，但引線不可與副基線相連接。

(四) **箭頭標註位置**：銲接符號應盡可能標示在銲道之端視圖中，其箭頭可指在銲接接頭處之任一側。

(五) **基線**：基線為一水平線，不可傾斜或直立。

(六) **副基線**：副基線為平行於基線上方或下方之虛線，約與基線等長，而與基線之間隔約為1.5mm。

(七) **尾叉之畫法**：尾叉係在基線之另一端成90°之開叉，且對稱於基線。尾叉係供註解或特殊說明之用，如無註解或特殊說明時，則尾叉可予以省略。

三、箭頭邊之銲接

(一) 若在箭頭邊銲接，則應將有關符號標註在基線之上方或下方。

(二) 有關符號之標註位置，規定如下圖所示。其他未規定者，一律標註在尾叉中。

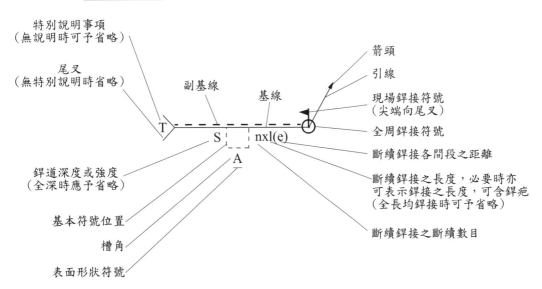

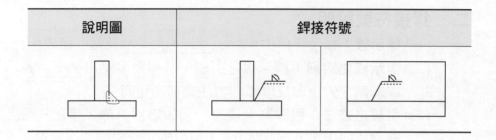

說明圖	銲接符號

四、箭頭對邊之銲接

(一) 若在箭頭對邊銲接，則應將有關符號標註在<u>副基線之上方或下方</u>。

(二) 有關符號之標註位置，規定如下圖所示。<u>其他未規定者，一律標註在尾叉中</u>。

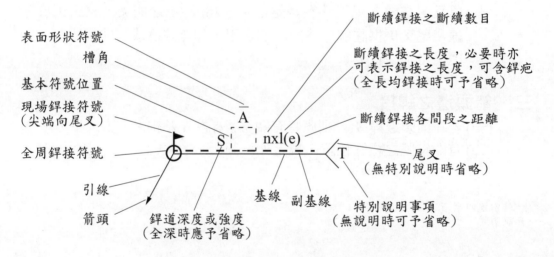

說明圖	銲接符號

五、箭頭邊及箭頭對邊之銲接

(一) 若在箭頭邊及箭頭對邊銲接時，則應將有關符號標註在基線之上方及下方，唯僅用一引線指向其任一邊。

(二) 除基本符號及輔助符號外，其他有關符號或數值如為兩邊完全相同者，則僅標註其中之任一邊，且<u>不畫副基線</u>。

說明圖	銲接符號
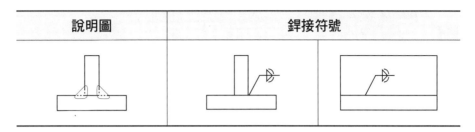	

註：有效喉深代號為a，腳長代號為z。圖示填角銲、銲道表面形狀凸面、銲道腳長5mm。正確圖示如下：

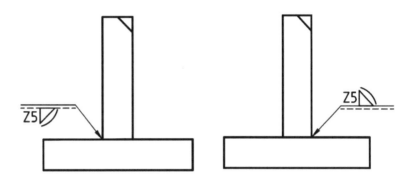

六、銲接檢驗

(一) **破壞性檢驗**：拉伸、彎曲、硬度、衝擊、火花、疲勞與金相等試驗。金相試驗法需將銲件切成標準試片，以各種試驗機、顯微鏡或分析儀試驗觀測。

(二) **非破壞性檢驗**：外觀目視、音響敲擊、渦電流、磁力線、滲透液染色、超音波、X光射線、γ射線、水壓與真空等檢驗。

七、銲接方法代號

(一) **平銲**：以F符號代表。　　(二) **橫銲**：以H符號代表。

(三) **立銲**：以V符號代表。　　(四) **仰銲**：以OH或O符號代表。

考前實戰演練

(　) **1** 潛弧銲簡稱：　(A)MIG　(B)TIG　(C)SAW　(D)LBW。

(　) **2** 雷射銲簡稱：　(A)MIG　(B)TIG　(C)SAW　(D)LBW。

(　) **3** 惰氣遮護鎢極電弧銲簡稱：　(A)MIG　(B)SIG　(C)GMAW
(D)GTAW。

(　) **4** 惰氣金屬電極電弧銲簡稱：　(A)SIG　(B)TIG　(C)GMAW
(D)GTAW。

(　) **5** 有關銲接（Welding），下列敘述何者正確？
(A)兩金屬銲件接合處的母材一定要加熱至熔化狀態，待其冷卻凝
固後才能達成結合作用
(B)兩金屬銲件接合處一定要添加填料（又稱銲料）才能達成結合
作用
(C)可以不必施加壓力於兩金屬銲件接合處的母材而達成結合作用
(D)銲接只適用於相同種類金屬材料間的結合。　　　　　　【統測】

(　) **6** 下列有關鑄造、鍛造、及銲接加工之敘述，何者較<u>不正確</u>？
(A)鍛造較不適於形狀複雜之大型工件，若工件數量少時可改以銲
接替代鍛造
(B)工件採銲接加工雖容易產生殘留應力，但變形甚小，可以忽略
(C)銲接作業不需要砂心及木模，故所需之作業空間較鑄造小
(D)精密脫臘鑄造通常較適於高熔點之小工件。　　　　　　【統測】

(　) **7** 軟銲與硬銲的銲接溫度約以幾°C為分界？
(A)227°C　(B)327°C　(C)427°C　(D)527°C。

(　) **8** 下列何者為軟銲之主要銲料？　(A)銅鋅合金　(B)銀合金　(C)
鋁矽合金　(D)鉛錫之合金。

(　) **9** 下列何者為硬銲之主要銲料？　(A)銅鋅合金　(B)銀合金　(C)
鋁矽合金　(D)鉛錫之合金。

(　　) **10** 下列何種銲接過程中，工件本身不熔化？　(A)電弧銲　(B)氣銲　(C)電子束銲接　(D)軟或硬銲。

(　　) **11** 有關銲接，下列敘述何者正確？
(A)銲接時，材料表面若因高溫生成氧化物，可以添加銲劑使氧化物成為銲渣而排除
(B)硬銲又稱為錫銲，因其銲料中有相當比例之錫的成分
(C)點銲接（Spot welding）屬於電弧銲的一種，通電加熱但不必加壓
(D)氧乙炔銲接為最常見的氣銲，是以氧氣及乙炔氣為燃料，並以空氣為助燃氣體。　【統測】

(　　) **12** 對金屬板進行錫銲工作時常會使用到銲劑，下列何者不是其主要的功用？
(A)可藉由化學作用清潔金屬表面而使銲接容易進行
(B)可除去材料表面之氧化物、油漬及生鏽等不潔物
(C)可防止材料銲接時因溫度升高而產生新的氧化雜物
(D)可增加熔融狀銲錫的表面張力，以利銲錫球的產生。　【統測】

(　　) **13** 有關軟銲（Soldering）之定義，下列敘述何者正確？
(A)以銅銀合金為銲料之銲接
(B)銲接材料熔點低於427°C（800°F）之銲接
(C)銲接材料熔點高於800°C（1472°F）之銲接
(D)銲接時，接合之母材均已熔融軟化之銲接。　【統測】

(　　) **14** 錫銲填料俗稱為「銲錫」，而銲錫主要是什麼合金？　(A)錫、銅　(B)錫、鋁　(C)錫、鎂　(D)錫、鉛。　【統測】

(　　) **15** 氧乙炔銲接的說明，下列敘述何者不正確？　(A)切割和銲接用的火嘴不一樣　(B)銲炬有兩道管路　(C)鋼瓶壓力可調整為零　(D)點火時先開氧氣。

(　　) **16** 下列敘述何者不正確？
(A)軟銲硬銲時工件本身沒有熔解
(B)硬銲常用硼砂當銲劑
(C)氧乙炔（氣銲）切割鋼鐵時是利用氧化焰
(D)氣銲時須先關氧氣後再關乙炔。

(　) 17 有關氧乙炔銲接，下列敘述何者<u>不正確</u>？ 　(A)氧氣鋼瓶外表漆成黑色 　(B)乙炔各處管接頭皆為右螺紋 　(C)乙炔氣的輸氣軟管為紅色管 　(D)火嘴號碼越大，適用於越厚母材。

(　) 18 有關氧乙炔銲接火焰，下列敘述何者正確？ 　(A)還原焰長度最短，氧化焰長度最長 　(B)還原焰廣用於各種銲接或切割工作 　(C)氧化焰呈藍色 　(D)氧化焰可用於蒙納合金、鎳的銲接。　　　　【統測】

(　) 19 關於氧-乙炔氣體銲接與切割，下列敘述何者<u>不正確</u>？
(A)中性焰是指氧氣和乙炔氣的混合燃燒火焰，其比例約為1：1
(B)氧化焰是指氧氣供給過量產生的火焰，一般用在銅銲接
(C)一般而言，採用氧-乙炔火焰切割工件時，應將火焰調整至中性焰
(D)銲接用的氧-乙炔火焰之火嘴，中心有一較大的孔及周圍有若干小孔，切割用的火嘴則僅有中心一孔。　　　　【統測】

(　) 20 關於氣銲（又稱氧銲）作業，下列敘述何者<u>不正確</u>？
(A)順手銲法（forehand welding）指銲條在火口之前，且銲炬指向銲接進行的方向
(B)右手持銲炬者在反手銲法（backhand welding）中，其左手握持銲條的角度，與在順手銲法時相同
(C)回火（back fire）發生的原因，可能是乙炔與氧氣的工作壓力太高
(D)銲炬太靠近工件，也有可能造成回火。　　　　【統測】

(　) 21 關於氣銲的安全守則，下列敘述何者<u>不正確</u>？
(A)不可使用火柴或一般之打火機做為點火源
(B)不可使用火焰檢查橡皮導管是否漏氣
(C)氧氣與乙炔應事先依一定比例混合後，再送至銲炬中點燃使用
(D)氧氣壓力調節器與乙炔壓力調節器不可混用。　　　　【統測】

(　) 22 下列有關氧乙炔氣銲的敘述，何者正確？ 　(A)主要自燃氣體為氧氣，並以之提供高溫能量 　(B)當供應的乙炔量多於氧氣量時，產生的火焰呈藍色，並伴隨著嘶嘶聲 　(C)利用不同的火嘴構造，不僅可用於銲接鋼材，也可用於切割鋼材 　(D)須將銲條置於火嘴進行方向的前面，且此為唯一的操作方法。　　　　【統測】

(　) **23** 下列關於氧乙炔銲接之敘述，何者<u>不正確</u>？
(A)乙炔為不安定之氣體，其鋼瓶一般漆成咖啡色較多
(B)氧氣瓶一般為黑色
(C)氧乙炔銲點火時，應先開氧氣，後開乙炔；熄炬時先關氧氣，
後關乙炔
(D)氧乙炔銲也可以用來切割碳鋼鋼板。

(　) **24** 在板金之氧乙炔氣銲中，通常使用下列何種氣體作為助燃氣體？
(A)乙炔　(B)氫　(C)氮　(D)氧。　　　　　　　　【統測】

(　) **25** 惰性氣體鎢極電弧銲接（TIG或GTAW）的說明，下列敘述何者
<u>不正確</u>？　(A)鎢極不消耗　(B)氬氣保護電弧　(C)補槽不用填料
(D)電極不塗溶劑。

(　) **26** 關於潛弧銲接，下列敘述何者<u>不正確</u>？
(A)銲接時弧光不外洩
(B)使用電流為300～4000安培
(C)除平銲外，亦適用於立銲及仰銲
(D)適於低碳鋼、合金鋼及非鐵金屬之銲接。

(　) **27** 使用交直流電銲機時，下列敘述何者正確？　(A)銲條直徑與使
用電流大小無關　(B)交流電銲機比直流電銲機少發生吹弧現象
(C)交流電銲機可以有正極性及反極性兩種接法　(D)直流正極性
（DCSP）聯接法為工作物接負極，銲條接正極。　　　【統測】

(　) **28** 關於電弧銲接，下列敘述何者正確？
(A)電弧是在低電流及高電壓下產生之一種放電現象　(B)電弧是
在高電流及低電壓下產生之一種放電現象　(C)直流電弧銲接機之
銲接效率較交流電弧銲接機高　(D)交流電弧銲接機之電弧較直
流電弧銲接機之電弧穩定。　　　　　　　　　　　【統測】

(　) **29** 下列那一種電銲法，使用非消耗性電極來銲接？
(A)金屬電極電弧銲（metal electrode arc welding，簡稱 MAW）
(B)惰氣鎢電極電弧銲（tungsten inert gas arc welding，簡稱TIG）
(C)潛弧銲（submerged arc welding，簡稱SAW）
(D)惰氣金屬電極電弧銲（metal inert gas arc welding，簡稱
MIG）。　　　　　　　　　　　　　　　　　　【統測】

(　) **30** 有關金屬電極電弧銲使用銲條之銲劑塗層的功能，下列敘述何者<u>不正確</u>？　(A)穩定電弧　(B)產生保護性的氣體　(C)增加熔融金屬的濺散　(D)除去氧化物，以及其他雜質。　　　　　【統測】

(　) **31** 關於電銲作業，下列敘述何者<u>不正確</u>？
(A)銲件厚度較大時，應選用直徑較大之銲條
(B)多層銲接之第一層銲道，為防止熔化不足之缺陷，宜採用直徑較大之銲條
(C)平銲時，可使用直徑較大之銲條
(D)立銲、仰銲及橫銲時，應選用直徑較小之銲條。　　　　　【統測】

(　) **32** 下列銲接法中，那一項為俗稱氬銲的銲接法？
(A)潛弧銲（SAW）
(B)惰氣鎢極電弧銲（TIG）
(C)惰氣金屬極電弧銲（MIG）
(D)遮蔽金屬電弧銲（SMAW）。　　　　　【統測】

(　) **33** 下列銲接法中，那一項為俗稱CO_2銲的銲接法？
(A)潛弧銲（SAW）
(B)惰氣鎢極電弧銲（TIG）
(C)惰氣金屬極電弧銲（MIG）
(D)遮蔽金屬電弧銲（SMAW）。　　　　　【統測】

(　) **34** 關於銲接，下列敘述何者<u>不正確</u>？
(A)惰氣鎢極電弧銲接（TIG）選用的輔助氣體為氫氣
(B)軟銲技術俗稱錫銲技術
(C)硬銲與軟銲主要差別為工作時之溫度
(D)電阻銲接時，使用的電流大小是影響熱量產生的重要因素。　　　　　【統測】

(　) **35** 有關電弧銲接，下列敘述何者正確？
(A)電弧長度與電弧電壓成反比
(B)碳與鎢之熔點高，可用為消耗性電極
(C)交流電弧銲接機構造比直流電弧銲接機複雜
(D)使用正極性電路銲接時，工件接正極，產生的熱量大部分集中於工件上。　　　　　【統測】

(　　) **36** 下列有關電弧銲接（電銲）的敘述，何者正確？
(A)須使用直流電，工件須接在正極，電極則須接在負極
(B)電極可以為消耗性也可以為非消耗性的型式
(C)電極與工件須直接接觸，形成電的通路方可進行銲接
(D)只適用於銲接位置為平銲者，不能用於仰銲或立銲。　【統測】

(　　) **37** 下列關於機械製品製作之敘述中，何者不正確？　(A)鍛造製品之組織晶粒較鑄造品者細緻　(B)鑽石刀具為超精密加工之較佳選擇之一　(C)工作母機之床台多採用鑄鐵製成而不用鋼，主要是由於鑄鐵之吸振能力較佳　(D)電弧銲之電銲條被覆材主要是用以防止內部金屬於儲存時生鏽。　【統測】

(　　) **38** 電阻銲接不包括下列哪一種方法？
(A)點銲接　(B)電子束銲接　(C)浮凸銲接　(D)對頭銲接。

(　　) **39** 點銲機是電阻銲接之一種，下列敘述何者正確？
(A)可用於薄鐵板之搭接銲接
(B)金屬板表面不要清潔以增大電阻
(C)用高電阻電極以從事銲接
(D)用大電壓大電流以從事銲接。

(　　) **40** 在銲接作業中，點銲接之程序可分為四部份，其作業內容及順序為：
(A)加壓、銲接、保持、完成
(B)銲接、加壓、加熱、完成
(C)銲接、加壓、保持、完成
(D)加壓、銲接、加熱、完成。

(　　) **41** 用於鋁熱銲接產生化學反應的冶金材料是：
(A)鋁粉及鐵粉　　　　　(B)鋁粉及氧化鐵粉
(C)鋁粉及銅粉　　　　　(D)鋁粉及氧化銅粉。

(　　) **42** 利用銲件高速旋轉，使兩銲件接合面因摩擦生熱，並在軸向施加壓力，以達成結合作用者為：
(A)摩擦銲接　　　　　(B)雷射束銲接
(C)電子束銲接　　　　(D)發熱銲接。

( ) **43** 在大氣的環境中,將平行之單頻雷射束聚焦,使銲件接合面的母材受熱產生高溫熔化而結合者為: (A)摩擦銲接 (B)雷射束銲接 (C)電子束銲接 (D)發熱銲接。

( ) **44** 在充滿真空的環境中,將電子加速成高速的狀態撞擊銲件,藉由其動能所轉換成的熱能來熔化銲件接合面的母材,以達結合作用者為: (A)摩擦銲接 (B)雷射束銲接 (C)電子束銲接 (D)發熱銲接。

( ) **45** 又稱為鋁熱銲接,是利用化學反應所產生的熱將粉末狀鋁粉熔化於銲件接合面,以達成結合作用者為:
(A)摩擦銲接 (B)雷射束銲接 (C)電子束銲接 (D)發熱銲接。

( ) **46** 關於電阻點銲(resistance spot welding)作業,下列敘述何者<u>不正確</u>?
(A)電阻點銲,不施加外力作用,即可形成牢固接合
(B)電阻點銲,一般使用搭接方式接合
(C)鐵櫃、廚具等大型工件之銲接可使用攜帶式點銲機
(D)電阻縫銲(resistance seam welding)是將電阻點銲之電極頭,改以兩個滾輪代替之銲接方法。 【統測】

( ) **47** 以電阻點銲法銲接兩薄板金屬,通以5伏特電壓,2000安培電流,假設將銲接部位的金屬熔解,達到銲接效果,需要500焦耳,則通電時間應為若干?
(A)0.05秒 (B)0.1秒 (C)0.5秒 (D)1秒。 【統測】

( ) **48** 適用於精密工件的銲接法為:
(A)摩擦銲接 (B)發熱銲接
(C)爆炸銲接 (D)雷射銲接。 【統測】

( ) **49** 對於銲接製程,下列敘述何者正確?
(A)氧乙炔銲接時,需先點燃乙炔氣體後再點燃氧氣
(B)惰氣金屬極電弧銲法又稱TIG銲法,銲接時電極不會消耗
(C)電阻銲接過程,由於有施加壓力,故常用於厚板料之銲接
(D)雷射銲接是在銲接部位產生極微小之電弧,故常用於精密銲接工作。 【統測】

( ) **50** 有關銲接方法，下列敘述何者正確？ (A)摩擦銲接（Friction welding）是利用銲件高速旋轉，使兩銲件接合面因摩擦生熱，並在軸向施加壓力，以達成結合作用 (B)雷射束銲接（Laser beam welding）必須在真空的環境中，將平行之單頻雷射束聚焦，使銲件接合面的母材受熱產生高溫熔化而結合 (C)電子束銲接（Electron beam welding）大都是在充滿氫氣的環境中，將電子加速成高速的狀態撞擊銲件，藉由其動能所轉換成的熱能來熔化銲件接合面的母材，以達結合作用 (D)發熱銲接（Thermit welding）又稱為鋁熱銲接，是利用電阻所產生的熱將粉末狀鋁粉熔化於銲件接合面，以達成結合作用。　　　　　【統測】

( ) **51** 下列何者屬於電阻銲接法？
(A)點銲　(B)氫銲　(C)電漿銲　(D)潛弧銲。　　　　　【統測】

( ) **52** 下列何者較適用於銲接大面積之不同金屬板材？
(A)電熔渣銲（ESW）　　　　(B)爆炸銲（EXW）
(C)端壓銲（UW）　　　　　(D)潛弧銲（SAW）。　　　【統測】

( ) **53** 電阻銲接係施加低電壓、大電流於欲接合的金屬工件，而將電能轉換為熱能，同時加壓以完成金屬結合的銲接方法。下列何者屬於電阻銲接法？
(A)浮凸銲接（RPW）　　　　(B)壓力氣體銲接（PGW）
(C)發熱銲接（TW）　　　　　(D)潛弧銲接（SAW）。　　【統測】

( ) **54** 銲接基本符號「 ⊖ 」係表示：
(A)塞孔或塞槽銲接　　　　　(B)浮凸銲接
(C)縫銲接　　　　　　　　　(D)端壓銲接。

( ) **55** 銲接輔助符號「 🚩 」表示為：
(A)現場全周銲接　　　　　　(B)現場銲接
(C)全周銲接　　　　　　　　(D)起槽銲接。

( ) **56** 橫銲的縮寫是： (A)F　(B)V　(C)H　(D)O。

( ) **57** 下列何者非標示線要項？ (A)引線　(B)基線、副基線　(C)註解　(D)尾叉。

( ) **58** 副基線為平行於基線上方或下方之虛線，約與基線等長，而與基線之間隔約：　(A)1.5mm　(B)2mm　(C)2.5mm　(D)3mm。

( ) **59** 電銲條規格中常於E字後加四個數字，現就E4303電銲條中「43」之代表意義為何者？　(A)銲接的姿勢　(B)銲條包覆材料　(C)電流的大小　(D)最小抗拉強度。

( ) **60** 銲條的規格E6014，其中「14」表示為何者？　(A)含碳量　(B)銲條直徑　(C)抗拉強度　(D)被覆劑。

( ) **61** 電弧銲（arc welding）使用之電銲（焊）條標號「E6010」，於銲接後，其銲道之最小抗拉強度至少應為若干？　(A)600N/mm^2　(B)60kgf/cm^2　(C)600N/cm^2　(D)6010N/cm^2。

( ) **62** 欲將兩塊厚板的工件銲接在一起，應採用下列何種銲接方法？
(A)超音波銲接　　　　　　(B)電氣熔渣銲
(C)電阻銲接　　　　　　　(D)雷射銲接。　　　　　　【統測】

( ) **63** 有關銲接的敘述，下列何者正確？
(A)硬銲常用於將電子零件銲接於印刷電路板上
(B)軟銲在銲接過程中，是銲料與母材同時熔化
(C)惰性氣體鎢極電弧銲（TIG）是使用氬氣（Ar）作為銲接保護氣體
(D)於氧乙炔銲接作業，點火時須先開啟乙炔鋼瓶閥門，熄火時亦應先關閉乙炔鋼瓶閥門。　　　　　　【統測】

( ) **64** 有關軟銲及硬銲之敘述，下列何者<u>不正確</u>？
(A)軟銲常使用鋁及其合金為銲料
(B)軟銲可以使用電烙鐵熔化銲料
(C)硬銲銲料常使用銅合金
(D)硬銲使用硼砂當銲劑。　　　　　　【統測】

( ) **65** 有關銲接之敘述，下列何者正確？
(A)硬銲又稱為錫銲，因其銲料中有高比例之錫成分
(B)電弧銲接的電極可以為消耗性，也可以為非消耗性的類型
(C)點銲接屬於電弧銲的一種，通電加熱但不必加壓
(D)石墨與鎢之熔點高，可用為消耗性電極。　　　　　　【統測】

( ) **66** 有關銲接位置的代號，下列何者<u>不正確</u>？
(A)平銲的代號為F　　　　　(B)立銲的代號為P
(C)仰銲的代號為OH　　　　(D)橫銲的代號為H。　　　　【統測】

( ) **67** 有關銲接技術，下列敘述何者<u>不正確</u>？
(A)潛弧銲適合用於厚金屬板之水平銲接
(B)氬銲（TIG）之電極及氣體分別為鎢棒與氬氣
(C)軟銲與硬銲是以銲接金屬的熔點溫度800°F來區別
(D)摩擦銲接是應用高頻率振動能，不須施加適當壓力接合的銲
接法。　　　　　　　　　　　　　　　　　　　　　【統測】

( ) **68** 有關氧乙炔銲接之敘述，下列何者<u>不正確</u>？
(A)碳化焰之火炬表示乙炔量小於氧氣量
(B)氧化焰常用於黃銅、青銅之銲接
(C)點火前需先開乙炔氣閥，後開氧氣閥
(D)乙炔鋼瓶常填充丙酮藉以增加安定性。　　　　　　　【統測】

( ) **69** 有關銲接（Welding），下列敘述何者<u>不正確</u>？
(A)兩金屬銲件接合處的母材不一定要加熱至熔化狀態，待其冷卻
凝固後才能達成結合作用
(B)兩金屬銲件接合處不一定要添加填料（又稱銲料）才能達成結
合作用
(C)可以不必施加壓力於兩金屬銲件接合處的母材而達成結合作用
(D)銲接只適用於相同種類金屬材料間的結合。

( ) **70** 軟銲與硬銲的銲接溫度約以幾°C為分界？
(A)227　　　　　　　　　　(B)327
(C)427　　　　　　　　　　(D)527。

考前實戰演練

第6單元 表面處理

重點導讀

內容主要是分為四大部分，分別為表面塗層、表面硬化、防鏽蝕處理及電鍍原理與設備，統測大部分題目是考在表面硬化部分，故需特別注意表面硬化。另外電鍍原理也需特別注意。同學們，讀完這裡已經唸完一半，繼續努力！

6-1 表面塗層

一、表面處理目的

(一) 表面處理是指在材料成品之表面塗敷一層或多層之保護層。

(二) 表面處理的目的不只是增加美觀，對其機械及物理性質會有影響。

二、表面塗層目的

(一) 表面塗層具有美化、防鏽、防蝕或特殊目的之功能。

(二) 表面塗層主要分為金屬塗層、無機塗層、有機塗層（油漆為主）。

三、金屬塗層

(一) **電鍍**：是利用電解原理，將工件置於電解液中，以欲鍍之純金屬為陽極，被鍍之工件為陰極。

(二) **無電電鍍（化學電鍍）**：無電電鍍指化學電鍍，不使用電力，以還原化學劑利用電鍍原理，將電鍍液中之還原金屬沉積覆蓋於工作表面。無電電鍍鍍層均勻且孔隙率少、鍍層厚度受到限制、耐蝕性比電鍍層佳、可進行複合鍍層。

(三) **金屬滲入法**：金屬製品埋於他金屬粉末中而加熱之，使其表面熔附他金屬之薄膜，例如滲入鋅、鉛、鉻等可用以保護表面。

(四) **金屬噴敷（噴金）**：以高壓氣流將熔融金屬噴成細霧狀，使附著於物品。噴敷前基材必須先噴砂或粗切使其表面粗糙化，以利於基材之附著。金屬噴敷後材料不易扭曲變形，只針對表面，也不會產生內應力。

(五) **熱浸**（Hot dipping）：低碳鋼薄板浸於熔融之錫者，製成馬口鐵（常用於食品容器）。鐵板或鐵線浸於融鋅內，成白鐵皮或鍍鋅白鐵線，碳鋼常使用熱浸鍍鋅來防止大氣腐蝕。

(六) **物理蒸煮**（沉積；披覆）（Physical Vapor Deposition；**簡稱 PVD**）：利用物理方式如離子鍵結或濺渡方式產生硬化層，常用金屬為金、銀、鋁、鈦等，常於在真空中利用電極或電阻加熱。

(七) **化學蒸煮**（沉積；披覆）（Chemical Vapor Deposition；**簡稱 CVD**）：利用適當氣體於高溫產生金屬間化合物裂解、沉積作用，產生硬的化合物蒸煮（沉積；披覆）於鋼的表面產生硬化層，常用金屬為高熔點金屬如鎢、鉬、陶瓷。

四、 無機塗層

無機塗層包括利用水泥（可保護鑄鐵外表，亦可修補材料）、玻璃、琺瑯質（陶瓷、上釉；具有膨脹係數可溶於合金）、氧化物等。

五、 化學塗層

(一) 利用磷酸鹽、鉻酸鹽、陽極氧化等塗層。

(二) 陽極處理：又稱陽極氧化，專用於鋁及其合金，現代化房屋所設置的鋁門窗，大多經過陽極防蝕處理，於金屬表面形成一層氧化鋁保護層。

六、 有機塗層

油漆

油漆塗料之主要成分為油脂（oils）或樹脂（resins），如植物油、纖維素、天然樹脂等，常稱為有機塗層，其他加入之成分有乾燥劑、溶劑、塑化劑、顏料及乳化劑等結合劑。

底漆

施用塗料前應先塗敷底漆（primer），再塗面漆，以增加面漆與金屬的附著力，常用底漆有鉻酸鋅黃底漆及氧化鐵紅底漆（紅丹漆）兩種。

亮光漆

亮光漆（lacquer）又稱假漆或清漆，不含顏料，乾燥後呈現透明或半透明皮膜，為溶解硝化纖維於揮發性溶劑。

七、塗料塗用方法

(一) 塗料塗用方法有塗刷、噴敷、浸漬和烘烤四種。

(二) 大多用固化性油調漆者，以塗刷為宜，用揮發性油調漆者以噴敷為宜。

(三) 壓克力烤漆具有耐化性、耐候性、耐蝕性及耐鹽水噴霧，常用於汽車鋁合金鋼圈之塗層。

(四) 鎂合金烤漆用於手機及筆記型電腦。

牛刀小試

(　　) 1 有關表面硬化、表面塗層與防鏽蝕處理，下列敘述何者不正確？　(A)CVD為物理氣相沉積法的簡稱　(B)陽極氧化（Anodizing）經常用於鋁工件之表面處理　(C)鋼板上鍍錫，可用於罐頭容器　(D)火焰硬化法屬於物理式之表面層硬化法。　　　　【105統測】

(　　) 2 下列何者不是無電電鍍（化學鍍）的優點？　(A)鍍層均勻且孔隙率少　(B)鍍層厚度沒有限制　(C)耐蝕性比電鍍層佳　(D)可進行複合鍍層。　　　　【108統測】

────── 解答與解析 ──────

1 (A)。PVD為物理氣相沉積法的簡稱；CVD為化學氣相沉積法的簡稱。

2 (B)。無電電鍍（化學鍍）鍍層厚度有限制。

6-2　表面硬化

一、表面硬化目的

(一) **機件表面**：機件表面必須具有足夠之硬度，以便形成耐磨的表面層。

(二) **機件內部**：機件內部必須具有相當之強韌性，以便承受振動、衝擊。

(三) **表面硬化處理之場合**：表面硬化處理主要用於接觸傳動之處，如
齒輪、凸輪、離合器、火車輪、車床床軌等。

二、 表面硬化分類

物理**表面硬化**	化學**表面硬化**
不改變材料的化學成分，只改變表面層的組織，包括火焰加熱硬化法、感應（高週波）電熱硬化法、電解淬火硬化、珠擊法等。	改變材料的化學成分，包括滲碳硬化法、氮化法、滲碳氮化法、鍍層硬化法（如鍍鉻）、滲硼硬法化、滲硫硬法化等。

三、 表面硬化之方法

(一) **滲碳法（carburizing）：**

1. 滲碳法主要用於低碳鋼。滲碳法係將含碳量0.2%以下之低碳鋼製機件表面滲碳，使其表面成為高碳鋼，再以淬火加熱至沃斯田鐵組織（γ鐵）後急冷，形成麻田散鐵使表面變硬。

2. 滲碳法依滲碳劑可分為三種：

   (1) **固體滲碳法**（pack carburizing）：採用以木炭為主，常加入碳酸鋇（$BaCO_3$）與碳酸鈉（Na_2CO_3）為促進劑。不滲碳部分，將該部分鍍銅再施行滲碳。

   (2) **液體滲碳法**（liquid carburizing）：液體滲碳法亦稱為氰化法，一般使用之滲碳劑為氰化鈉。硬化層薄，滲碳時間短，內部應力較小，同時因碳（C）、氮（N）同時滲入表面層，故耐磨性佳，有光滑表面。液體滲碳法蒸氣有毒，應小心處理。

   (3) **氣體滲碳法**（gas carburizing）：以天然氣、煤氣等碳氫化合物作為滲碳劑。大規模生產時，通常用氣體滲碳法。

(二) 氮化法（滲氮法）（nitriding）：

1. 氮化法係將鋼件加工與熱處理後，裝置於密閉箱中，引入含有氮氣之氨（NH_3）氣體，加熱至500℃，保溫10～100小時，使其表面生成氮化物而硬化。

2. 氮化法硬化效果良好，加熱溫度較滲碳法低，機件變形小，常用於精密機件。

3. 氮化法施行前，一般需先將鋼料淬火、回火處理，使其組織變成回火麻田散鐵組織，以利其表面硬化層形成。

4. 氮化法後無須進一步加工，氮化後不必淬火或熱處理，故無內應力產生之虞。若需熱處理宜在氮化前。

5. 氮化法表面硬化，若不必氮化部分，可事先鍍上一層鎳或錫等。

6. 氮化的材料有所限制，一般用於鋁、鉻、鉬、釩之類之合金鋼為主。

7. 純鐵、碳鋼、鈷鋼、鎳鋼難以氮化硬化，且硬化層較薄、施工時間長是其缺點。

(三) 滲碳氮化法（carbonitriding）：

1. 滲碳氮化法係將氣體滲碳法中的氣體，加入1%～5%之NH_3（氨）的表面硬化法，使碳與氮同時滲入鋼面。

2. 又稱為氣體滲碳氮化法，適於低碳合金鋼之表面硬化。

(四) 火焰加熱硬化法（flame hardening）：

1. 火焰加熱硬化法又稱表層淬火硬化法，為利用氧氣（O_2）、乙炔氣（C_2H_2）之火焰急速加熱，使受熱之表面層成為沃斯田鐵（γ鐵）時，再澆水或水中急冷，則表面被淬火硬化成麻田散鐵，內部仍保持原有之韌性。

2. 用於含碳量0.3～0.8%中、高碳鋼。

3. 火焰加熱硬化法是歷史最久的物理表面硬化法，作業簡單，價廉。

(五) 高週波硬化法（high frequency induction hardening）：

1. 高週波感應（eddy current） 硬化法又稱為感應電熱硬化法，亦稱高週波感應硬化法或高週波淬火法。

2. 常用於曲軸、齒輪、車床床軌等。

3. 利用電磁感應原理使鋼材產生高熱，加熱快，作業時間短。

4. 高週波設備甚為昂貴。

5. 含碳量0.35～0.6%中碳鋼最適合於高週波熱處理。

6. 週波數較高者適於薄機件、小零件。

7. 週波數較低者適用於大零件。

(六) **電解熱淬火硬化法（electrolytic hardening）**：

1. 將機件作為陰極，而欲淬火硬化部分浸漬於濃度10%之碳酸鈉電解液中。
2. 電解淬火後之材料較普通淬火者耐衝擊，耐疲勞性高，且具有強韌性，效果非常良好。

(七) **鍍層硬化法**：

鍍層硬化法一般指鍍鉻法，適用於模具、量規、工具、汽缸、活塞等，經鍍鉻之表面光亮、硬度高、摩擦係數小、耐蝕性大。

(八) **其他表面硬化法**：

1. **加工硬化法**：利用表面加工硬化法以珠擊法最常用，利用沖擊式冷作加工；其表面硬度上升而抗疲勞限度更顯得升高。
2. **滲硼硬法化**：所有表面硬化法中之最高硬度值。
3. **滲硫處理**：滲硫可以降低工件表面層的摩擦係數，改善耐磨耗性。

牛刀小試

( ) **1** 有關高週波硬化法之敘述，下列何者不正確？
(A)限於本身可硬化的導磁材料
(B)使用直流電流
(C)特別適用於中碳鋼
(D)加熱速度快。 【106統測】

( ) **2** 有關材料表面硬化方法的敘述，下列何者正確？
(A)滲碳法適用於高碳鋼，需再淬火硬化
(B)氮化法因工件變形量大，需再淬火硬化
(C)滲硫法是表面形成硫化物，具耐磨性但硬度低
(D)滲硼法是表面形成硼化層，具耐熱性但硬度低。 【109統測】

--- 解答與解析 ---

1 (B)。 高週波硬化法使用交流電之高週波感應電流。

2 (C)。 滲硫法可使鋼材表面光滑化降低摩擦係數以增加耐磨性，但硬度並不高。

6-3　防鏽蝕處理

一、鋼鐵之生鏽

(一)腐蝕原因主要為成鐵鏽$Fe(OH)_3$，附於鐵面。

(二)除去鏽皮時宜完全除淨之。

(三)防鏽處理目的：增進產品的外觀進而提高產品的品質、促進產品的銷售、增加產品的商業價值、抵抗磨損、防止電解分離、抵抗腐蝕等。

二、防鏽處理

(一)電鍍：

　1.電鍍（electroplating）：

　　(1)是利用電解原理，將工件置於電解液中。

　　(2)以欲鍍之純金屬為陽極，被鍍之工件為陰極。

　　(3)電鍍前基材必須先酸洗及研磨成光滑面。

　2.常用電鍍方法：

　　(1)鍍鉻：品質最佳，用於耐磨、耐蝕及增加工件之硬度，如氣缸、活塞。

　　(2)鍍鋅：用於低碳鋼或熟鐵，防止腐蝕時使用之，俗稱白鐵皮。

　　(3)鍍錫：鍍錫可增加耐蝕性，鍍錫鐵皮又稱馬口鐵，常用於食品罐頭。

> **小叮嚀**
>
> 鍍錫不可增加其耐磨性及硬度。

　　(4)鍍鎳：用於鋼料或黃銅之防蝕作用及增加美觀。

　　(5)鍍鎘：小型鋼鐵零件如螺釘、螺帽、銷、鍵等。

　　(6)鍍銀：用於非鐵金屬製作之餐具。

　　(7)鍍銅：鍍鎳前之底層電鍍，增加鎳之黏合力。

(二)磷酸防蝕法（Parrerizing）

　1.磷酸防蝕法又稱鍍磷法，係在鋼料上鍍一磷化物薄層，作為磁漆與噴漆之底層，以利於附著。

　2.施工方式是將鋼浸於磷酸二氫化錳之溶液中約15分鐘。

(三)發藍法：

　1.是將鋼浸入300℃～500℃之熔融硝酸鉀（硝酸鈉）約15分鐘。

　2.發藍法廣用於鋼料表面層處理，例如槍管之表面處理。

(四) **陽極處理（陽極氧化）：**

1. 陽極處理（anodizing）是鋁或鋁合金之表面防蝕處理，有時亦可應用於鎂、鈦等材料。
2. 以鉻酸水溶液為電解液，是一種氧化物，並無電鍍的作用。

(五) **陰極防蝕：**

1. 陰極防蝕主要用於鋼鐵材料。
2. 陰極防蝕的原理是利用外來電流給鋼材一個電流，使其電位下降到鏽蝕很慢或停止鏽蝕的區域。
3. 陰極防蝕亦可用犧牲陽極法，係使用相對於鋼材活性較高之金屬（例如鋅）等做為犧牲陽極，以導線連接鋼筋與陽極，利用兩者間的電位差產生防蝕電流，以達到鋼材防蝕之目的。
4. 犧牲陽極是利用電位差供應電子給陰極金屬的防蝕方法。

(六) **滲鋁防蝕法（鍍鋁法）：**

1. 在高溫狀態下使鋁滲入於鋼之表面，並造成一層氧化鋁之保護層。
2. 其目的為在於高溫時防止鋼之氧化。

(七) **金屬噴敷（噴金）：**

1. **金屬線噴佈法：**
   (1) 金屬線受熱熔化後，以壓縮空氣成霧狀噴出，一般以氧乙炔火焰加熱。
   (2) 金屬噴敷後材料不易扭曲變形，也不會產生內應力。
   (3) 噴敷前表面要粗糙化以利附著。
   (4) 各種金屬都可以使用此法，但以鋼、黃銅、青銅及鋁使用較多，因熔點較低，在熔化上較容易。
2. **金屬粉末噴射法：**
   (1) 使用金屬或其他材料的粉末，藉其自身重力或氣體之吸力，流入混合氣體，遇氧乙炔氣的火焰變成霧狀，而噴至材料上。
   (2) 目前使用材料有不鏽鋼、青銅、碳化鎢等。
   (3) 不需壓縮空氣，較為方便。
3. **電漿噴射法：**
   (1) 又名高溫電離氣噴射，利用氮、氬或氫通過電弧而離子化，並提高溫度超過16000℃，材料通過此氣流熔化而吹至工件上。
   (2) 由於電漿溫度特高，特別適用於高溫金屬及耐火瓷質噴佈。
   (3) 適用的材料有鎢、氧化鋯、鈷、鉻及氧化鋁等。

(八) **非導體電鍍：**

非導電體材料不能直接電鍍，要將非導體的表面加上一層導體，才能接通電流而實施電鍍。

(九) **防鏽油：**

防鏽油僅能提供短時間腐蝕防護，但亦有防鏽蝕、去除污損鏽斑、增加潤滑作用等功能。

三、金屬腐蝕

(一) **腐蝕（Corrosion）：** 金屬表面受化學或電氣化學（<u>最主要</u>）之作用，其一部分或全部分生非金屬性化合物，而金屬自身即起腐蝕，凡此皆能損耗金屬，會減小強度或不能使用。

(二) **腐蝕原因：** 金屬及合金在水中，大氣中或其他氣流中，表面生鏽；在酸類或鹽類水溶液中表面溶解；加熱於高溫時表面生鏽皮等。

四、影響金屬腐蝕之因素

(一) 電氣化學（電化）作用占腐蝕最多。

(二) 電解液導電度愈大時，易產生腐蝕。

(三) 高溫時易產生腐蝕。

(四) 金屬疲勞易產生腐蝕。

(五) 材料組織之不均勻及殘留應力易產生腐蝕。

(六) PH（酸鹼）值愈大則抗腐蝕性愈高，如果PH愈低則腐蝕愈快。

五、非金屬防蝕之方法

(一) 油漆類塗附法。

(二) 金屬表面安定性化合物之生成法。

六、常用的金屬防蝕法

鋼鐵之防蝕	鋼鐵之防蝕常以發藍法。
鋁之防蝕	鋁及鋁合金防蝕處理，多用陽極氧化處理。
鎂之防蝕	鉻酸物層與氟化物層則可防鎂之腐蝕。
銅之防蝕	銅在大氣中易生銅綠（Green patina），可保護內部，防止腐蝕。

牛刀小試

( ) 下列何種表面處理方法的主要目的，<u>不是</u>為了防止鏽蝕？
(A)磷酸鹽處理　(B)鋁合金陽極處理　(C)滲碳處理　(D)
發藍處理。　　　　　　　　　　　　　　　　　　　【107統測】

────── 解答與解析 ──────

(C)。 滲碳處理是用於低碳鋼的表面硬化處理，屬於表面硬化加工，不
是為了防止鏽蝕加工。

6-4 電鍍原理與設備

一、電鍍（Electroplating）

(一) 電鍍：屬性為非切削性之表面加工方法，是一種電化學的氧化還
原過程。

(二) 電鍍原理：利用電解原理，欲鍍之純金屬為陽極，被鍍之工件為
陰極放入電解槽中，再通以適當之直流電。

(三) 電鍍的目的：增加增進美觀金屬抗氧化（如防鏽蝕）、抗腐蝕
性，提高耐磨性、導電性、反光性、光滑性及等作用。

(四) 常用電鍍形式：鍍鉻、鍍鎳、鍍鎘、鍍銅、鍍鋅、鍍錫等。

二、電鍍設備主要方式

(一) 掛鍍：適用於一般尺寸的產品，如汽車的保險桿、自行車的車把。

(二) 滾鍍：小件的產品、緊固件、墊圈、插銷等。

(三) 連續鍍：成批生產的線材和型材。

(四) 刷鍍：局部鍍或修復。

三、無電電鍍（化學電鍍）

(一) 不使用電力，以還原化學劑覆蓋於工件，鍍層的均勻性比電鍍的
好，但光澤度較電鍍差。

(二) 無電電鍍鍍層均勻且孔隙率少、鍍層厚度受到限制、耐蝕性比電
鍍層佳、可進行複合鍍層。

考前實戰演練

( ) **1** 下列何種表面處理方法<u>不具有美觀</u>之功效？ (A)有機塗層 (B)滲碳 (C)電鍍 (D)陽極處理。

( ) **2** 為使產品外觀美麗光滑及增加防腐、防鏽之效能，來刺激購買慾望的加工方法為： (A)機製加工 (B)表面塗層加工 (C)熱處理 (D)粉末冶金。

( ) **3** 現代化房屋所設置的鋁門窗，大多經過防蝕處理，於金屬表面形成一層氧化鋁保護層，此防蝕處理名稱為何？ (A)發藍處理 (B)無電電鍍 (C)滲鋁防蝕 (D)陽極處理。 【統測】

( ) **4** 有關表面處理，下列敘述何者<u>不正確</u>？
(A)鋁合金常使用陽極處理增加耐蝕性
(B)碳鋼常使用熱浸鍍鋅來防止大氣腐蝕
(C)滲硫可以降低工件表面層的摩擦係數，改善耐磨耗性
(D)電鍍是將被鍍物放在陽極。 【統測】

( ) **5** 下列有關金屬表面處理的敘述，何者正確？
(A)金屬噴敷後材料不易扭曲變形，也不會產生內應力
(B)電鍍係將被鍍之工件接於陽極，欲鍍之純金屬接於陰極
(C)金屬表面若鍍錫可增加其耐磨性、耐蝕性及硬度
(D)表面處理的目的只是增加美觀，對其機械及物理性質不會有影響。 【統測】

( ) **6** 下列何者<u>不是</u>物理式的表面處理法？ (A)滲氮法 (B)高週波淬火 (C)火焰淬火 (D)雷射表面硬化法。

( ) **7** 下列材料最容易淬火處理的是？
(A)SAE1120 (B)S80C（SAE1080）
(C)S40C（SAE1040） (D)S10C（SAE1010）。

( ) **8** 最易於滲碳處理的金屬材料是哪一種？
(A)SAE1050 (B)SAE1151
(C)SAE1060 (D)SAE1010（S10C）。

( ) **9** 有關表面硬化法，下列敘述何者正確？
(A)滲碳法主要用於高碳鋼
(B)氰化法以木炭為滲碳劑
(C)火焰硬化法最適用於低碳鋼
(D)氣體滲碳法以煤氣為滲碳用氣體。 【統測】

( ) **10** 一工件利用含碳量0.1%的碳鋼製成，若要增加其表面硬度，且其
內部也要保持相當的韌性，則應使用下列何種方法以達到此目
的？ (A)滲碳法 (B)直接淬火處理 (C)火焰硬化法 (D)高週波
硬化法（感應硬化法）。 【統測】

( ) **11** 高週波表面硬化法，下列敘述何者<u>不正確</u>？
(A)加熱快，作業時間短
(B)週波數較高者適用於小零件，週波數較低者適用於大零件
(C)適合於含碳量在0.2%以下的低碳鋼
(D)利用電磁感應原理使鋼材產生高熱。 【統測】

( ) **12** 不改變材料的化學成分，只改變表面層的組織，使材料表面硬化
的方法，屬於物理的表面硬化法；下列的表面處理法中，那一項
屬於物理的表面硬化法？
(A)滲碳法　　　　　　　　(B)火焰硬化法
(C)氮化法　　　　　　　　(D)陽極氧化法。 【統測】

( ) **13** 下列改善工件表面硬度或耐磨耗性的處理方法中，何者為<u>不需要</u>
先利用擴散原理，將元素滲透入工件表面，因而改變材料的化學
成分組成？
(A)滲碳法　　　　　　　　(B)氮化法
(C)滲硫法　　　　　　　　(D)高週波硬化法。 【統測】

( ) **14** 下列那一種碳鋼較適合滲碳處理？ (A)AISI1020 (B)S50C
(C)SAE1060 (D)AISI1080。 【統測】

( ) **15** 滲碳法（carburizing）之主要目的是為了提高：
(A)材料防蝕能力　　　　(B)材料表面美觀
(C)材料表面硬度　　　　(D)材料切削性。 【統測】

（　）**16** 有關表面處理的方法，下列敘述何者<u>不正確</u>？　(A)電鍍是將工件放入電解槽中並接陰極，而欲鍍之純金屬則接陽極　(B)液體滲碳法係將鋼材浸於以氯化鈉為主要成分的溶液中，進行滲碳　(C)氮化法係將工件放在通有含氮的氣體之氮化爐中，加熱至適當溫度並保持之，使工件表面生成足夠厚度的氮化層後，再予以冷卻　(D)電漿焰噴敷法（plasma flame spraying）又名高溫電離氣噴敷法，所產生的溫度可高達16000°C以上，故特別適合高熔點材料及陶瓷材料的噴敷。　　　　　　　　　【統測】

（　）**17** 白鐵皮為金屬塗層成品之一，其採用下列何種方法製造？
(A)浸鋅處理　(B)浸錫處理　(C)浸銀處理　(D)滲鋁處理。

（　）**18** 馬口鐵為金屬塗層成品之一，其採用下列何種方法製造？
(A)浸鋅處理　(B)浸錫處理　(C)浸銀處理　(D)滲鋁處理。

（　）**19** 防止鋼高溫氧化，處理名稱為何？
(A)發藍處理　(B)無電電鍍　(C)滲鋁防蝕　(D)陽極處理。

（　）**20** 現代槍管，大多經過何種處理？
(A)發藍處理　(B)無電電鍍　(C)滲鋁防蝕　(D)陽極處理。

（　）**21** 現代化房屋所設置的鋁門窗，大多經過防蝕處理，於金屬表面形成一層氧化鋁保護層，此防蝕處理名稱為何？　(A)發藍處理
(B)無電電鍍　(C)滲鋁防蝕　(D)陽極處理。　　　　　　【統測】

（　）**22** 有關金屬噴敷，下列敘述何者<u>不正確</u>？　(A)火焰加熱噴敷，係以氧乙炔焰將金屬加熱至熔融狀態，再以壓縮空氣噴佈於工件表面　(B)電漿加熱噴敷，係以高溫電漿將金屬加熱至熔融狀態，再噴佈於工件表面　(C)火焰加熱噴敷的火焰溫度，比電漿加熱噴敷的電漿溫度為低　(D)噴敷前，基材必須先酸洗及研磨成光滑面。　　　　【統測】

（　）**23** 有關表面硬化、表面塗層與防鏽蝕處理，下列敘述何者<u>不正確</u>？
(A)CVD為物理氣相沉積法的簡稱
(B)陽極氧化（Anodizing）經常用於鋁工件之表面處理
(C)鋼板上鍍錫，可用於罐頭容器
(D)火焰硬化法屬於物理式之表面層硬化法。　　　　　　【統測】

( ) **24** 有關高週波硬化法之敘述，下列何者<u>不正確</u>？　(A)限於本身可硬化的導磁材料　(B)使用直流電流　(C)特別適用於中碳鋼　(D)加熱速度快。　【統測】

( ) **25** 有關表面處理之敘述，下列哪一項<u>不正確</u>？
(A)半導體產業可以應用化學氣相蒸鍍法製造積體電路
(B)齒輪可採用感應加熱硬化法改善表面耐磨耗性質，並提高內部硬度
(C)氮化處理係利用化學擴散的原理做表面硬化
(D)鐵材生鏽為一種腐蝕現象，可以使用陰極防蝕法防制。　【統測】

( ) **26** 有關表面處理的敘述，下列何者<u>不正確</u>？　(A)電鍍法是把被電鍍之工件接在陽極　(B)馬口鐵是以鍍錫（熱浸）來防鏽　(C)光碟的金屬薄膜可使用物理氣相沉積法（PVD）製造　(D)汽車外殼之表面塗層，大多採用靜電粉體塗裝。　【統測】

( ) **27** 有關材料之表面硬化處理，下列敘述何者<u>不正確</u>？　(A)表面硬化處理可使表面硬度提高，而心部具有適當的韌性　(B)氮化處理可適用於任何材料　(C)將碳、氮、硫等元素，經適當處理滲入鋼鐵表面，可增加表面硬度　(D)鋼鐵表面淬火硬化處理，其過程須配合表面快速升溫及急速冷卻。　【統測】

( ) **28** 有關表面處理之敘述，下列何者<u>不正確</u>？　(A)高週波硬化法係利用感應電流來加熱工件表面並急速冷卻以達到硬化的效果，常用於含碳量0.7%以上之中碳鋼　(B)陽極處理係將鎂與鋁等金屬放入鉻酸等水溶液中進行電解，使其表面形成耐蝕性的氧化物　(C)一般而言，發藍處理、滲鋁防蝕及陽極處理等屬於防鏽蝕處理，而電解淬火、滲碳法及滲硫法等屬於表面硬化處理　(D)通常無電鍍（化學鍍）鍍層的均勻性比電鍍的好，係在控制的環境下產生化學還原，不需要通入電流。　【統測】

( ) **29** 為使產品外觀美麗光滑及增加防腐、防銹之效能，來刺激購買慾望的加工方法是：　(A)機製加工　(B)表面塗層　(C)熱處理　(D)粉末冶金。

( ) **30** 溶解硝化纖維於揮發性溶劑而成之塗料為：　(A)鉻酸鋅黃底漆　(B)油性油漆　(C)瓷漆　(D)亮光漆。

第7單元 量測與品管

>>>

▶ ▶ ▶

重點導讀

這裡可以說是非常重要的一個單元,統測年年必考,在此處內容,公差與配合的概念很多同學都搞不清楚,在這本書中,寫得非常詳細,應可以給同學一個清楚的觀念,另外,量具部分(游標卡尺、分厘卡、量錶)精度與種類皆需多加注意,掌握方向,邁向高分,加油!

7-1 公差與配合

一、公差

(一) 名稱釋義(以 $20^{+0.2}_{-0.4}$ 說明)

1. **基本尺度**:極限尺度所依據訂定的尺度。(20)

2. **極限尺度**:

   (1) 最大極限尺度:係工件加工後尺度之最大允許量。(20.2)

   (2) 最小極限尺度:係工件加工後尺度之最小允許量。(19.6)

3. **實際尺度**:係工件完工後經量測而得之尺度。(19.9、20.2)

4. **偏差**:

   一尺度(實際尺度或極限尺度)與對應基本尺度之代數差。

   (1) 上偏差:最大極限尺度與基本尺度之代數差。(+0.2)

   (2) 下偏差:最小極限尺度與基本尺度之代數差。(−0.4)

   (3) 實際偏差:實際尺度與基本尺度之代數差。(−0.1、+0.2)

5. **零線**:

   偏差為零之直線,代表基本尺度,正偏差在零線上方,負偏差在零線下方。

6. **公差**：（0.6）

係工件尺度所允許之差異，即最大極限尺度與最小極限尺度的數字差，即上偏差與下偏差的代數差。公差為正值。

公差＝最大極限尺度－最小極限尺度＝上偏差－下偏差

(二) 公差註法

1. **單向公差**：係由基本尺度於同側加或減一雙量所成之公差。

例如：$25 {}^{+0.03}_{+0.01}$、$25 {}^{-0.03}_{-0.05}$、$25 {}^{0}_{-0.05}$、$25 {}^{+0.05}_{0}$。

2. **雙向公差**：係由基本尺度於兩側同時加或減而得之公差。

例如：$25 {}^{+0.03}_{-0.01}$、25 ± 0.02。

(三) 通用公差與專用公差

1. **通用公差**：又稱一般公差，沒有特別加以說明部份，不標註公差者。

2. **專用公差**：有特別加以說明部份，有標註公差者。

(四) 公差符號：∅20H7

1. ∅代表直徑。　　　　　　　　2. 20代表基本尺度。

3. H代表公差（偏差）位置。　　4. 7代表公差等級。

(五) 公差（偏差）位置

1. 公差位置係指公差偏上或偏下之區域位置，以英文字母代表。

2. 大寫字母表示孔之公差位置，小寫字母表示軸之公差位置。

3. 公差位置有28種，按26個英文字母次排列缺少五個字母為 I、L、O、Q、W；i、l、o、q、w；增加七個雙字母為CD、EF、FG、JS、ZA、ZB、ZC；cd、ef、fg、js、za、zb、zc。【26－5＋7＝28】。

(六) 公差區域的個別位置

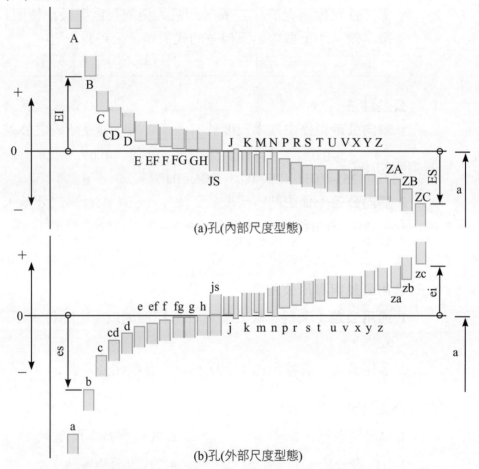

(a)孔(內部尺度型態)

(b)孔(外部尺度型態)

(七) 公差區域的個別位置說明

孔（大寫表示）	軸（小寫表示）
（A～G）$^{+}_{+}$	（a～g）$^{-}_{-}$
基孔H$^{+}_{0}$	基軸h$^{0}_{-}$
J$^{+}_{-}$	j$^{+}_{-}$
JS$^{+}_{-}$同	js　同
K$^{+}_{-}$	（k～zc）$^{+}_{+}$
（M～ZC）$^{-}_{-}$	─

(八) 公差等級

1. 國際標準（ISO）公差等級大小500mm以下分為20級，即IT01、IT0、IT1、IT2、IT3……至IT18。依公差大小排列，以IT01級所示公差最小，IT18級公差最大。公差等級愈大，公差愈大，愈容易加工。

2. 中華民國國家標準（CNS）公差等級大小500mm以下分20等級，即IT01、IT0、IT1、IT2、IT3……至IT18；500至3150mm則分18等級，即IT1至IT18。

3. 公差等級之選擇：

   (1) IT01～IT4用於規具公差。

   (2) IT5～IT10用於配合機件公差。

   (3) IT11～IT18用於不配合機件公差或初次加工。

> **小叮嚀**
>
> IT01～0常用於製造量具用。

(九) 公差注意事項

1. 公差等級愈大則公差愈大。
2. 基本尺度愈大則公差愈大。
3. 基本尺度、公差等級相同則公差相同。
4. 正公差常用於孔件，負公差常用於軸件。
5. 組合件之公差表示法乃是將孔件之公差符號標在上方，而將軸之公差符號標在下方。

牛刀小試

( ) **1** 若一工件的標稱尺度為80mm，則採用下列何種CNS標準公差等級，其公差最小？

(A)IT01　　　　　　　　(B)IT0

(C)IT1　　　　　　　　(D)IT10。　　　　　　　　【107統測】

( ) **2** 某公司生產二類機件，甲類：不需配合機件之公差；乙類：精密規具之公差；配合二種不同公差等級：第一級：IT01～IT4；第二級：IT5～IT10，下列何種選用方式較適合？

(A)甲類：第一級　　　　(B)乙類：第一級

(C)甲類：第二級　　　　(D)乙類：第二級。　　【108統測】

------　解答與解析　------

1 (A)。國際標準（ISO）公差及中華民國國家標準（CNS）公差等級大小500mm以下分為20級，由IT01、IT0、IT1、IT2、IT3……至IT18。其等級愈小，公差愈小，依公差大小排列，以IT01級公差最小，IT18級公差最大。

2 (B)。乙類精密規具之公差等級為第一級（IT01～IT4）。甲類不需配合機件之公差等級為第三級（IT11～IT18）。

二、配合

(一) 解釋名詞

1. **配合**：係相配工件間於裝配前尺度差異之關係。
2. **餘隙（留隙；間隙；鬆）配合**：孔之尺度大於軸之尺度，孔與軸之尺度差異為正值。

最大餘隙	孔之最大尺度與軸之最小尺度之差。
最小餘隙	孔之最小尺度與軸之最大尺度之差。

3. **干涉（過盈；緊）配合**：軸之尺度大於孔之尺度，軸與孔之尺度差異為負值。

最大干涉	孔之最小尺度與軸之最大尺度之差。
最小干涉	孔之最大尺度與軸之最小尺度之差。

4. **過渡配合（精密；靜）**：裝配可能有餘隙或有干涉之配合，軸與孔之尺度差異為正值或負值。

最大餘隙	孔之最大尺度與軸之最小尺度之差。
最大干涉	孔之最小尺度與軸之最大尺度之差。

5. **裕度**：配合件在最大材料極限所期望之差異，即配合件間最小餘隙或最大緊度。裕度＝孔最小－軸最大　裕度又稱容差或許差
6. **配差**：當兩工件配合後尺度之差異稱之為配差（Fit）其可分為正配差（間隙）和負配差（干涉）。配差變化總量為孔公差＋軸公差。

7.**配合種類**：

餘隙（鬆、滑動）	干涉（緊、過盈）	過渡（靜、精密）
會有最大餘隙、最小餘隙。	會有最大干涉、最小干涉。	會有最大餘隙、最大干涉。

(二)**配合的制度**

1.**基孔制（H）**：

(1) 係指在同一等級公差內，孔H之公差不變，而與各種不同大小之軸相配合，常用者有H5～H10等六種。

(2) 一般工業界採用基孔制為宜。

(3) 基孔制下偏差為0，即最小尺度為基本尺度。

2.**基軸制（h）**：

(1) 係指在同一等級公差內，軸h之公差不變，而與各種不同大小之孔相配合，常用者有h4～h9等六種。

(2) 基軸制上偏差為0，即最大尺度為基本尺度。

(三)**配合種類的簡易判別法**

1.**間隙配合**：規定之極限尺度於配合時，有餘隙存在，乃軸之尺度較孔稍小之情況。如H／a～h或A～H／h。

2.**干涉配合**：規定之極限尺度於配合時，有緊度存在，乃孔之尺度較軸稍小之情況，如H／n～zc或N～ZC／h。

3.**過渡配合**：規定之極限尺度配合時，可能產生緊度配合或餘隙配合，如H／j、js、k、m或J、JS、K、M／h。

種類＼制度	基孔制	基軸制
間隙配合	H／a～h	A～H／h
干涉配合	H／n～zc	N～ZC／h
過渡配合	H／j、js、k、m	J、JS、K、M／h

(四)**配合符號**：（∅30H8／g7）

1.先標註配合件共有之基本尺度（∅30），其後接寫孔之公差符號及等級（H8），再接寫軸之公差符號及等級（g7）。

2.軸一般可較孔精密。

(五)**配合等級之選擇**

1. 選擇公差之精密度等級須視工作之情況而定，不必隨意選擇高精密度公差，以免使生產成本提高。

2. 配合時孔軸通常採用同級公差（例如∅30G8／h8）。

3. 在某些情況也可使軸之等級較孔之等級少一級（例如∅30G8／h7）。

牛刀小試

( ) 某一軸孔配合如圖所示，下列何者為該配合之最大間隙？

(A)$a-c+f+e$

(B)$b+c+f$

(C)$a+b-d$

(D)$e+f+c$。 【108統測】

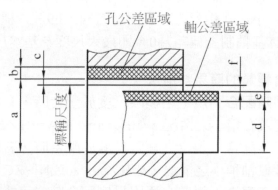

解答與解析

(C)。 軸孔配合之最大間隙＝孔最大－軸最小＝$a+b-d=e+f+b+c$。

7-2 工件量測

一、緒論

(一)**測量的分類**

1. **計量**：凡利用量具來直接測量者。如游標尺、分厘卡、塊規。

2. **規量（量規）**：凡利用樣規來比較間接測量者。如柱塞規（量孔）、環規（量軸）、卡規（量外尺度）等，適於<u>大量生產</u>。

(二) **測量要點**

1. **測量標準**：溫度20°～25°最佳，相對濕度45%～65%。

2. **量具精度**：$\dfrac{1}{10}$×工件公差。

3. <u>影響量具誤差的主要因素</u>：溫度、量具本身誤差、人為因素、操作誤差、偶然或隨機誤差等。

(三) **阿貝原理（Abbes principle）**

1. 工作物最精密之標準尺度，是在工件測量軸與量具測量軸線成一直線上。

2. 較容易發生嚴重的阿貝（Abbe）誤差為游標卡尺（產生滑槽間隙）。使用量具時，一定要符合此定理。

(四) **準確度（accuracy）**

準確度為實際量測值（或量測平均值）與真值（True Value）間的一致性程度。

(五) **精密度（precision）**

精密度為多次測量之分散程度，分散甚微小之程度稱為精密度佳，反之稱為精密度差。

小叮嚀

量具精準度包含精密度與準確度。

(六) **解析度（resolution）**

量具對量測值所能顯示出最小讀數的能力。

二、直線度量儀

(一) **直尺**

1. 直尺又稱鋼尺，係在不繡鋼片上刻劃標準長度的量具。

2. 直尺可做長度量測、劃線及檢查真平度（平面度）。

3. 公制直尺最小刻劃為<u>0.5mm</u>，英制直尺最小刻劃為1/64吋。

(二) **外卡及內卡**

1. 外卡用於測量工件的外徑、長度及寬度。

2. 內卡用於測量工件之內徑、長度。

(三) 組合尺（複合角尺）（組合角尺）

1. 組合角尺是由直鋼尺、直角規（或稱角尺）、角度儀（或稱量角規）和中心規組合而成。

2. 直鋼尺與中心規組合，可求得圓桿端面的中心。

3. 直鋼尺與直角規組合，可劃線或測量45°角或直角，直角規上的水平儀可作水平檢測。

4. 直尺與角度儀組合，可劃線或直接測量±1°之角度。

(四) 游標卡尺

1. **設計原理**：以取本尺n－1或2n－1格，在游尺等分為n格。

2. **公式**：$精度 = \dfrac{主(本)尺1格長}{副(游)尺格數}$

3. **種類**：公制精度有$\dfrac{1}{20}$mm（0.05mm）、$\dfrac{1}{50}$mm（0.02mm）兩種。

4. **精度$\dfrac{1}{20}$mm（0.05mm）游標尺**：

    (1) 主尺每刻度為1mm，副尺取主尺19格長等分為20格（21刻劃）。

    (2) 主尺每刻度為1mm，副尺取主尺39格長等分為20格。（容易讀取，較理想）

5. **精度$\dfrac{1}{50}$mm（0.02mm）游標尺**：

    (1) 主尺每刻度為1mm，副尺取主尺49格（49mm）長等分為50格。

    (2) 主尺每刻度為0.5mm，副尺取主尺49格（24.5mm）長等分為25格。

    (3) 主尺每刻度為0.5mm，副尺取主尺24格（12mm）長等分為25格。

6. **用途**：測量內外直徑、內外長度、階梯長度、深度及劃線等。

7. **游標卡注意事項**：

    (1) 游標卡尺不可用於測量工件之表面粗糙度量測與真直度。

    (2) 量尺度時應先將主尺與副尺推合，檢查0刻度是否對準。

    (3) 測內側之尺度時，移動副尺使兩個內側卡腳略小於欲量測之尺度。

(4) 測外側之尺度時，移動副尺使兩個外側卡腳略大於欲量測之尺度。

(5) 游標尺常加裝量錶或使用電子式液晶顯示，其精度達0.01mm。

(6) 游標卡尺，由於有滑槽間隙，較容易發生嚴重的阿貝（Abbe）誤差。

(7) 越靠近測爪根部夾持工件，產生之阿貝（Abbe）誤差越小。

(8) 量測槽寬時，兩測爪應在軸線上量測最小距離。

(9) 量測內孔徑時，兩測爪應在軸線上量測最大距離。

(10) 深度桿不適宜用來作階級段差量測。

8. **齒輪游標卡尺**：
(1) 由水平及垂直二支游標卡尺組成。
(2) 水平部分用以測量齒輪之弦齒厚。
(3) 垂直部分用以測量齒輪之弦齒頂。

9. **游標高度規（劃線台）**：
(1) 由一帶基座主尺及帶鎢鋼刀口之游尺組合而成。
(2) 一般精度可調整到0.02公厘。
(3) 游標高度規常加裝量錶或使用電子式液晶顯示，精度達0.01mm。

10. **精密高度規**：
(1) 精密高度規用於精密劃線、高度測量、深度測量、孔中心距之測量、角度測量、比較測量用、當游標尺用等。
(2) 精密高度規之零點設置以11mm之塊規為基準。
(3) 每格精度為0.001mm。（套筒節距0.5mm分500格）

牛刀小試

( ) 有關游標卡尺的敘述，下列何者**不正確**？
(A)精度（最小讀數）0.02mm的游標卡尺，其設計原理係取主尺的49mm等分為游尺的50格
(B)精度（最小讀數）0.05mm的游標卡尺，游尺0刻度在本尺14與15之間，游尺第19格與本尺刻度成一直線，則此尺寸為14.95mm
(C)精度（最小讀數）0.05mm的游標卡尺，假設本尺一格為1mm，則游尺上有21條刻劃線
(D)精度（最小讀數）0.02mm的游標卡尺可以量測出16.004mm的尺寸。 【107統測】

(D)。 精度（最小讀數）0.02mm的游標卡尺只可以量測出0.02mm倍數
的尺寸，無法量測出16.004mm的尺寸。

三、直線度量儀－分厘卡

(一)分厘卡（又稱測微器、千分卡、微分儀）

1.原理：螺紋的一種應用。

2.設計原理：

(1) 精度(R)＝$\dfrac{導程(L)}{外套筒刻度數(N)}$。

(2) 螺紋轉一圈會轉2π角度，且移動一個導程（L），若旋轉α
角時，位移量為$S = L \times \dfrac{\alpha}{2\pi}$。

(3) 螺紋轉一圈會轉360°角度，且移動一個導程（L），若旋轉θ
角時，位移量為$S = L \times \dfrac{\theta}{360°}$。

(4) 單線螺紋，導程（L）和節距（P）相同。雙線螺紋，導程
為節距的2倍。三線螺紋，導程為節距的3倍。公式：L（導
程）＝n（螺紋線數）×P（節距）。

(二)分厘卡種類

1.外徑分厘卡：

(1) 公制外徑分厘卡：其螺紋螺距P＝0.5mm，主軸旋轉1圈，主
軸（心軸）前進0.5mm。在外套筒邊緣上分為50格，則外套
筒每格之精度為0.5mm÷50＝0.01mm。

(2) 另有游標型分厘卡取外套筒每格0.01mm，取9格再分成10
格，利用游標卡尺原理分格，則每格之精度為0.001mm。

(3) 分厘卡大小分0～25mm、25～50mm、50～75mm等，每
25mm有一支。0～100mm有四支。0～25公厘分厘卡之測量
範圍為0.01～25mm。

(4) 英制外徑分厘卡：其螺距為P＝1/40吋（每吋40牙）或
0.025″，外套筒邊緣上分為25格，則每格之精度為0.001″。

2. **內徑分厘卡：**
   (1) 測量內徑或溝槽寬度，測量範圍由5～25（5～30）mm、25～50mm、50～75mm等，每25mm一支，與外徑分厘卡之刻劃上數字的表示順序方向相反。
   (2) 其中最小內孔測量值為5mm。

3. **三點式內徑分厘卡：**
   (1) 是直接內孔測量最精密及有效的量具。
   (2) 範圍由6～300mm。

4. **V溝分厘卡：**
   (1) 利用三測面的接觸以測量奇數鉸刀、螺紋攻、端銑刀、齒輪、栓槽軸等直徑。
   (2) 亦可測量圓桿的真圓度及螺紋節徑。
   (3) 三溝分厘卡：V形砧座角度為60°，分厘卡之主軸節距為0.75mm。
   (4) 五溝槽分厘卡：V形砧座夾角為108°，其主軸節距為0.559mm。

5. **螺紋分厘卡：** 測量外螺紋的節圓直徑（節徑），使用時牙角要正確。

6. **齒輪分厘卡：** 測量齒輪的節圓直徑（節徑）。

7. **圓盤（盤式）分厘卡：** 測量螺紋外徑或大齒輪之跨齒距。

8. **尖頭分厘卡：** 測量鑽腹。

(三) 分厘卡的檢驗

1. 外觀及作用檢驗。
2. 性能檢驗：砧座與主軸端之測量面。
   (1) 平面度之檢驗：利用光學平鏡檢驗。
   (2) 平行度之檢驗：利用光學平鏡最佳及精測塊規。
   (3) 尺度之校準：利用精測塊規。

(四) 分厘卡使用注意

1. 時常檢查分厘卡準確度及校對零度，需以精測塊規檢驗。
2. 分厘卡不用時砧座或主軸端分開保持一小距離，不得扣緊。
3. 砧座與工作物輕貼後旋轉棘輪以推進主軸，當棘輪彈簧鈕產生三響後再讀取尺度。

4. 使用前用軟質紙或細軟布輕輕擦淨主軸與砧座之測量面，並檢查測量面於密接後，套筒是否歸零。

5. 測量時將工作物置於主軸與砧座之間，盡量以雙手握持分厘卡以進行量測。

牛刀小試

(　　) **1** 有關量具的使用，下列敘述何者<u>不正確</u>？
(A)螺紋分厘卡的用途是測量螺紋的外徑
(B)光學平板是利用光波干涉原理檢驗工件
(C)齒輪游標卡尺之平尺用於量測齒輪的弦齒厚
(D)一游標卡尺主尺每刻劃的間隔為1mm，取主尺39刻劃之距離，並將此距離於副尺上分為20等分，則其精度為0.05mm。　　　　　　　　　　　　　　　　　　【105統測】

(　　) **2** 以內徑分厘卡進行量測，如圖所示，正確讀值為多少mm？
(A)12.42　　　　　　　　(B)12.84
(C)17.42　　　　　　　　(D)17.84。　　　　　　　　【108統測】

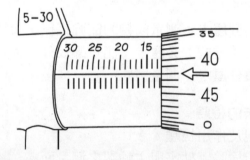

───── 解答與解析 ─────

1 (A)。 螺紋分厘卡的用途是測量螺紋的節徑。

2 (A)。 $S = 12 + (0.01 \times 42) = 12.42$（mm）。

四、直線度量儀－精測塊規

(一)精測塊規分類

1. 00（AA）級（參照用）：精度誤差（在公稱尺稱25mm以下）為少於±0.05μm，於光學測定與高精密實驗室參照比測用，使用時維持室溫20℃（68℉）和50%的標準濕度且無塵的情況。

2. 0（A）級（標準用）：精度誤差（在公稱尺度25mm以下）為±0.1μm，用於工具檢驗室作精密量具的檢驗。

3. 1（B）級（檢查用）：精度誤差（在公稱尺度25mm以下）為±0.2μm，用於一般量具檢驗。

4. 2（C）級（工作用）：精度誤差（在公稱尺度25mm以下）為±0.4μm，用於現場，機械工廠中進行製造加工及檢驗工件。

(二)塊規組合要領

1. 塊規主要材質為陶瓷、合金鋼、石英石、碳化鎢等。

2. 按所欲組合的尺度數，選擇的塊規數愈少愈好。

3. 尺度選擇要領，應自最小（最薄；最右方）尺度做為基數而開始。

4. 組合時由厚而薄，拆卸時由薄而厚。

(三)塊規使用要領

1. 塊規要利用光學平鏡檢驗。

2. 以1mm或2mm為基數之塊規，其所能測量之最小尺度為0.5mm以上。

3. 以2mm為基數塊規加工容易、不易變形、造價比1mm為基數塊規低、組合較容易。

4. 塊規之密接情形經過時間愈長則其吸著力愈大，不宜超過一小時以免脫離不易。

5. 塊規不用時要放置在密閉的盒內，並置於規定的20℃環境下保存。

6. 兩塊規疊合時可以承受4.9kg／cm^{2}的拉力。

五、 角度測量儀

(一) **角尺**：測量90°或垂直度與真直度。

(二) **角度儀**：測量角度，一格1°。

(三) **組合尺（複合角尺）（組合角尺）**

1. 組合角尺是由直鋼尺、直角規（或稱角尺）、角度儀（或稱量角規）和中心規組合而成。

2. 直鋼尺與中心規組合，可求得圓桿端面的中心。

3. 直鋼尺與直角規組合，可劃線或測量45°角或直角，直角規上的水平儀可作水平檢測。

4. 直尺與角度儀組合，可劃線或直接測量±1°之角度。

(四) **游標角度儀（萬能分角器）**

1. **設計原理**：以取本尺n−1或2n−1格，在游尺等分為n格。

2. **公式**：$精度 = \dfrac{主(本)尺1格角度}{副(游)尺格數}$

3. **精度**：

(1) 係利用<u>游標尺原理</u>而構成精密角度測量。

(2) 精度可測量到<u>5分（$\dfrac{1°}{12}$）的角度</u>。可<u>直接讀出</u>所量測之角度值。

(3) 主尺每刻度為1°，主尺取23格，分副尺為12格，主尺2格與副尺1格差=$2° - \dfrac{23°}{12} = \dfrac{1°}{12} = 5分$。

(4) 主尺每刻度為1°，主尺取11格，分副尺為12格，主尺1格與副尺1格差=$1° - \dfrac{11°}{12} = \dfrac{1°}{12} = 5分$。

4. **構造**：主尺分為四等分，每等分為90°，即由0°～90°～0°。游尺（副尺）格數分為24刻度。（副尺以0為基準左右邊各分12格，合計24格）

5. **測量範圍**：0°～360°。

(五) **正弦桿**

1. 配合精測塊規、平板及量錶，利用三角正弦定理，可測量到1分的精密角度，欲測之傾斜角在45°以下角度較方便。

2. 無法直接讀出所量測之角度值，需經下列公式計算。

3. 組合公式如下：

(1) 墊一組塊規公式：

$$H = L \times \sin\theta = L \times T \text{ 或 } \sin\theta = \frac{H}{L}$$。（H：為塊規高度。L：為正弦桿規格為兩圓柱中心距離，一般為100或200mm。T：為錐度。θ：為角度）

(2) 墊二組塊規公式：

$$H_1 = H_2 + L \times \sin\theta$$（H_1與H_2表塊規所墊高度，其中$H_1 > H_2$）

(六) **焦含生精密角度規**

焦含生角度塊規準確度可達到1分，焦含生角度塊規全套共有85件。

(七) **其他角度測量儀**

1. 角度儀，2.直角規，3.萬能角度規（精度1分），4.角度塊規（精度1秒）。5.自動視準儀（精度最高）。

牛刀小試

( ) 如圖所示，若使用長度（L）200mm正弦桿測量錐度1：5的工件，則組合塊規高度（H）應為多少mm？ (A)200 (B)100 (C)80 (D)40。 【108統測】

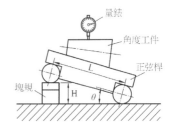

解答與解析

(D)。 $H = L \times \sin\theta = L \times T$（錐度值）$= 200 \times \frac{1}{5} = 40$（mm）。

六、平面表面度量儀

(一) 平板

　　1.材料：以花崗岩或鑄鐵經淬火研磨而成。花崗岩耐磨耗、硬度高、不易變形、容易保養。

　　2.規格：以長×寬×高表示。

　　3.精度：分為00、0、1、2（AA、A、B、C）等四級。

(二) 光學平板

　　1.係利用光波干涉作用原理，玻璃或石英製成。精度分00級、0級、1級。

　　2.光學平板主要測量或檢驗平面度。

　　3.光學平板每半波長干涉一次。測量單位為單色光半波長。

　　4.光學平板係用單色光帶如氦光、鎘光、鈉光等，其中以氦光最純採用最多，半波長為0.295mm即為測量單位。

　　5.光學平板之特性：

　　(1) 主要檢驗工件之平面度，如塊規或其他精密儀器之平面度。

　　(2) 測量工件（或檢驗塊規）之平面度、平行度、厚度、尺度測量。

　　(3) 光學平板色帶為直線者，且間隔相等，表示受驗平面為平坦，其平面度為0μm。

　　(4) 光學平板色帶為直線者，且不等間隔，表示受驗面為圓柱面。

　　(5) 若色帶為彎曲者，即表示受驗面為不平坦。

　　(6) 色帶為同心圓表示為圓球。

　　(7) 進行比較式量測時，需要利用塊規作為比較之依據。

　　(8) 利用光波之干涉原理所形成之明暗色帶，進行工件尺度之量測。

　　(9) 使用單色燈做為光源，以避免發生光學色散的現象。

　　(10) 檢查分厘卡主軸與砧座平行度的光學平鏡每組四片，厚度皆不相等。

(三) 量錶（針盤指示器）

　　1.精度：其精度為0.01mm（百分量錶）或0.001mm（千分量錶），最大測量範圍可達10mm，利用齒輪系或槓桿原理放大作用。

2. 用途：用於檢查回轉心軸的偏心，對準夾具或工作物，檢查尺度大小、比較高度、測量真平度、同心度、真圓度、錐度、垂直度、平行度等，應用範圍很廣，機械工場常用量具之一。

> **小叮嚀**
>
> 量錶不可量測工件表面粗糙度。

3. 量錶主要分指示量錶（針盤指示器；伸縮量錶）及萬向槓桿量錶。

4. 指示量錶（針盤指示器；伸縮量錶）測量應特別注意事項：

    (1) 伸縮量錶測軸需垂直於工件表面，測軸未垂直於工件表面，會產生餘弦誤差。公式：S（正確值）＝M（測量值）×cosθ（偏差角度）。

    (2) 測量高度，壓縮量大時會產生接觸變形誤差。

    (3) 可用於車床加工的偏心量調整。

    (4) 錶面刻劃分成連續型及平衡型錶面。

    (5) 平衡型錶面適用於雙向公差。

5. 萬向槓桿量錶測量應特別注意事項：

    (1) 用於測量狹窄或深的內外部位、凹槽之內壁、孔錐度、孔壁直度、同心度、外垂直面、工件高度、孔徑、孔內平行度等測量。

    (2) 測桿可作240°角調節，適於量測傾斜面。

    (3) 測桿與工作物面要平行。測桿與工作物的夾角應在10°以下，以免發生測量的誤差。

    (4) 餘弦誤差：槓桿式量錶之軸線與測量面相平行時，就是使測桿的觸點垂直於工件測量的方向。否則易造成餘弦誤差。

(四) 水平儀（水準儀）

1. 水平儀用於檢查水平及測知工件傾斜小角度。

2. 水平儀玻璃管內部為裝有酒精或乙醚之有適當曲率。曲率半徑越大越靈敏。

3. 水平儀靈敏度有0.02mm／m（角度4秒），0.05mm／m（角度10秒）及0.1mm／m（角度20秒）三種。其中以0.02mm／m最常用。

4. 靈敏度0.02mm／m（角度4秒）表示每1m長，高或低0.02mm為一刻度值。

5. 水平儀測量時，若工件水平，則氣泡會漂移至中間。

6. 水平儀測量時，若工件不水平，氣泡會漂移至較高處。

7. H（測量高度差）＝R（靈敏度）×L（測量長度）×N（漂移格數）。

牛刀小試

(　　) 有關指示量錶的敘述，下列何者正確？　(A)指示量錶測軸應與測量面保持約45°的夾角以提高量測精度　(B)配合磁力量錶架使用時，為避免干涉，測桿應儘量伸長　(C)指示量錶主要用於工件真平度、平行度及真圓度等的量測　(D)指示量錶為精密工件的主要量具，可精準量測工件尺寸。　　　　【109統測】

——— 解答與解析 ———

(C)。 (A)指式量錶測軸應儘量與測量面垂直。(B)磁力量錶架之測桿不宜過長，以免造成測量誤差。(D)指示量錶之精度為1條，並非精密量具，無法對精密工件進行量測。

七、 量規（樣規）

(一) 卡規（U形卡規）

1. 用於大量生產規量外徑或長度，產品控制在公差範圍內之重要量規。

2. 卡規不通過端係用於塗紅色卡口與斜邊緣作標誌。

3. 兩端皆通過表示工件太小。

(二) 環規（樣圈；套規）

1. 用於大量生產規量外徑軸、精密圓棒直徑與真圓性查核。

2. 環規不通端外周上有槽，並壓花者。

3. 兩端皆通過表示工件太小。

(三) 塞規（樣柱、柱塞規）

1. 用於大量生產測定孔的直徑（內尺度）。

2. 塞規的不通過端係用紅色環與縮短測定面作為標誌。

3. 塞規的通過端較長。

4. 兩端皆通過表示工件太大。

小叮嚀
量規NO GO之判別
1.卡規：紅色、斜邊。
2.環規：外周上有槽。
3.柱塞規：紅色、較短邊。

※量規特別說明：

量規	別稱	量測	通過端	不通過端	不通過端之判別
卡規	U形卡規	外徑或長度	控制最大尺度	控制最小尺度	紅色卡口與斜邊
環規	樣圈、套規	外徑（圓棒）	軸的最大尺度	軸的最小尺度	壓花及凹槽
塞規	樣柱、柱塞規	內徑（內尺度）	孔的最小尺度	孔的最大尺度	紅色環與縮短測定面

八、特殊量具

(一)量具使用分類
1. **一次元（一維；1D）量具**：直尺、游標卡尺、分厘卡。
2. **二次元（二維；2D）量具**：工具顯微鏡、投影機。
3. **三次元（三維；3D）量具**：測量工件長、寬、高（X、Y、Z）三軸向尺度關係與位置，如座標測量儀（CMM）。

(二)投影比測儀（投影機；光學比較儀）
1. 屬於非接觸測量。主要測量小件產品之外形輪廓。
2. 在投影幕的成像是倒立實像。
3. 可同時測量螺紋之節距、牙角及牙深。
4. 投影比測儀（投影機）無法測量高度、厚度、深度、孔深、內孔、盲孔、螺旋角等。

(三)工具顯微鏡
1. 用於檢驗工件加工表面的情況、測量小形工件外型輪廓或形狀。
2. 屬於非接觸測量。
3. 投射原理：其光學投射歷程是工件→物鏡→銀片→稜鏡→標準片→目鏡。
4. 工具顯微鏡的放大倍率，係目鏡的倍數乘以物鏡的倍數。
5. 缺點為無法測量三次元（三維；3D）形狀。

(四) 輪廓量測儀

1. 輪廓量測儀主要測量工件外形輪廓,如凸輪外形輪廓。
2. 較適合用於量測不規則曲面,如眼鏡鏡片之表面各點間的高低變化量。
3. 常用於物體表面變形的量度。
4. 記錄物體輪廓在長期使用下逐漸變化效應。

(五) 其他常用特殊量具

1. **座標測量儀(三次元量床;CMM)**:主要測量立體形狀X、Y、Z軸工件。
2. **測厚規(厚薄規)**:用以測量兩工件間之距離(間隙)。
3. **線規**:用以測量金屬線之直徑。
4. **半徑規(圓弧規)**:用於規量工件內、外圓弧,弧面及半徑。
5. **氣體規**:用於檢驗內孔、錐度、高度、深度等測量非常精確。
6. **開口板規**:用於規量鋼板厚度。

牛刀小試

(　　) 有關公差與量測的敘述,下列何者<u>不正確</u>?　(A)真圓度屬於形狀公差　(B)同心度屬於位置公差　(C)螺紋塞規主要檢驗內螺紋　(D)光學投影機可檢驗螺旋角。　　　　　【109統測】

———— 解答與解析 ————

(D)。 光學投影機並無法檢驗螺旋角。

九、品質管制與實施

(一) 品管

1. 品質管制簡稱QC(quality control)是一種管理制度,包括製造產品的各種方法,並使產品品質能符合消費者之要求。
2. 品質管制,是應用統計分析的原理,對工廠產品,從原料購進、製造到市場需求,實施一貫的管制,以期在經濟原則下,產生適合市場之產品。

(二) **品管檢驗法**

　1. **破壞性檢驗**：抽取樣品，作破壞試驗，如硬度、火花、抗拉、抗壓、彎曲、扭轉、疲勞等強度試驗。

　2. **非破壞性檢驗**：產品不須破壞檢驗，主要方法有：精度檢驗、浸油法、磁粉檢驗、螢光檢查、X光檢查、超音波試驗法、目視法等。

(三) **常用品質管制圖**

　1. **特性要因圖**：又稱魚骨圖，表示品質特性與其製造因素間之關係圖，類似魚骨形狀方式，主要用於表達產品品質特性以及影響品質變異之主要因素及次要因素圖形。

　2. **重點分析圖**：又稱為柏拉圖（Pareto），表示各個不良項占全部不良項的百分比所繪製的圖形。品質發生變異的原因很多，為了解何者為重大原因或是影響有多大時，可利用柏拉圖。

　3. **直方圖**：將一群品質數據按量測值的大小順序分組，記錄每一組的次數，其次數分配以圖表示。

　4. **散佈圖**：為探討兩個變量間的相關性，蒐集二組成對的數據所繪的圖形。

(四) **不良率（缺陷率）**

　1. 產品不良之程度，以不良數或不良率（P）表示。

　2. 全數檢查時，不良率（缺陷率）公式為：$P = \dfrac{不良個數}{量測個數} \times 100\%$。

(五) **統計品質管制**

　1. **品質管制**（Quality Control，**簡稱QC**）：應用統計技術，可以推測產品變異，其目的在於生產合格的產品。

　2. **統計品質管制**（Statistical Quality Control，**簡稱SQC**）：係一門應用資料分析以解決問題的科學。它可推測產品之變異；可廣泛地應用到工程、運輸、檢驗、管理等問題上。

　3. **管制圖**：製造過程中抽取樣本，將樣本量測所得數據，加以統計分析並繪製成管制圖，以管制製程是否發生異常現象。

　4. **母群體**：統計之對象。

5. **抽樣**：一大批製品中，抽取數個樣本，檢查其特性，以所得數據分析判斷製品全體是否合格、是否需作處置。而由母集團抽取的一部分稱之樣本（Sample）加以檢驗分析，謂之抽樣。

註：管制圖為<u>解決問題與產生品質改進的重要方法</u>。工程師要在品質會議簡報上，<u>呈現該檢測孔每天不合格件數圖</u>，使用下列型態之管制圖表示最正確，如右圖所示。

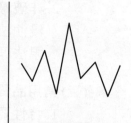

管制圖

(六) 品質管制注意事項

1. 管制圖：管制圖常採用直方圖、X管制圖、R管制圖和標準偏差管制圖等，藉於管制品質，以期保持在最低成本、高效率的生產狀況。

2. 特性要因圖：類似魚骨形狀方式，主要分析其品質與其影響因子的關係及要因與變數關係之圖形，又稱魚骨圖。

3. 品質管制：利用統計學方法，實施製程管制。

4. 火花試驗法屬於破壞性產品檢驗法。

5. 客戶抱怨分析屬於品質服務工作。

牛刀小試

（　　）下列何者是國際標準組織（ISO）品質管理標準？
(A)ISO 1000　　　　　　(B)ISO 5000
(C)ISO 9000　　　　　　(D)ISO 14000。　　　　　【106統測】

───── 解答與解析 ─────

(C)。國際標準組織（ISO）品質管理標準為ISO 9000。

考前實戰演練

( )　**1** 依據CNS公差位置共有：
(A)16級　(B)18級　(C)20級　(D)28級。

( )　**2** 依據ISO公差標準等級分為：
(A)16級　(B)18級　(C)20級　(D)28級。

( )　**3** 依據CNS公差標準等級500mm以下分為：
(A)16級　(B)18級　(C)20級　(D)28級。

( )　**4** ∅20H7孔之7級公差為0.021，下列孔徑何者在公差範圍之內？
(A)19.98　(B)19.96　(C)20.01　(D)20.16。

( )　**5** ∅20h7軸之7級公差為0.021，下列軸徑何者在公差範圍之內？
(A)19.98　(B)19.96　(C)20.01　(D)20.16。

( )　**6** 尺度標註為 $30{}^{+0.03}_{-0.02}$ 則下列何者<u>不合格</u>？

(A)30.05　(B)30.03　(C)30.01　(D)29.99。

( )　**7** ∅45G6表示之尺度應為：

(A) $45{}^{+0.025}_{\ \ 0}$　(B) $45{}^{\ \ 0}_{-0.025}$　(C) $45{}^{+0.025}_{+0.009}$　(D) $45{}^{+0.009}_{-0.025}$

( )　**8** ∅25f7之尺度應為：

(A) $25{}^{-0.020}_{-0.041}$　(B) $25{}^{\ \ 0}_{-0.025}$　(C) $25{}^{+0.025}_{+0.009}$　(D) $25{}^{+0.009}_{-0.025}$

( )　**9** 有關公差配合，下列敘述何者<u>不正確</u>？
(A)CNS中標準公差等級愈大，公差值愈小
(B)干涉配合中軸件尺度大於孔件尺度
(C)一軸件與數孔件配合宜使用基軸制
(D)IT5～IT10常用於一般機件配合公差。　　　　　【統測】

（　）**10** 下列何者為ISO公差用於配合尺度之配合公差等級？　(A)IT01～IT4　(B)IT5～IT10　(C)IT11～IT14　(D)IT15～IT18。　【統測】

（　）**11** 製造圖面上，某軸的尺度為 $\varnothing30_{-0.02}^{-0.01}$ mm，則其加工後容許之軸徑尺度範圍為：
(A)30.01～30.02mm　　　　(B)29.98～29.99mm
(C)29.98～30.01mm　　　　(D)29.99～30.02mm。　【統測】

（　）**12** 有關公差與配合之敘述，何者<u>不正確</u>？
(A)40H7中之H代表公差等級
(B)一般機件之配合公差範圍為IT5～IT10
(C)孔之最大尺度小於軸之最小尺度為緊配合（tight fit）
(D)幾何公差是指工件幾何狀態之誤差量。　【統測】

（　）**13** 一般機械零件的配合，其常用的公差等級為：　(A)IT01～IT4　(B)IT5～IT10　(C)IT11～IT14　(D)IT15～IT18。　【統測】

（　）**14** 若一軸之直徑為 $29.95_{-0.03}^{0}$ mm，與直徑 $30.00_{0}^{+0.03}$ mm之孔配合，與其容許誤差（allowance）為：
(A)0.01　(B)0.03　(C)0.05　(D)0.06mm。

（　）**15** 有一軸之直徑為30.0±0.03mm，若欲改為基孔制，則正確的表示方法為：
(A) $30_{0}^{+0.06}$　(B) $30.03_{-0.06}^{0}$　(C) $29.97_{0}^{+0.06}$　(D) $30_{-0.06}^{0}$ mm。

（　）**16** 有一軸之直徑為30.0±0.03mm，若欲改為基軸制，則正確的表示方法為：
(A) $30_{0}^{+0.06}$　(B) $30.03_{-0.06}^{0}$　(C) $29.97_{0}^{+0.06}$　(D) $30_{-0.06}^{0}$ mm。

（　）**17** 如二機件採基孔制配合時，下列敘述何者正確？　(A)∅50H7／m6是干涉配合　(B)∅50H7／js6是餘隙配合　(C)∅50H7／g6是餘隙配合　(D)∅50H7／s6是過渡配合。

( ) **18** 一軸之尺度 $35^{0}_{-0.01}$ ，孔之尺度 $35^{+0.03}_{+0.01}$ 配合，其最大餘隙為：
(A)0 (B)0.03 (C)0.04 (D)0.02。 【統測】

( ) **19** 在常用孔配合中表示餘隙配合的為下列何者？
(A)H7/k6 (B)M7/h6 (C)H7/p6 (D)H7/f6。 【統測】

( ) **20** 當孔徑為 $50^{+0.030}_{0}$ mm，軸徑為 $50^{+0.106}_{+0.087}$ mm，則最小干涉為：
(A)0.029mm (B)0.057mm
(C)0.076mm (D)0.106mm。 【統測】

( ) **21** 孔之尺度為 $25^{+0.04}_{-0.02}$ ，軸之尺度為25±0.01，下列敘述何者正確？
(A)此種配合為過盈配合（tight fit）
(B)其最大留隙（或最大餘隙）為0.05mm
(C)其最小留隙（或最小餘隙）為0.01mm
(D)其最大過盈（或最大干涉量）為0.05mm。 【統測】

( ) **22** 已知孔的尺度為$\varnothing300\pm0.016$，軸的尺度為$\varnothing300\pm0.026$，關於兩者的配合情況，下列敘述何者正確？
(A)最大餘隙量為0.052mm
(B)最大干涉量（或過盈量）為0.042mm
(C)最小餘隙量為0.032mm
(D)最小干涉量（或過盈量）為0.020mm。 【統測】

( ) **23** 若孔尺度及公差為 $\varnothing32^{+0.112}_{+0.050}$ mm，軸尺度及公差為 $\varnothing32^{0}_{-0.062}$ mm，則兩者配合的最小餘隙為下列那一數值？ (A)0.050mm
(B)0.062mm (C)0.112mm (D)0.174mm。 【統測】

( ) **24** 一工件之孔的直徑尺度為 $100^{+0.035}_{0}$ ，軸的直徑尺度為 $100^{+0.101}_{+0.079}$ ，當此兩工件之孔與軸配合時，產生最大干涉量之大小為：
(A)0.066 (B)0.101 (C)0.079 (D)0.044。 【統測】

考前實戰演練

( ) **25** 在孔與軸的配合規範中,下列何者為干涉配合?
(A)H5/g4　(B)H6/g6　(C)H7/s6　(D)H8/e9。　　　　　【統測】

( ) **26** 某一孔與軸配合之公稱尺度為∅225mm,孔之上、下偏差值分別
為＋0.046mm及0mm,軸之上、下偏差值分別為＋0.169mm及＋
0.140mm,則其最大干涉的大小為多少mm?
(A)0.169　(B)0.140　(C)0.046　(D)0。　　　　　【統測】

( ) **27** 下列有關公差與配合的敘述,何者正確?
(A)零件製造所允許之最大與最小尺度稱為基本尺度
(B)孔與軸配合H10/d9係表示留隙配合(或稱餘隙配合)
(C)過盈配合(或稱干涉配合)之最小過盈係指孔之最小尺度與軸
之最大尺度之差
(D)CNS所規範之公差等級共16級。　　　　　【統測】

( ) **28** 下列有關工作圖的敘述,何者正確?　(A)孔與軸配合件之裕度
(Allowance)為孔之最小尺度與軸之最大尺度之差　(B)公差乃
最大極限尺度與基本尺度之差　(C)表面符號之基本符號上僅加註
表面粗糙度而未再加任何符號,係表示不得切削加工　(D)一般測
定表面粗糙度之公制單位為mm。　　　　　【統測】

( ) **29** 下列有關基孔制之配合,何者為過渡配合?
(A)H5/g4　(B)H6/f6　(C)H7/x6　(D)H8/js7。　　　　　【統測】

( ) **30** 有一批孔與軸配合之組合機件,經檢測其孔徑在25.012mm至
25.033mm之間,軸徑則在24.987mm至25.021mm之間,當軸與
孔組裝配合以後,所可能產生之最大間隙為mm?
(A)0.009　(B)0.012　(C)0.025　(D)0.046。　　　　　【統測】

( ) **31** 有關公差與工件配合的敘述,下列何者<u>不正確</u>?
(A)公差符號由基本尺度、公差位置及公差等級三部分組成
(B)軸徑為20.08mm,孔徑為19.92mm,這種配合稱為干涉配合
(interference fit)
(C)若軸的尺度為∅35 h7,則其最小軸徑為35.00mm
(D)工件的基本尺度為28mm,若最大尺度為28.04mm,最小尺度
為27.98mm,則其公差稱為雙向公差。　　　　　【統測】

( ) **32** 多次測量之分散程度稱為：
(A)精密度 (B)準確度 (C)解析度 (D)誤差。

( ) **33** 代表實際量測值（或量測平均值）與真值間的一致性程度稱為：
(A)精密度 (B)準確度 (C)解析度 (D)誤差。

( ) **34** 使用量具量測工作，為避免誤差，下列敘述何者<u>不正確</u>？
(A)工件中心線應與量具軸線重合或成一直線
(B)視線應與量具刻劃線垂直
(C)量具精度：$\dfrac{1}{20} \times$工件公差
(D)手握持工件及量具的時間愈短愈好。

( ) **35** 工件量測可分計量與規量，下列量具中那一個為計量用之量具？
(A)塊規 (B)環規 (C)卡規 (D)柱塞規。 【統測】

( ) **36** 量具對量測值所能顯示出最小讀數的能力稱為：
(A)解析度（resolution）
(B)精確度（accuracy）
(C)重覆性（repeatability）
(D)誤差（error）。 【統測】

( ) **37** 工件加工時，若工件尺度公差為0.2mm，則應該優先考慮選用下列何種精度之量具？
(A)2mm (B)0.2mm (C)0.02mm (D)0.002mm。 【統測】

( ) **38** 下列何種量測儀器，較容易發生嚴重的阿貝（Abbe）誤差？
(A)阿貝測長儀 (B)游標卡尺
(C)精密塊規 (D)水平儀。 【統測】

( ) **39** 一游標卡尺取主尺24刻劃之距離，並將此距離於副尺上分為25等分，若其精度為0.02mm，依游標原理之計算，則主尺每刻劃的間隔為： (A)0.2mm (B)0.5mm (C)1mm (D)1.2mm。

( ) **40** 在游標卡尺的原理中，本尺每刻劃間隔為0.5mm，副尺取本尺12mm（即24刻劃）分為25等分，因此本尺與副尺每一刻劃值之差為： (A)0.02mm (B)0.01mm (C)0.05mm (D)0.25mm。

( ) **41** 可讀到0.02mm之游標卡尺，本尺刻度1格長1mm。游標尺零刻度在本尺9～10mm之間，而游標尺第9格吻合本尺刻度，則工件尺度是： (A)9.18mm (B)9.50mm (C)9.60mm (D)9.80mm。

( ) **42** 可讀到0.05mm之游標卡尺，本尺刻度1格長1mm。游標尺零刻度在本尺9～10mm之間，而游標尺第9格吻合本尺刻度，則工件尺度是： (A)9.18mm (B)9.45mm (C)9.60mm (D)9.80mm。

( ) **43** 下列何者是組合角尺的構件之一？
(A)游標卡尺 (B)中心規 (C)指示量錶 (D)塊規。 【統測】

( ) **44** 下列何者是國際標準組織（ISO）品質管理標準？
(A)ISO 1000 (B)ISO 5000
(C)ISO 9000 (D)ISO 14000。 【統測】

( ) **45** 標卡尺由本尺與游尺組合而成，若本尺之49mm等分為49小格，但在游尺上等分成50小格，則此游標卡尺的最小讀數為若干？
(A)0.001mm (B)0.002mm
(C)0.01mm (D)0.02mm。 【統測】

( ) **46** 利用精度0.02mm的游標卡尺來量測某一工件時，其主尺、副尺刻線如圖所示，則該游標卡尺正確讀數應為何？
(A)11.32mm
(B)11.34mm
(C)28.00mm
(D)28.32mm。【統測】

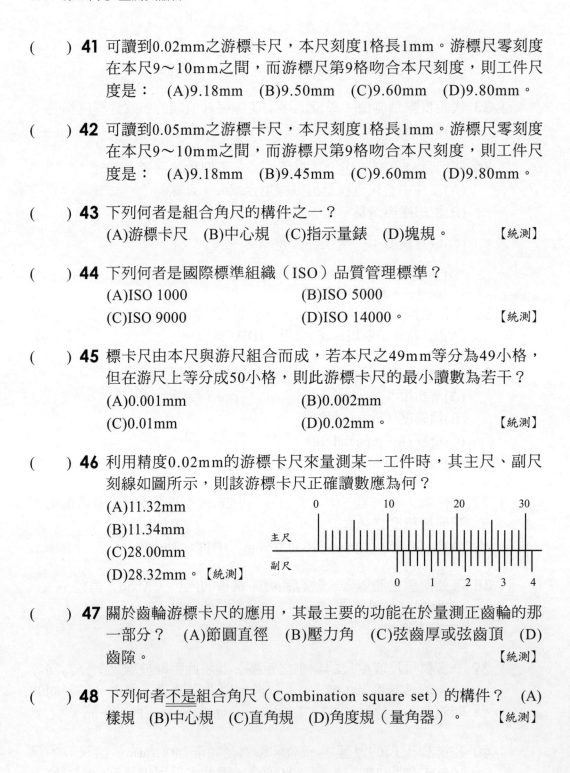

( ) **47** 關於齒輪游標卡尺的應用，其最主要的功能在於量測正齒輪的那一部分？ (A)節圓直徑 (B)壓力角 (C)弦齒厚或弦齒頂 (D)齒隙。 【統測】

( ) **48** 下列何者不是組合角尺（Combination square set）的構件？ (A)樣規 (B)中心規 (C)直角規 (D)角度規（量角器）。 【統測】

(　)　**49** 下列那一支游標卡尺之精度（即最小讀數）與其他三者<u>不同</u>？
(A)本尺最小刻度0.5mm，游尺之刻度方法為在12mm作25等分　(B)
本尺最小刻度1mm，游尺之刻度方法為在49mm作50等分　(C)本尺
最小刻度0.5mm，游尺之刻度方法為在24.5mm作25等分　(D)本尺最
小刻度1mm，游尺之刻度方法為在39mm作20等分。　　【統測】

(　)　**50** 游標卡尺<u>不可</u>用來進行下列何項量測工作？　(A)外側尺度　(B)
階段尺度　(C)真直度　(D)深度。　　【統測】

(　)　**51** 試問量測弦齒厚之齒輪游標卡尺，是由幾組游標卡尺組合而成？
(A)一　(B)二　(C)三　(D)四。　　【統測】

(　)　**52** 下列有關游標卡尺量測功能的敘述，何者<u>不正確</u>？
(A)公制游標卡尺的最小讀數一般有0.02mm與0.05mm兩種
(B)游標卡尺可用於工件之內孔直徑量測
(C)游標卡尺可用於工件之深度量測
(D)游標卡尺可用於工件之表面粗糙度量測。　　【統測】

(　)　**53** 若以12.00mm塊規組合校驗游標卡尺之外測測爪精度，得知其讀
值為11.86mm。如果以此游標卡尺量測某一工件，得知其長度讀
值為58.16mm，則此工件的正確尺度應為下列何者？
(A)58.30mm　　　　　　　　(B)58.16mm
(C)58.02mm　　　　　　　　(D)58.46mm。　　【統測】

(　)　**54** 游標卡尺之結構中，下列何者最適於量測下圖標示18mm之尺
度？　(A)外測測爪　(B)內測測爪　(C)階段測爪　(D)深度
測桿。　　【統測】

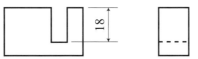

(　)　**55** 下列有關組合角尺相關知識的敘述，何者<u>不正確</u>？　(A)組合角
尺是由直尺、直角規（或稱角尺）、角度儀（或稱量角規）、和
中心規組合而成　(B)直尺與直角規組合，可求得圓桿端面的中
心　(C)直角規上的水平儀，可作水平檢測　(D)直尺與角度儀組
合，可劃任意角度之直線。　　【統測】

(　　) **56** 下列有關組合角尺應用之敘述,何者<u>不正確</u>?
(A)適用於定位圓形工件端面的近似中心
(B)適用於量測深度與高度
(C)適用於量測30°±0.1°
(D)適用於量測45°角或直角。　　　　　　　　　　【統測】

(　　) **57** 下列有關游標卡尺的使用,何者<u>不正確</u>?
(A)越靠近測爪根部夾持工件,產生之阿貝(Abbe)誤差越大
(B)量測槽寬時,兩測爪應在軸線上量測最小距離
(C)量測內孔徑時,兩測爪應在軸線上量測最大距離
(D)深度桿不適宜用來作階級段差量測。　　　　　　【統測】

(　　) **58** 以游標卡尺進行尺度量測,已知其主尺(或稱本尺)最小刻度為
1mm,可測量精度為0.02mm,當副尺(或稱游尺)上面的第14
小格與主尺的60mm之刻度對齊時,則所量測得到的尺度為多少
mm? 　(A)14.60　(B)32.28　(C)46.28　(D)60.28。　【統測】

(　　) **59** 利用游標尺之內測爪量測26.96mm環規,其讀值為27.12mm。若
以此游標尺量測某一工件,其讀值為62.42mm,則下列何者為工
件尺度?
(A)62.26mm　　　　　　　　(B)62.42mm
(C)62.48mm　　　　　　　　(D)62.58mm。　　　【統測】

(　　) **60** 量測內徑時,量規測桿的一端常保持不
動,另一端並沿軸向微量左右擺動,
如右圖中之1、2、3所示。下列何者為
其主要目的?
(A)避開切屑障礙　　　　　(B)尋找最大讀值
(C)尋找最小讀值　　　　　(D)測試量規穩定度。　【統測】

(　　) **61** 有一公制的分厘卡,其量測範圍為0~25mm,導程為1mm,而外
套筒刻劃為100等分,此分厘卡之精度為多少?
(A)0.004mm　(B)0.01mm　(C)0.05mm　(D)0.25mm。　【統測】

(　　) **62** 有一公制的分厘卡,其量測範圍為0~25mm,導程為0.5mm,而
外套筒刻劃為50等分,此分厘卡之精度為多少?
(A)0.004mm　(B)0.01mm　(C)0.05mm　(D)0.25mm。　【統測】

( ) **63** 某一分厘卡的螺桿節距為0.5mm，當外套筒旋轉180°時，則主軸量測面移動距離為何？
(A)0.05mm (B)0.25mm
(C)0.5mm (D)1.0mm。 【統測】

( ) **64** 下列那一種分厘卡最適合用來量測具有五個刃邊的鉸刀外徑？
(A)深度分厘卡 (B)V溝分厘卡
(C)圓盤分厘卡 (D)尖頭分厘卡。 【統測】

( ) **65** 一公制外徑分厘卡其精密螺桿螺距為0.5mm，在襯筒上無游標刻度，若分厘卡外套筒上等分割50格，下列敘述何者**不正確**？
(A)此分厘卡的精度為0.01mm
(B)在0到100mm的量測尺度內，存在量測範圍各為25mm的4種不同形式之外徑分厘卡
(C)此分厘卡係利用螺紋運動原理達成量測功能
(D)當外套筒旋轉一圈，心軸伸或縮1mm。 【統測】

( ) **66** 如圖(1)分厘卡的讀數為：
(A)16.52 (B)16.70 (C)16.90 (D)17.20 mm。

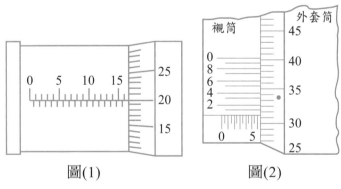

圖(1)　　　　圖(2)

( ) **67** 如圖(2)之分厘卡（又稱測微器），其主尺精度為0.5mm；外套筒一圓周劃分成50等分，當外套筒旋轉一圈時，其測頭移動一個主尺精度。此外，在外套筒9格相等距離之襯筒設有10等分之水平刻劃；試問本分厘卡目前之讀數為多少mm？（以圖中之圓點為基準）
(A)6.313 (B)6.323
(C)6.333 (D)6.343。 【統測】

(　　) **68** 分厘卡的量測原理是根據螺紋的圓周運動而得,關於「分厘卡精度」,下列敘述何者正確?
(A)採單螺牙螺紋,若螺距為0.5mm,外套筒半圓周作50等份,則精度為0.01mm
(B)採單螺牙螺紋,若螺距為0.5mm,外套筒一圓周作100等份,則精度為0.02mm
(C)採雙螺牙螺紋,若螺距為0.5mm,外套筒一圓周作100等份,則精度為0.01mm
(D)採雙螺牙螺紋,若螺距為0.5mm,外套筒一圓周作100等份,則精度為0.02mm。　　　　　　　　　　　　　　　　　　【統測】

(　　) **69** 下列量具,何者可用來量測外螺紋之大徑(外徑)?
(A)盤式分厘卡　　　　　　　(B)針尖式分厘卡
(C)螺紋分厘卡　　　　　　　(D)螺距規。　　　　　　【統測】

(　　) **70** 下列有關量具選用之敘述,何者最正確?
(A)齒輪節圓直徑適宜使用齒輪分厘卡量測
(B)只須考慮精度要求,不須考慮量測部位
(C)為求高準確度,粗胚圓桿最適宜使用分厘卡量測
(D)弦齒厚最不適宜使用齒輪游標卡尺量測。　　　　　【統測】

(　　) **71** 一公制外徑分厘卡之心軸採用螺距0.5mm的單線螺紋,外套筒圓周上等分50格,則下列敘述何者正確?
(A)當外套筒旋轉一格,心軸前進或後退0.02mm
(B)當外套筒旋轉一圈,心軸前進或後退0.5mm
(C)精度為0.1mm
(D)精度為0.2mm。　　　　　　　　　　　　　　　　　【統測】

(　　) **72** 製作一分厘卡,選擇螺距為0.5mm的螺紋,若希望分厘卡的最小位移量為0.0025mm,則手動套筒的圓周刻度需要劃分成幾等分? 　(A)50等分　(B)100等分　(C)150等分　(D)200等分。
　　　　　　　　　　　　　　　　　　　　　　　　　　【統測】

(　　) **73** 下列何種儀器較適合做齒輪之節圓直徑量測?
(A)鋼尺　　　　　　　　　　(B)齒輪游標尺
(C)圓盤式分厘卡　　　　　　(D)齒輪分厘卡。　　　　【統測】

（　）**74** 下列哪一種尺度<u>不適合</u>使用分厘卡直接測量？
(A)階級孔深度　　　　　　　(B)螺栓大徑
(C)鋼珠直徑　　　　　　　　(D)鳩尾槽角度。　　　　　【統測】

（　）**75** 分厘卡的砧座接觸到主軸測量面以進行歸零時，發現襯筒與套筒上之0點刻劃線約有0.03mm偏差量，宜調整下列何者？
(A)套筒　(B)主軸固定鎖　(C)襯筒　(D)棘輪。　　　　【統測】

（　）**76** 精測塊規由於精度分為？　(A)00、0、1、2四級　(B)1、2、3、4四級　(C)0、1、2、3四級　(D)000、00、0、1四級。

（　）**77** 若量測一尺度需由數片塊規組成，關於塊規組合方法，下列敘述何者正確？
(A)塊規之選用與組合以片數愈少愈好
(B)選用時先由較厚尺度之塊規選起
(C)組合時由較薄尺度者開始，厚尺度往薄尺度組合
(D)為方便分離，組合時兩片塊規間最好留有空氣間隙。　　【統測】

（　）**78** 在機械工廠中進行製造加工及檢驗工件時，選用下列何種等級塊規較適宜？　(A)00級　(B)0級　(C)1級　(D)2級。　　　　【統測】

（　）**79** 對於長度塊規，下列敘述何者<u>不正確</u>？
(A)精度分三級
(B)尺度基數有1mm與2mm
(C)尺度選用由小至大
(D)組合方式有旋轉法與推疊法。　　　　　　　　　　【統測】

（　）**80** 下列何種材質<u>不適用</u>於製造塊規？
(A)合金鋼　(B)石英石　(C)碳化鎢　(D)塑膠。　　　　【統測】

（　）**81** 下列有關塊規之選用與組合原則，何者最<u>不正確</u>？　(A)組合所需塊規數愈少愈佳　(B)先選用較薄尺度者　(C)可用於校驗量具精度 (D)組合應由最薄尺度者開始且應採用旋轉密接法。　　　【統測】

（　）**82** 欲利用每組個數103之組塊規組合定出135.685mm尺度，宜最先選擇的塊規尺度為下列何者？　(A)1.005mm　(B)1.28mm (C)8.5mm　(D)25mm。　　　　　　　　　　　　　　【統測】

考前實戰演練

（　　）**83** 若以公稱尺度為300mm的正弦桿，量測角度為30°的工件，則須墊高的塊規高度為多少？（tan30°=0.577，cos30°=0.866，sin30°=0.500）
(A)86.600mm　　　　　　　(B)129.900mm
(C)150.000mm　　　　　　(D)173.100mm。

（　　）**84** 使用200公厘之正弦桿，量得之角度為30°，如較低一端之塊規厚50公厘，則較高一端厚應為多少公厘？　(A)75　(B)100　(C)150　(D)200。

（　　）**85** 利用正弦桿測量角度時，H為塊規堆疊的高度、L為正弦桿兩端圓柱的中心距離，若正弦桿與平面之夾角為θ，下列敘述何者正確？

(A)$\sin\theta = \dfrac{H}{L}$ 　　　　　　(B)$\sin\theta = \dfrac{L}{H}$

(C)$\cos\theta = \dfrac{H}{L}$ 　　　　　　(D)$\cos\theta = \dfrac{L}{H}$ 。　　【統測】

（　　）**86** 下列量具中，何者<u>無法</u>直接讀出所量測之角度值？
(A)組合角尺　　　　　　　(B)正弦桿
(C)萬能量角器　　　　　　(D)直角尺。　　【統測】

（　　）**87** 欲以100mm正弦桿量測30°角度，若其中一端放置高度25mm塊規，則另一端之塊規尺度為何？
(A)198.2　(B)111.6　(C)82.7　(D)75　mm。　　【統測】

（　　）**88** 使用每組13塊的角度塊規組，其規格分別為1°、3°、9°、27°、41°、1′、3′、9′、27′、3″、6″、18″、30″，如欲組合成32°26′6″，則最少需要幾塊角度塊規？　(A)4塊　(B)5塊　(C)6塊　(D)7塊。　　【統測】

（　　）**89** 下列何種量具是以直接式角度量測法來量測工件的角度？
(A)組合角尺　(B)角尺　(C)角度塊規　(D)正弦桿。　　【統測】

（　　）**90** 萬能量角器（又稱游標角度規）的分度盤具有本尺及副尺，若在副尺圓盤取本尺圓盤23刻劃（23度）之弧長等分為12等分，則此萬能量角器的最小角度讀值為何？
(A)1分　(B)5分　(C)10分　(D)15分。　　【統測】

( ) **91** 以200mm正弦桿量測右圖所示的斜度，
下列何者為所需的塊規高度？
(A)60mm
(B)80mm
(C)120mm
(D)160mm。　　　　　　　　　　　　　　　　　【統測】

( ) **92** 用光學平鏡檢驗工件或量具的平面度或平行度時，一條色帶所代表的高度為：　(A)1μ　(B)0.5μ　(C)單色燈光半波長　(D)單色燈光全波長。

( ) **93** 利用指示量錶測量工件，測軸產生偏差角度時容易發生？
(A)接觸變形誤差　　　　　　(B)餘弦誤差
(C)正弦誤差　　　　　　　　(D)阿貝誤差（Abbe errors）。

( ) **94** 利用指示量錶（dial indicator）測量工件高度時，則量錶指針的壓縮量愈大，愈容易發生：　(A)接觸變形誤差　(B)餘弦誤差
(C)正弦誤差　(D)阿貝誤差（Abbe errors）。　　　　　【統測】

( ) **95** 量測過程中，指示量錶之量測軸與被測工件成30°角的偏差時，量錶讀值為0.5mm，此被測工件之真實尺度應為多少mm？
(A)0.5cos30°　　　　　　　(B)0.5/sin30°
(C)0.5/cos30°　　　　　　　(D)0.5sin30°。　　　　　　【統測】

( ) **96** 銑削加工後之工件有歪斜現象，想要重新校正架設在銑床加工機上之虎鉗座，使用下列哪一種量具最合適？
(A)游標卡尺　　　　　　　　(B)槓桿式量錶
(C)特殊型式之分厘卡　　　　(D)光學平鏡。　　　　　　【統測】

( ) **97** 關於光學平鏡之操作特性，下列敘述何者<u>不正確</u>？
(A)進行比較式量測時，需要利用樣規作為比較之依據
(B)利用光波之干涉原理所形成之明暗色帶，進行工件尺度之量測
(C)使用單色燈做為光源，以避免發生光學色散的現象
(D)可用於檢驗工件之平面度及平行度。　　　　　　　　【統測】

( ) **98** 使用光學平鏡來量測工件的平面度時，最主要是利用光的何種原理？　(A)反射　(B)折射　(C)漫射　(D)干涉。　　　　　【統測】

(　　) **99** 關於球形測頭槓桿式指示量錶，下列敘述何者<u>不正確</u>？　(A)可與精密塊規相配合而對工件進行高度轉移比較量測　(B)量錶本身基於槓桿原理，其測桿擺動被局限於90°範圍內　(C)操作人員可用其來校正工件中心或檢驗同心度　(D)測桿與工件表面的夾角應盡量縮小，以免發生量測誤差。　【統測】

(　　) **100** 下列何種量測儀器係利用光波干涉原理，執行檢測工件表面的平坦狀態？　(A)光學平板　(B)光學投影比較儀　(C)表面粗度儀　(D)工具顯微鏡。　【統測】

(　　) **101** 以光學平鏡量測塊規之平面度（或稱真平度）時，觀察到四條直且平行的暗帶，若單色燈光波長為0.588 μm，則此塊規之平面度約為多少μm？　(A)0　(B)0.588　(C)1.176　(D)2.352 μm。　【統測】

(　　) **102** 指示量錶<u>不可</u>用於下列何項量測工作？
(A)量測真圓度　　　　　　　　(B)量測垂直度
(C)量測表面粗糙度　　　　　　(D)高度比較式量測。　【統測】

(　　) **103** 某氣泡式水平儀靈敏度為0.01mm/m，經校正後，將其置於20公分長之平台上檢測其水平情形，結果發現氣泡移動2刻度，試問此平台兩端高度差約為多少mm？
(A)0.002　(B)0.004　(C)0.02　(D)0.04。　【統測】

(　　) **104** 對於水平儀，下列敘述何者<u>不正確</u>？
(A)常用的有氣泡式（又稱酒精式）與電子式兩種
(B)適用於大角度的量測
(C)可檢驗機械或平台的真平度
(D)可量測平台的真直度。　【統測】

(　　) **105** 有關針盤指示器應用，下列敘述何者<u>不正確</u>？
(A)可配合塊規進行工件高度比較量測
(B)可配合工具機進行虎鉗之固定鉗口平行度調校
(C)可量測工件表面粗糙度
(D)可配合正弦桿做工件錐度檢測。　【統測】

（　）**106** 某生在操作指示量錶時，量測軸線與工件高度方向偏離60°
夾角。若量錶讀數為2.0mm，則量測誤差約為多少？（註：
$\sin 30° = 0.5$、$\cos 30° = 0.866$）
(A)0.5mm　(B)1.0mm　(C)0.866mm　(D)0.268mm。　　【統測】

（　）**107** 為提高氣泡式水平儀的量具靈敏度之作法，下列敘述何者正確？
(A)增大玻璃管圓弧半徑　　　(B)縮小玻璃管圓弧半徑
(C)增長量具框架長度　　　　(D)縮小量具框架長度。　　【統測】

（　）**108** 應用光學平鏡（optical plate）量測塊規的
真平度，得到如圖所示之平行且等間距的6
條干涉條紋，若使用的光源為單色光且波
長為λ，則塊規的真平度為何？　(A)0λ
(B)3λ　(C)6λ　(D)12λ。　　【統測】

（　）**109** 將氣泡式水平儀放在500mm長的直規上，在直規的一端墊高
0.01mm，氣泡水平儀的氣泡會移動一格，此氣泡水平儀的
靈敏度為何？　(A)0.01mm/m　(B)0.02mm/m　(C)0.03mm/m
(D)0.04mm/m。　　【統測】

（　）**110** 用樣柱量度工件時其通端通過，不通端也通過則該工件之尺度
為？　(A)剛好　(B)過小　(C)過短　(D)過大。

（　）**111** 下列何者<u>不能</u>用於檢驗孔徑？
(A)內孔分厘卡　(B)柱塞規　(C)缸徑規　(D)環規。

（　）**112** 可用以大量檢測圓孔是否合格，具有「通過」與「不通過」
端之量規稱為：　(A)U形卡規　(B)環規　(C)厚薄規　(D)柱
塞規。

（　）**113** 可用以檢測之圓柱外徑或工作物外部尺度，具有「通過」和
「不通過」鉗口之量規稱為：　(A)U型卡規　(B)環規　(C)厚
薄規　(D)柱塞規。

（　）**114** 只可用以檢測之圓柱或圓棒外徑尺度，具有「通過」和「不通
過」之量規稱為：　(A)U型卡規　(B)環規　(C)厚薄規　(D)柱
塞規。

考前實戰演練

（　）　**115** 大量生產時，車削內孔應使用：
(A)內分厘卡　　　　　　　　(B)游標卡尺
(C)氣缸規（Cylindergauge）(D)柱規（pluggauge）　測量之。

（　）　**116** 檢查工件外徑的樣規稱環規或套規，通常區別「不通」環規是
以在此環規外圓周上：　(A)壓花　(B)作凸緣　(C)作較厚圓環
(D)壓花並在當中車一圓槽。

（　）　**117** 下列何者適用於大量且快速的精密圓棒直徑與真圓性查核檢
測？　(A)游標尺　(B)分厘卡　(C)柱塞規　(D)環規。　【統測】

（　）　**118** 有關樣柱與樣圈之敘述，下列何者<u>不正確</u>？　(A)樣圈通過
端用於監測軸之最大尺度　(B)樣圈外徑周緣無凹槽者為通過
端，用於監測工件外徑尺度　(C)樣柱之不通過端用於監測孔之
最大尺度　(D)樣圈外徑周緣有凹槽者為通過端，用於監測工
件外徑尺度。　【統測】

（　）　**119** 一次元測定量具是：
(A)工具顯微鏡　(B)投影機　(C)座標測量機　(D)分厘卡。

（　）　**120** 二次元測定量具是：
(A)工具顯微鏡　(B)直尺　(C)座標測量機　(D)分厘卡。

（　）　**121** 三次元測定量具是：
(A)工具顯微鏡　(B)投影機　(C)座標測量機　(D)分厘卡。

（　）　**122** 現有一工件，其尺度薄而小，擬量測其內、外徑之尺度大小，
應選用下列何種儀器最為適當？　(A)雷射干涉儀　(B)真圓度
量測儀　(C)光學比測儀（投影比較儀）　(D)輪廓量測儀。

（　）　**123** 欲同時測量螺紋之節距、牙角及牙深時，使用那一種檢驗儀器
最適宜？　(A)游標卡尺　(B)三線測量法　(C)分厘卡　(D)光
學比較儀。　【統測】

（　）　**124** 關於工具顯微鏡之用途，下列敘述何者<u>不正確</u>？　(A)可觀測小型
工件輪廓與形狀　(B)可觀測工件表面加工的情況　(C)可觀測刀具
的尺度與角度　(D)可進行非接觸式之三次元量測。　【統測】

( ) **125** 光學投影機不適合用於下列何者量測？　(A)盲孔錐度　(B)螺紋導程　(C)齒輪形狀　(D)刀面角度。　　　　　　　【統測】

( ) **126** 下列量具，何者較適合進行工件輪廓形狀之量測？　(A)游標卡尺　(B)角度塊規　(C)光學投影機　(D)多面稜規。　　　【統測】

( ) **127** 下列量測儀器中，何者最適用於三維（3D）曲面之量測？
(A)三次元座標量測儀　　　　(B)真圓度量測儀
(C)表面粗度儀　　　　　　　(D)測長儀。　　　　　　【統測】

( ) **128** 下列有關光學投影機之應用，何者最<u>不正確</u>？　(A)適用於量測工件長度　(B)適用於量測螺紋牙角　(C)適用於量測深孔深度　(D)適用於量測工件輪廓。　　　　　　　　　　【統測】

( ) **129** 投影放大儀又稱輪廓投影機或光學投影機，下列敘述何者正確？
(A)可做工件的表面粗糙度量測
(B)可做工件的三維量測
(C)可做工件的內孔深度量測
(D)可做工件的外緣輪廓量測。　　　　　　　　　　　【統測】

( ) **130** 下列何種量測儀器較適合用於量測眼鏡鏡片之表面各點間的高低變化量？　(A)輪廓量測儀　(B)工具顯微鏡　(C)光學投影機　(D)光學平鏡。　　　　　　　　　　　　　　　　【統測】

( ) **131** 有關量具應用之敘述，下列何者<u>不正確</u>？
(A)圓弧規量測圓弧時，不可能量得實際尺度
(B)半徑（R）規可用於量測圓肩角及半圓弧
(C)厚薄規可以量測工件之厚度
(D)量錶可用於直接量測偏心量。　　　　　　　　　　【統測】

( ) **132** 有關厚薄規之敘述，下列何者正確？
(A)可重疊兩片以進行量測
(B)適用於在狹窄空間中量測長度
(C)多為鋁材質
(D)規上的數字是表示其公差。　　　　　　　　　　　【統測】

(　　) **133** 有關工具顯微鏡之應用，下列何者<u>不正確</u>？
(A)利用輪廓照明可適用於量測角度
(B)利用表面照明可適用於量測切削加工痕跡
(C)利用標準片可適用於量測螺紋角
(D)利用表面照明可適用於量測深孔之深度。　　　　　【統測】

(　　) **134** 有關CNC三次元座標量測儀之應用，下列何者<u>不正確</u>？
(A)可用於量測基本幾何尺度
(B)可用於幾何外形連續掃描量測
(C)圓弧之圓心角若大於120°，可更準確量到圓心座標
(D)無法根據工件之CAD模型規劃與進行自動量測。　　　【統測】

(　　) **135** 將一群品質數據按量測值的大小順序分組，記錄每一組的次
數，其次數分配以圖表示者為：
(A)特性要因圖　　　　　　(B)重點分析圖
(C)直方圖　　　　　　　　(D)散佈圖。

(　　) **136** 為探討兩個變量間的相關性，蒐集二組成對的數據所繪的圖形
者為：　(A)特性要因圖　(B)重點分析圖　(C)直方圖　(D)散
佈圖。

(　　) **137** 表示品質特性與其製造因素間之關係圖，類似魚骨形狀方式，
主要用於表達產品品質特性以及影響品質變異之主要因素及次
要因素圖形為：　(A)特性要因圖　(B)重點分析圖　(C)直方圖
(D)散佈圖。

(　　) **138** 品質發生變異的原因很多，為了解何者為重大原因或是影響有
多大時可利用：　(A)特性要因圖　(B)重點分析圖　(C)直方圖
(D)散佈圖。

(　　) **139** 下列哪一種是金屬材料之非破壞性檢查法：　(A)抗拉試驗
(B)硬度試驗　(C)沖擊試檢　(D)磁化探傷法。

(　　) **140** 以少數之樣本去推定全體成品之特性乃指：　(A)統計解析法
(B)實驗計劃法　(C)抽樣法　(D)管制圖法。

( ) **141** 一電腦晶片製造商，每天隨機抽取1000片晶片檢驗，繪製成P圖，共做了20天檢驗後，得知不合格晶片總數為1025片，則此批晶片之平均缺陷比率為： (A)0.02 (B)0.007 (C)0.0513 (D)0.035。

( ) **142** 有關品質管制，下列敘述何者正確？ (A)管制圖（control chart）敘述品質與其影響因子的關係，因其圖形如魚骨，故又稱魚骨圖 (B)品質管制利用統計學方法，實施製程管制 (C)火花試驗法屬於非破壞性產品檢驗法 (D)客戶抱怨分析不屬於品質服務工作。 【統測】

( ) **143** 管制圖常用於分析工件品質變異，其中用於表達產品品質特性以及影響品質變異之主要因素及次要因素者為： (A)長條圖 (B)柏拉圖分析圖 (C)特性要因圖 (D)直方圖。 【統測】

( ) **144** 下列關於鑄件之檢驗法中，何者<u>不屬於</u>非破壞性檢驗？
(A)沖擊試驗　　　　　　　(B)螢光滲透液檢驗
(C)放射線檢驗　　　　　　(D)磁粉探傷檢驗。 【統測】

( ) **145** 已知一配合件，孔之尺度為 $\emptyset 200^{+0.03}_{\ \ 0.06}$mm，軸之尺度為 $\emptyset 200^{+0.06}_{\ -0.03}$mm，則當孔與軸配合時，其最大干涉量為何？
(A)0.12mm　　　　　　　(B)0.09mm
(C)0.06mm　　　　　　　(D)0.03mm。 【統測】

( ) **146** 有關游標卡尺的原理與使用之敘述，下列何者正確？
(A)若主尺（或稱本尺）刻度每格為1mm，以主尺49格的長度，在副尺（或稱游尺）等分為50格，則此游標卡尺的最小讀值為0.02mm
(B)使用游標卡尺外測爪測量工件外部尺寸時，工件應盡量遠離主尺，靠近測爪的尖端
(C)使用游標卡尺內測爪量測工件內徑時，應取多次量測值中的最小值
(D)使用游標卡尺內測爪量測工件的槽寬時，應取多次量測值中的最大值。 【統測】

（　）**147** 下列何種品管圖形，可表示品質問題與形成原因之關係？
(A)特性要因圖（魚骨圖）　　　(B)重點分析圖（柏拉圖）
(C)管制圖　　　　　　　　　(D)直方圖。　　　　　　　【統測】

（　）**148** 有關劃線之敘述，下列何者不正確？
(A)樑規（trammel）適用於半徑300mm以上之大直徑的圓或圓弧之劃線工作
(B)組合角尺（combination square set）若由直尺與角度儀組合，可以劃平行線或任何角度的直線
(C)在工件上劃垂直線，可藉由角尺或組合角尺進行劃線
(D)劃線台（surface gage）不適合作為迴轉工件的校正參考基準點。　　　　　　　　　　　　　　　　　　　【統測】

（　）**149** 有一圓軸之直徑為 $10^{\ 0}_{-0.009}mm$，若該圓軸與一孔為留隙（餘隙）配合，則組合圖上圓軸與孔之尺度標註，下列何者正確？
(A)ϕ10G7／h6　　　　　(B)ϕ10P7／h6
(C)ϕ10H6／g7　　　　　(D)ϕ10H6／p7。　　【統測】

（　）**150** 如圖所示為一游標卡尺量測物體尺寸之示意圖，該游標卡尺的精度為0.02mm；若箭頭所指為主尺（或稱本尺）與副尺（或稱游尺）刻劃對齊之位置，則該物體之正確尺寸是多少mm？
(A)23.28mm　　　　　　　(B)30.70mm
(C)37.28mm　　　　　　　(D)37.70mm。　　　【統測】

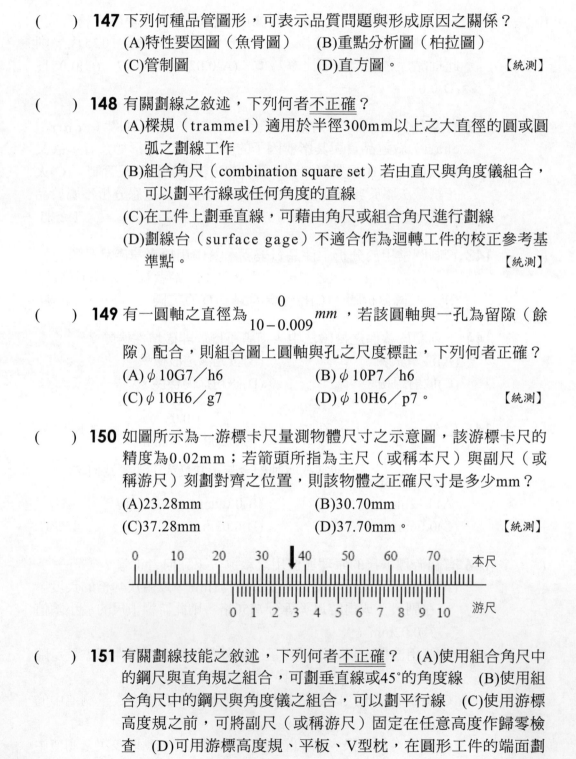

（　）**151** 有關劃線技能之敘述，下列何者不正確？　(A)使用組合角尺中的鋼尺與直角規之組合，可劃垂直線或45°的角度線　(B)使用組合角尺中的鋼尺與角度儀之組合，可以劃平行線　(C)使用游標高度規之前，可將副尺（或稱游尺）固定在任意高度作歸零檢查　(D)可用游標高度規、平板、V型枕，在圓形工件的端面劃中心線。　　　　　　　　　　　　　　　　　　　【統測】

( ) **152** 有關光學投影機之敘述，下列何者正確？
(A)適用於工件厚度測量
(B)適用於盲孔的孔深測量
(C)適用於螺紋之螺旋角測量
(D)適用於縫衣針之輪廓測量。 【統測】

( ) **153** 有關表面粗糙度之敘述，下列何者正確？
(A)十點平均粗糙度是在基準長度內，分別量測10點最高波峰與10點最低波谷並取總平均值
(B)中心線平均（算術平均偏差）粗糙度，是在基準長度內量測最高峰至最低
(C)表面粗糙度通常以μm為單位
(D)表面粗糙度的基準長度通常以cm為單位。 【統測】

( ) **154** 精密量測人類頭髮直徑時，最適合使用下列何種量具？
(A)分厘卡 (B)游標卡尺
(C)量錶 (D)座標量測機。 【統測】

( ) **155** 下列何者屬於餘隙配合（clearance fit）？
(A)ϕ30H8／f7 (B)ϕ30H8／s7
(C)ϕ30H8／t7 (D)ϕ30H8／p7。 【統測】

( ) **156** ϕ40G7／h6之孔與軸配合，下列敘述何者正確？
(A)基孔制 (B)基軸制
(C)過渡配合 (D)干涉配合。 【統測】

( ) **157** 有關工件量測之敘述，下列何者<u>不正確</u>？
(A)量測工件表面粗糙度的單位通常以μm表示
(B)使用Ra及Rz來表示同一個加工面之表面粗糙度時，通常Ra＞Rz
(C)研磨後之工件在量測表面粗糙度時，量測水平（與研磨方向平行）及垂直（與研磨方向垂直）2個方向的數值大小可能不同
(D)規具公差（IT 01～IT 4）適用於塊規等精密量具，而非配合公差（IT 11～IT 18）適用於不需配合的工件。 【統測】

(　) **158** 如圖所示之表面織構符號，其中b之要求事項為何？
(A)單一項表面織構要求
(B)對兩個或更多表面織構之要求事項
(C)加工方法
(D)表面紋理及方向。

(　) **159** 表面織構符號以文字表示為NMR鍍鉻Rz 0.8，其中NMR所代表的意義為何？
(A)允許任何加工方法 　　　 (B)不得使用加工方法
(C)必須去除材料 　　　　　 (D)不得去除材料。 　　　【統測】

(　) **160** 有關塊規使用原則之敘述，下列何者<u>不正確</u>？
(A)規劃組合塊規時，先從尺寸的最小位數開始選用
(B)組合時先從小尺寸堆疊到大尺寸
(C)組合所需塊規數愈少愈佳
(D)組合可採用旋轉法或堆疊法。 　　　　　　　　　【統測】

(　) **161** 有關公差術語與定義，下列敘述何者正確？
(A)限界尺度：尺度型態可允許的限界值，為滿足要求的實際尺度，必須在上下限界尺度之間
(B)實際尺度：由工程製圖技術規範所定義之理想形態的尺度，亦為設計時最初尺度
(C)標稱尺度：實體特徵實際量測所得的尺度
(D)公差：上限界尺度與下限界尺度之差，可為正負值。 　【統測】

(　) **162** 有關公差與表面粗糙度，下列敘述何者正確？
(A)圓桿的直徑誤差與真圓度為尺寸公差
(B)國際公差等級IT01至IT18分為18等級
(C)$\phi 36H5／g5$是為孔與軸的餘隙配合
(D)表面粗糙度的取樣長度，預設值為0.6mm。 　　　　【統測】

(　) **163** 有關鉗工作業使用的量具，下列敘述何者正確？
(A)鋼尺的最小讀值為0.1mm
(B)加工現場常聽到尺寸單位「條」，1條等於100μm
(C)機械式游標卡尺的量測精度比分厘卡的量測精度高
(D)分厘卡可使用於量測圓棒外徑及工件厚度。 　　　　【統測】

( ) **164** 有關量具的使用，下列敘述何者<u>不正確</u>？
(A)螺紋分厘卡的用途是測量螺紋的外徑
(B)光學平板是利用光波干涉原理檢驗工件
(C)齒輪游標卡尺之平尺用於量測齒輪的弦齒厚
(D)一游標卡尺主尺每刻劃的間隔為1mm，取主尺39刻劃之距離，並將此距離於副尺上分為20等分，則其精度為0.05mm。 【統測】

( ) **165** 有關使用高度規畫線，下列敘述何者<u>不正確</u>？
(A)高度規的劃線刀伸出較長，畫的線較平整
(B)高度規底座與工件參考面必須保持平行
(C)使用高度規畫線前，應先清潔平板並檢查平板面是否平整
(D)讀取高度規刻度時，視線應和讀取之刻度等高。 【統測】

( ) **166** 如圖所示的正視圖及右視圖是光學尺的安裝（黑色部分）圖面，欲量測間隙D的尺寸是否符合安裝標準，應使用下列何種量具？
(A)厚薄規　　　　　　　(B)游標卡尺
(C)分厘卡　　　　　　　(D)小型鋼尺。 【統測】

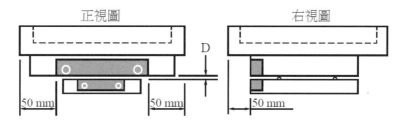

( ) **167** 若孔之標稱尺度為35mm，上限界尺度為35.007mm，公差為0.025mm，則下限界尺度為多少mm？
(A)34.975　　　　　　　(B)34.982
(C)35.000　　　　　　　(D)35.032。 【統測】

( ) **168** 有關尺寸公差之敘述，下列何者<u>不正確</u>？
(A)尺寸公差為上限界尺度（上限尺寸）與下限界尺度（下限尺寸）之差，且其數值一定為正值
(B)∅10H7代表基本尺度（基本尺寸）為10mm的孔，公差等級為IT7級，且其上限界偏差（上偏差）為零

(C)CNS參照ISO公差制度定基本尺度（基本尺寸）500mm以下
的公差級別，表列定共20級

(D)尺寸公差為上限界偏差（上偏差）與下限界偏差（下偏差）
之差，且上限界偏差（上偏差）一定大於下限界偏差（下偏
差）。   【統測】

(   ) **169** 有關塊規之敘述，下列何者<u>不正確</u>？   (A)塊規是精度相當高的
量規，也是機械加工中長度的標準   (B)塊規依精度與用途可分
成四級，其中游標卡尺檢驗使用1級   (C)塊規選用時塊數越少越
好，由薄至厚進行組合   (D)塊規組合方法有旋轉法（轉合法）
及堆疊法（推合法）2種。   【統測】

(   ) **170** 依據ISO公差標準，公差分為：
(A)18級   (B)20級
(C)25級   (D)30級。

第8單元 切削加工

重點導讀

是課綱裡非常重要的一個單元，統測年年必考，絕無例外，尤其是切削加工的概念以及切削理論、刀具材料等皆有題目出現，所以一定要加強此單元的研讀，尤其是車刀各部位角度超級重要，不可輕忽。

8-1 切削加工介紹

一、切削加工

(一) 切削加工主要為利用工作母機（車床、銑床、鑽床等）進行切削工件之傳統加工。

(二) 切削加工過程為移除工件一部分材料成為切屑，以得到所需要的工件形狀及尺度。金屬製品為獲得最後尺度之加工方法。

(三) 最常用的是切削加工，如車、鑽、搪、銑、磨、鋸、拉削等。

(四) 切削加工適合用於少量多樣的產品製作。

(五) 切削加工不可完全以精密鑄造及粉末冶金之加工法取代。

(六) 切削加工的時間較沖壓加工的時間長，材料也較浪費。

二、切削加工特點

(一) 切削過程中利用剪切（剪力）作用，所形成之產物為切屑。

(二) 切削加工直接間接影響<u>加工品質</u>、<u>難易及成本</u>。

(三) 使用於傳統切削加工的刀具材料，其強硬度須比工件為高。

(四) 欲得到高精度且平滑的加工表面，加工順序為先銑削再磨削。

(五) 切削加工產生的熱會降低刀具的強度、硬度與耐磨性。

三、影響切削加工的主要因素

(一) 影響切削加工的主要因素為工件的材質（<u>最主要</u>）、刀具的材質、切削條件、刀口形狀及角度與切削劑等。

(二) 影響切削性最主要者為工件之硬度及延展性。

(三) 硬度及延展性太高切削性均不良，硬度太高易使刀具磨損。

(四) 延展性太高易產生刀口積屑。

四、切屑形態

(一)連續切屑形成條件：
　　1.工件：(1)延性材、(2)切屑薄、(3)進刀小。
　　2.刀具：(1)刀口銳利、(2)斜角大、(3)摩擦阻力小。
　　3.切削：(1)高速、(2)加入切削劑、(3)震動小。
(二)不連續切屑形成條件：上述相反。
(三)積屑刀口的連續切屑（B.U.E）形成條件：不良的切削。

五、切屑形態注意事項

(一)連續切屑工作物表面粗糙度最佳，不連續切屑次之。
(二)連續切屑造成的刀具磨損大都在刀尖後方的<u>刀頂面</u>上，不連續切屑造成的刀具磨損大都在刀尖下方的<u>刀腹</u>上。
(三)積屑刀口的連續切屑（B.U.E），工作物表面粗糙度最差，刀具壽命最短。
(四)積屑刀口的產生原因為不良切削，如刀具斜角太小、刀具頂面摩擦係數太大、切削速度太慢、切削深度太大及沒加切削劑。
(五)積屑刀口之循環過程為形成→成長→分裂→脫落。

8-2　切削基本原理（切削速度與進刀）

一、切削速度

(一)切削速度為刀具或工件之表面速度，以m／min表示。
(二)切削速度為影響刀具壽命之最大因素，但切削速度與切削阻力<u>較無關</u>。
(三)切削速度與工件硬度成反比。
(四)切削速度與刀具硬度成正比。
(五)切削軟材料要高速切削。切削硬材料要低速切削。
(六)刀具較硬要高速切削。刀具較軟要低速切削。

二、轉數（N）

(一)每分轉數為rpm或轉／分（rev／min），機械加工使用較多。
(二)每秒轉數為rps或轉／秒（rev／sec）。

三、進刀（進給）

(一) 工件或刀具每循環運動一次，工件或刀具本身移動的距離稱之進刀（進給）。

(二) 各種工作母機之進刀表示法：

1. 車床：工件迴轉一周，車刀移動距離，即公厘／迴轉。
2. 鑽床：鑽頭迴轉一周，鑽頭進入工件的距離，即公厘／迴轉。
3. 銑床：床台或工件每分鐘移動的距離，即公厘／分。
4. 牛頭鉋床：沖錘往復運動一次，工件移動的距離，即公厘／次。
5. 龍門鉋床：工件往復運動一次，鉋刀移動的距離，即公厘／次。

四、切削速度重要公式

(一) 車床、鑽床、銑床、磨床：$V = \dfrac{\pi DN}{1000}$ 求得。

V＝切削速度（m／min）；D＝直徑（mm）；
N＝每分鐘迴轉數（rpm）

(二) 鉋床：$V = \dfrac{N \times L}{600}$ 求得。

V＝鉋削速度（m／min）；N＝每分沖程數（次／min）；
L＝沖程長度（mm／次）＝工件長＋20（mm／次）

五、切削阻力（切削力）

(一) 切削刀具作用主要切線阻力占67%、縱向（軸向）阻力占27%及徑向（橫向）阻力占6%

(二) 車刀之<u>車削加工大部份屬於斜交切削</u>（三次元切削：切線、縱向、徑向）。

(三) 車床上的切斷切削是屬於正交切削（二次元切削：切線、徑向）。

(四) 切削速度（速率）的變化對刀具切削（阻）力<u>無顯著關係</u>。

六、影響切削阻力（切削力）因素

(一) 進刀越大，切削（阻）力越大。

(二) 切削深度越深，切削（阻）力越大。

(三) 切屑厚度增加，切削（阻）力越大。

(四) 圓鼻半徑或切邊角度加大縱向作用力減少。

(五)斜角增加，主要切削（阻）力減少，可降低積屑刀口（BUE）之
　　形成。
(六)使用切削劑略減少切削（阻）力，但大大增加刀具壽命。
(七)降低切削力最常用的方法是使用切削劑。
(八)降低進給可改善刀具磨耗（wear）。

七、切削熱
(一)金屬切削主要由於剪力（剪切）產生。
(二)產生的熱量分配值大約為；剪力面60%，摩擦面30%，工件表面
　　10%。
(三)刀頂面溫度最高。

八、刀具壽命
(一)刀具壽命為刀具開始使用至重新磨利的切削時間，以分表示。
(二)判斷刀具壽命可由刀具磨損形態及工作物的切削情況決定。
(三)刀具磨損形態主要為陷坑（連續切屑會產生）、側面摩損（不連
　　續切屑會產生）和碎裂三種形態。
(四)工作物的切削情況主要為**切削作用力的變化、工作物尺度和表面
　　粗糙度等變化**。
(五)影響刀具壽命的最大因素為切削速度（速率）。但切削速度與切
　　削力（阻力）**較無關**。
(六)進刀（進給）或切深增加必須降低切削速度，以保持壽命不變。
(七)刀具壽命以60分鐘為宜，大量生產則應480分鐘。
(八)**降低進刀（進給）**可改善刀具磨耗（wear）。
(九)依泰勒公式：切削速度與刀具壽命之乘積為一常數，即$VT^n=C$。
　　式中V為切削速度，以公尺／分表示。T為刀具壽命，以分表示。
　　n為經驗常數，C為常數。
(十)n為經多次實驗後得知之經驗常數（高速鋼HS為0.08～0.12，碳
　　化鎢TC為0.13～0.25，陶瓷刀具為0.04～0.05）。
(十一)設$VT^{0.5}=C$，則V與$T^{0.5}$成反比，速度增加二倍則刀具壽命為原來
　　　$\frac{1}{4}$。

九、刀具角度

(一)**隙角**（Clearance angle）：

1.隙角又稱讓角，主要目的為避免車刀切刃與工件產生摩擦，使切削作用力集中於刀鼻。

2.隙角不可以為負值。

3.隙角愈大，切削效率愈高，但刀具強度愈差。

(二)**斜角**（Rake angle）：

1.斜角又稱傾角，主要目的為排屑，可以為負值。

2.斜角增加，可降低積屑刀口（B.U.E）之形成。

3.斜角愈大，切削效率愈高，但刀具強度愈差。

4.切削刀具上的斜角有兩種：

(1) 正斜角：正斜角主要目的為排屑。

(2) 負斜角：負斜角主要目的為是增加刀具強度。一般使用陶瓷刀具、黑皮工件之重車削、切削軟材等常需使用負斜角為佳。

(三)**刀鼻圓弧**（Nose Radius）：

1.刀鼻圓弧半徑為決定間隙角和斜角的最大因素，影響刀具硬度和強度。

2.刀口或刀鼻圓弧大則強度大，且熱量分散，故刀口壽命長。

3.刀鼻圓弧半徑大於1.5mm時，則容易引起震動。

4.精車時刀鼻圓弧需略為加大。

5.理想粗糙度公式：$R_z=\dfrac{f^2}{8r}$。式中：R_z為最大粗糙度值，f為進刀量，r為刀鼻半徑。

(1)當f進刀量大，r刀鼻半徑小，則Rz粗度變大。

(2)當f進刀量小，r刀鼻半徑大，則Rz粗度變小。

6.自然粗糙度：影響粗糙度因素非常多，<u>加工後實際之表面粗糙度為自然粗糙度</u>，影響因素為全面者。

(四)**斷屑槽**：

1.刀具刃口附近磨溝槽為之斷屑槽，主要目的為折斷切屑（斷屑）。

2.使連續切屑加工時，容易處理切屑。

3.車刀斷屑器的目的為使連續性切屑能自然的產生斷裂。

4.階梯式斷屑器時，若階梯高愈大則<u>斷屑效果</u>佳，使刀尖的受力愈大。

十、刀具角度：（以車刀刀角為例）

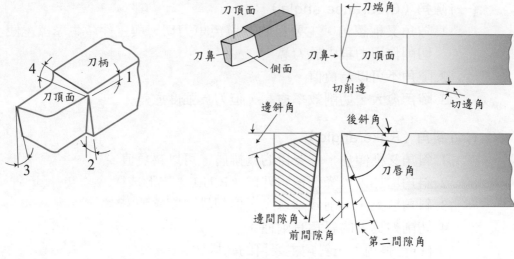

車刀刀角

(一) **前間隙角**：8°～15°：為避免車刀切刃與工件產生摩擦，使切削作用力集中於刀鼻，並使切刃在徑向進給中能順利切入工件的是車刀的角度。

(二) **邊間隙角**：10°～12°：為避免車刀切刃與工件產生摩擦，使切削作用力集中於刀鼻，並使切刃在軸向進給中能順利切入工件的是車刀的角度。

(三) **後斜角**：8°～16°：引導排屑及減少排屑阻力。對銅料或硬鉛應有一負斜角才不致挖入工件，並對齊中心。此外負斜角用於黑皮工件之重車削。

(四) **邊斜角**：12°～14°：目的為引導排屑。

(五) **刀端角（前切角）**：又稱端讓角，一般為8°～15°；為車刀前切口與刀柄中心垂直線所成之角度所成之角。

(六) **切邊角**：角度太小或為零則車刀為完全之側壓力，車刀尖受沖擊而裂損。角度大時切削面積增大，刀尖受又分散，容易散發，有助於車刀的壽命。角度太大時容易產生顫動或震動，不適於細長工件。

(七) **刀鼻半徑**：刀鼻半徑與粗糙度密切關係，為決定間隙角和斜角的大小。

十一、車刀角度注意事項

(一) 刀具伸出量過長易產生異常振動。

(二) 降低進給可改善刀具磨耗（wear）。

(三) 斜角之主要作用為引導排屑。

(四) 隙角／讓角之主要作用為降低刃口與工件之摩擦。

(五) 切邊角（側刃角）增大，切屑厚度變越薄。

(六) 刀端角（端刃角）越大，車刀強度越小。

(七) 欲獲得較小工件表面粗糙度之組合宜為：進給小、刀鼻半徑大、切削深度小、切削速率快、側刃角大、端刃角小者。

(八) 車刀刀唇角＋後斜角＋前間隙角＝90°。

牛刀小試

( ) **1** 有關切削加工,下列敘述何者正確？ (A)車刀之後斜角主要作用為引導排屑 (B)積屑刀口（BUE）之連續切屑,其循環過程為形成、脫落、分裂、成長 (C)車刀於切削中所受的三個主要分力：軸向分力、切線分力、徑向分力,以軸向分力最大 (D)水溶性切削劑適合用於鋁的切削加工。 【105統測】

( ) **2** 有關切削加工之敘述,下列何者正確？ (A)工件材質脆性較高,較易產生連續切屑 (B)切削劑可降低刀具和工件的溫度 (C)刀具之斜角及間隙角較大,切削阻力較大 (D)刀鼻半徑較小、進給量較大及切削速度較慢,工件表面粗糙度較良好。 【106統測】

( ) **3** 有關金屬切削的敘述,下列何者正確？ (A)工件的硬度及延展性愈高,切削性愈佳 (B)進刀量對刀具壽命的影響較切削速度明顯 (C)切屑之捲曲半徑愈小,斷屑效果愈好 (D)刀具斜角較大,較易形成不連續切屑。 【107統測】

( ) **4** 高速鋼車刀各刃角中,下列何者可作為引導切屑流動方向與斷屑之用？ (A)邊斜角（side rake angle） (B)刀端角（end cutting edge angle） (C)前間隙角（front clearance angle） (D)邊間隙角（side clearance angle）。 【107統測】

( ) **5** 有關車削加工的敘述,下列何者正確？ (A)刀具切邊角60°較30°形成的切屑厚 (B)刀具刀鼻半徑愈大得到的加工表面粗糙度愈小 (C)提高切削速度可明顯降低刀具的切削力 (D)不連續切屑造成的刀具磨損大都在刀尖後方的刀頂面上。 【108統測】

（　　）**6** 如圖所示高速鋼外徑車刀的幾何形狀，下列何者為各刃角正確的對應名稱？　(A)A.刀端角；B.切邊角；C.邊間隙角；D.前間隙角　(B)A.切邊角；B.刀端角；C.前間隙角；D.邊間隙角　(C)A.前間隙角；B.邊間隙角；C.切邊角；D.刀端角　(D)A.邊間隙角；B.前間隙角；C.刀端角；D.切邊角。

【108統測】

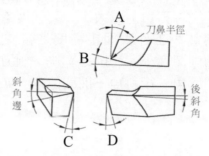

（　　）**7** 下列何種車刀條件會產生較小的切削力？　(A)切邊角較大及後斜角較大　(B)切邊角較大及後斜角較小　(C)切邊角較小及後斜角較小　(D)切邊角較小及後斜角較大。　【109統測】

（　　）**8** 有關車刀做橫向（徑向）進刀時，下列何者可引導切屑流動方向與斷屑，以及增加刀端角刃口鋒利度之用？　(A)後斜角　(B)邊斜角　(C)邊間隙角　(D)前間隙角。　【109統測】

───── **解答與解析** ─────

1 (A)。(B)積屑刀口（ＢＵＥ）之連續切屑，其循環過程為形成、成長、分裂、脫落。(C)車刀於切削中所受的三個主要分力：軸向分力、切線分力、徑向分力，以切線向分力（67%）最大。(D)水溶性切削劑不適合用於鋁的切削加工，應使用油性切削劑，以煤油為主。

2 (B)。(A)工件材質脆性較高，較易產生不連續切屑，工件材質延性較高，較易產生連續切屑。(C)刀具之斜角及間隙角較大，切削阻力較小。(D)刀鼻半徑較大、進給量較小及切削速度較快，工件表面粗糙度較良好。

3 (C)。(A)工件的硬度及延展性愈高，切削性愈差。(B)由泰勒公式 $VT^n = C$ 得知，切削速度對刀具壽命的影響最明顯。(D)刀具斜角較大，切屑流動順暢較易形成連續切屑。

4 (A)。斜角又稱傾角，可作為引導切屑流動方向與斷屑之用。

5 (B)。(A)刀具切邊角越大所形成的切屑較薄。(C)切削速度與刀具的切削力無顯著關係。(D)不連續切屑造成的刀具磨損大都在刀尖下方的刀腹上。

6 **(A)**。A.為刀端角；B.為切邊角；C.為邊間隙角；D.為前間隙角。

7 **(A)**。切邊角及後斜角皆較大時會產生較小之切削力。

8 **(A)**。後斜角具有引導切屑流向及控制刀端刃口鋒利度的功能。

8-3 切削劑的種類與選用

一、切削劑的作用

(一)**主要功用**：冷卻作用（最重要者）、潤滑作用、光滑作用、高速作用、清潔作用、防蝕控制、增加刀具壽命。

(二)**特性**：抗壓性、抗熔性、流動性、沾濕性、防鏽性、低表面張力、不發泡、不沉澱、不易燃、不腐臭等。

二、切削劑的分類

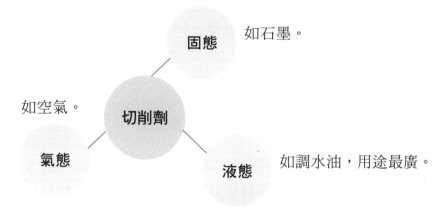

固態　如石墨。

如空氣。

切削劑

氣態

液態　如調水油，用途最廣。

三、液態切削劑

(一)**水溶性切削劑**：以水稀釋礦油或活性劑，以冷卻為主。可分為兩類：

　1.**調水油**：又名太古油或乳油，係以礦油或活性劑為主體者，為最常用之切削劑，為乳白色。其油與水之比為1：10～1：100，依切削性質而混合，一般工作為1：40～1：50。

　2.**水溶液**：在水中加入1～2%之碳酸鈉，流動性及冷卻性均佳，但缺乏潤滑性。

(二)**不水溶性切削劑**：係礦物油和動植物油單獨使用或混合使用或加添加劑使用者，以潤滑為主。可分三類：

1. **淨油**：以豬油之油性最大，用於表面精光及非鐵金屬切削。
2. **硫化油**：增加表面粗糙度和刀具壽命，通常用於重切削。
3. **礦豬油混合劑**：10%～40%的豬油與礦物油混合使用為攻螺絲鑽深孔之最佳切削劑。

四、切削劑的選用原則

依加工材料
1. 鑄鐵：通常不用切削劑，用壓縮空氣或乾切。
2. 低碳鋼：宜用極壓油或活性硫氯脂油類，氯可防止刀口積屑。
3. 易削鋼：用硫化脂油。
4. 黃銅：通常不用切削劑，尤以質脆者，若需冷卻則用調水油。
5. 鋁：粗切鋁片宜用調水油以散熱，細切鋁片宜用豬、煤油混合劑。
6. 鎂：不得使用含水之切削劑。

依加工性質
1. 粗切削：用調水油以冷卻，若碳化物刀具粗切削鋼料宜用調水油。
2. 細切削：宜採用豬油及含硫量少之硫化油。
3. 高速切削：調水油為佳，能大量散熱。
4. 低速切削：宜用較濃之切削劑，以使持久附著於工件上。
5. 鑽孔、鉸孔等工作：切削劑宜流動性大者如調水油。
6. 拉孔、攻螺絲、鉸螺絲：宜使用高硫脂油或礦油以使易於附著刀鋒。

考前實戰演練

( )　**1** 下列敘述何者<u>不正確</u>？
(A)脆性材料之切削，易生不連續性的切屑
(B)進刀量小，切屑深度小有助連續性切屑之產生
(C)車刀斷屑器的目的為使連續性切屑能自然的產生斷裂
(D)產生黏附切刃（堆積刀刃）的連續性切屑其加工面最理想。

( )　**2** 刀具切削所產生的切屑，約可分為三種基本形態：不連續切屑、
連續切屑及積屑刀口的連續切屑，下列敘述何者<u>不正確</u>？
(A)脆的工作物易產生不連續切屑
(B)銳利的刀具易產生連續切屑
(C)刀口用油石礪光，有助於消除刀口積屑的現象
(D)進刀大較易產生連續切屑。

( )　**3** 積屑刀口（B.U.E.）之連續切屑其循環過程為：
(A)形成→成長→分裂→脫落
(B)形成→分裂→脫落→成長
(C)成長→形成→分裂→脫落
(D)分裂→成長→脫落→形成。

( )　**4** 下列敘述那一項是積屑刃緣連續切屑（continuous chip with
built-up edge）形成的原因之一？
(A)工件材料的延展性低
(B)切削速度較高
(C)刀具頂面摩擦係數大且切削中未加切削劑
(D)刀口銳利。　　　　　　　　　　　　　　　　　　　　【統測】

( )　**5** 下列有關切削加工的敘述，何者正確？　(A)切削加工時使用鑽石
刀具加工軟質非鐵金屬，可得鏡面之切削精度　(B)切削加工產生
的熱會提升刀具的強度、硬度與耐磨性　(C)切削加工可完全以精
密鑄造及粉末冶金之加工法取代　(D)切削加工的時間較沖壓加工
的時間短，材料也較節省。　　　　　　　　　　　　　　【統測】

(   ) **6** 車削鋁之速度一般較碳鋼：
(A)慢　(B)快　(C)不一定　(D)一樣。

(   ) **7** 車床的切削速度單位是：
(A)公厘／每分鐘　　　　　(B)公尺／每分鐘
(C)公厘／每迴轉　　　　　(D)公分／每迴轉。

(   ) **8** 車床的進給量單位是：
(A)公厘／每分鐘　　　　　(B)公尺／每分鐘
(C)公厘／每迴轉　　　　　(D)公分／每迴轉。

(   ) **9** 以相同的銑刀銑削時，哪一種材質的工件應使用較高之切削速度？
(A)鋁　(B)低碳鋼　(C)高碳鋼　(D)鑄鐵。

(   ) **10** 刀具壽命可依泰勒公式$VT^n=C$求得，其中n是指：
(A)切削次數　(B)切削速度　(C)經驗常數　(D)工作個數。

(   ) **11** 影響刀具壽命最大之因素是：
(A)切削深度　(B)進刀　(C)切削速度　(D)刀口形狀。

(   ) **12** 切削加工中與切削阻力較無關者為：
(A)切削深度　(B)進刀　(C)切削速度　(D)刀口形狀。

(   ) **13** 車削時可控制切屑流向的刀角是：
(A)側傾角（Side Rake Angle）
(B)側讓角（Side Relief Angle）
(C)側間隙角（Side Clearance Angle）
(D)前讓角（Ead Rellef Angle）。

(   ) **14** 下列敘述何者不正確？　(A)鑄鐵切削宜乾切或噴壓縮空氣　(B)刀口之積屑將影響切削　(C)斷屑裝置將使表面粗糙度更佳　(D)K類碳化物刀具，適用於切削鑄鐵或非鐵金屬。

(   ) **15** 有關切削，下列敘述何者不正確？
(A)刀具進給愈快，切削阻力愈大
(B)工作物材料愈硬則切削進給必須降低
(C)切削阻力以切線方向為最大
(D)切削速度愈快則切削阻力愈大。

( ) **16** 車刀於切削中所受三個主要分力：縱向力FV、切線力FH、和徑
向力FT，其大小關係一般為：
(A)FV＞FH＞FT　　　　　　(B)FH＞FV＞FT
(C)FT＞FV＞FH　　　　　　(D)FH＞FT＞FV。

( ) **17** 金屬切削時，有關刀具上所受的切削力，下列敘述何者<u>不正確</u>？
(A)切削速度愈高，切削力愈大
(B)進給量愈大，切削力愈大
(C)斜角、間隙角愈大，切削力愈小
(D)使用切削液，可減低切削力。

( ) **18** 金屬切削時，在下列三個區域中所產生的熱量分配值大約為：
(A)剪力面60%，摩擦面30%，工件表面10%
(B)剪力面30%，摩擦面60%，工件表面10%
(C)剪力面10%，摩擦面30%，工件表面60%
(D)剪力面30%，摩擦面10%，工件表面60%。　　　　【統測】

( ) **19** 泰勒（F. W. Taylor）所提關於刀具壽命之公式：$VT^n＝C$，其中
(A)V為切屑體積　　　　　　(B)T為刀具溫度
(C)V為刀具角度　　　　　　(D)T為刀具壽命。　　　　【統測】

( ) **20** 切削力與切削條件，下列敘述何者正確？
(A)進刀量愈大，切削力愈小
(B)切削深度愈深，切削力愈小
(C)切削速率對切削力的影響比切削深度大
(D)加切削劑可略減切削力。　　　　【統測】

( ) **21** 如右圖是車床加工用粗車刀的形狀及刀
刃角，下列敘述何者正確？
(A)角度1為後斜角，其功能在順利排屑
(B)角度2為邊斜角，其功能在防止刀具
　　與工件摩擦
(C)角度3為刀唇角，其功能在防止刀具
　　與工件摩擦
(D)角度4為邊斜角，其功能在防止刀具
　　與工件摩擦。　　　　【統測】

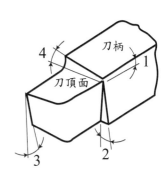

( ) **22** 影響刀具壽命的最主要的因素是切削速度；有一切削實驗，結果可以 $VT^{0.5}=C$ 表示，其中V為切削速度，T為刀具壽命，C為常數；若切削速度增為2倍，則刀具壽命為原來的幾倍？
(A)1/4倍　(B)1/2倍　(C)2倍　(D)4倍。　【統測】

( ) **23** 以高速鋼車刀切削直徑20mm中碳鋼，車削速度為20m／min，則車床主軸迴轉次數每分多少次？
(A)112　(B)212　(C)275　(D)318。　【統測】

( ) **24** 在一車床上以碳化鎢刀具切削直徑為50mm之黃銅棒，查表得知切削速度應在200～300m/min之間，則車床主軸之轉數應為若干？
(A)127～191rpm　　　　　　(B)637～955rpm
(C)1273～1910rpm　　　　　(D)4000～6000rpm。　【統測】

( ) **25** 有關金屬材料切削加工，下列敘述何者正確？
(A)單鋒或多鋒刀具的斜角（Rake angle）又稱為傾角，主要作用為控制切屑的流動，故其角度值不可以是負的
(B)就切削速度、進給量和切削深度等三個切削條件做比較時，通常以切削速度對刀具壽命的影響為最大
(C)對工作加工面而言，形成積屑刀口的連續切屑之切削加工所得到的平均粗糙度，通常會小於形成連續切屑之切削加工所得到的平均粗糙度
(D)在刀具上裝置階梯式斷屑器時，若階梯高愈大則斷屑效果愈好，同時可使刀尖的受力愈小。　【統測】

( ) **26** 有關於車刀幾何與角度之功用，下列敘述何者正確？
(A)適當斜角可利於切屑流動
(B)刃口附近磨溝槽之主要目的為增加車刀強度
(C)正斜角車刀較適用於黑皮工件之重車削
(D)刀鼻半徑與工件車削精度無關。　【統測】

( ) **27** 欲達成較佳的表面粗糙度，合適車削條件組合之選擇原則為何？
(A)較大進給、較小切深、較大刀鼻半徑
(B)較小進給、較小切深、較大刀鼻半徑
(C)較小進給、較大切深、較大刀鼻半徑
(D)較大進給、較大切深、較小刀鼻半徑。　【統測】

( ) **28** 車削直徑60mm之圓棒，切削速度約為130m／min，則下列主軸轉數何者應被選用？
(A)370rpm　(B)700rpm　(C)1200rpm　(D)1800rpm。　【統測】

( ) **29** 欲車削直徑為200mm之工件，若最佳切削速度為120m／min，則最適當之車床主軸轉數約為多少rpm？
(A)110　(B)190　(C)250　(D)320。　【統測】

( ) **30** 擬使用直徑12mm之高速鋼（HSS）端銑刀切削鑄鐵，已知理想的切削速度為每分鐘20公尺（m／min），則宜設定的銑刀每分鐘轉數（rpm）下列何者最適合？
(A)190rpm　(B)380rpm　(C)530rpm　(D)890rpm。　【統測】

( ) **31** 有關切削延性工件之敘述，何者<u>不正確</u>？　(A)使用切削劑可增加刀具的壽命　(B)減少刀具斜角（rake angle）可降低積屑刀口（BUE）之形成　(C)刀具伸出量過長易產生異常振動　(D)降低進給可改善刀具磨耗（wear）。　【統測】

( ) **32** 下列有關車刀各刃角之敘述，何者<u>不正確</u>？　(A)斜角（rake angle）之主要作用為引導排屑　(B)隙角／讓角（relief／clearance angle）之主要作用為降低刃口與工件之摩擦　(C)側刃角／切邊角（side cutting edge angle）增大，切屑厚度變越薄　(D)端刃角／刀端角（end cutting edge angle）越大，車刀強度越大。　【統測】

( ) **33** 若考慮進給、切削深度、切削速率、刀鼻半徑、側刃角／切邊角（side cutting edge angle）與端刃角／刀端角（end cutting edge angle）等不同加工條件與刀具幾何，欲獲得較小工件表面粗糙度之組合宜為：
(A)進給大、刀鼻半徑小、切削深度小、切削速率快、側刃角大、端刃角小者
(B)進給大、刀鼻半徑大、切削深度小、切削速率快、側刃角小、端刃角小者
(C)進給小、刀鼻半徑小、切削深度小、切削速率快、側刃角大、端刃角大者
(D)進給小、刀鼻半徑大、切削深度小、切削速率快、側刃角大、端刃角小者。　【統測】

(　　) **34** 有一後斜角（back rake angle）為負5°，前間隙角（front clearance angle）為正8°的車刀，刀唇角為幾度？
(A)3°　(B)13°　(C)77°　(D)87°。　　　　　　　　　　【統測】

(　　) **35** 下列何種工作物使用之切削劑不適當？　(A)鋼→煤油　(B)玻璃→水　(C)超硬合金→煤油　(D)鑄鐵→乳化油。

(　　) **36** 下列何者不是切削時冷卻劑的功用？　(A)減少摩擦　(B)阻止屑片因摩擦而熔接於刀具上　(C)增加工作物粗糙度　(D)滲入合金元素等於工作物。

(　　) **37** 切削時，下列何種材料本身已具幫助潤滑之功能？　(A)石墨鑄鐵　(B)軟鋼　(C)18－8不鏽鋼　(D)鋁。

(　　) **38** 關於切削液的敘述，下列敘述何者不正確？　(A)能提高刀具的紅熱硬度　(B)能減少切屑和刀具間的摩擦　(C)能沖掉切屑　(D)能降低工件和刀具的溫度。

(　　) **39** 銑削加工若工件為鑄鐵，使用下列何種潤滑方式為宜？　(A)水溶性油潤滑　(B)礦物油潤滑　(C)植物油潤滑　(D)乾切。　　【統測】

(　　) **40** 切削劑由於具有好的冷卻能力，因此使工件？　(A)硬度及強度均增加　(B)減少變形，尺度正確　(C)延展性增加　(D)可免除再熱處理。

(　　) **41** 關於車削作業中切削劑使用的目的，下列敘述何者不正確？　(A)冷卻，降低刀具的溫度　(B)淬火，提高工件之硬度　(C)清潔，清除切削區域之切屑　(D)潤滑，減少車削刀具的磨損。　　【統測】

(　　) **42** 有關切削加工性質，下列敘述何者正確？
(A)使用切削劑時，切削劑依其使用形式的不同，可分為固態、液態及氣態
(B)切削時產生的熱能造成切削區域溫度升高，通常在產生連續切屑的情況下，刀尖（切刃）處即為刀具之最高溫所在位置
(C)以車床進行斜切削時，通常軸向分力（進刀分力）為三方向分力之最大者，約占切削力的67%
(D)切削完成後的工件表面，若其粗糙度係由刀具的幾何形狀及進給量推導而得，稱之為自然粗糙度。　　　　　　　　【統測】

( ) **43** 有關切削加工之敘述，下列何者<u>不正確</u>？ (A)依據泰勒氏（Taylor's formula）刀具壽命公式，影響刀具壽命的最主要因素是切削速度 (B)使用斜角較小的刀具，切削延展性高的材料容易產生積屑刀口的連續切屑 (C)切削劑應具有潤滑性、防蝕性、散熱快、易揮發之特性 (D)在工作母機上進行切削加工時，可從刀尖噴注切削劑於工件上。 【統測】

( ) **44** 有關車床切削加工之敘述，下列何者正確？ (A)工件材質愈硬，選用的主軸轉數應愈高 (B)主軸轉數愈慢，機械動力愈小，適合輕切削 (C)切削時是否使用切削劑，進給量都應維持一定 (D)切削鑄鐵時，可以不使用切削劑。 【統測】

( ) **45** 切削時形成不同型式的切屑，下列敘述何者<u>不正確</u>？ (A)刀具斜角較大，易於形成連續切屑 (B)切削速度較高，易於形成連續切屑 (C)工件材質較脆，易於形成不連續切屑 (D)切削深度較小，易於形成不連續切屑。 【統測】

( ) **46** 有關碳化物刀具之敘述，下列何者正確？ (A)P01刀具材質適用於低速切削與大進給率 (B)M01刀具材質適用於高速切削與小進給率 (C)K50刀具材質適用於低速切削與大進給率 (D)M類刀具的識別顏色為黃色，適用於切削韌性材料。 【統測】

( ) **47** 有關碳化物車刀之敘述，下列何者正確？ (A)刀具編號33-2-P10，其中2為刀柄的尺寸 (B)右手外徑車刀的刀刃在右前方，適合由右向左的車削 (C)以油石礪光碳化物刀具時應保持乾躁，不可使用機油 (D)全新的銲接式碳化物車刀無須研磨刀角，可直接使用。 【統測】

( ) **48** 鎢系高速鋼，常見標準型為18-4-1，其中代號4表示： (A)鉻含量4% (B)鎢含量4% (C)鉬含量4% (D)鐵含量4%。 【統測】

( ) **49** 有關切削劑之敘述，下列何者正確？ (A)以調水油做為切削劑時，水：油之比例為1：50 (B)水溶性切削劑主要目的為冷卻，非水溶性切削劑主要目的為潤滑 (C)碳化物車刀在車削過程中溫度升高時，應立即對刀片噴灑水溶性切削劑降溫 (D)切削鑄鐵時，應使用礦物油作為切削劑。 【統測】

（　　）**50** 有關切削加工之敘述，下列何者<u>不正確</u>？　(A)車削延展性大的材料容易形成刀口積屑（BUE）的問題，通常降低切削速度可獲得改善　(B)車削時，刀具的磨損通常發生在刀面與刀腹2個位置　(C)斜交切削時，刀具所受的切削力通常可分解為切線分力、軸向分力及徑向分力三種，其中以徑向分力最小　(D)石墨是固體切削劑，而水氣是氣體切削劑。　　　　　　　　　　　　　【統測】

（　　）**51** 有關車床使用的車刀，下列敘述何者<u>不正確</u>？　(A)高速鋼刀具的耐熱溫度達600°C～650°C　(B)P系碳化鎢刀具的識別顏色為藍色　(C)邊斜角對於切屑有導引作用　(D)碳化鎢刀具刀刃部分，應以氧化鋁材質砂輪研磨，並以水冷卻。　　　　　　【統測】

（　　）**52** 有關切削加工，下列敘述何者正確？　(A)車刀之後斜角主要作用為引導排屑　(B)積屑刀口（BUE）之連續切屑，其循環過程為形成、脫落、分裂、成長　(C)車刀於切削中所受的三個主要分力：軸向分力、切線分力、徑向分力，以軸向分力最大　(D)水溶性切削劑適合用於鋁的切削加工。　　　　　　　　　　　　　【統測】

（　　）**53** 有關碳化物刀具之敘述，下列何者正確？　(A)K類碳化物刀具適用於切削鑄鐵及石材，其刀柄顏色塗紅色識別　(B)P類碳化物刀具適用於切削不鏽鋼及延性鑄鐵，其刀柄顏色塗黃色識別　(C)M類碳化物刀具適用於切削高強度鋼類，其刀柄顏色塗藍色識別　(D)碳化鎢刀具主要成份為碳、鎢及錳。　　　　　　　　【統測】

（　　）**54** 有關切削加工之敘述，下列何者正確？　(A)工件材質脆性較高，較易產生連續切屑　(B)切削劑可降低刀具和工件的溫度　(C)刀具之斜角及間隙角較大，切削阻力較大　(D)刀鼻半徑較小、進給量較大及切削速度較慢，工件表面粗糙度較良好。　　　　　【統測】

（　　）**55** 下列敘述何者正確？　(A)K類碳化物刀具的刀柄漆成藍色，適用於一般鋼材之切削　(B)碳化物刀具以鈦為結合劑　(C)高碳工具鋼的高溫紅熱硬度佳　(D)陶瓷刀具的刀口斜角一般是取負5～7度。

第9單元　工作機械

重點導讀

此處為機械製造與機械基礎實習非常重要的單元，統測年年必考，而且兩科目有關此單元的題目可考4～5題，所以一定要好好研讀，同學們，加油！

9-1　車床

一、車床的機構、規格及種類

(一) 車床

1. 車床為早期十七世紀初所發展之工作母機，為其他工具機的祖機，係利用固定的單鋒刀具切削迴轉之工件成為圓筒等形狀之工具機。
2. 車床切削主要利用平移運動之單鋒刀具切削旋轉之工件。
3. 車床廣用於加工外徑、端面、切斷、壓花、螺紋、錐度、偏心（又稱曲軸、曲柄軸）、圓形鳩尾座等工作。

(二) 車床的五大機構

1. 車頭（頭座）：
   (1) 主要傳動機構，有塔輪式、齒輪式兩種，目前以齒輪式為主。
   (2) 心軸為中空為莫氏錐度，以適應長工件加工。
2. 尾座（車尾）：
   (1) 尾座位於車床尾端，上方的心軸可裝60°頂心，用以支持實心長工件用於兩心間工作或長工件支持另一點。
   (2) 尾座可以裝置鉸刀、螺紋攻、鑽頭等，可鉸孔、攻螺紋、鑽孔等。
   (3) 尾座只有縱（軸）向進給手輪，並無橫（徑）向手輪。

3. **刀座（刀具溜座）**：
   (1) 刀具溜座包括刀具柱或方刀架（可旋轉調整）、複式刀座（可偏斜）、橫向（可前後）進刀、縱向（可左右）進刀、縱橫向自動進給機構（可自動進給）及螺紋車削機構等（可車削螺紋）。
   (2) 刀座主要分水平部分之床鞍及垂直部位之床帷。
   (3) 水平部分之床鞍；包括刀具柱或方刀架（最上方）、複式刀座、橫向進刀手動進給機構（最下方）等。
   (4) 垂直部位之床帷；包括縱向手動進給機構、縱橫向自動進給機構及螺紋車削機構。
   (5) 刀具柱或方刀架：可裝置4把刀具並可旋轉調整。
   (6) 複式刀座：可偏斜，車削錐度。
   (7) 縱向進刀：車刀架移動方向與車床主軸平行。
   (8) 橫向進刀：車刀架移動方向與車床主軸垂直。床鞍上橫向進刀有進刀螺桿，螺桿上千分圈，公制每格進刀深度為0.02mm，橫向進刀每進一格直徑減少0.04mm，內徑增加0.04mm。鑽中心孔、鑽孔不需使用橫向進刀。
   (9) 自動進給機構：可縱橫向自動進刀。
   (10) 螺紋車削機構：可車削螺紋。
4. **床台**：
   (1) 床台以鑄鐵鑄造後加工成形。
   (2) 床台常用季化處理以消除內應力，增加穩定性。
   (3) 床台有V軌及平軌，通常外側軌道引導縱向進刀，內側軌道用以引導尾座。
   (4) 床台下方的導螺桿配合半離合螺帽，可車製螺紋。
   (5) 床台下方另有自動進刀機構可以進行自動進刀。
5. **底座**：
   (1) 為車床之基座以鑄鐵鑄造而成。
   (2) 用以支持頭座、刀座、尾座及各設備，底座可放切削劑。

(三) **車床規格表示法**
1. 旋徑（主軸中心至床台距離2倍）。
2. 兩頂心間距離。
3. 床台的長度。

(四) **常用之車床種類**

　1. **機力車床**：<u>最常用</u>。

　2. **桌上車床**：屬於小型工件加工。

　3. **立式車床**：屬於大型工件加工，工作台為圓形，具有側機柱側刀座進刀、橫向導軌橫向刀座進刀，適宜重量大，形狀複雜的工作，外形如搪床。

　4. **平面（凹口車床）**：沒有尾座，切削直徑大、長度短之輪狀工作。

　5. **六角車床**：其和一般車床主要差異在於尾座，因尾座為一六角形轉塔塊，故又稱為轉塔車床為半自動車床之一。

　6. **CNC車床**：電腦數據控制車床，由磁碟控制，加工適應性大。以X軸為橫向進刀，Z軸為縱向（主軸）進刀。車削偏心（曲軸）較困難。

(五) **車削與放電加工之比較**

　1. 車削利用機械能切除工件，放電加工則利用電能變熱能切除工件。

　2. 車削之材料移除率多比放電加工快速。

　3. 車刀硬度須較工件為高，放電加工之工具電極硬度則較工件為低。

　4. 車刀須直接接觸工件，放電加工之工具電極則不直接接觸工件。

牛刀小試

（　　）**1** 車床刀具溜座組由兩部份組成，其中那一部份包含有縱向進給手輪、橫向自動進給與縱向自動進給機構、螺紋切削機構等機構？
(A)床鞍（Saddle）　　　　(B)床軌（Rail）
(C)床台（Bed）　　　　　(D)床帷（Apron）。　　　【108統測】

（　　）**2** 以車床自動化車削圓形工件外螺紋時，下列何種車床構造<u>不會</u>被使用？
(A)導螺桿　　　　　　　(B)尾座手輪
(C)刀具溜座　　　　　　(D)主軸齒輪。　　　　【109統測】

（　　）**3** 有關車床尾座的敘述，下列何者<u>不正確</u>？
(A)裝置鑽夾與鑽頭可用以鑽中心孔或攻螺紋
(B)調整螺絲可用以偏置或對正尾座與主軸之中心
(C)尾座有橫（徑）向進給手輪提供尾座前進
(D)須先鬆開固定（桿）把手方可調整尾座位置。　【109統測】

───── 解答與解析 ─────

1 (D)。床帷包含有縱向進給手輪、橫向自動進給與縱向自動進給機構、螺紋切削機構等機構。

2 (B)。以車床自動車削外螺紋時，導螺桿、刀具溜座、主軸齒輪都會被使用到，而尾座手輪不會被使用。

3 (C)。尾座只有縱（軸）向進給手輪，並無橫（徑）向進給手輪。

二、車刀的種類及角度

(一) 切削方向

1.**右手車刀**：切削刃在左邊，即由右向左車削者。

2.**左手車刀**：切削刃在右邊，即由左向右車削者。

(二) 常用車刀材料

1.**高碳鋼車刀**：含碳1.3%左右，受熱至200℃～250℃硬度即消失。

2.**高速鋼車刀（白車刀）**：含有鎢、鉻、釩、鉬的合金鋼，耐熱溫度600℃。適合製成成形刀具。

3.**非鐵鑄合金（亮金；星形鋼；史斗鉻鈷；史特來得）**：為鈷、鉻、鎢合金，因切削加工困難，以鑄造成形，又稱超硬鑄合金，使用時在820℃溫度下硬度還不受影響。

4.**碳化物刀具**：係將碳化鎢（WC）、碳化鈦（TiC）、碳化鉭（TaC）等粉末，加鈷粉末混合在模中，利用粉末冶金方式以1500℃高溫燒結而成。鈷在成份中為結合劑。其性能分P、M、K三種。耐熱溫度1200℃以上，目前最常用之刀具。

5.**陶瓷刀具（Ceramic）**：以三氧化二鋁（Al_2O_3）為主要原料，加熱在1600℃高溫燒結而成。適於高速切削，不耐振動。使用時採用$-5°$～$-7°$之負斜角。不適合重切削或斷續切削。

> **小叮嚀**
>
> 1.研磨碳化物外徑車刀刀片時，通常選用鑽石砂輪（精磨）或綠色碳化矽砂輪（粗磨）。
>
> 2.切削工具硬度依序：硬度由硬至軟依序為：鑽石→立方氮化硼→陶瓷→瓷金→碳化鎢→非鐵鑄合金→高速鋼→合金工具鋼→高碳鋼

(三) 車刀刀角

1 **後斜角**（8°～16°）：引導排屑及減少排屑阻力。對銅料或硬鉛應有一負斜角，碳化鎢刀具不必具有此一後斜角。

2 **邊斜角**（12°～14°）：引導排屑。

3 **前間隙角**（8°～15°）：避免車刀切刃（cutting edge）在徑向進給中與工件產生摩擦，使切削作用集中於刀鼻。

4 **邊間隙角**（10°～12°）：避免車刀切刃（cutting edge）在軸向進給中與工件產生摩擦，使切削作用集中於切削邊提高切削效率。

5 **刀端角（前切角）**：又稱端讓角，一般為8°～15°；為車刀前切口與刀柄中心垂直線所成之角度所成之角。

6 **切邊角**：角度太小或為零則車刀為完全之側壓力，車刀尖受沖擊而裂損。角度大時切削面積增大，刀尖受力分散，容易散發，有助於車刀的壽命。角度太大時容易產生顫動或震動，不適於細長工件。

7 **刀鼻半徑**：刀鼻半徑與粗糙度密切關係，為決定間隙角和斜角的大小。

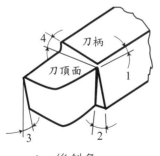

1→後斜角
2→邊隙角
3→前隙角
4→邊斜角

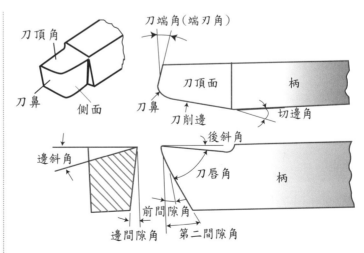

(四) **斷屑槽**

1. 刃口刀頂面附近磨之凹溝槽稱之為斷屑槽，目的在擠斷連續切屑。
2. 階梯式之斷屑器若斷屑階梯高愈大則斷屑效果佳，但刀尖受力大。

(五) **車刀角度特別注意事項**

1. 車刀主要角度有二：斜角（傾角）及隙角（讓角）。
2. 隙角不可為負值，主要作用為避免摩擦。
3. 斜角又稱為傾角，主要作用為控制切屑的流動，又分正斜角、負斜角二種。
4. 正斜角主要目的為排屑。
5. 負斜角強度較大，適用於黑皮工件之重車削。負斜角亦使用於切削軟材料防止刀具挖入工件。
6. 刀鼻半徑與最大高度之粗糙度值關係式：$R_z = \dfrac{f^2}{8r}$；式中R_z為最大高度之粗度值，f為進刀量，r為刀鼻半徑。
7. Rmax為經由上述公式計算而得，為理想粗糙度。而實際加工後之粗糙度，為自然粗糙度。
8. 當f進刀量大，r刀鼻半徑小，則R_z粗度變大。
9. 當f進刀量小，r刀鼻半徑大，則R_z粗度變小。

(六) **車刀裝置**

1. 車削錐度、螺紋、內孔、端面、壓花及切斷時車刀必須對齊中心高，不可太高或太低。
2. 車削外徑大於25mm時，車刀中心比中心高出5°。
3. 車刀太高則前隙角減少，引起摩擦積熱及表面粗糙。
4. 車刀安裝時，伸出長度愈短愈好。
5. 車刀刀柄之斷面積愈大愈好。刀具伸出量過長易產生異常振動。
6. 若使用墊片墊高車刀，墊片應盡量與刀柄全面接觸。
7. 碳化物車刀之各角度常較高速鋼車刀小。

(七) **車刀角度與切削之關係**

1. 降低進給可改善刀具磨耗（wear）。
2. 斜角之主要作用為引導排屑。

3.隙角／讓角之主要作用為降低刃口與工件之摩擦。

4.切邊角（側刃角）增大，切屑厚度變越薄。

5.刀端角（端刃角）越大，車刀強度越小。

6.欲獲得較小工件表面粗糙度之組合宜為：進給小、刀鼻半徑大、切削深度小、切削速率快、側刃角大、端刃角小者。

7.車刀刀唇角＋後斜角＋前間隙角＝90°。

8.刀唇角＝90°—後斜角—前間隙角。

三、切削速度、進刀及時間

(一)轉數（N）

1.每分轉數為rpm或轉／分（rev／min），機械加工使用較多。

2.每秒轉數為rps或轉／秒（rev／sec）。

(二)切削速度（V）

1.工件圓周上任一點之表面速度稱為切削速度，以m／min表示。

2.公制$V = \dfrac{\pi DN}{1000}$，V（速度）：m/min，D（直徑）：mm，N（轉數）：rpm。

(三)進刀（f）

1.工作物一迴轉時車刀所移動的距離，以mm／rev表示之，粗車較大些。

2.粗車採用大深度、大進刀、低轉數、較小刀鼻半徑。

3.精車採用小深度、小進刀、高轉數、較大刀鼻半徑。

(四)車削時間（T）

1.每分鐘迴轉數N（rpm），每轉之進刀量f（mm／rev），則每分進刀量f×N。

2.每分進刀量f×N，若進刀L長度（mm），需時間：$T = \dfrac{L}{f \times N}$。

式中　　1-1-N：工作每分鐘迴轉數（rpm）

　　　　1-1-f：每轉之進刀量（mm／rev）

　　　　1-1-L：車削長度（mm）

牛刀小試

(　) **1** 車削一直徑40mm的低碳鋼圓棒，車床縱向進給為10mm／rev、主軸轉數為200rpm，試問欲車削60mm長度，需花費多少時間（sec）？　(A)1.2　(B)1.8　(C)2.4　(D)3.6。　【107統測】

(　) **2** 外徑車削時，工件直徑變成原來的2倍，但車床主軸的轉數維持不變，則新的切削速度會變成原來的多少倍？　(A)0.5　(B)1　(C)2　(D)4。　【108統測】

(　) **3** 以高速鋼（HSS）、碳化鎢兩種車刀，車削軟鋼之建議切削速度（m／min）為：條件一：HSS粗車速度為18～30；條件二：HSS精車速度為30～60；條件三：碳化鎢粗車速度為60～100；條件四：碳化鎢精車速度為100～160。某生依上述建議選用車床轉數1200rpm，車削半徑10mm的軟鋼，下列何者為該生的切削條件？　(A)條件一　(B)條件二　(C)條件三　(D)條件四。　【109統測】

------ 解答與解析 ------

1 (B)。 $T = \dfrac{L}{f \times N} = \dfrac{60}{10 \times 200} = 0.03$（分）$= 1.8$（秒）

2 (C)。 由 $V = \dfrac{\pi D N}{1000}$ 得知V與D成正比；當工件直徑變成原來的2倍，且車床主軸的轉數維持不變時，則新的切削速度會變成原來的2倍。

3 (C)。 $V = \dfrac{\pi D N}{1000}$ ， $V = \dfrac{3.14 \times 20 \times 1200}{1000} = 75.36$（m／min）。故該生使用的切削條件為條件三：碳化鎢粗車速度為60～100（m／min）。

四、車床夾持工作法

(一) 二頂心間工作

1. 二頂心間工作，主要用於夾持實心之長工件。
2. 二頂心間工作要先以60°中心鑽鑽中心孔。
3. 工作物端面是直孔和60°錐孔所形成，以配合60°頂心。

4. 中心鑽大小的選用，依工作物直徑大小決定。中心鑽大小規格為前端麻花鑽頭直徑。中心孔的深度應鑽至60°錐度之一半時為佳。

5. 二頂心要對準，利用試桿和量錶對準頂心此法最精確。

6. 二頂心要對準，若尾座頂心偏向操作者時，車削外徑結果為頭大尾小，端面為凹面。

7. 二頂心要對準，若尾座頂心偏離操作者時，車削外徑結果為頭小尾大，端面為凸面。

8. 二頂心間工作時要配合使用雞心夾頭，雞心夾頭選用條件，須視工件直徑選用最小的夾頭。

9. 兩心間工作其工件為實心，不能加工有孔工件如鑽孔、鉸孔、搪孔、內錐孔、攻絲、車內螺紋等及不能用於切斷工件。

(二) **夾頭工作**

1. **三爪自動夾頭**：夾爪不可個別調整，只適於圓形或六角工作物夾持，可自動地對準中心，夾持速度較快，但精確度較差，三爪夾頭不適於切削偏心工件。

2. **四爪獨立夾頭**：夾爪可個別調整，夾持任何形狀工作物（圓形、方形、偏心等），且可調到較高精度，用途最廣。

3. **六爪獨立夾頭**：最適用於不規則工件之重車削。

(三) **面盤（花盤）**

1. 用於裝置大型、不規則形狀、重量不均之工作物。

2. 一般需配合壓板、角板、平衡塊使用。

(四) **穩定中心架（中心架）**

車削細長工作物端面及外徑時，用以代替尾座支持工作物的附件。通常固定於床台，但注意刀具溜座要在外面，有三個支持點。

(五) **從動扶架（跟刀架）**

車削細長工作物時，支持工作物防止彈動，有二個支持點，著車刀移動，且與車刀尖形成三點支承住該軸之附件。

(六) **套軸（心軸）**

套上有精光孔的工作物於套軸（心軸），裝於兩頂心間切削工作物外徑和側面，使工作物外徑和內孔平行。專門夾持長度短，外徑大的工件，如車輪、皮帶輪。

(七) 彈簧夾頭

彈簧適於夾持均勻的<u>圓桿工作物及方形</u>，<u>六角形材料</u>。每一種尺度只能夾持一種工作物，適合夾持精光<u>已加工過的工件</u>。

五、車削工作法

(一) 車削端面

1. 工件端面宜為工件長度量測之基準面。
2. 粗削端面，車刀進行方向，自外往裡（中心）。
3. 精削端面，車刀進行方向，自裡（中心）往外。
4. CNC車削工作車刀由中心往外車削時，直徑會加大，此時轉數要降低。
5. 利用車床進行圓棒端面切削時，車刀刀尖高度應與工件中心同高，端面才不會在端面留下小凸點。
6. 兩心間車端面要配合半頂心。
7. 車削工件時，通常先車削端面，然後再車削外徑。
8. 若切削f200mm直徑之端面，則切削長度為<u>100mm</u>。

(二) 車削外徑

1. 車削外徑主要獲得正確之直徑尺度。
2. 進刀螺桿刻度環：每格精度 $= \dfrac{縱(橫)向進刀螺桿之導程}{刻度環總刻度數}$
3. 橫向進刀螺桿上千分圈，進刀深度每格為0.02mm，橫向進刀每進一格外徑減少0.04mm，內徑大0.04mm。
4. 精車應具備條件：較小進刀、較小深度、較高切削速度、合適刀具、穩定運轉之車床、充分冷卻、刀鼻半徑加大。

(三) 壓花（輥花）

1. 壓花直徑∅10mm以下用細紋，直徑∅10mm～∅25mm用中紋，直徑∅25mm以上用粗紋。
2. 壓花的進刀：鋼料以一道至二道完成為宜，軟材（如銅、鋁）以一道完成為宜，直徑必然膨脹0.3～0.5mm，且須加入切削劑。

(四) 偏心

1. 又稱為曲軸、曲柄軸，表示工件不在同一中心的軸徑。
2. 偏心量 $S = \dfrac{D-d}{2}$。D為大徑，d為小徑。

3.量錶校正偏量E＝2×偏心量＝D－d。

4.偏心需利用四爪夾頭夾持車削，不可使用三爪夾頭夾持車削，除非三爪夾頭套到可調整面盤作夾持。

(五) 鏜孔

又稱搪孔，鏜孔徑愈小，車刀之前間隙角應加大，內搪孔刀需裝於鏜桿上，自左向右車削。

(六) 鉸孔

工作物或鉸刀均不能反轉，但採低轉數大進給，除鑄鐵及黃銅外要加切削劑。

(七) 切斷

車刀要對準中心高度，太低則可能材料騎上刀頂面或車刀挖入材料，太高則間隙角變小，無法切斷。刀頂面要有間隙角，側面亦要有隙角，切斷刀無邊斜角。

牛刀小試

(   ) 在機力車床橫向進刀手輪上，顯示最小刻度為∅0.04mm，若工件半徑要減少1.20mm，則正確的進刀格數為下列何者？
(A)15　(B)30　(C)45　(D)60。　　　　　　【107統測】

───── **解答與解析** ─────

(D)。 在機力車床橫向進刀手輪上，顯示最小刻度為∅0.04mm，表示進一格半徑少0.02mm，若工件半徑要減少1.20mm，則正確的進刀格數N=1.20÷0.02=60（格）。

六、錐度及其車削法

(一) 錐度

1.工作圖常以T代表錐度。

2.錐度為錐體兩端直徑差與其長度之比值

3.錐度公式：$T = \dfrac{D-d}{\ell}$。

式中T：錐度，D：大徑，d：小徑，ℓ：錐度長

4.錐度之符號以「▷」表示之，如▷1：5。

(二) 斜度

1. 斜度為兩端高低差與其長度之比值。

2. 斜度公式：$T = \dfrac{H-h}{L} = \tan\beta$。

3. 斜度符號以「◺」表示之，如 ◺ 1：5。

(三) 錐度之種類

1. **莫氏錐度（MT）**：自0～7號，共有8號。每號錐度均不相等，錐度約$\dfrac{1}{20}$，用途最廣，車床、鑽床之主軸孔及其刀具柄用之。錐度值5號最大；1號最小；尺度值則7號最大；0號最小。

2. **白氏錐度（B＆S）**：共有18號除10號外錐度均為$\dfrac{1}{24}$，用於銑床及其附件。

3. **加諾錐度（JT）**：錐度均為$\dfrac{1}{20}$，以號數表示其大小徑及長度。

4. **美國銑床標準錐度（NT）**：錐度為$\dfrac{7}{24}$，廣用於銑床及其刀具。

5. **斜銷錐度**：錐度為$\dfrac{1}{50}$（公制），$\dfrac{1}{48}$（英制）。

6. **錐管螺紋錐度**：錐度為$\dfrac{1}{16}$，螺紋角最常為55°。

(四) 車削錐度的方法

1. **利用尾座偏置法：**

　(1) 適用於錐度小、錐度長度大的工作物。

　(2) 公式：$S = \dfrac{TL}{2}$，S：尾座偏置量，T：錐度，L：工件全長。

　(3) 先由T（錐度）$= \dfrac{D-d}{\ell(錐度長)}$求T，再代入$S = \dfrac{TL(工件全長)}{2}$求S。

　(4) 車刀裝置要對準工件中心。

　(5) 車刀裝置低於或高於工件中心時，車削錐度結果錐度值會變小。

2.**複式刀座法**：
(1) 適用於錐度大、錐度長度小的工作物，旋轉半錐角a。

(2) $\tan a \fallingdotseq \dfrac{T}{2}$　　　$\therefore \alpha \fallingdotseq \tan^{-1}\left(\dfrac{T}{2}\right)$。

(3) 半錐角$\alpha \fallingdotseq \dfrac{T}{2} \times 57.3°$。

(4) 錐角$\theta \fallingdotseq 2 \times \alpha \fallingdotseq 2 \times \tan^{-1}\left(\dfrac{T}{2}\right)$

3.**錐度附件車削法（靠模仿削法）**：
(1) 當工作物錐度較大、錐度較長、數量多時可使用。
(2) 車長內錐孔及斜度上車螺紋的一種方法。
4.**成形刀法**：以成型刀直接車削，錐度短，不需精確者。
5.**組合法**：利用縱橫向進刀而獲得，當工作錐度不需正確時採用之。

牛刀小試

(　　) 圓錐體工件之長度為120mm、大端直徑60mm、小端直徑40mm，下列何者為正確錐度？　(A)1：8　(B)1：6　(C)1：5　(D)1：4。　【108統測】

解答與解析

(B)。　$T = \dfrac{D-d}{\ell} = \dfrac{60-40}{120} = \dfrac{1}{6}$。

9-2 鑽床與搪床

一、鑽床的種類及規格

(一)鑽床的種類

1.**靈敏鑽床**：屬於小型，以孔徑13mm以下的鑽孔為主。主軸進刀利用齒輪及齒條傳動。進刀復歸動力採用扭轉彈簧。馬達與主軸間係用V型（梯形、三角形）皮帶傳動。

2. **直立鑽床**：傳動機構具有<u>變速齒輪箱</u>（亦可皮帶傳動），變速較多。

3. **旋臂鑽床**：主要用於大而重型的工件鑽孔。

4. **排列鑽床**：在同一床台上裝置兩個以上的鑽床，可完成多種加工。如鑽孔、攻牙、鉸孔及鑽魚眼等重複鑽孔之工件

5. **多軸鑽床**：用於工件上一次同時鑽許多孔，孔徑不可差太多。

6. **轉塔鑽床**：對同一圓孔須要多種加工時，又稱六角鑽床。

7. **深孔鑽床**：用於長主軸、槍管之鑽孔，此機通常採用臥式。

8. **手提電鑽**：大小以夾持鑽頭之最大直徑表示，大多為串激式電動機。

9. **模具鑽床**：床台有縱向及橫向絲桿，用於有公差限制的一定距離孔加工工作。屬於精密製模鑽床。

(二) **鑽床的規格**

1. **一般鑽床規格**：【 與主軸有關 】
   (1) 主軸中心到床柱距離的二倍。
   (2) 主軸鑽頭尖端到床台在最低位置時的距離。
   (3) 主軸上下最長進刀距離來表示。
   (4) 主軸能裝的最大鑽頭直徑來表示。

2. **旋臂鑽床規格**：以旋臂長度表示之。

牛刀小試

(　　) 有關鑽床種類與規格的敘述，下列何者正確？　(A)旋臂鑽床的規格一般以床台的尺寸大小來表示　(B)一般靈敏鑽床主軸轉數變化由變速齒輪箱控制　(C)靈敏鑽床有自動進刀機構，而立式鑽床則無　(D)鑽床除了進行鑽孔外，亦可做鉸孔、攻螺紋等工作。　　　　　　　　　　　　　　　　【109統測】

──── 解答與解析 ────

(D)。 (A)旋臂鑽床的規格一般以旋臂長度來表示。(B)靈敏鑽床主軸轉數變化是以皮帶與階級塔輪來控制。(C)靈敏鑽床無自動進刀機構。

二、鑽頭

(一) 鑽頭材料及組成

1. 材料：高速鋼、碳化鎢、高碳鋼、非鐵超硬鑄合金等。
2. 組成：<u>鑽柄</u>、<u>鑽身</u>及<u>鑽頂</u>三個主要部分，其中鑽頂最重要。

鑽頂　　　　　鑽身　鑽柄

(二) 鑽柄

1. <u>直柄</u>：鑽頭由0.30～13mm均為直柄，須由鑽頭夾頭夾持。
2. <u>錐柄</u>：鑽頭13mm以上為錐柄，可直接套入鑽床主軸或利用套筒或接頭，錐柄依鑽頭之大小而異，以莫斯錐度為標準。其中$\varnothing 23.5 \sim 32$為MT3，$\varnothing 33 \sim 50$為MT4。

(三) 鑽身

1. **鑽槽**：最常用的鑽頭為兩個螺旋槽及兩個刀刃，俗稱扭轉鑽頭或麻花鑽頭。
2. **螺旋角**：相當於車刀的後斜角，角度大時鑽削抵抗小，容易排屑，但鑽頭強度減低，影響壽命。一般之角度為$15 \sim 30°$。
3. **鑽腹**：鑽槽間之金屬部分稱為鑽腹，愈接近鑽柄其厚度愈大以增強鑽頭強度。
4. **鑽身**：一般鑽頭其鑽身直徑並非一致，通常越靠近鑽柄部份直徑較小，由前端向柄端微漸減。

(四) 鑽頂

1. **靜點**：靜點中點必須與鑽軸中心相符合。
2. **鑽唇角**：兩切邊的夾角稱為鑽唇角，鑽頭之兩切邊及角度必須相等。
3. **鑽唇間隙**：在兩切邊後面之圓錐形面磨成斜形之間隙稱為鑽唇間隙。

(五) 鑽削大孔之鑽頭

1. 鑽削薄板大孔利用鋸齒形鑽頭或翼形刀（飛刀）。
2. 鑽削厚板大孔用鏟形鑽頭。

(六)鑽頭規格

1. **公制尺度**：

   (1) **直柄鑽頭**：自∅0.3～∅10mm（或∅10mm以下），每隔0.1mm一支鑽頭。∅10.0～∅33mm（或∅10.5～32mm），每隔0.5mm一支，∅33～∅100mm每隔1mm一支，其中直徑在∅13mm以上均為錐柄鑽頭一支。

   (2) **錐柄鑽頭**：一般為莫斯錐度。

2. **英制尺度**：

   (1) **分數鑽頭**：自$\frac{1}{64}''$至4″，每隔$\frac{1}{64}''$一支鑽頭。

   (2) **號數鑽頭**：自1號（最大直徑0.228″）至80號（最小直徑0.0135″），每號一支鑽頭，共計有80支。

   (3) **字母鑽頭**：自A（最小直徑0.234″）至Z（最大直徑0.413″），每字母一支鑽頭。 背誦法：Z＞A＞1＞80

(七)鑽頭刃角

1. **鑽頂角（鑽唇角）**：

   (1) 鑽削一般鋼料、青銅、黃銅為118°，鑽削木材為60°，鑽削硬材如不鏽鋼、高碳鋼為130°。機械製圖繪成120°。

   (2) 鑽削硬材料鑽頂角（鑽唇角）要大。鑽削軟材料鑽頂角（鑽唇角）要小。

2. **鑽唇半角**：

   (1) 兩鑽唇半角度必相等。

   (2) 若不相等，鑽孔結果形成單邊切削或孔徑擴大。

3. **切邊**：

   (1) 切邊又稱鑽唇，兩切邊長度必相等。

   (2) 若不相等，鑽孔結果形成孔徑擴大或單邊排屑。

4. **鑽唇間隙角**：

   (1) 一般工作約為8～15°。主要避免摩擦。不可以為負值。

   (2) 鑽唇間隙角太小（或無），則鑽切阻力增加，勉強用力會吱吱叫，則鑽頭容易折斷。

   (3) 鑽唇間隙角太大，則鑽唇外角易崩裂。

5. **鑽唇斜角（螺旋角）**：

   (1) 鑽唇斜角係鑽槽與鑽頭軸線之夾角，主要目的為排屑。

   (2) 鑽唇斜角一般為15°～30°。相當於車刀後斜角。

(3) 鑽唇斜角太小則強度大、切削阻力大。

(4) 鑽唇斜角太大則易排屑、壽命短。

6. **靜點角**：

靜點和切邊形成135°（或120°～135°）。

7. **鑽頭四角度**：

(1) **鑽頂（唇）角**：118°。

A. 太大：強度大、宜切硬材。

B. 太小：強度小、宜切軟材。

(2) **鑽唇間隙角**：8°～15°。

A. 太大：銳利、易崩。

B. 太小：較鈍、鑽切阻力增加、會發生吱吱叫聲、鑽頭容易折斷。

(3) **螺旋角**：20°～30°。

A. 太大：強度小、易排屑，宜切軟材。

B. 太小：強度大、不易排屑，宜切硬材。

(4) **靜點角**：120°～135°。

三、鑽削工件法

(一) 鑽削速度

1. 鑽頭圓周上任一點之表面速度稱為鑽削速度，以m／min表示。

2. 鑽削速度決定鑽頭使用壽命之最重要因素，太快的鑽削速度將使切邊容易變鈍；太慢的鑽削速度常引起鑽頭破裂。

3. 鑽削加工除鑽削鑄鐵及黃銅外要使用切削劑。

4. 鑽削工件硬度是決定鑽削速度的主要因素。

5. 鑽削軟材高速切削，鑽削硬材低速切削。

6. 同一迴轉數時，大鑽頭之鑽削速度比小鑽頭高；同一鑽削速度時，小鑽頭之迴轉數則比大鑽頭高。

7. 鑽削速度與鑽床心軸轉數之關係公式：

(1) **公制** $V = \dfrac{\pi DN}{1000}$，V（速度）：m／min，D（直徑）：mm，N（轉數）：rpm

(2) **英制** $V = \dfrac{\pi DN}{12}$，V（速度）：ft／min，D（直徑）：in，N（轉數）：rpm。

(二)進刀

1. 鑽頭迴轉一周進入工件的距離稱為進刀，以mm／rev表示之。
2. 進刀原則為：
   (1) 小徑鑽頭，採高轉數小進給。
   (2) 大徑鑽頭，採低轉數大進給。
3. 進刀注意事項為：
   (1) 鑽頭轉數（N）太快：鑽頭會鈍。
   (2) 鑽頭轉數（N）太慢：鑽頭會斷。
   (3) 鑽頭進刀（f）太快：鑽頭會斷。
   (4) 鑽頭進刀（f）太慢：鑽頭會鈍。

(三)鑽削時間之計算

1. 鑽頭每分N轉，每轉進刀 f，則每分進刀f×N。

2. 若每分進刀f×N，進刀L長，需時間$T = \dfrac{L}{f \times N}$。

3. 鑽削長L＝工件厚t＋0.3D＋空行程。

4. 一 般 先 由 $V = \dfrac{\pi DN}{1000}$ 求 N ，再 代 入

   > **小叮嚀**
   > 不通孔不需＋0.3D

   $T = \dfrac{L}{f \times N}$ 求T。

公式中：
D＝鑽頭直徑（mm）
N＝主軸每分鐘轉數（rpm）
t＝工件厚度（mm）
f＝進刀量（mm／rev）
L＝鑽頭進刀距離＝t＋0.3D＋空行程。

(四)鑽孔發生困難的原因及處理方法

損壞情形	可能發生的原因
鑽唇（切邊）碎裂	・鑽削速度太快 ・進刀量太大 ・鑽唇間隙角太大 ・鑽孔時缺少冷卻劑 ・鑽孔時遇到材料有硬點

損壞情形	可能發生的原因
擴孔	· 兩切邊鑽唇長度不相等 ‹ 主要 · 兩鑽唇半角度不相等 · 鑽床主軸鬆動
單邊切削	· 兩鑽唇半角度不相等 ‹ 主要 · 兩切邊鑽唇長度不相等
鑽頭折斷	· 鑽唇間隙角太小 · 進刀太大 · 鑽削速度太低與進刀量不配合 · 鑽頭太鈍 · 鑽屑排除不良
鑽出孔太小	· 拿錯鑽頭 · 鑽薄板切邊磨損
吱吱叫聲	· 鑽唇間隙角太小 · 孔不直 · 轉數太快 · 鑽頭鈍化
鑽唇外角易鈍	· 鑽削速度過快 · 鑽唇間隙角太大

牛刀小試

( ) **1** 鑽削直徑15mm，深度25mm的圓孔，如果某刀具公司提供較佳的加工參數為25m/min，每轉進給量為0.15mm/rev，則主軸轉數設定及單孔的加工時間分別為何？ (A)主軸轉數約530rpm，加工時間約18.8秒 (B)主軸轉數約530rpm，加工時間約6.3秒 (C)主軸轉數約1660rpm，加工時間約18.8秒 (D)主軸轉數約1660rpm，加工時間約6.3秒。 【105統測】

( ) **2** 在鑽孔加工中，下列敘述何者<u>不正確</u>？ (A)多軸鑽床在一次鑽孔操作中能同時鑽出數個孔 (B)高速鋼材質的鑽頭，其鑽頭柄部刻有「HSS」字樣 (C)在相同切削速度下，鑽頭直徑越大轉數要越快 (D)鑽削合金鋼等硬材料的進給量應較小，軟材料則可較大。 【107統測】

（　　）**3** 鑽頭鑽削工件的最佳鑽削速度為12m／min，欲以20mm的高速鋼鑽頭鑽削不鏽鋼工件，則主軸轉數約為多少rpm？
(A)190　(B)240　(C)750　(D)1000。　　　　　　【108統測】

───── 解答與解析 ─────

1 (A)。 (1) $V = \dfrac{\pi DN}{1000}$ ，$25 = \dfrac{3.14 \times 15 \times N}{1000} \therefore N = 500$ （rpm）。

(2) $T = \dfrac{L}{f \times N} = \dfrac{25}{0.15 \times 530} = 0.31$ （分）$= 18.8$ （秒）。

2 (C)。 鑽孔加工中在相同切削速度下，鑽頭直徑越大轉數要越慢。

$V = \dfrac{\pi DN}{1000}$ ，V一定，D大則N小。

3 (A)。 $V = \dfrac{\pi DN}{1000}$ ，$12 = \dfrac{3.14 \times 20 \times N}{1000} \therefore N = 190$ （rpm）。

四、鑽床工作法

(一)鑽床上鑽頭夾持工具
1.鑽夾頭：鑽夾頭具有三爪，專用於夾持直柄鑽頭，規格以能夾持之最大直徑表示。
2.套筒：用於錐柄鑽頭較主軸孔小的場合。
3.接頭（雙節套筒）：用於錐柄鑽頭較主軸孔大的場合。

(二)鑽床上工作物夾持工具
1.虎鉗：常用於一般工件之夾持，鑽削較大孔時虎鉗應用C型夾或螺桿固定於床台以免震動。
2.壓板：保持壓板水平或梯枕較工件略高，使用時T型螺釘盡量靠近工件。
3.V型枕：圓桿形工件圓周上鑽孔或三角形工件平面上鑽孔。
4.鑽模：用於大量生產相同零件而必須正確孔位之鑽孔。

(三)鑽床之工作
鑽孔、搪孔、鉸孔、鑽圓柱孔、鑽錐坑、鑽魚眼、旋孔、攻絲、打光。

(四) **鑽孔程序**

求中心 → 打刺沖 (30°) → 劃檢驗圓 → 打中心眼 (90°) → 試鑽並修正

(五) **常用鑽孔工作**

1. **鑽重疊孔**：先鑽較小孔。
2. **鑽交叉孔**：先鑽較大孔。
3. **鑽大孔**：大孔為16mm以上，鑽大孔先以小鑽頭先鑽導孔，減少鑽頭靜點阻力。
4. **切魚眼**：在孔頂端凸出的部分切削與孔中心垂直之平面，稱為切魚眼，做為螺桿頭或螺帽之底座。
5. **鑽錐坑**：在孔頂端擴成錐形坑，使螺釘頭埋入機件表面，埋頭角度為90°。
6. **搪孔**：主要將已鑽的孔再加大。圓孔加工至精確尺度之程序：為鑽中心孔→鑽孔→搪孔→鉸孔→研磨→研光。
7. **鉸孔**：
   (1) 鉸孔可改善鑽削過之孔精度與表面粗糙度，一般的鉸孔工作，仍以高速鋼材質之鉸刀為主。
   (2) 鉸孔前需先鑽孔，並且須留鉸孔裕量，鉸削裕留量，不為固定值，與鉸孔直徑有關。
   (3) 用鉸刀製成更光滑精確的圓孔，使用動力鉸孔時，必須用機械鉸刀。
   (4) 鉸孔裕量與直徑有關，如下表所示，例如要鉸一個12mm直徑的孔，其鑽頭的直徑應為11.7～11.8mm。

鉸孔前鑽孔預留鉸孔裕量

鉸孔前鑽孔	預留鉸孔裕量
5mm以下	0.1mm
6～20mm	0.2～0.3mm
21～50mm	0.3～0.4mm
50mm以上	0.5～1mm

(5) 採用低轉數，大進給，不可反轉，且加入切削劑。

(6) 過大的鉸削量容易引起震動，使加工面不平滑。

(7) 鉸削時，鉸刀沿其軸向的動作，只能前進而不能反轉後退。

(8) 可調式鉸刀更換刀刃時應全部更換，以免鉸削不均勻。

(9) 鉸削一般鋼料、不鏽鋼材料的孔時，要使用切削劑。

(10) 鉸削一般鑄鐵、黃銅材料的孔時，不需使用切削劑。

(11) 機械鉸刀之鉸削迴轉數度約同直徑鑽頭之鑽削迴轉數度1/2。

(12) 機械鉸刀之鉸削進刀速度約同直徑鑽頭之鑽削進刀速度2倍。

8. 鑽中心孔：

(1) 鑽中心孔要用中心鑽頭。

(2) 中心鑽頭係由一小麻花鑽頭與60°錐孔鉸刀組合而成。

(3) 中心鑽頭的規格係以小麻花鑽頭直徑來表示。

(4) 車床工作物端面常需鑽中心孔，用於支頂頂心。

(5) 車床鑽中心孔之工作物端面之中心是直孔和60°錐孔所形成。

(6) 中心鑽大小的選用，依工作物直徑大小決定。

(7) 中心孔的深度應鑽至錐度長度之1/2以上為佳。

(六) 鑽孔注意事項

1. 工作時衣袖要扣好，不可打領帶，亦不可戴手套。

2. 絕對不可用手握工件或鑽頭夾頭試圖停止主軸轉動。

3. 不可用手去除鑽屑。應用銼刀或刮刀除去孔頂毛邊。

4. 鑽頭夾頭扳手絕不可留在夾頭上。

5. 鑽削中發出尖銳聲，鑽屑變為藍色，或鑽削壓力突增，可能是鑽頭變鈍或鑽屑排出不良，應即停止操作，檢視鑽頭。

牛刀小試

(　　) 1 有關刺（尖）衝和中心衝的敘述，下列何者不正確？
(A)皆以鑄鐵製成，尖端須經淬火硬化處理
(B)刺（尖）衝尖端之圓錐角度約30°～60
(C)中心衝尖端之圓錐角度約90
(D)中心衝製成之凹痕可用於引導鑽頭定位。　　【107統測】

( ) **2** 在鉸削加工中，下列敘述何者<u>不正確</u>？ (A)鉸孔可獲得比鑽孔更佳的真圓度 (B)「鉸削前的鑽孔直徑」大約等於「鉸孔直徑」減去「鉸削裕留量」 (C)機器鉸削速度常比鑽孔速度慢 (D)鉸孔時進刀與退刀的旋轉方向相反。 【107統測】

( ) **3** 欲使用鉸刀鉸削一直徑10mm的內孔，需先鑽削直徑多大mm的孔？ (A)8.8 (B)9.0 (C)9.8 (D)10。 【108統測】

( ) **4** 有關鉸孔加工的敘述，下列何者正確？ (A)鉸刀鉸削目的為擴大鑽削的孔徑，以補足鑽頭規格不足的狀況 (B)鉸孔加工完成後，為順利退刀，需將鉸刀慢速反轉退出 (C)手工鉸刀的材質一般為高速鋼，刀柄柄頭則為方柱形 (D)機械鉸削應儘量用高轉數，可確保孔壁光滑且光亮。 【109統測】

──── 解答與解析 ────

1 (A)。 刺（尖）衝和中心衝皆以高碳工具鋼製成，尖端須經淬火硬化處理。

2 (D)。 鉸孔時進刀與退刀的旋轉方向需相同。

3 (C)。 10mm的內孔鉸刀鉸削預留鉸孔裕量約0.2～0.3mm。S＝D－d＝10－0.2＝9.8（mm）。

4 (C)。 (A)鉸刀鉸削的目的是為了獲得正確的孔徑、較佳的表面及真圓度等。(B)鉸孔完成後只能正轉退刀，不可反轉退刀。(D)機械鉸削量較大，宜採低轉數大進給鉸削。

五、搪床加工

(一) 搪床

1. 搪床主要加工大型或形狀不規則工件之大孔切削。
2. 搪床分類為立式、臥式、工模式等，其中以工模搪床最為精密。
3. 台式型之臥式搪床可作鑽孔、搪孔、鉸孔之加工。
4. 精確圓孔的加工程序：鑽中心孔→鑽孔→搪孔→鉸孔→研磨→搪光。

(二) 搪床工作

1. 精密搪孔加工利用光學尺（數位尺）定位。
2. 汽車用汽缸必須實施搪孔。

9-3　鋸床及拉床

一、鋸床工作法

(一) 鋸床種類

1. **往復式鋸式**：又稱弓鋸機。
2. **圓盤式鋸床**：又稱圓鋸機。
3. **帶鋸床**：又稱帶鋸機。

(二) 往復式鋸床（弓鋸機）

1. **特點**：
   (1) 為工場中常用的一種鋸床，其構造簡單、操作費用低廉。
   (2) 弓鋸機鋸條與鉗工手弓鋸鋸條相似，僅長度、寬度、厚度較大。
   (3) 鋸條之規格係將其長度×寬度×厚度—每25.4mm長齒數依序排出。
   如600×25×1.2-12T。
   (4) 鋸條長度為二槽孔間距離。
   (5) 鋸條齒數為每吋12齒則齒距為 $P = \dfrac{1}{12}$吋$= \dfrac{1}{12} \times 25.4\text{mm} \cong 2\text{mm}$。

2. **動力傳達方式**：
   (1) **曲柄傳動**：適用於輕負荷。
   (2) **液壓傳動**：適用於重負荷。

3. **鋸切條件**：
   (1) 粗齒（刃齒數少、齒距大）：軟材料、大面積（斷面）、重切削、厚材料。
   (2) 細齒（刃齒數多、齒距小）：硬材料、小面積（斷面）、輕切削、薄材料。
   (3) 鋸切至少要有2齒跨於工件上。
   (4) 手弓鋸鋸切不需加切削劑，而鋸床鋸切需加切削劑。
   (5) 選擇鋸條最主要考慮鋸齒數。

4. **鋸條折斷原因**：鋸條及材料未夾緊、鋸切壓力太大、新鋸條鋸老路、鋸條磨損仍然使用、鋸條先接觸工件後才開動。

(三) 圓盤鋸床（圓鋸機）

1. **圓金屬鋸片：**
   (1) 類似鋸割銑刀，圓金屬鋸片圓盤上相鄰兩齒高低不一。
   (2) 高齒之用途為粗切，厚度之兩側各予倒角。
   (3) 低齒用於整光完成工作，不倒角。

2. **摩擦圓盤鋸：**
   (1) 利用摩擦生熱，特別適宜各種鋼料如工具鋼、結構鋼料、型鋼及不鏽鋼，但非鐵金屬（銅、鋁等）及鑄鐵則不適宜。
   (2) 鋼摩擦盤在圓周兩邊設有1.5mm深之壓痕，其目的在冷卻。

3. **磨料圓盤鋸：**
   (1) 利用磨料（砂輪）切割硬工件，可得精確及光滑的斷面。
   (2) 分乾切及濕切兩種。乾切用樹脂（B）結合，濕切用橡膠（R）結合。

(四) 帶鋸床（帶鋸機）

1. **帶鋸床：**
   (1) 使用環狀之帶鋸條，除用以鋸割材料外，尚可作各種曲面、模具之鋸切與加工。
   (2) 主要分立式帶鋸機與臥式帶鋸機。
   (3) 立式帶鋸機主要以鋸切不規則形狀或曲面為主。
   (4) 臥式帶鋸機主要以切斷、下料為主。

2. **立式帶鋸機：**
   (1) 主要以鋸切不規則形狀為主，常用於製作模具。
   (2) 帶鋸機鋸條通常30m裝成一盒，使用時，截取適當長度銲接之，其工作次序為剪斷、銲接、回火及修整（銲接用對接電阻銲）。
   (3) 初裝鋸條時，為使有張力之存在，算出之長度應減去25mm，其公式為 $L=2C+\pi D-25$
   式中C：兩輪中心距，D：帶輪直徑。
   (4) 選擇適當的鋸條是精密鋸切的重要因素，然盡可能的情形下，鋸條寬度愈寬愈好，鋸切圓角愈大時，可選用較寬之鋸條。
   (5) 鋸切工件圓角半徑愈大時，則選用鋸條寬度要大。
   (6) 帶鋸機鋸條寬度愈小者，最適合進行直角、小半徑曲線的鋸切工作。

3.**臥式帶鋸機**：
　(1) 主要以切斷、下料為主。
　(2) 連續切削，效率高。
4.**鋸齒型式**：
　(1) **直齒**：最常用，用於鋸鋼料及一般金屬材料精密鋸割，須慢速鋸切，又稱精密齒，其齒無傾角，故強度大。
　(2) **爪齒**：則用於鋸輕金屬或木材，適宜高速鋸切。又稱凹切齒，其齒有正的傾角，尖銳但強度差。
　(3) **跳躍齒**：又稱跳齒、隔齒，用於硬木、塑膠鋸切及大工作物面和軟材料重鋸切。其齒與直齒相似，無傾角，但齒間較寬，齒屑易於脫落。

直齒　　　　　爪齒　　　　　跳齒

二、拉床工作法

(一) 拉床

1.利用長條形之連續多鋒刀齒，對工作物之孔或外部的加工。
2.通常先加工至適當之尺度，再使用拉床一次加工至完成尺度。
3.生產速度高，且具有極高之精度。
4.廣用於鍵槽、齒輪及厚而不規則工件之大量生產。

(二) 拉刀

1.拉刀與一般加工工具不同，拉刀的拉切大多一次即完成。
2.拉刀上各齒之尺度均事先設計完成，每齒之進給量都有一定的大小，所以拉刀一經製妥後，進給量即不變。每齒大小不同，形狀相同。
3.拉刀上前後段刀齒大小及高度一般皆不相同，後段刀齒大小及高度比前段刀齒更高更大。
4.拉切可略分為兩種，一為拉力，一為推力。
5.大多數的內孔加工，皆為臥式拉力式；如拉削鍵槽、栓軸槽、齒輪及鎗管之來復線（膛線；螺旋線）加工的拉床。
6.推力拉刀不宜過長，以免彎曲。其主要用途為少量熱處理件內孔徑尺度之矯正。有時亦用盲孔的拉切。

(三) 拉床加工之優點

1. 粗切及精切可由一組刀具<u>一次完成</u>。
2. 切削工作時間短，生產率高，適於<u>大量生產</u>。
3. 適用於<u>內孔與外形</u>之加工。
4. 只要拉刀能製成的形狀都可加工。
5. 尺度精度高，表面粗糙度良好，具有良好之<u>互換性</u>。

(四) 拉床加工之缺點

1. 工具價格昂貴，尤其大而形狀不規則者。
2. 工具需特別設計，故不適於少量生產。
3. 工作件必須有<u>良好的夾持</u>，並能承受加工時工具所施之壓力。
4. 加工面不能有阻礙。
5. 切削之工作量不多。

9-4 銑床

一、銑床的構造、規格及種類

(一) 銑床

1. 銑床係利用旋轉的多鋒刀具（銑刀）切削工件的多餘量。因分度頭配合應用，使銑床成為工作範圍最廣泛的一種工具機。
2. 銑床工作種類：平銑、側銑、騎銑、端銑、面銑、銑槽、銑T型槽、排銑、銑角度、成形銑削、銑齒輪、銑螺紋等。

(二) 銑床主要構造

由底座、床柱、床架（上下）、床鞍（前後）、床台（左右）等組成。

(三) 銑床之規格

1. 銑床之規格以床台縱向移動的距離表示。
2. 銑床之規格號數愈大則床台縱向移動距離愈大。

(四) 銑床主要種類

1. **床式銑床**：床式銑床（bed type milling machine），床台只有縱向（左右）及橫向（前後）移動，<u>床台不可做上下方向運動</u>。

2. **臥式銑床（horizontal milling machine）**：主軸（刀軸）與水平面平行，工作台可縱向（左右）、橫向（前後）及上下移動。

3. **立式銑床**：立式銑床（vertical milling machine）主軸（刀軸）與水平面垂直。工作台可縱向（左右）、橫向（前後）及上下移動。

4. **萬能銑床**：萬能銑床（universal milling machine）屬於臥式銑床之一，床台可在水平方面可左右旋轉45°，除了包括臥式銑床之工作範圍外，還可銑製螺旋槽、螺旋齒輪、有角度之面。

5. **砲塔式**：又稱沖柱式銑床，為一立式銑床，銑刀可作垂直及水平方向間任何角度之調整，其主軸可作水平、角度立銑的工作。

6. **龍門銑床**：龍門銑床與龍門鉋床及龍門磨床相似，工作物裝於僅有縱向往復直線運動之工作台上，而銑刀轉軸則裝於橫軌上，亦可置於邊柱上用以同時加工工件。適用於加工大型工件，其往復行程之動力一般均以油壓為之。

7. **行星式銑床**：工作物固定不動或只作旋轉運動，其他的動作由銑刀完成。

8. **加工中心機（Machine Center；簡稱MC）**：又稱切削中心機，可用於鑽、搪、銑等加工，具有ATC自動刀具轉換功能。

二、銑刀及用途

(一) 銑刀材質

1. 銑刀之材質有高速鋼、碳化物及非鐵超硬鑄合金等三種，常用者為高速鋼及碳化物。

2. 選擇銑刀材質必須考慮銑削材料、銑削進刀、銑削速度、銑床性能等以決定適當的材質，方能獲得最適合且最經濟的工作。

(二) 銑刀依刀柄及刀面的形狀分

1. **心軸銑刀**：中心有一孔，可裝於臥式銑床銑刀軸上使用，如平銑刀、側銑刀、角銑刀等。心軸銑刀常用於臥式銑床。

2. **有柄銑刀**：銑刀本身有一直柄或錐柄，可用夾具夾持，或直接套入銑床的心軸孔使用之銑刀，如T槽銑刀及端銑刀。有柄銑刀常用於立式銑床。

3. **面銑刀**：裝置於短心軸頭端上，用於銑削大面或龍門式銑床上做平面銑製。其直徑在100mm以上。

(三) **銑刀按照工作方法**

1. **平銑刀**：又稱普通銑刀，為圓筒形外圓周上有刀齒的銑刀，用於銑削平面，臥式銑床最常用。

2. **側銑刀**：

    (1) 具備平銑刀的形狀和功用外，其側面還有刀齒，用於臥式銑床。

    (2) 主要銑切水平面與側面、溝槽、鍵槽或騎銑。

    (3) 交錯側銑刀其刀齒交錯相反方向傾斜，銑削時橫向應力抵消，適於粗重切削。

    (4) 側銑刀銑側面用，不宜用於鋸割。

3. **端銑刀**：

    (1) 刀齒在刀桿的圓周和桿端，立式銑床最常用，型式多種，用途最廣。

    (2) 主要銑切平面、端面、溝槽及肩角等。

    (3) 端銑刀端面形狀區分多種，應用範圍大。

    (4) 端銑刀有直柄（∅3～∅20mm）、錐柄（∅20～∅32mm）及套殼端銑刀（直徑較大且柄與刃分開）。

    (5) 直柄利用彈簧（彈性）筒夾固持。

4. **面銑刀**：外徑一般在100mm以上，用於重型銑床如龍門式銑床，但外徑在150mm以上，須用套桿裝在銑床主軸口。

5. **角銑刀**：銑削與回轉軸形成一定角度的面，應採用逆銑法。

6. **鋸割銑刀**：用於開縫及鋸割，用於臥式銑床。

7. **T型槽銑刀**：

    (1) T槽銑刀端面有刀齒，半月型鍵銑刀沒側刀齒。

    (2) 銑T槽要用兩把銑刀，先用端銑刀先開直槽，再用T槽銑刀銑T槽，用於立式銑床。

8. **鳩尾座銑刀**：是一種角銑刀，用於銑削角度及鳩尾座。

9. **成形銑刀**：是一種為特定形狀的銑削工作而設計，銑刀磨利時不可磨其圓周面，只可磨其斜角面。

(四) **銑刀刀軸**

1. 銑刀刀軸主要用於裝置固持銑刀。

2. 銑刀刀軸有A、B和C型等三種基本形式。

3. 銑床之刀軸（桿）有一端為錐體，當它與主軸錐孔結合時，同時需以拉桿（螺樁）鎖固之。

4. A、B型刀軸較長，常用於臥式，且軸承環的外徑較間隔環大且精密。

5. C型刀軸較短，又叫套殼銑刀刀軸，用以裝套殼端銑刀或面銑刀。

6. 標準型刀軸柄錐度：採美國銑床標準錐度，錐度 $= \dfrac{7}{24}$。

7. 刀軸規格：依刀軸錐度大小、軸桿直徑、型式（A、B或C），桿長及軸承直徑等順序表示之。例：No.50－25.4－B－457：表示刀軸錐度為50號美國銑床標準錐度，銑刀內徑（刀軸外徑）為25.4mm，B型刀軸，軸桿長457mm。

(五) **銑刀刀角**
1. **前傾角（斜角）**：為切屑形成的面，主要排屑，以12.5°最常用。
2. **餘隙角（第一間隙角）**：為鋒刃背部和刃口上切線的夾角，主要避免摩擦，一般約3°～5°。
3. **第二間隙角**：在主要間隙角之後，一般約為20°～30°。

三、銑削原理

(一) **銑刀之切削理論**
1. 粗銑齒與增加螺旋角度的銑刀，銑切效率較高。
2. 欲獲得一光滑表面，適當的提高轉數及減少工件進刀量。
3. 為提高切削效率，快速切除材料，宜用粗銑齒及大螺旋角銑刀。
4. 銑刀刀面要有足夠寬度，盡量選小徑銑刀。
5. 刀齒數目多的適於細銑，刀齒數目少者適於粗銑。
6. 軟工作物選用刀齒數少的，硬工作物選用刀齒數多的。
7. 應選擇較大且可以全部銑削之加工面最先銑削。

(二) **選擇銑削速度和進刀的原則**
1. 銑削硬材料以低速銑削。
2. 銑削軟材料以高速銑削。
3. 粗銑速度要慢、進刀要快、銑削深度要大。
4. 精銑速度要快、進刀要慢、銑削深度較小。
5. 直徑和刀寬小的銑刀，銑削速度較高。

6. 刀齒條數少的粗刀齒進刀要快。

7. 使用良好的切削劑，可提高切削速度。

(三) 特別說明

1. **粗齒（刃數少）**：軟材、大面、粗加工、重切削。

2. **細齒（刃數多）**：硬材、小面、細加工、輕切削。

3. **粗銑**：大深度、大（快速）進刀、低轉數。

4. **精銑**：小深度、小（慢速）進刀、高轉數。

(四) 銑削工件之夾持

1. **銑床虎鉗**：最常用於一般工件夾持。夾持鑄件之黑皮面，要在鑄件和兩鉗口間夾軟圓桿或砂布，銑削正六面體的鑄鐵，當銑削到第四面時，才不需要在工件與活動鉗口間放置銅質圓棒。

2. **T槽螺栓**：可直接自床台面的任何地方裝入，稍轉即卡住槽中。T槽螺栓要盡量靠近工件鎖緊。

3. **梯枕或活動頂枕**：常和壓板同時使用，保持壓板的平行或祗能往工作物方向壓下。

4. **V型枕**：為裝圓桿工作物必備的夾具。

5. **平行桿**：為一對（二支）長方桿，墊高或墊平工作物。

6. **角板**：為90°之L型板，夾持長條直角工作物很方便。

7. **轉盤**：圓台座上有T槽面盤，可銑切平面、圓周槽及銑切大直徑齒輪胚料。

四、相關計算

(一) 銑削速度（V）

1. 銑削速度係銑刀回轉的表面速度。

2. 公制 $V = \dfrac{\pi DN}{1000}$ ，

   V（速度）：m／min，D（直徑）：mm，N（轉數）：rpm。

3. 英制 $V = \dfrac{\pi DN}{12}$ ，

   V（速度）：ft／min，D（直徑）：in，N（轉數）：rpm。

(二) 進刀（F）

1. 銑床進刀為工作物（床台）對銑刀的移動距離，以每分公厘計算，單位mm／min表示。
2. 設銑刀每一刀齒每轉一轉的進刀距離為Ft（mm／t）。
3. 若有t刀齒每轉一轉進行距離為Ft×t（mm／t）。
4. 每分轉數為N則每分鐘進刀量F（mm／min）＝Ft×t×N。
5. 一般先由$V = \dfrac{\pi DN}{1000}$求出N，再代入F＝Ft×t×N求F。

(三) 切除率（R）

1. 金屬銑切除率為單位時間切除之體積（mm³／min）。
2. 計算公式：R＝H×W×F

    式中

    R：每分鐘切除率；亦即單位時間切除之體積（mm³／min）

    H：切削深度（mm）

    W：銑切寬度（mm）

    F：每分進刀量（mm／min）

(四) 銑削時間（T）

銑削每分進刀量F，若進刀L長，則銑削時間$T = \dfrac{L}{F}$(min)。

小叮嚀

1. 先由$V = \dfrac{\pi DN}{1000}$求N

2. 代入$F = F_t \times t \times N$ 或 R＝H×W×F求F

3. 代入$T = \dfrac{L}{F}$(min)求T。

牛刀小試

（　　）有一銑刀直徑100mm，共有8個刀刃，如切削速度為157m／min，每一刀刃進刀量為0.1mm，則刀具進給量（mm／min）為何？　(A)100　(B)200　(C)300　(D)400。　　【107統測】

──── 解答與解析 ────

(D)。 (1)$V = \dfrac{\pi DN}{1000}$，$157 = \dfrac{3.14 \times 100 \times N}{1000} \therefore N = 500$（rpm）。

(2)每分進刀量F＝F_t×t×N＝0.1×8×500＝400（mm／min）。

五、銑削方向

(一) 銑削方向

1. **向上銑切（逆銑）**：銑削時銑刀之迴轉方向與進刀方向成逆向者，稱為逆銑，或稱向上銑法。一般銑切最常用。
2. **向下銑切（順銑）**：銑削時銑刀之迴轉方向與進刀方向相同，稱為順銑或稱為向下銑法。易產生無效間隙運動，須具備螺桿反空隙裝置，以消除間隙，才可順銑。

(二) 順銑、逆銑比較

比較	順銑（向下銑）	逆銑（向上銑）
刀具壽命	長（不易鈍）	短（易鈍）
精光度	佳	差
排屑性	佳	差
薄材	宜	不宜
震動	小	大
夾持	簡單容易	複雜不易
動力消耗	小	大
斷裂性	易斷	不易斷
鑄鐵	不宜	宜
切削劑	不易加入	容易加入
無效間隙	產生	消除
切屑	由厚而薄	由薄而厚
切削力	由大到小	由小到大

牛刀小試

(　　) 有關銑床之種類、刀具與銑削法，下列敘述何者正確？　(A)端銑及T型槽銑削工作宜選用臥式銑床　(B)心軸銑刀專用於裝置在立式銑床刀軸孔內　(C)上銑法常用於粗銑削鑄鐵工件　(D)下銑法之銑刀迴轉方向與工件進給方向互為相反。【105統測】

─── 解答與解析 ───

(C)。 (A)端銑及T型槽銑削工作宜選用立式銑床。(B)心軸銑刀專用於裝置在臥式銑床刀軸孔內。(D)下銑（順銑）法之銑刀迴轉方向與工件進給方向互為相同。

六、銑床工作法

(一) 銑削工作順序

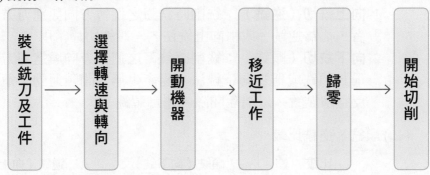

順序如下圖所示。

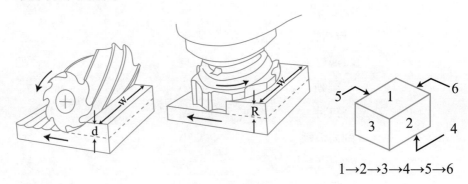

1→2→3→4→5→6

(二) 平面銑削

平面銑削為銑床工作中最簡易且最基本之操作，小型工件用平銑刀。大型工件則用套殼端銑刀或面銑刀。

(三) 側銑

用於銑切側面（或肩角面）、平面、溝槽或騎銑。

(四) 騎銑

1. 又稱跨銑，以兩支側銑刀銑削工件之相對平行側面的操作。
2. 只用於臥式銑削。

(五) 排銑

1. 又稱群銑，是用兩把以上銑刀，同時裝在刀軸上銑削的工作，如車床床台可由排銑一次銑成，只用於臥式銑削。
2. 計算銑削速度要以最大銑刀外徑為準。
3. 計算進給率要以刀齒數少為準。

(六) **端銑**

用於立式銑切垂直面、水平面、肩角、魚眼（墊圈座），內溝槽、斜面等工作。

(七) **角銑**

用角銑刀銑切側角、角度、溝槽、鳩尾座等工作，角銑以向上逆銑切法銑削為宜。

(八) **鋸割銑切**

用鋸割銑刀銑切溝槽或切割金屬等工作。

(九) **成型銑削**

以成型銑刀銑削一定的形狀，如凹形以凸面銑刀銑削，凸形以凹面銑削，齒輪則依齒形選擇適當的齒輪銑刀銑削。

七、 分度頭工作法

(一) **分度盤**

1. 分度盤由分度頭和尾座組成，是銑床的一重要附件，做分等分及分角度工作。
2. 分度頭利用蝸桿與蝸輪之傳動原理，其迴轉比一般為40：1，即搖柄（曲柄）旋轉40圈，分度頭主軸（或工作物）迴轉1圈。
3. 搖柄旋轉1圈，分度頭主軸（或工作物）迴轉1/40圈，即9°。
4. 普通分度板有辛辛那提（Cin Cinnati）分度板及的白朗俠潑（Brown & Sharp）分度板。辛辛那提分度板僅有一個，正反兩面均有圓孔。白朗俠潑分度板有三個，每個僅一面有圓孔，所有的圓孔均為同心排列。

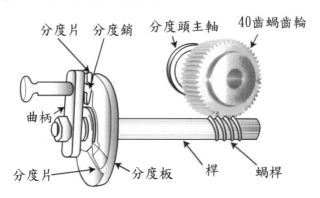

圖9-1 分度頭主要構造

普通分度板每圓圈孔數（孔圈數）			
白朗俠潑（Brown & Sharp）分度板		**辛辛那提（Cin Cinnati）分度板**	
1號板	15，16，17，18，19，20	正面	24，25，28，30，34，37
2號板	21，23，27，29，31，33		38，39，41，42，43
3號板	37，39，41，43，47，49	背面	46，47，49，51，53，54
			57，58，59，62，66

(二) 分度盤搖法

1. 搖柄（曲柄）轉1圈銑一次，可將工件圓周分40等分，夾角為9°。
2. 搖柄（曲柄）轉2圈銑一次，可將工件圓周分20等分，夾角為18°。
3. 搖柄（曲柄）轉4圈銑一次，可將工件圓周分10等分，夾角為36°。
4. 搖柄（曲柄）轉10圈銑一次，可將工件圓周分4等分，夾角為90°。
5. 搖柄轉（曲柄）20圈銑一次，可將工件圓周分2等分，夾角為180°。

(三) 分度盤基本公式

1. 分等分 $n = \dfrac{40}{X}$ ；n為搖柄轉圈數。X：欲分等分。

2. 分角度 $n = \dfrac{x°}{9°} = \dfrac{x'}{540'}$ ；n為搖柄轉圈數。x°為擬分角度（度），

   x'為擬分角度（角分）。
3. 求出之答案其分母必為孔圈數。

(四) 分度法

1. **直接分度法**：利用主軸上的直接分度板而不經蝸桿和蝸輪分度者。只能用的分度孔圈數目為24孔、30孔及36孔等三種之因數。
2. **簡單分度法**：利用搖柄和分度板經過蝸桿和蝸輪吻合成分度法。為分度法中應用最廣者。

   (1) **圓周分等分法**：其公式為 $n = \dfrac{40}{X}$

      式中之n為搖柄轉圈數，X為擬分等分數。

(2) **角度分度法**：其公式為 $n = \dfrac{x°}{9'} = \dfrac{x'}{540'} = \dfrac{x''}{32400''}$

式中之n為搖柄轉圈數，x為擬分角度，x°（度）、x'（角分）、x''（角秒）。

(3) **近似分度法**：以輾轉相除法求得近似的搖柄轉數值。

3. **複式分度法**：複式分度法用於簡單式分度法無法分度，即以連續兩次之簡單分度求得所需之度。

其公式為 $n = \dfrac{40}{X} = \dfrac{h_1}{H_1} \pm \dfrac{h_2}{H_2}$ （「＋」號表示第一次曲柄轉動方向與第二次指度方向一致，「－」號則相反）。

4. **微差式分度**：簡式分度不能分的數目要用微差式分度。找一接近數目分度。

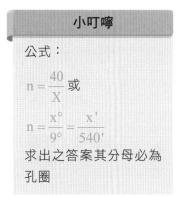
小叮嚀

公式：

$n = \dfrac{40}{X}$ 或

$n = \dfrac{x°}{9°} = \dfrac{x'}{540'}$

求出之答案其分母必為孔圈

(五) 螺旋銑切

銑切螺旋時工作物旋轉一周，要同時進螺旋的導程（螺距），故工作物要工作物中心線方向進給外，尚須以分度頭使其按一定比例旋轉。

(六) 銑削齒輪

1. 齒輪規格：公制用模數（M），英制用徑節（Pd），鑄造齒用周節（Pc）。
2. 公制齒輪銑刀NO.1銑12～13T，NO.8銑齒條及135T以上。
3. 英制齒輪銑刀NO.1銑齒條及135T以上，NO.8號12～13T。

(七) 直線分格

類似分等分 $n = \dfrac{40}{X}$ 或 $n = \dfrac{x°}{9°} = \dfrac{x'}{540'}$ 。

9-5　磨床

一、磨床的分類

(一) 平面磨床

1. 平面磨床型式有<u>臥式往復台式（最常用）</u>、臥式旋轉台式、立式往復台式、立式旋轉台式及龍門平面磨床等數種。
2. 小型工件利用磁性床台夾持。
3. 龍門平面磨床之床台做往復直線運動，與龍門鉋床及龍門銑床相似，適於大件及大量生產。

(二) 圓柱（外圓）磨床

1. 用來磨削圓柱表面亦即<u>磨削外徑</u>，亦可作斜度或其他簡單形狀的研磨。
2. 兩頂心間磨削時工件的旋轉方向與砂輪的方向相同。

(三) 內部磨（內圓）床

1. 用來磨削內圓孔，砂輪在固定位置旋轉，工作物與砂輪相反方向旋轉磨削。
2. 工作物保持固定者稱為行星型。

(四) 工具（刀具）磨床

1. 專門為磨利刀具，有固定刀角及磨光刀具設計。
2. 如磨利車刀、銑刀、鑽頭等。

(五) 無心磨床

1. 工作物不必藉頂心工作，工作物不必固定於動力軸。
2. 工作物藉一支持板支持，且藉兩砂輪支持並控制進給。
3. 大輪為磨削輪，較小者為調節輪，此調節輪為橡膠結合磨料，有磨擦特性。
4. 兩砂輪轉向相同，而與工件轉向相反。
5. 調節輪之功用：支頂、進給、無切削作用。
6. 一般調節輪之調節角度：若為0°～10°，則工件進刀速度為

$F = \pi DN \cdot \sin\alpha$

F：工件每分鐘進刀量（mm／min）

D：調整輪直徑（mm）
N：調整輪轉數（rpm）
α：調節輪之傾斜角度

7. 無心磨床之優點：
  (1) 利用自動化加工，操作者之技術不須太高。
  (2) 工作物不需要夾頭、心軸或其他夾持器具。
  (3) 工作物受支托甚為穩固，不致發生顫動或撓曲現象。
  (4) 操作迅速，適宜大量生產工作，機器之使用率增高。
  (5) 工作物所需之尺度易於控制。
  (6) 磨削時呈浮動現象，能自動使磨除之材料減至最低。

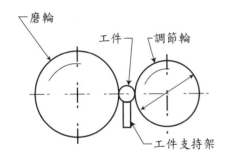 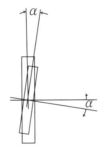 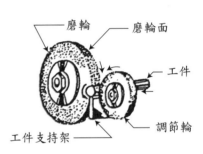

8. 無心磨床之缺點：
  (1) 對於空心之工作物，無法確保內外為同心圓。
  (2) 有平面或凹槽之圓柱，無法施工。
  (3) 工作物有數種直徑（有階級）者，不易處理。
  (4) 僅適於單一直徑之圓柱或圓球。
  (5) 通過進給法適用於磨削整支直的圓柱，無法磨削錐度。

(六) **表面精磨**
  1. **搪磨**：利用磨石（油石）將工件磨光以達精確的尺度及矯正各種畸形內孔。磨石軸轉動作上下往復之螺旋運動。
  2. **研磨**：將磨料細粉（細磨料）與油、油膏或水等混合塗於工作物，欲磨面與機器疊蓋之間，旋轉其一，以得極光滑之表面。
  3. **超光製**：利用磨石（油石）去除一般輪磨表面上斷片狀的污染金屬及磨痕，以改進工件表面品質。在低速及低壓下操作，磨石的動作以直線振動式運動。

(七) 其他精磨

　　1.滾筒磨光　　　　　　2.鋼絲刷光　　　　3.拋光（利用棉布輪）

　　4.擦光（利用毛棉輪）　5.砂布磨光　　　　6.磨石。

牛刀小試

(　) **1** 有關工作機械性能之敘述，下列何者<u>不正確</u>？　(A)龍門鉋床廣泛使用於小型工件鉋削　(B)拉床加工之粗切、精切可由一支刀具一次加工完成　(C)銑床之銑削工作如銑削方向為下銑法（順銑法），適合精銑削　(D)無心外圓磨床進行磨削，不需夾頭、頂心固定夾持。　　　　　　【106統測】

(　) **2** 有關工作機械及螺紋與齒輪製造的敘述，下列何者正確？(A)凹口車床常用於大型不規則之工件加工　(B)無心磨床對於空心之工件，不易確保內、外圓同心　(C)螺紋滾軋機適用於內、外螺紋製造　(D)滾齒機製造齒輪時滾齒刀與齒輪工件之旋轉圈數相同。　　　　　　　　【107統測】

────── 解答與解析 ──────

1 (A)。　龍門鉋床廣泛使用於大型工件鉋削。

2 (B)。　(A)凹口車床常用於直徑大、長度短之工件加工，如大直徑的齒輪或皮帶輪胚料。(C)螺紋滾軋機適用於外螺紋之製造。(D)滾齒機利用蝸桿與蝸輪原理製造齒輪，切削時滾齒刀旋轉1圈，齒輪工件旋轉1齒。

二、砂輪總論

(一) 砂輪要項

<u>磨料、粒度、結合度、組織、製法、形狀、緣形、外徑、厚度、孔徑</u>

例如：WA-36-J-5-V-1A-200×25×32

(二) 砂輪十大要項說明

　　1.**磨料**：

　　　(1)**天然磨料**：金剛砂、剛玉、石英、鑽石等，其中以鑽石砂輪適於極硬的碳化物刀具之磨削。

(2) **人造磨料**：人造磨料成份為化合物。以氧化鋁（Al_2O_3）和碳化矽（SiC）為主要，氧化鋁約占砂輪輪磨料的75%，而其餘為碳化矽及其它磨料（碳化硼）。

(3) **人造磨料分類**：

A. A磨料：褐色氧化鋁，為90%以上純度氧化鋁，<u>最常用</u>，用於磨削抗張強度30kg／mm^2以上材料，主要用於磨削鋼料或磨削大深度工作。

B. WA磨料：最高純度的白色氧化鋁，較A磨料質脆，磨削時易破碎，適用於磨削抗張強度50kg／mm^2以上材料，主要用於磨削最硬鋼料、非鐵鑄合金及高速鋼。

C. C磨料：黑色碳化矽，性脆，用於磨削抗張強度小於30kg／mm^2以下的材料，主要用於磨削鑄鐵、陶瓷、軟非鐵金屬（鋁、銅等）。

D. GC磨料：綠色碳化矽，性硬而脆，主要用於磨削碳化鎢刀具等特硬材料。

(4) **金剛石（鑽石）磨料**：

A. 為磨削或切割碳化刀具、陶瓷、玻璃、石英、大理石、花崗岩、非鐵系金屬材料等。

B. 表示法：D為天然鑽石磨料、SD為人造鑽石磨料。

2. **粒度（粗細）**：

(1) 粒度為磨粒的大小（粗細）以每吋（25.4mm）長通過篩網目號數表示。

(2) 一般常用者有6～600號。其中<u>30～60號</u>為中粒度最常用。號數愈大表示愈細。

(3) 選擇粒度的原則：

A. 粗磨削用粗粒，精磨則用細粒。

B. 磨削硬材用細粒（100～200），軟材料用粗粒。

C. 磨削裕量大而表面粗糙度不重要時使用粗粒。

D. 砂輪與工件物接觸面積大者，使用粗粒。接觸面積小使用細粒，如磨削螺紋。

3. **結合度（軟硬）**：

(1) 結合度為磨粒黏結的結合力之強弱。

(2) 以A－Z英文字母表示。其中字母愈前面表示結合度愈軟，愈後面表示結合度愈硬。【愈來愈硬】

(3) 選擇結合度的原則：
  A. 軟材料用硬結合度，硬材料用軟結合度砂輪。
  B. 砂輪迴轉數度越高用軟結合度砂輪。
  C. 工件轉動或移動快用硬砂輪。
  D. 砂輪與工作物接觸面積大用軟結合度，面積小用硬結合度砂輪。
  E. 粗磨削、磨削量大、馬力大時用硬砂輪。
  F. 堅牢的磨床用軟砂輪，輕型或軸承有鬆動的磨床，用硬結砂輪。

4. **組織（鬆密）：**
(1) 組織為砂輪的組織是指結合劑中磨粒的密度情形。
(2) 組織自較密的0至較鬆的14以號數分別。【愈來愈鬆】
(3) 選擇組織的原則：
  A. 粗粒度、粗加工、重切削、面積大，用鬆組織砂輪。
  B. 細粒度、細加工、輕切削、面積小，用密組織砂輪。
  C. 軟材料需要大切屑空間，故要鬆組織砂輪。
  D. 密組織的砂輪，適於磨削較佳表面粗糙度、精確尺度。
  E. 鬆組織砂輪，冷卻劑容易滲入，冷卻效果好。

5. **製法（結合劑；結合材料）：**
(1) 製法為砂輪的結合材料，又稱結合劑。
(2) 選擇製法（結合劑；結合材料）原則：
  A. 黏土法：亦稱V法，使用範圍廣泛，約占磨削工作之75～90%，不受水、油、酸等冷卻劑的影響。
  B. 合成樹脂法：亦稱B法，用於各種切斷，或粗磨削工作；常採用乾切。
  C. 橡膠法：亦稱R法，適於切割及在無心研磨工作做調節砂輪；常採用濕切。
  D. 蟲漆法：亦稱E法，又叫洋乾漆。不適合於作粗和重磨削，常用於精磨。
  E. 水玻璃製（矽酸鈉；矽酸鹽）法：亦稱S法，主要於大砂輪或不能產生熱的砂輪或單位時間內磨切量多時使用之，常用於刀具之磨削砂輪之結合劑。
  F. 金屬結合劑法：亦稱M法，一般為以非鐵金屬為主：用於金剛石（鑽石）砂輪或電化砂輪製造。

6. **形狀（外形）**：常用者為平直型（最常用）、斜盆型、深碟型等，以阿拉伯數字1、2、3等表示。

7. **緣形**：適於各種磨削工作之邊緣形狀，以英文字母A、B、C等表示表示。

8. **尺度**：以外徑×厚度×孔徑表示。

9. **最高使用周速度**：砂輪規格常於最後標註最高使用周速度，單位為m／min。

(三) **砂輪之記號**

1. 磨料、粒度、結合度、組織、製法、形狀、緣形、外徑、厚度、孔徑表示。

2. 例如：WA-36-J-5-V-1A-200×25×32。

(四) **砂輪選用原則**

1. **粗粒**：鬆組織、軟材、大面、粗加工、重切削、易冷卻。

2. **細粒**：密組織、硬材、小面、細加工、輕切削、不易冷卻。

3. **硬砂輪**：軟材、小面、工件速度高、粗磨削、大壓力。

4. **軟砂輪**：硬材、大面、砂輪速度高、細磨削、小壓力。

(五) **砂輪之記號主要標示說明**

例1 51-A-36-L-5-V-23

51為製造商字首（可省略不記）		
A 為氧化鋁磨料	36 為粒度中粒	L 為結合度中級
5 為組織中級	V 為製法黏土法	23為製造商記號

例2 C-46-K-8-V-2000

其中2000最高使用周速度2000m／min。

例3 WA-36-J-5-V-1A-200×25×32-2000

WA 為白色氧化鋁磨料	36 為粒度中粒	J 為結合度軟級
5 為組織中級	V 為製法黏土法	1 為形狀
A 為緣形	200 為外徑	25 為厚度
32 為孔徑	2000 為最高使用周速度2000m／min	

牛刀小試

(　) **1** 有關工作機械的敘述，下列何者正確？
(A)面銑刀外徑較大適用於臥式銑床
(B)拉刀上前後段刀齒大小及高度一般皆相同
(C)鑽削鋁合金採用的鑽唇間隙角較鑽削合金鋼小
(D)砂輪磨粒100號較20號適用於硬材工件磨削。　　【108統測】

(　) **2** 有關工作機械的敘述，下列何者正確？
(A)車床的從動式扶料架有三個扶料爪
(B)鑽頭之螺旋角愈大，刃口強度愈大
(C)砂輪結合度Z較結合度A硬
(D)銑刀轉數100rpm，每齒進刀0.1mm，刀刃數10，則每分
進刀為157mm/min。　　【109統測】

解答與解析

1 (D)。(A)面銑刀外徑較大適用於立式銑床之加工。(B)拉刀上前後段
刀齒大小及高度一般皆不相同，後段刀齒大小及高度比前段刀齒更高
更大。(C)鑽削鋁合金採用的鑽唇間隙角較鑽削合金鋼大。

2 (C)。(A)從動式扶料架（跟刀架）只有2個扶料爪。(B)鑽頭螺旋
角愈大，則刃口強度會愈小。(D)銑削每分進刀量F＝Ft×t×N＝
0.1×10×100＝100（mm/min）。

三、砂輪的選擇、安裝、修整及注意事項

(一) 磨削速度公式

1. 公制 $V = \dfrac{\pi DN}{1000}$ ，

   V（速度）：m／min，D（直徑）：mm，N（轉數）：rpm。

2. 英制 $V = \dfrac{\pi DN}{12}$ ，

   V（速度）：ft／min，D（直徑）：in，N（轉數）：rpm。

(二) **磨削速度有二**

1. **砂輪速度：**

(1) 速度太高則磨料鈍化光滑速度較快，造成光滑之輪面成為硬磨。

(2) 速度太低則磨料容易脫落而造成軟磨。

2. **工作速度：**

(1) 工件速度選擇與砂輪速度要成反比例，工件速度太低砂輪易填塞打滑而發熱。

(2) 工件速度太高砂輪易磨蝕，則應用硬砂輪。

(三) **砂輪之檢查與安裝**

1. **砂輪之檢查：**

(1) 除了外觀檢查有無瑕疵與破裂外，尚有兩種；即音響及平衡試驗。

(2) 音響試驗檢查有無裂痕，音響檢查聲音清脆表砂輪是好的。

(3) 平衡試驗檢查組織是否偏重，平衡試驗時平衡台要置於水平位置。

2. **砂輪安裝及使用要點：**

(1) 砂輪孔要與輪軸相同，輪軸要擦乾淨，採鬆配合，利用鍵配合。

(2) 夾持砂輪的緣盤直徑不得小於砂輪直徑1/3。

(3) 緣盤與砂輪接觸而間必須夾裝0.25mm以下的吸墨紙或橡皮墊。夾持力要適當。

(4) 安裝砂輪機時注意其心軸之螺紋，左端為左手螺紋，右端為右手螺紋以防螺帽鬆脫。

(5) 工件支架位置要調整與砂輪磨削面之距離勿大於3mm。

(6) 保護罩舌板與砂輪之距離不得超過5mm。其角度應調整適當。砂輪露出保護罩部份與水平約成65°。

(7) 不宜使用砂輪側面研磨。

(四) **砂輪的修整**

1. **砂輪的修整目的：**

(1) **削銳**：主要目的為銳利。

(2) **削正**：主要目的為平直。

2.鑽石削整器：

(1) 鑽石削整器最常用於削銳與削正。

(2) 臥式平面磨床削整，削整器金剛石粒在砂輪中心垂直線右方約6mm。

(3) 鑽石削整器與砂輪之旋轉方向成5°～15°之拖角，以防修整器震動。挾柄應與砂輪面傾斜20°～30°，以避免在砂輪上畫出鑽石痕跡。

(五) 鑽石砂輪

規格：係以磨料、粒度、結合度、密度、結合劑及其限定鑽石層之厚度等表示，如SD150－N 100 B A 30。

小叮嚀

1.砂輪太快：砂輪易鈍化、輪面光滑。

2.砂輪太慢：砂輪易磨耗、輪面脫落。

3.工件太快：砂輪易磨耗、輪面脫落。

4.工件太慢：砂輪易鈍化、輪面光滑。

5.砂輪太硬：砂輪易鈍化、輪面光滑。

6.砂輪太軟：砂輪易磨耗、輪面脫落。

四、磨削工作法

(一) 平面磨削

1.磨削工作常以磁性（力）夾頭吸住工件。

2.控制磨削長度宜以床台上二側擋塊設定。

3.磨床手輪每轉一圈可移動5mm，一圈分成500格，每小格S＝$5 \div 500 = 0.01$mm。

4.粗磨削約0.1～0.4mm，而精磨削0.025～0.05mm。

5.平面粗磨削時，床台橫向進給量約為輪寬的$\frac{1}{3} \sim \frac{1}{4}$。

6.平面精磨削時，床台橫向進給量約為輪寬$\frac{1}{2} \sim \frac{2}{3}$。

(二) 外圓磨削

1.外圓磨削包括磨削圓桿、階級直桿、圓筒錐度或半圓等工件。

2.磨削外圓使用軟質（硬度軟）磨輪磨削工件時，磨輪轉數應降低。

3.磨輪轉數較工件轉數高。

4.控制磨削長度宜以床台上之二側擋塊設定。

5.磨削量需考慮工件大小。

6.圓筒磨削之工作順序：砂輪修整、裝上工件、手動調整移動空間、砂輪及工件迴轉、移動砂輪接近工件，並歸零、歸零後，視精度及磨削量大小，開始磨削。

(三) **磨內圓孔**

1. 主要方法有工作物迴轉、行星運動及無心等三種。
2. 砂輪外徑約在內孔直徑的2／3為宜。
3. 內徑磨削使用的砂輪比外徑磨削者較軟，其理由為內徑磨削時工件與砂輪之接觸面積較大。
4. 磨削內外圓工件不圓的原因：砂輪及工件夾持不牢固、主軸軸承或工件中心孔有鬆動及磨損的情況、頂心支頂不當或磨損等。

(四) **磨削劑**

1. 磨削劑以冷卻為主，沖除磨屑及潤滑其次。
2. 以調水油為主。

9-6 電腦數值控制機械

一、CNC工作機械

(一) 電腦數值控制機械，簡稱CNC（Computer Numerical Control）是將電子計算機的原理應用在工作機械控制的一種方式。
(二) 數值控制命令信號的儲存裝置，最常被使用磁碟。

二、CNC工作機械優點

(一) 加工適應性高，產品良好，增加工作效率。
(二) 適合各種不同類型之加工，且工程管理容易。
(三) 產品品質穩定，檢驗費用減少，可更改程式。
(四) 主軸之轉數採無段變速。
(五) 可減少裝置及加工之時間，工具費用降低。
(六) 複雜之工作件均可迅速完成，節省時間。
(七) 操作者不需太高之操作技術水準。

三、CNC工作機械缺點

(一) 設備費用高，維護費用高。
(二) 需要精通操作特性，需專門技術人才。
(三) 占的空間較大，維修困難。
(四) 需充分了解加工程序。

四、 CNC工作機械應用

(一)**CNC車床**：藉著電腦CNC程式來控制車床，利用直流伺服馬達傳動滾珠螺桿進給，可做X、Z軸之車削等之切削加工。

(二)**CNC車削中心機（TC；Turning Center）**：又稱CNC車床綜合加工機，除具有CNC車床之功能外，並具有ATC自動換刀裝置，可做X、Z軸之車削、鑽孔等之切削加工。

(三)**CNC銑床**：藉著電腦CNC程式來控制銑床，利用伺服馬達傳動滾珠螺桿進給，並具有ATC自動換刀裝置，可做X、Y、Z軸之銑削。

(四)**綜合切削中心機（MC；Machine Center）**：在CNC機械有刀具庫與自動換刀裝置之銑床即為綜合切削中心機，可裝置所有加工必要的刀具，具有ATC自動換刀裝置，作出一系列銑、鑽、攻牙、搪孔等工作，可加工出平面及圓柱形等工件，加工精確、快速，可反覆從事大量加工生產。另有五軸綜合切削中心機可以利用平口端銑刀銑削出3D曲面，銑床與車床可以複合化地結合在同一台機床。

(五)**其他CNC機械**：CNC磨床、CNC鑽孔攻牙機、CNC搪床、CNC滾齒機、CNC沖床、CNC線切割機，CNC雕刻機、CNC放電加工機、CNC火焰切割機……等。

五、 數值控制工具機之軸向

(一)**數值控制工具機之軸**：

1.**Z軸向**：Z軸向為平行於工具機之主軸。

2.**X軸向**：X軸向為水平（即工作台之移動方向）而與Z軸向垂直。

3.**Y軸向**：Y軸向（床鞍之移動方向）垂直於X及Z。

(二)**車床**：主軸縱向進刀為Z軸，橫向進刀為X軸。

(三)**銑床**：具備有X、Y、Z三軸。

(四)**轉軸**：分別繞X、Y、Z軸旋轉者為A、B、C三個轉軸。

(五)**數值控制位址字元之意義**：

機能	位址
程式號碼	：（ISO）　O（EIA）
順序號碼（序號）	N

機能	位址
準備機能	G
尺度字語機能	X，Y，Z，Q，R，I，J，L，K
	A，B，C
進刀量機能	F
主軸轉數機能	S
刀具機能	T
輔助機能	M
副程式號碼	P

註：EIA為美國電子工程協會。

六、數值控制之代號

NC	數值控制機械（Numerical Control）
CNC	電腦數值控制（Computer Numerical Control）
DNC	直接數值控制（Direct Numerical Control）
CIM	電腦整合製造（Computer Integrated Manufacturing）
CAD	電腦輔助設計（Computer Aided Design）
CAM	電腦輔助製造（Computer Aided Manufacturing）
APT	自動程式製作刀具（Automatically Programming Tools）
IR	工業機器人（Industrial Robot）

AGV	自動運輸車（Robot Car）或無人運輸車（Automation Guided Vehicle）
FMS	彈性製造系統（Flexible Manufacturing System）；FMS整合了自動化生產機器、工業機器人及無人搬運車，進行數種不同零件的加工。

牛刀小試

( ) **1** 有關數值控制機械直角座標系統標稱及程式機能代碼之敘述，下列何者正確？
　　(A)X軸表示主軸方向的運動軸，機能碼M代表刀具機能
　　(B)Z軸表示較長方向的運動軸，機能碼G代表輔助機能
　　(C)X軸表示較短方向的運動軸，機能碼M代表主軸機能
　　(D)Z軸表示主軸方向的運動軸，機能碼G代表準備機能。
　　　　　　　　　　　　　　　　　　　　　　　　　　　　【106統測】

( ) **2** 有關電腦輔助製造的敘述，下列何者正確？
　　(A)數值控制線切割放電加工機採用點至點控制方式
　　(B)數值控制臥式銑床的Z軸表示床台升降方向
　　(C)數值控制工具機的傳動機件通常為梯形牙導螺桿
　　(D)數值控制程式中控制切削劑開與關動作的機能為輔助機能。　　　　　　　　　　　　　　　　　　　　　　　　　　【107統測】

───── 解答與解析 ─────

1 (D)。 (A)Z軸表示主軸方向的運動軸，機能碼T代表刀具機能。(B)Z軸表示主軸方向的運動軸，機能碼G代表準備機能。(C)X軸表示主軸垂直方向的運動軸，機能碼M代表輔助機能。

2 (D)。 (A)數值控制線切割放電加工機採用連續式控制方式，適於加工曲線形狀工件。(B)數值控制臥式銑床的Y軸表示床台升降方向，Z軸表示主軸（旋轉軸）方向。(C)數值控制工具機的傳動機件通常為滾珠導螺桿。

考前實戰演練

( ) **1** 一般兩軸CNC車床的程式設計中，與轉動主軸平行的座標軸稱為？ (A)A軸 (B)Z軸 (C)X軸 (D)Y軸。

( ) **2** 如圖所示為十七世紀初所發展之工作母機，它是哪一種工作母機之前身？
(A)鑽床
(B)銑床
(C)車床
(D)插床。 【統測】

( ) **3** 如表所示，是哪一種工作母機的規格表？ (A)鉋床 (B)銑床 (C)鑽床 (D)車床。 【統測】

旋徑	400mm
床台長度	1200mm
兩心間距離	750mm
主軸最大轉數度	1800rpm
使用電壓	220V
馬達出力	20Hp

( ) **4** 車床工作中，車刀架移動方向與車床主軸平行者稱為縱向進刀，車刀架移動方向與車床主軸垂直者稱為橫向進刀，下列哪一種車床工作<u>不需</u>用到橫向進刀？ (A)車螺紋 (B)鑽中心孔 (C)搪孔 (D)壓花。 【統測】

( ) **5** 下面哪一種工件<u>無法</u>在車床上製作？ (A)角錐體 (B)來福線管 (C)S形彎管 (D)錐度。 【統測】

( ) **6** 有關普通車床（engine lathe），下列敘述何者正確？ (A)主軸一律設計成實心，以增加剛性 (B)床台一律以構造用鋼銲接而成 (C)床台下方的導螺桿配合半離合螺帽，可以車製螺紋 (D)刀具溜座位於車床尾端，上方的心軸可裝頂心，用以支持工件。 【統測】

(　　) **7** 藉著工件旋轉、刀具平移運動以達到切削目的之工具機通稱為下列何者？　(A)銑床　(B)磨床　(C)鑽床　(D)車床。　【統測】

(　　) **8** 普通車床之主要構造，包括有機床、車頭（head stock）、刀具溜架（carriage，又稱群鞍）、變速與進刀機構，以及下列何者？　(A)鑽頭　(B)皮帶　(C)齒輪　(D)尾座。　【統測】

(　　) **9** 下列何者不在車床刀具溜座之垂直部件（床帷）上？
(A)複式刀座
(B)縱向手動進給機構
(C)縱、橫向自動進給機構
(D)螺紋車削機構。　【統測】

(　　) **10** 如圖所示之工具機為：
(A)立式銑床
(B)立式拉床
(C)立式車床
(D)立式刨床。　【統測】

橫向導軌→　刀座→　工件→　工作台→　側機柱　側刀座　床台

(　　) **11** 下列有關普通車床構造與操作之敘述，何者正確？
(A)刀具溜座包括床鞍、頭座及床帷
(B)床台一般以構造用鋼銲接而成
(C)床鞍部分設置自動進給機構及螺紋車削機構
(D)尾座的心軸可裝頂心，用以支持工件。　【統測】

(　　) **12** 有關車削與放電加工敘述，何者不正確？
(A)車削利用機械能切除工件，放電加工則利用電化學能切除工件
(B)車削之材料移除率多比放電加工快速
(C)車刀硬度須較工件為高，放電加工之工具電極硬度則可較工件為低
(D)車刀須直接接觸工件，放電加工之工具電極則可不直接接觸工件。　【統測】

(　　) **13** 操作車床時，為避免意外事故的發生，下列何種護具不得使用？
(A)安全眼鏡　(B)安全鞋　(C)耳塞　(D)棉手套。　【統測】

( ) **14** 下列何種錐度系統慣用於車床和鑽床主軸孔？　(A)莫斯錐度（MT）　(B)加農錐度（JT）　(C)白式錐度（B&S）　(D)錐梢（Taper pin）錐度。　【統測】

( ) **15** 有一後斜角正5°，前間隙角正8°的車刀，刀唇角為幾度？(A)3°　(B)13°　(C)77°　(D)87°。

( ) **16** 有一後斜角負5°，前間隙角正8°的車刀，刀唇角為幾度？(A)3°　(B)13°　(C)77°　(D)87°。

( ) **17** 有關車刀，下列敘述何者正確？
(A)右手車刀切削時，係自左向右車削
(B)圓鼻車刀係用於輕粗削或光削工作
(C)切螺紋刀，僅車刀右側磨成側間隙角，以便車削
(D)內削刀需裝於鏜桿上，自左向右車削。

( ) **18** 關於車削作業，下列敘述何者<u>不正確</u>？
(A)車刀安裝時，伸出長度愈短愈好
(B)隙角及斜角皆可為負值
(C)車刀刀柄之斷面積愈大愈好
(D)若使用墊片墊高車刀，墊片應盡量與刀柄全面接觸。

( ) **19** 如圖是車床加工用粗車刀的形狀及刀刃角，下列敘述何者正確？
(A)角度1為後斜角，其功能在順利排屑
(B)角度2為邊斜角，其功能在防止刀具與工件摩擦
(C)角度3為刀唇角，其功能在防止刀具與工件摩擦
(D)角度4為邊斜角，其功能在防止刀具與工件摩擦。　【統測】

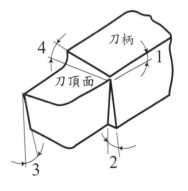

( ) **20** 為避免車刀切刃（cutting edge）與工件產生摩擦，並使切刃在徑向進給中能順利切入工件的是車刀的何種角度？
(A)後斜角　(B)邊斜角　(C)前間隙角　(D)邊間隙角。　【統測】

(　　) **21** 為避免車刀切刃（cutting edge）與工件產生摩擦，並使切刃在軸向進給中能順利切入工件的是車刀的何種角度？
(A)後斜角　(B)邊斜角　(C)前間隙角　(D)邊間隙角。　　【統測】

(　　) **22** 材質為銅的光學反射鏡片，需要具有高精度的表面，以鏡面加工用車床進行高精密加工時，應選用何種刀具材料，才能夠得到最佳效果？
(A)鑽石　(B)碳化鎢　(C)高碳鋼　(D)高速鋼。　　【統測】

(　　) **23** 關於車刀，下列敘述何者<u>不正確</u>？
(A)被切削工件的材質是決定車刀後斜角（back rake angle）的主要因素之一
(B)車刀上斷屑槽之功能是為了使切屑（chip）形成捲曲而折斷
(C)燒結碳化物車刀中最適合車削鑄鐵的是M類
(D)端銲式車刀是指將刀片用銀或銅硬銲到刀柄上。　　【統測】

(　　) **24** 下列何種刀具，最適用於鋁合金工件之超精密加工？
(A)碳化鎢刀具　　　　　　　　(B)碳化鈦刀具
(C)立方晶氮化硼（CBN）刀具　　(D)鑽石刀具。　　【統測】

(　　) **25** 下列敘述有關於車刀幾何與角度之功用，下列敘述何者正確？
(A)適當斜角可利於切屑流動
(B)刃口附近磨溝槽之目的為增加車刀強度
(C)正斜角車刀較適用於黑皮工件之重車削
(D)刀鼻半徑與工件車削精度無關。　　【統測】

(　　) **26** 欲達成較佳的表面粗糙度，合適車削條件組合之選擇原則為何？
(A)較大進給、較小切深、較大刀鼻半徑　(B)較小進給、較小切深、較大刀鼻半徑　(C)較小進給、較大切深、較大刀鼻半徑
(D)較大進給、較大切深、較小刀鼻半徑。　　【統測】

(　　) **27** 下列高速鋼車刀形狀中，何者最適用於截斷工件？
(A)　　(B)　　(C)　　(D)

【統測】

（　）**28** 下列有關切削刀具的敘述，何者正確？
(A)碳化鎢刀具的耐溫性高於高速鋼刀具
(B)陶瓷刀具主要成分為氧化鋁，適合重切削或斷續切削
(C)鑽石刀具適合切削鐵系材料
(D)高速鋼硬度大於碳化鎢刀具。　　　　　　　　【統測】

（　）**29** 下列刀具材料何者具有最高的硬度？
(A)高速鋼　　　　　　　　(B)陶瓷
(C)鑽石　　　　　　　　　(D)立方氮化硼（CBN）。　【統測】

（　）**30** 依據ISO規定，可替換式碳化物車刀之分類，下列何者正確？
(A)A、B、C　　　　　　　(B)P、M、K
(C)A、A＋、A＋＋　　　　(D)P、B、L。　　　【統測】

（　）**31** 下列有關車刀各刃角之敘述，何者<u>不正確</u>？
(A)斜角（rake angle）之主要作用為引導排屑
(B)隙角／讓角（relief／clearance angle）之主要作用為降低刃口
與工件之摩擦
(C)側刃角／切邊角（side cutting edge angle）增大，切屑厚度變
越薄
(D)端刃角／刀端角（end cutting edge angle）越大，車刀強度
越大。　　　　　　　　　　　　　　　　　　【統測】

（　）**32** 若考慮進給、切削深度、切削速率、刀鼻半徑、側刃角／切邊角
（side cutting edge angle）與端刃角／刀端角（end cutting edge
angle）等不同加工條件與刀具幾何，欲獲得較小工件表面粗糙
度之組合宜為：
(A)進給大、刀鼻半徑小、切削深度小、切削速率快、側刃角大、
端刃角小者
(B)進給大、刀鼻半徑大、切削深度小、切削速率快、側刃角小、
端刃角小者
(C)進給小、刀鼻半徑小、切削深度小、切削速率快、側刃角大、
端刃角大者
(D)進給小、刀鼻半徑大、切削深度小、切削速率快、側刃角大、
端刃角小者。　　　　　　　　　　　　　　　【統測】

（　）**33** 為使車刀尖在車削時不至於摩擦工件，一般車刀均磨有前隙角（front clearance angle），右圖為高速度鋼車刀之示意圖，試指出車刀前隙角位於該圖何處？
(A)a處
(B)b處
(C)c處
(D)d處。　　　　　　　　　　　　【統測】

（　）**34** 有關銲接式碳化物車刀的識別及用途，下列敘述何者<u>不正確</u>？
(A)刀柄末端塗藍色，適用於碳鋼材料切削者為P類
(B)刀柄末端塗紅色，適用於鑄鐵材料切削者為K類
(C)刀柄末端塗綠色，適用於鑄鋼材料切削者為N類
(D)刀柄末端塗黃色，適用於不鏽鋼材料切削者為M類。　　【統測】

（　）**35** 有一後斜角負5°，前間隙角正8°的車刀，刀唇角為幾度？　(A)3°
(B)13°　(C)77°　(D)87°。　　　　　　　　　　　　【統測】

（　）**36** 車床的切削速度單位是？　(A)公厘／每分鐘　(B)公尺／每分鐘
(C)公厘／每迴轉　(D)公分／每迴轉。

（　）**37** 車床的自動進給量單位是？　(A)公厘／每分鐘　(B)公分／每分鐘　(C)公厘／每迴轉　(D)公分／每迴轉。

（　）**38** 設材料直徑為25mm，進刀量f＝0.05mm／轉，切削速度V＝100m／min，現欲車製70mm的長度，且漸進行程為5mm及空行程為5mm，求主軸迴轉數與所需的時間若干？　(A)0.25 mim
(B)1.25 mim　(C)1.5 mim　(D)1.75 mim。

（　）**39** 車削外徑20mm之銅棒，轉數500rpm，則其切削速度為：
(A)0.52m／sec　(B)0.52m／min　(C)31.4mm／min　(D)31.4m／sec。　　　　　　　　　　　　　　　　　　　【統測】

（　）**40** 以轉數為625 rpm、每轉進給為0.3mm之切削條件車削工件外徑時，若工件長度為150mm，須花多久時間完成車削？　(A)0.2 mim　(B)0.5 mim　(C)0.8 mim　(D)1.2 mim。　　【統測】

( ) **41** 在一車床上以碳化鎢刀具切削直徑為50mm之黃銅棒，查表得知切削速度應在200～300m／min之間，則車床主軸之轉數應為若干？
(A)1.273～1.91rpm　　　　(B)637～955rpm
(C)1273～1910rpm　　　　(D)4000～6000rpm。　　　【統測】

( ) **42** 車削直徑60mm之圓棒，切削速度約為130m／min，則下列主軸轉數何者應被選用？　(A)370rpm　(B)700rpm　(C)1200rpm
(D)1800rpm。　　　【統測】

( ) **43** 欲車削直徑為200mm之工件，若最佳切削速度為120m／min，則最適當之車床主軸轉數約為多少rpm？
(A)110　(B)190　(C)250　(D)320。　　　【統測】

( ) **44** 車削外圓直徑相同之細長軸時，常用一種隨著車刀移動，且與車刀尖形成三點支承住該軸之附件稱為？
(A)花盤　　　　　　　　(B)從動扶架（跟刀架）
(C)心軸　　　　　　　　(D)拉桿。

( ) **45** 有關利用車床進行車削加工，下列敘述何者<u>不正確</u>？
(A)可在尾座上裝置鑽頭對工件進行鑽孔加工
(B)三爪夾頭的三個顎爪，可同時自動指向同一中心運動以夾持工件
(C)花盤（又稱面盤）可用於夾持尺度大或不規則形狀的工件
(D)攻內螺紋時需將工件夾持在兩頂心之間。

( ) **46** 關於車削作業，下列敘述何者<u>不正確</u>？　(A)車刀安裝時，伸出長度愈短愈好　(B)以三爪夾頭夾持工件作偏心車削，快速又方便
(C)車刀刀柄之斷面積愈大愈好　(D)若使用墊片墊高車刀，墊片應盡量與刀柄全面接觸。　　　【統測】

( ) **47** 利用車床在不規則且重量不均勻之工件上車削一孔，應以何種工具來夾持？　(A)二爪夾頭　(B)三爪夾頭　(C)彈簧夾頭　(D)面盤（花盤）。　　　【統測】

( ) **48** 以車床車削一實心圓桿之外徑，此桿之直徑為50mm，長度為500mm，切削長度為420mm，則下列何種夾持方式最適合？
(A)花盤夾持　(B)兩頂心間夾持　(C)夾頭單邊夾持　(D)套軸夾持。　　　【統測】

( ) **49** 關於車床之夾頭工作，下列敘述何者<u>不正確</u>？
(A)彈簧夾頭可用來夾持圓形、方形或六角形等工件
(B)三爪夾頭不僅適合夾持圓形，亦可夾持六角形工件
(C)車削不規則形狀工件時，應使用花盤來夾持較適當
(D)四爪夾頭較適合夾持方形工件，但無法夾持圓形工件。　【統測】

( ) **50** 關於車床夾頭，下列敘述何者<u>不正確</u>？
(A)三爪夾頭具有自動對準功能，故適合夾持對稱截面之工件
(B)使用四爪夾頭夾持工件後，應先校驗中心
(C)四爪夾頭之各爪可獨立調整，適合夾持不規則截面之工件，故
　　不能用於截面為圓形者
(D)四爪夾頭之夾持力，較相同尺度之三爪者為高。　【統測】

( ) **51** 下列有關車床夾頭功能的敘述，何者<u>不正確</u>？
(A)面盤（又稱花盤）專用於夾持小型或規則形狀的工件
(B)四爪單動夾頭夾持力較強，且可夾持方形及不規則的工件
(C)三爪聯動夾頭拆卸工件速度快，但不適於夾持不規則的工件
(D)雞心夾頭在兩心間車削時，能快速夾持及拆卸工件。　【統測】

( ) **52** 選用車床夾頭須考慮包括工件形狀與加工部位等，但夾頭之種類
甚多，下列何者最適用於不規則工件之重車削？
(A)三爪自動夾頭　　　　　(B)磁力夾頭
(C)六爪單動夾頭　　　　　(D)四爪單動夾頭。　【統測】

( ) **53** 使用車床車削加工時，下列何種加工<u>最不適合</u>以兩頂心加工？
(A)內圓錐度　(B)外圓錐度　(C)偏心　(D)螺桿。　【統測】

( ) **54** 下列何種工件最不適合使用三爪聯動夾頭夾持，並於夾持後進
行車削加工？
(A)皮帶輪　　　　　　　　(B)六角棒材
(C)偏心軸　　　　　　　　(D)空心圓管。　【統測】

( ) **55** 車床橫向進刀螺桿節距6mm，螺桿端手柄刻度環有300格，第一
次切削後外徑54mm，再進12格切削，工作物外徑變成多少？
(A)50.2　(B)51.6　(C)53.52　(D)54.48　mm。

( ) **56** 車床橫向進刀螺桿節距6mm，螺桿端手柄刻度環有300格，第一次切削後內徑54mm，再進12格切削，工作物內徑變成多少？
(A)50.2 (B)51.6 (C)53.52 (D)54.48 mm。

( ) **57** 有關車床加工，下列敘述何者<u>不正確</u>？ (A)在兩頂心間工作，常配合雞心夾頭夾持工作 (B)以CNC車床車端面，當車刀切削點由中心向外緣方向移動時，其主軸轉數應加快 (C)車端面時，車刀由中心向外緣方向切削較佳 (D)壓花時應使用較低主軸轉數，且壓花次數不宜太多次。

( ) **58** 在車床上加工，下列何者<u>最不需要</u>使用尾座？
(A)鑽孔 (B)兩頂心間工作 (C)車內螺紋 (D)壓花。

( ) **59** 汽車上使用的曲柄軸（偏心軸），下列何者是最適合的加工法？
(A)粉末冶金法 (B)電積成型 (C)銑床銑削 (D)車床車削。

( ) **60** 用量錶測量偏心量$2^{+0.02}_{-0.03}$之偏心軸時，如該軸轉動一周，量錶長針應轉動？

(A)$2^{+0.02}_{-0.03}$ (B)$4^{+0.04}_{-0.06}$ (C)$4^{+0.02}_{-0.03}$ (D)$4^{+0.04}_{-0.03}$。

( ) **61** 車床壓花工作時，下列敘述何者<u>不正確</u>？ (A)壓花需使用尾座為佳 (B)壓花後尺度會稍為增大 (C)壓花刀柄需與工件中心線成垂直 (D)壓花可以不必使用任何切削液或機油，以保持乾淨。

( ) **62** 車床橫向進刀刻度盤每小格的切削深度為0.02mm，若要將工件的直徑從39.60mm車削成38mm，車刀還需進刀幾小格？
(A)15 (B)30 (C)40 (D)80。 【統測】

( ) **63** 關於車床工件，下列敘述何者<u>不正確</u>？
(A)進身切斷工作，車刀之刀尖應對準工件中心
(B)車床使用之跟刀架（follower rest），係固定於車床溜板鞍台（saddle）上，隨溜板之縱向進刀而移動
(C)車床之規格，主要以旋徑及兩頂心間的距離表示
(D)車削短工件之外徑時，應採用複式刀具台進刀。 【統測】

( ) **64** 關於輥壓花紋作業，下列敘述何者<u>不正確</u>？
(A)輥壓花紋可使工件表面美觀或握持容易
(B)輥壓花紋之進刀與退刀，不能在工件停止旋轉時進行
(C)一般鋁材通常壓2至3次，以便加深紋路
(D)輥壓花紋後，工件的直徑會增大。　　　　　【統測】

( ) **65** 關於車削之工作原則，下列敘述何者<u>不正確</u>？
(A)刀具選用要依其材質、大小而加以利用，切勿混合使用
(B)車削螺紋時，應儘可能利用斜進法或縱橫軸同進法
(C)車削工件時，通常先車外徑，然後再修端面
(D)車削錐度時，常會應用到尾座偏置法或複式刀座法。　【統測】

( ) **66** 有關車削加工操作，下列敘述何者正確？
(A)右手車刀的刀刃口在右側，車削時是由左向右進刀
(B)工件從外徑40.0mm車削成38.0mm時，其切削深度為2.0mm
(C)利用車床進行圓棒端面鑽孔時，鑽頭裝在以低速旋轉的尾座心
軸孔中
(D)利用車床進行圓棒端面切削時，車刀刀尖高度應與工件中心同
高，端面才不會留下小凸點。　　　　　　　　　【統測】

( ) **67** 一直徑40mm、長150mm之低碳鋼圓棒，以車床車削加工成最大
徑為35mm之階級桿，參考圖，若將圓棒夾持於a端後，開始車
削時，應最先車削之部位為下列何者？
(A)鋼棒之外表黑皮
(B)b端之端面B處
(C)距b端約80mm處之淺溝識別記號
(D)車外徑至約35.5mm左右。　　　　　　　　　【統測】

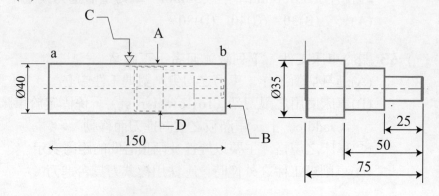

( ) **68** 若由圖(a)直徑 50mm、長 150mm之低碳鋼圓棒車削製成如圖(b)
之內孔工件時，不需要使用下列何種刀具？
(A)鑽頭　(B)內孔車刀　(C)輥花刀　(D)截斷刀。　　【統測】

(a)

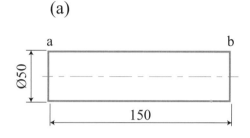

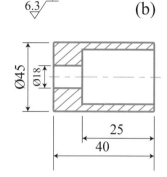

(b)

( ) **69** 有關於車削加工之敘述，何者正確？
(A)一般而言，粗車削轉數宜大於精車削轉數
(B)工件端面宜為工件長度量測之基準面
(C)車削深度越大，進給宜越大
(D)使用同一把刀具，工件材質越硬，主軸轉數宜越高。　　【統測】

( ) **70** 下列有關車床壓花工作之敘述，何者<u>不正確</u>？
(A)適當的壓花速度大約是工件表面速度4.5～5m／min（或使用車
床的最低轉數）
(B)滾壓中若要停止車床，需先退出壓花刀以防工作物彎曲
(C)壓花後的工件直徑會比原直徑稍小一些
(D)滾壓中宜適當的使用潤滑油。　　【統測】

( ) **71** 下列敘述何者<u>不正確</u>？
(A)莫氏錐度有8種
(B)0號莫氏錐度大於5號莫氏錐度
(C)莫氏錐度常用於麻花鑽頭柄上
(D)4號莫氏錐度小於5號莫氏錐度。

( ) **72** 在普通車床上欲車削錐度小及錐度長度較長的工件，可使用下列
何種方法？
(A)複式刀座法　　　　　　(B)錐度附件法
(C)尾座偏置法　　　　　　(D)成形刀法。

考前實戰演練

(　　) **73** 在普通車床上欲車削錐度大及錐度長度較短的工件，可使用下列
何種方法？
(A)複式刀座法　(B)錐度附件法　(C)尾座偏置法　(D)成形刀法。

(　　) **74** 在普通車床上欲車削錐度大及錐度長度較長的工件，且又要大量
生產時，可使用下列何種方法？
(A)複式刀座法　(B)錐度附件法　(C)尾座偏置法　(D)成形刀法。

(　　) **75** 以尾座偏置法車錐度$T=\dfrac{1}{5}$，工件錐度長50mm，工件全長200mm，
則尾座應偏置多少mm？
(A)20mm　(B)5mm　(C)10mm　(D)40mm。　　　【統測】

(　　) **76** 下列敘述何者<u>不正確</u>？
(A)車削錐度時，車刀刀尖未對準中心，將使錐度變大
(B)車削外徑時，車刀刀口高於中心時，後斜角變大，前隙角變小
(C)兩頂心工作時，活頂心不正，車削結果會產生偏心
(D)車螺紋時，刀尖未對準中心，牙角會變大。　　　【統測】

(　　) **77** 若工件之錐度為1：6，工件之錐度長為120mm，大徑為45mm，
下列敘述何者<u>不正確</u>？
(A)小徑為25mm
(B)半錐角為$\tan^{-1}(1/12)$
(C)錐度斜邊長約為120.82mm
(D)在錐度長度為60mm處，其直徑為35mm。　　　【統測】

(　　) **78** 如何在車床上車削出如圖所示
工件之錐度？
(A)用尾座偏置法，其尾座偏
置量為5mm
(B)用尾座偏置法，其尾座偏
置量為2.5mm
(C)用複式刀座偏轉法，偏轉
角度為5°
(D)用複式刀座偏轉法，偏轉角度為2.5°。　　　【統測】

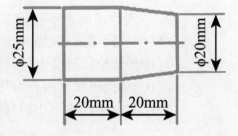

( ) **79** 以車床車製錐度（taper）為0.05的圓錐形桿件，其長度是40mm，若大徑是55mm，則小徑應為若干？
(A)50mm　(B)51mm　(C)52mm　(D)53mm。　　　【統測】

( ) **80** 一工作物長150mm，兩端直徑分別為30mm及20mm，錐度部分長100mm，則車製此工件時，其尾座偏置量為何？
(A)5mm　(B)7.5mm　(C)10mm　(D)15mm。　　　【統測】

( ) **81** 某一用於鑽床心軸的圓錐，經特殊量具量測後得出大徑為24mm、小徑為20mm、錐度長為200mm，則其錐角為何？

(A)$2\cot^{-1}\left(\dfrac{1}{100}\right)$　　　　　　(B)$2\tan^{-1}\left(\dfrac{1}{100}\right)$

(C)$2\cot^{-1}\left(\dfrac{1}{50}\right)$　　　　　　(D)$2\tan^{-1}\left(\dfrac{1}{50}\right)$。　　　【統測】

( ) **82** 長度100公厘之工件，其二端直徑若車削成30公厘與25公厘，則其錐度為何？　(A)$\dfrac{1}{5}$　(B)$\dfrac{1}{10}$　(C)$\dfrac{1}{15}$　(D)$\dfrac{1}{20}$。　　　【統測】

( ) **83** 欲切削一總長度為160mm之工件，其錐度部份的長度為100mm，錐度兩端直徑分別為30mm與20mm，現以尾座偏置法車削錐度，下列敘述何者正確？

(A)錐度值為$\dfrac{1}{20}$　　　　　　(B)錐度值為$\dfrac{1}{16}$

(C)尾座偏置量為8mm　　　　(D)尾座偏置量為5mm。　　　【統測】

( ) **84** 以尾座偏置法於一直徑大徑50mm、長400mm之圓桿上車削長200mm之錐度，若錐度小徑為40mm，則車床尾座之偏置量為多少？
(A)5mm　(B)10mm　(C)15mm　(D)20mm。　　　【統測】

( ) **85** 應用車床複式刀台車削錐度，以下敘述何者不正確？
(A)複式刀台進刀方向須調整為與錐度軸成半錐角
(B)可車削的錐度範圍大
(C)可使用自動進刀車削
(D)車削的錐度其長度受限於複式刀台之行程。　　　【統測】

( ) **86** 哪一種鑽床是一次可鑽許多排孔？ (A)靈敏鑽床 (B)多軸鑽床 (C)排列鑽床 (D)旋臂鑽床。

( ) **87** 一件須經過鑽孔、攻牙、鉸孔及鑽魚眼等重複鑽孔之工件，當多量生產時，宜使用何種鑽床鑽孔？ (A)靈敏鑽床 (B)旋臂鑽床 (C)排列鑽床 (D)多軸鑽床。

( ) **88** 下列敘述何者正確？ (A)旋臂鑽床規格一般以床面長度表示 (B)旋臂鑽床用於加工笨重工作物 (C)用鉸刀鉸削時，為斷屑與潤滑可反轉，以得精光加工面 (D)鑽床主軸孔應用加諾錐度。

( ) **89** 旋臂鑽床之規格常以： (A)旋臂轉角度 (B)旋臂長度 (C)旋臂鑽床高度 (D)旋臂鑽床重量 表示。

( ) **90** 鑽床不適合用來進行下列何種加工？ (A)鉸孔 (B)鑽錐坑 (C)切魚眼 (D)鑽方孔。 【統測】

( ) **91** 鑽削一般鋼材，鑽唇角為？ (A)60° (B)72° (C)90° (D)118°。

( ) **92** 鑽削一般鋼材，鑽唇間隙角為？ (A)2°～6° (B)8°～15° (C)16°～20° (D)20°～30°。

( ) **93** 鑽削一般鋼材，螺旋角約為？ (A)2°～6° (B)8°～15° (C)16°～20° (D)20°～30°。

( ) **94** 鑽削一般鋼材，靜點角約為？ (A)20°～60° (B)80°～105° (C)120°～135° (D)140°～180°。

( ) **95** 下列敘述何者不正確？
(A)直柄鑽頭∅10mm以下，每隔0.5mm一支
(B)鑽柄錐度通常為莫氏錐度
(C)鑽唇間隙不可有負角出現
(D)在鑽床上之鉸孔轉數通常小於鑽孔轉數。

( ) **96** 鑽孔時鑽頭跳動不停，鑽出的孔比原來尺度大許多，其原因可能為？ (A)鑽唇太薄 (B)鑽頭鈍化 (C)兩切邊不等長 (D)進刀過快。

(　　) **97** 麻花鑽頭之螺旋角越小，下列敘述何者正確？　(A)排屑阻力越小　(B)強度越大　(C)適用於軟工件　(D)可減少鑽切時之摩擦力。

(　　) **98** 關於鑽頭的刃角與選擇，下列敘述何者<u>不正確</u>？　(A)標準鑽頭的鑽唇角（lip angle）為118°　(B)鑽合金鋼的鑽唇角應比鑽碳鋼的鑽唇角為大　(C)鑽邊螺旋線與軸線之交角稱為螺旋角，一般鑽頭的螺旋角約為40°～50°　(D)一般鑽頭的鑽唇間隙角（lip clearance angle）約為8°～15°。　【統測】

(　　) **99** 鑽削碳鋼材料所使用之麻花鑽頭（twist drill），其鑽唇角（lip angle，又稱鑽頂角）較適宜之範圍為下列何者？
(A)55°～65°　　　　　　　(B)85°～100°
(C)110°～120°　　　　　　(D)12°～14°。　【統測】

(　　) **100** 下列有關鑽孔工作的敘述，何者<u>不正確</u>？
(A)旋臂鑽床適用於笨重或大型工件之鑽孔工作
(B)麻花鑽頭又稱扭轉鑽頭，是應用最廣泛的鑽孔工具
(C)鑽唇間隙角越大，鑽頭越銳利，適合於鑽削軟質材料
(D)鑽削鋼料的鑽唇角（又稱鑽頂角）為11度至18度。　【統測】

(　　) **101** 砂輪機研磨麻花鑽頭之鑽刃α角鑽削中碳鋼鋼板，α角如圖所示，該α角應約為多少度較為適宜？
(A)40°　(B)118°　(C)80°　(D)60°。　【統測】

(　　) **102** 下列何種錐度系統慣用於車床和鑽床主軸孔？　(A)莫斯錐度（MT）　(B)加農錐度（JT）　(C)白式錐度（B&S）　(D)錐梢（Taper pin）錐度。　【統測】

(　　) **103** 有關鑽頭，下列敘述何者<u>不正確</u>？　(A)鑽頭的排屑槽，其功能是作為排屑及切削劑的入口　(B)吱吱叫聲為鑽唇間隙角太大　(C)麻花鑽頭直徑在13mm以下時其柄為直柄　(D)中心鑽頭是雙直徑的錐坑鑽頭，其錐度為60°。

（　）**104** 欲在40mm厚之鋼板上，利用直徑20mm之鑽頭鑽一貫穿孔，設鑽削速度為31.4m／min，進刀量0.2mm／rev，鑽削時鑽頭離工件上方5mm，求鑽穿工件所需時間為若干？
(A)0.51min　(B)0.83min　(C)1min　(D)0.45min。　　　　【統測】

（　）**105** 鑽孔時，發生鑽頭折斷現象，下列何者<u>最不可能</u>為其折斷的原因？　(A)鑽頭太鈍　(B)鑽唇間隙角太小　(C)鑽屑排除不良
(D)進刀太慢。　　　　【統測】

（　）**106** 一高速鋼鑽頭在中碳鋼上鑽20mm孔，深度為5mm，若鑽削速度為20m／min，試計算鑽頭主軸轉數約為何？
(A)64rpm　(B)80rpm　(C)200rpm　(D)318rpm。　　　　【統測】

（　）**107** 有關鑽削加工，下列敘述何者正確？
(A)鑽床的規格是以鑽床高度表示
(B)工件硬度是決定鑽削速度的主要因素
(C)鑽導孔主要是為利於排屑
(D)鑽唇長度不等並不會影響孔徑大小。　　　　【統測】

（　）**108** 在CNC銑床上鑽削陣列孔，其中X方向計有6個孔，間距為120mm，Y方向計有2個孔，間距為40mm，如圖所示。若每鑽一孔所需時間為10秒，且每一孔與每一孔間的移動速度為840mm／min，試估算最少的總加工時間約為何？
(A)2.3min　(B)3min　(C)3.3min　(D)4min。　　　　【統測】

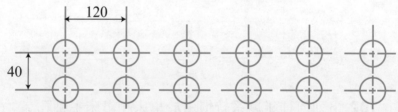

（　）**109** 下列關於鑽削加工之敘述，何者<u>最不正確</u>？
(A)鑽削時發生尖銳聲且鑽屑變藍，可能原因之一是鑽頭變鈍
(B)鑽削速度是指鑽頭之表面切線速度，故可以表示成：π×鑽頭直徑×主軸轉數
(C)鑽刃之餘隙角太小是鑽頭折斷的可能原因之一
(D)鑽削加工均不可使用切削劑。　　　　【統測】

( ) **110** 以直徑10mm的高速鋼鑽頭鑽削鋁合金工件，若適當的鑽削速度為63m／min，宜選用的主軸轉數約為：
(A)2500rpm　　　　　　(B)2000rpm
(C)1500rpm　　　　　　(D)1000rpm。　　　　　【統測】

( ) **111** 有關鑽頭，下列敘述何者<u>不正確</u>？
(A)鑽頭的排屑槽，其功能是作為排屑及切削劑的入口
(B)鑽中心孔要用中心規
(C)麻花鑽頭直徑在13mm以下時其柄為直柄
(D)中心鑽頭是雙直徑的錐坑鑽頭，其錐度為60°。

( ) **112** 對於鑽床工作法，下列敘述何者<u>不正確</u>？　(A)鑽孔時會吱吱叫，是因為鑽頭鈍化或鑽唇間隙角太小　(B)單邊捲屑是因為鑽唇半角不相等或切邊不等長　(C)鑽削大量相同工件時，應採用鑽模來輔助生產　(D)進行圓桿工件之圓周面鑽孔時，最容易定位之夾具為虎鉗。　　　　　【統測】

( ) **113** 關於鑽孔作業，下列敘述何者<u>不正確</u>？
(A)以壓板夾持工件時，T型螺桿應儘量靠近階梯枕，工件夾持比較牢固
(B)鑽削交叉孔時，應先鑽大孔，再鑽小孔
(C)一般鑽削鋼材時所用鑽頭的鑽頂角（又稱鑽唇角或鑽刃角）為118度，但對於較硬的工件材質可選擇較大者
(D)鑽削大孔前應先以小鑽頭導孔，而小鑽頭的直徑應略大於大鑽頭靜點之寬。　　　　　【統測】

( ) **114** 鉸孔前必須先鑽孔，在低碳鋼材料工件上鉸12mm直徑的孔，其鑽頭的直徑應為多少最適當？
(A)9.6mm　　　　　　(B)10.8mm
(C)11.5mm　　　　　　(D)11.8mm。　　　　　【統測】

( ) **115** 使用鉸刀鉸光直徑為9mm的孔，要先用多大直徑鑽頭鑽孔？
(A)8.0mm　　　　　　(B)8.5mm
(C)8.8mm　　　　　　(D)9.0mm。　　　　　【統測】

(　) **116** 關於孔的鉸削作業，下列敘述何者<u>不正確</u>？
(A)過大的鉸削量容易引起震動，使加工面不平滑
(B)鉸削時，鉸刀沿其軸向的動作，只能前進而不能反轉後退
(C)可調式鉸刀更換刀刃時應全部更換，以免鉸削不均勻
(D)鉸削不鏽鋼材料的孔時，不可使用切削劑。　　　　【統測】

(　) **117** 有關鑽頭，下列敘述何者正確？　(A)麻花鑽頭是目前機工廠使用最多的鑽頭，最常見的麻花鑽頭有三條槽及三個刃口　(B)中心鑽頭係由一小麻花鑽頭與60°錐孔鉸刀組合而成　(C)麻花鑽頭直徑在13mm以下者使用錐柄，可以直接套入鑽床主軸內孔　(D)中心鑽頭的規格係以60°錐孔鉸刀的長度來表示。　　　　【統測】

(　) **118** 為使鉋削之圓柱形工件可較穩固地夾持，宜選擇下列何種夾具？　(A)平口虎鉗　(B)V形枕及虎鉗　(C)壓板　(D)C形夾及角板。　　　　【統測】

(　) **119** 關於鑽削加工，下列敘述何者<u>不正確</u>？　(A)鑽削加工之離心力較大，用手將工作物握持固定即可　(B)鑽削加工前應先畫中心線　(C)鑽頭彎曲變形是造成鑽頭有晃動現象的可能原因之一　(D)鑽頭太鈍可能會造成鑽頭折斷。　　　　【統測】

(　) **120** 下列有關鉸孔工作的敘述，何者<u>不正確</u>？
(A)進退鉸刀均需順時針方向旋轉
(B)鉸削前的鑽孔直徑＝鉸孔直徑－鉸削裕留量
(C)機械鉸刀之鉸削速度約等於同直徑鑽頭之鑽削速度
(D)具螺旋刃之鉸刀，相較於直刃鉸刀，其鉸削阻力較小，不易震動。　　　　【統測】

(　) **121** 下列有關鑽孔之敘述，何者<u>不正確</u>？
(A)鑽模夾具（drill jig and fixture）不適用於大量生產、精密鑽孔之工件夾持
(B)一般鑽削鋼料的鑽唇間隙角（lip clearance angle）宜為8～12度
(C)一般鑽頭直徑13mm以下者為直柄，13mm以上者為錐柄
(D)鑽唇角（lip angle）又稱鑽頂角，鑽削鋼料的鑽唇角宜為118度。　　　　【統測】

( ) **122** 下列有關鉸孔之敘述，何者<u>不正確</u>？
(A)一般而言，鉸孔可改善鑽削過之孔精度與表面粗糙度
(B)一般的鉸孔工作，仍以高速鋼材質之鉸刀為主
(C)鉸削裕留量，一般為固定值，和鉸孔直徑無關
(D)機械鉸削速度，一般多低於鑽削速度。 【統測】

( ) **123** 工件經畫中心線後、鑽孔前，應選擇下列何種尖沖（punch）
來沖中心眼較正確？

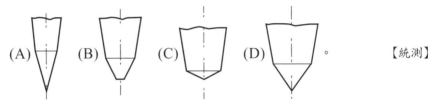

(A) (B) (C) (D) 。 【統測】

( ) **124** 有關沖子（punch）的使用及種類，下列敘述何者<u>不正確</u>？
(A)沖子可分為中心沖及刺沖，皆為不鏽鋼製成
(B)沖子尖端部分皆經過熱處理，以增加硬度
(C)中心沖的沖頭角度通常為90度，而刺沖為30度到60度不等
(D)工件劃線部位可使用刺沖打點做記號。 【統測】

( ) **125** 鑽削大孔徑時，先用小鑽頭鑽削導引孔的最主要目的為何？
(A)鑽屑排出 (B)減少鑽頭靜點阻力
(C)避免孔徑真圓度不足 (D)孔徑不會有毛邊。 【統測】

( ) **126** 以鉸刀鉸削鋼料時，下列何種操作方式較<u>不容易</u>損傷鉸刀？
(A)使用切削劑
(B)退刀時要反轉
(C)快速正轉與反轉並用
(D)慢速正轉與反轉並用。 【統測】

( ) **127** 下列何種錐度系統慣用於車床和鑽床主軸孔？
(A)莫斯錐度（MT）
(B)加農錐度（JT）
(C)白式錐度（B&S）
(D)錐梢（Taper pin）錐度。 【統測】

( ) **128** 僅將孔端周圍粗糙或不平的表面削平之鑽床工作是以下何者？
(A)鑽錐坑孔　　　　　　　(B)鑽中心孔
(C)鑽魚眼孔　　　　　　　(D)鉸孔。　　　　　　【統測】

( ) **129** 精確圓孔的加工程序何者最適當？
(A)鑽中心孔→搪孔→鑽孔→鉸孔
(B)鑽孔→鑽中心孔→搪孔→鉸孔
(C)鑽中心孔→鑽孔→搪孔→鉸孔
(D)鑽中心孔→搪孔→鉸孔→鑽孔。

( ) **130** 精密工件之孔要精確定位且要有精密公差，應以何種機器來製造？　(A)立式搪床　(B)工模搪床　(C)懸臂鑽床　(D)臥式搪式。

( ) **131** 臥式搪床加裝下列何種輔助器具可以增進搪孔精度？
(A)游標尺　(B)鋼尺　(C)光學尺　(D)分厘卡。

( ) **132** 一汽車用汽缸，若要精加工至 $100^{+0.015}_{0}$ mm的缸徑，則應使用下列何種加工方法？
(A)精密搪孔　(B)銑削　(C)鑽孔　(D)鉋削。

( ) **133** 下列鋸切工作中，下列敘述何者**不正確**？
(A)立式帶鋸機鋸條銲接後需要磨平處理
(B)往復沖程動力鋸的鋸架，回程係提升沖程
(C)摩擦鋸切可用於銅、鋁等軟金屬工件效果較好
(D)鋸條的規格是將其長度、寬度、厚度、齒數依序列出表示其大小。

( ) **134** 對於鋸切工作，下列敘述何者**不正確**？
(A)鋸條的跳躍齒是了鋸切長鋸路之工件以利容納切屑
(B)磨料圓鋸機（abrasive disk saw）之磨輪切削速度遠高於帶鋸之切削速度
(C)手工鋸往復皆有切削功能
(D)鋸切時至少兩齒以上同時在被鋸物上。

(　　) **135** 欲將帶鋸條銲成環帶狀，其操作步驟依序為：
(A)剪斷→熔接→回火（退火）→修整
(B)修整→回火（退火）→剪斷→熔接
(C)剪斷→回火（退火）→熔接→修整
(D)回火（退火）→剪斷→熔接→修整。

(　　) **136** 以帶鋸鋸切圓角時，下列敘述何者正確？　(A)圓角半徑愈大，選用之鋸條寬度要愈小　(B)圓角半徑愈小，選用之鋸條寬度要愈大　(C)圓角半徑愈大，選用之鋸條寬度要愈大　(D)選用固定寬度之鋸條即可。

(　　) **137** 有關鋸條的選擇原則，下列敘述何者正確？　(A)粗鋸齒適合鋸切薄工件，細鋸齒適合鋸切厚工件　(B)粗鋸齒適合鋸切硬材料，細鋸齒適合鋸切軟材料　(C)跳躍齒適合鋸切小截面的工件　(D)直齒適合精密鋸切鋼、銅及鋁合金材料的工件。　【統測】

(　　) **138** 關於手弓鋸鋸切金屬作業，下列敘述何者<u>不正確</u>？
(A)鋸條裝置於鋸架時，鋸齒尖應朝前
(B)鋸切時，應添加適當機油加以潤滑，以免鋸齒鈍化較快
(C)一般而言，鋸齒之寬度大於鋸背之寬度
(D)鋸切速度以每分鐘30至60次為宜。　【統測】

(　　) **139** 關於鋸切作業，下列敘述何者<u>不正確</u>？　(A)臥式帶鋸機主要用於鋸切下料　(B)帶狀鋸條鋸齒之形式有直齒、爪齒與隔齒等種類，隔齒適用於鋸切塑膠、硬木等材料　(C)立式帶鋸機之鋸條，可於機台上熔接完成　(D)立式帶鋸機可作直線鋸切，無法鋸切曲線或內輪廓。　【統測】

(　　) **140** 鉗工使用鋸條鋸切#18以下的薄鋼板時，以下列何者最為適當？
(A)14齒／25.4mm　　　　　　　(B)18齒／25.4mm
(C)24齒／25.4mm　　　　　　　(D)32齒／25.4mm。　【統測】

(　　) **141** 手弓鋸用鋸條規格為：$300 \times 12 \times 0.64 - 24T$，其中「24」代表什麼意義？
(A)鋸條厚度　　　　　　　　　(B)鋸條齒數
(C)鋸條長度　　　　　　　　　(D)鋸條寬度。　【統測】

（　）**142** 關於帶鋸機鋸條寬度的選用，下列何者最適合進行直角的鋸切工作？
(A)1.5cm　(B)2.0cm　(C)3.0cm　(D)5.0cm。　【統測】

（　）**143** 下列哪一種電動工具機最適合用來鋸切工件輪廓及曲線？
(A)圓鋸機　(B)帶鋸機　(C)弓鋸機　(D)砂輪機。　【統測】

（　）**144** 鉗工使用鋸條鋸切軟鋼時，下列何種鋸條最為適當？
(A)14齒／25.4mm　　　　　　(B)18齒／25.4mm
(C)24齒／25.4mm　　　　　　(D)32齒／25.4mm。　【統測】

（　）**145** 下列有關手工鋸鋸條的種類、用途與規格之敘述，何者<u>不正確</u>？
(A)鋸條的齒數越多，齒距越小，適用於大斷面或較軟材料之鋸切
(B)鋸條長度，一般分為200mm、250mm、300mm等
(C)鋸條的長度，是指鋸條二端圓孔的中心距離
(D)高速鋼鋸條的表面會塗上藍色或其他顏色的防鏽保護漆。
　【統測】

（　）**146** 下列手工具或機械中，何種<u>不是</u>以鋸切原理達成加工目的的？
(A)鑿刀　(B)手弓鋸　(C)鋼鋸機　(D)帶鋸機。　【統測】

（　）**147** 下列有關手弓鋸鋸條之敘述，何者正確？
(A)鋸條的規格，一般以「長度×寬度×厚度－齒距」表示
(B)鋸條的安裝，務必使鋸條的切齒朝向鋸架後方
(C)鋸條的齒數越多，齒距越小，適用於較大斷面或較軟材料之鋸切
(D)鋸條若搭配砂輪機使用，則有可能鋸切略小於原鋸條寬度之內方孔。
　【統測】

（　）**148** 以手工鋸（hacksaw）鋸切薄管，其鋸條之安裝方式為何？
(A)鋸齒尖應朝向遠離握柄方向
(B)鋸齒尖應朝向握柄方向
(C)依個人喜好而定，鋸齒尖可朝向前或朝向握柄均可
(D)依鋸條之鋸齒排列而定，但單交叉排列之標準型者，以鋸齒尖朝向握柄為原則。
　【統測】

( ) **149** 以手弓鋸進行鋸切時，下列敘述何者正確？
(A)若手邊有齒距分別為0.794mm、1.06mm、1.41mm的三種鋸條時，應選擇齒距1.41mm的鋸條來鋸切壁厚為1.2mm的鋼管
(B)工件快要鋸斷時，鋸切速度宜加快，施力要增加，以保持整齊之鋸路及減少毛邊現象
(C)鋸切時應滴注機油，以促進排屑，避免鋸屑堆積在鋸齒間
(D)鋸切速度太快，易造成鋸齒磨損，操作者疲勞。因此，鋸切次數一般約為每分鐘50至60次。　　　　　　【統測】

( ) **150** 欲鋸切內曲線輪廓，宜選擇下列何種鋸床？　(A)臥式帶鋸機
(B)立式帶鋸機　(C)弓鋸機　(D)圓鋸機。　　　　　　【統測】

( ) **151** 一般立式帶鋸機均附有鋸條熔接器以方便現場鋸條準備或折斷時銲接；鋸條熔接器為一總成，包含若干裝置，除了鋸條對頭銲接裝置外，還有以下何者？
(A)鋸條硬度測試裝置　　　　(B)鋸條剪切裝置
(C)鋸條平直度檢驗裝置　　　(D)鋸齒磨銳裝置。　　【統測】

( ) **152** 製造較厚工件圓孔，大量生產時，可以應用鑽床鑽孔，車床車孔及銑床銑孔等法加工，如需製造非圓形的通孔，如矩形或六角形等形狀等，最經濟有效的方法宜用？
(A)放電加工機　　　　　　(B)牛頭鉋床
(C)插床　　　　　　　　　(D)拉床。

( ) **153** 下列敘述何者正確？
(A)鑽頭柄錐度與車床頂心錐度不同
(B)壓（滾）花分成多次完成，以免傷及刀具與工件
(C)拉刀之切齒從頭到尾皆一樣，以保持拉削精度
(D)碳鋼比鑄鐵易切削，切削速度可較快。

( ) **154** 機製栓槽孔，其斷面最佳的加工方式為：　(A)車削　(B)銑削
(C)鉋削　(D)拉削。

( ) **155** 砲管、鎗管之來復線採以？　(A)連續式拉床　(B)表面拉床
(C)旋轉式拉床　(D)臥式拉力拉床　拉削而成。

（　　）**156** 有關拉削加工，下列敘述何者<u>不正確</u>？
（A)使用具連續切齒的拉刀，粗切及精切可一次完成
（B)對於槍管或大砲內側面的螺旋線，無法以此方法加工
（C)可用於加工凹槽、內孔、六角形孔等的大量生產工作
（D)加工面不能有凸起的阻礙物。　　　　　　　　【統測】

（　　）**157** 下列有關正齒輪加工之敘述，何者<u>不正確</u>？
（A)拉床拉製不適用於大量生產
（B)可用臥式銑床銑削
（C)銑削宜配合分度頭使用
（D)模數或徑節是選擇銑刀之重要條件。　　　　　【統測】

（　　）**158** 在傳統機械中，車床與銑床加工情形的比較，下列敘述何者正確？
（A)車床的刀具轉動，銑床的工件不動
（B)車床及銑床的工件皆轉動
（C)車床的工件轉動，銑床的刀具轉動
（D)車床及銑床的刀具皆轉動。

（　　）**159** 下列敘述何者正確？
（A)立式銑床（vertical milling machine）的主軸與水平面平行
（B)萬能銑床（universal milling machine）的床台可作水平旋轉
（C)床式銑床（bed type milling machine）的床台可做上下方向運動
（D)臥式銑床（horizontal milling machine）的主軸與水平面垂直。　　　　　　　　　　　　　　　　　　　　【統測】

（　　）**160** 關於銑床之規格，一般是以下列何者為主要依據？
（A)銑床變速範圍　　　　　（B)銑床總重量
（C)銑床主軸長度　　　　　（D)床台移動距離。　【統測】

（　　）**161** 銑床的規格經常以「號數」表示，而銑床號數係指以下何者？
（A)銑床床台的移動距離　　（B)銑床主軸的馬力數
（C)銑床床台的長度　　　　（D)銑床主軸直徑。　【統測】

(　　) **162** 下列何種銑刀在立式銑床上用途最為廣泛？
(A)平（普通）銑刀　　　　　(B)側銑刀
(C)成形銑刀　　　　　　　　(D)端銑刀。

(　　) **163** 下列何種銑刀在臥式銑床上用途最為廣泛？
(A)平（普通）銑刀　　　　　(B)側銑刀
(C)成形銑刀　　　　　　　　(D)端銑刀。

(　　) **164** 直柄立式端銑刀與銑床主軸之結合多仰賴？
(A)錐面結合　　　　　　　　(B)鍵與鍵槽
(C)插銷　　　　　　　　　　(D)彈簧夾頭。

(　　) **165** 臥式銑床之刀軸（桿）有一端為錐體，當它與主軸錐孔結合時，同時需以　(A)壓板　(B)C型夾　(C)拉桿　(D)插銷　鎖固之。

(　　) **166** 下列敘述何者正確？
(A)旋臂鑽床規格一般以床面長度表示
(B)面銑刀以螺栓鎖緊於短心軸端，大多用於立式銑床或龍門銑床來加工大平面
(C)用鉸刀切削時，為斷屑與潤滑，中間可反轉，以得精光加工面
(D)鑽床主軸孔應用茄諾錐度。

(　　) **167** 關於銑削，下列敘述何者<u>不正確</u>？
(A)以平銑刀（plain milling cutter）銑削材質較軟的工件時，應該選用較大斜角的銑刀
(B)平銑刀經常具有螺旋齒，以防止銑削時發生震動
(C)殼形端銑刀（shell end mill）常用於重切削
(D)銑削T形槽時，使用一把兩端面均有刃齒的T形槽銑刀（T-slot cutter）即可達成。　　　　　　　　【統測】

(　　) **168** 有關銑刀，下列敘述何者正確？
(A)常用的銑刀材質為陶瓷、立方氮化硼、鑽石
(B)平銑刀屬於心軸銑刀，其中心有一孔，專用於立式銑床
(C)端銑刀屬於有柄銑刀，大多用於臥式銑床
(D)面銑刀以螺栓鎖緊於短心軸端，大多用於立式銑床或龍門銑床來加工大平面。　　　　　　　　【統測】

(　　) **169** 於一傳動軸端上，以臥式銑床銑削10mm寬之鍵槽（key-way），
應選用下列何種銑刀最恰當？
(A)端銑刀（end milling cutter）
(B)側銑刀（side milling cutter）
(C)面銑刀（face milling cutter）
(D)角銑刀（angle milling cutter）。　　　　　　　　　【統測】

(　　) **170** 如圖之銑床銑削溝槽之示意圖，<u>最不可</u>
<u>能</u>為下列何種銑床？
(A)立式銑床
(B)萬能銑床
(C)臥式銑床
(D)NC銑床。　　　　　　　　　【統測】

(　　) **171** 下列有關選擇銑刀之敘述，何者<u>不正確</u>？
(A)工件材質較軟而有展性者，銑刀之徑向斜角應選擇略大者
(B)端銑刀（end mills）可以端面形狀區分，但只有方端和球鼻
端兩種，故應用範圍較小
(C)較硬材質之工件，應選擇銑刀之徑向斜角約 0°～10°為宜
(D)需要銑削平面時，可選擇平銑刀（plain milling cutter）或面
銑刀（face cutter）均可。　　　　　　　　　【統測】

(　　) **172** 以臥式銑床加工一工件之水平面，最常選用下列哪一種銑刀？
(A)方端之端銑刀　(B)T型槽銑刀　(C)普通銑刀（或稱平銑刀）
(D)鋸割銑刀。　　　　　　　　　【統測】

(　　) **173** 下列有關銑削加工之敘述，何者<u>不正確</u>？　(A)應選擇較大且可
以全部銑削之加工面最先銑削　(B)間隔環的主要功能是用以固
定銑刀之位置　(C)採用順銑法（或稱「下銑法」）銑削可減少
進給功率之消耗　(D)T型銑刀之端面沒有刀刃。　　　【統測】

(　　) **174** 關於銑削加工，下列敘述何者<u>不正確</u>？　(A)銑削之削除量，
係以單位時間之削除體積表示之　(B)銑削工件時，向上銑切法
（up-milling）為一般常用之銑削方法　(C)銑削時，不論銑刀
直徑之大小，皆使用固定之轉數銑切　(D)若工件之材質較軟且
具有展性，銑切時宜採用較大斜角之銑刀。　　　　　【統測】

( ) **175** 銑削正六面體的鑄鐵，銑削到第幾面時，才<u>不需要</u>在工件與活動鉗口間放置銅質圓棒？
(A)第一面 (B)第二面 (C)第三面 (D)第四面。 【統測】

( ) **176** 有關銑削速度與進刀，下列敘述何者正確？ (A)硬材料以高速銑削 (B)粗切削時，銑削速度較慢，進刀快 (C)精切削時，銑削速度快且進刀亦快 (D)高速切削且進刀快，可得良好表面粗糙度。 【統測】

( ) **177** 關於銑床工作，下列敘述何者<u>不正確</u>？
(A)銑床心軸錐孔大多採用美國標準銑床錐度
(B)欲獲得較光滑的銑切面，可適當降低銑刀之切削速度並增加工件之進給速度
(C)以銑刀銑切平面，採用向下銑切法，其銑削層開始較厚，逐漸減少而歸於零
(D)銑削T型槽時，一般先用端銑刀銑削一直槽，再用T型銑刀銑削之。 【統測】

( ) **178** 以一直徑為32mm之銑刀銑切工件，若銑刀之最佳銑削速度為15m／min，則銑床主軸之轉數為多少rpm？
(A)32 (B)65 (C)149 (D)679。 【統測】

( ) **179** 以100mm外徑的碳化鎢面銑刀銑削中碳鋼材料，銑刀每刀齒的進給為0.35mm，刀齒數為6，若銑削速度為150m／min，則其進給量為多少mm/min？
(A)315   (B)501.5
(C)752   (D)1003。 【統測】

( ) **180** 某金屬材料的最佳加工速度為314m/min，若以外徑100mm之六刃面銑刀銑切，銑床主軸以多少轉數最適合？
(A)167rpm   (B)500rpm
(C)1000rpm   (D)1667rpm。 【統測】

( ) **181** 一高速鋼螺旋齒平銑刀有10齒，做平面銑削，每刀齒每迴轉的進刀量為0.45mm，若主軸每分鐘100轉，則其總進刀量為何？
(A)45mm／min   (B)100mm／min
(C)450mm／min   (D)1000mm／min。 【統測】

( )　**182** 某一工件之銑削行程為480mm，銑削深度為0.4mm，銑削寬度
為25mm，而單位時間削除量為1200mm³／min，則該工件之銑
削過程需時若干？
(A)1.0min　　　　　　　　　(B)2.5min
(C)4.0min　　　　　　　　　(D)4.8min。　　　　　【統測】

( )　**183** 以直徑為80mm之12齒銑刀加工，轉數為180 rpm，銑刀每齒進
給量為0.2mm（亦即0.2mm／齒），求銑刀每分鐘進給量為何？
(A)192mm／min　　　　　　(B)432mm／min
(C)34560mm／min　　　　　(D)172800mm／min。　【統測】

( )　**184** 利用8刀齒（t）的高速鋼螺旋平銑刀來對銅質工件進行銑削工
作，若銑削行程為250mm、主軸轉數為100rpm、每刀齒每迴
轉的進刀量為0.25mm／t‧rev，則完成一次銑削行程所需時間
為何？
(A)1.25 min　　　　　　　　(B)2.50 min
(C)5.00 min　　　　　　　　(D)10.00 min。　　　【統測】

( )　**185** 銑床主軸以300rpm銑削工件，若進給率為120mm／min，且每
刃的進給量為0.1mm，試問此銑刀之刃數為何？
(A)4刃　(B)5刃　(C)6刃　(D)8刃。　　　　　　　【統測】

( )　**186** 以直徑100mm之碳化鎢銑刀，銑刀齒數（刀刃數）為6齒，銑
削中碳鋼，查表得知最佳銑削線速度為80m／min，若每齒進
刀設定為0.1mm，下列之計算結果何者正確？
(A)銑刀每分鐘迴轉數N＝2500～2700rpm
(B)銑刀每分鐘迴轉數N＝250～270rpm
(C)每分鐘進給量f_m＝25～27mm／min
(D)每分鐘進給量f_m＝250～270mm／min。　　【統測】

( )　**187** 兩把外徑相同的銑刀，以相同的銑削速度和銑削深度進行零件
的銑削加工。若銑刀A的齒數為12，每齒進給量為0.25mm；銑
刀B的齒數為8，每齒進給量為0.15mm，則銑刀A的進給速度
（mm/min）會是銑刀B的幾倍？
(A)0.4　(B)0.9　(C)1.7　(D)2.5。　　　　　　　　【統測】

( ) **188** 擬使用直徑12mm之高速鋼（HSS）端銑刀切削鑄鐵，已知理想的切削速度為每分鐘20公尺（m／min），則宜設定的銑刀每分鐘轉數（rpm）下列何者最適合？

(A)190rpm　(B)380rpm　(C)530rpm　(D)890rpm。　【統測】

( ) **189** 面銑刀有5刃，擬以每迴轉每刃進刀0.12mm銑削鋼料，假設面銑刀每分鐘轉數為400rpm，則其進給速率宜設定為何？

(A)80mm／min (B)120mm／min
(C)180mm／min (D)240mm／min。　【統測】

( ) **190** 關於銑床加工，下列敘述何者不正確？
(A)床台如能旋轉角度，則為萬能銑床
(B)螺旋平銑刀齒數較少者適宜於重銑削
(C)交錯側銑刀適合於重銑削和深切削
(D)銑削鑄鐵應採用向下銑法。

( ) **191** 銑削方向採用上銑法，下列敘述何者不正確？
(A)床台進給裝置之背隙可自動消除
(B)夾持容易、無震動、加工面精度高
(C)銑刀刀齒受力始輕末重，銑刀刃不易斷裂
(D)適宜銑削鑄件黑皮面。

( ) **192** 對於上銑法與下銑法，下列敘述何者不正確？　(A)上銑法加工面較差　(B)上銑法較易產生震動　(C)下銑法是工件進給方向與銑刀迴轉方向相反　(D)上銑法適於銑削鑄件黑皮面。

( ) **193** 有關銑削，下列敘述何者正確？
(A)下銑法床台必須有背隙消除裝置
(B)下銑法切削阻力大
(C)上銑法切削力與工作台之移動方向相同
(D)上銑法較無振動，加工面精度高。

( ) **194** 向上銑切又名逆銑法，其缺點為：　(A)易引起週期性震動　(B)螺桿餘隙不易消除　(C)不適宜鑄鐵之銑切　(D)易捲入工件壓損刀軸。　【統測】

考前實戰演練

( ) **195** 下列哪一點是銑削法中的順銑法（或稱下銑法）的優點？
(A)銑刀向下壓，夾持工件較簡單
(B)不易產生螺桿間隙
(C)因銑刀不直接與工件材料表面接觸，所以不易損傷
(D)因切削層厚度由零逐漸增大，銑刀受力始輕末重。　【統測】

( ) **196** 有關順銑法（又稱下銑法）與逆銑法（又稱上銑法）的比較，
下列敘述何者正確？　(A)順銑法產生切屑的方式為由薄到厚，
逆銑法產生切削的方式為由厚到薄　(B)順銑法較易產生震動，
但不需裝設背隙消除裝置　(C)採用順銑法的加工面較平滑，故
比逆銑法適合精加工　(D)順銑法產生的切削力為由小到大，故
刀刃不易崩裂。　【統測】

( ) **197** 有關銑床加工中之下銑法（Climb milling），又稱為順銑法，
下列敘述何者正確？
(A)切屑形成係由厚至薄
(B)切削力係由小至大
(C)刀刃磨耗較上銑法嚴重
(D)易生振動且不易排屑。　【統測】

( ) **198** 何者<u>不</u>是角銑刀銑削要注意事項？　(A)向下銑切　(B)銑刀角
與圓周面角度一致　(C)銑刀轉方向　(D)銑刀轉數。

( ) **199** 使用銑刀同時銑切工作物之二邊時稱為：
(A)跨銑（騎銑）法　(B)排銑法　(C)角銑法　(D)平面銑法。

( ) **200** 有關排銑，下列敘述何者正確？
(A)根據小徑銑刀之刀齒數決定進給率
(B)根據大徑銑刀之齒數決定進給率
(C)根據刀齒數多者計算進給率
(D)根據刀齒數少計算進給率。

( ) **201** 銑削工作分析下列項目，何種順序為正確：A.開動機器，B.將
工具移近工件，C.裝上端銑刀，D.選擇正確轉數與轉向，E.進
給進刀刻度環歸零？
(A)ECDAB　(B)DECAB　(C)CDABE　(D)CDBAE。

( ) **202** 面銑削如圖所示之六面體，若六個面分別以數字1至6代表，且
1、2、3面分別與4、5、6面互相平行，則下列哪一種先後順序
最適當？
(A)1→2→3→4→5→6
(B)1→4→2→5→3→6
(C)1→2→5→4→3→6
(D)1→2→4→3→5→6。

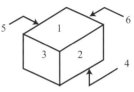

【統測】

( ) **203** 銑床上之分度頭，其內有蝸桿與蝸輪，蝸桿由分度頭外之搖
柄旋轉，蝸輪固定於主軸上，蝸桿與蝸輪之轉數比為40：1，
則搖柄旋轉1圈，主軸應旋轉？　(A)360°　(B)180°　(C)90°
(D)9°。

( ) **204** 銑床上之分度頭，其內有蝸桿與蝸輪，蝸桿由分度頭外之搖
柄旋轉，蝸輪固定於主軸上，蝸桿與蝸輪之轉數比為40：1，
則搖柄旋轉10圈，主軸應旋轉？　(A)360°　(B)180°　(C)90°
(D)9°。

( ) **205** 一使用蝸桿與蝸輪傳動之分度頭，其減速比為1：40，配合使
用一具39孔之分度板，依簡式分度法，欲作30等分，則每等
分應轉？　(A)35孔距　(B)一圈又1孔距　(C)一圈又10孔距
(D)一圈又13孔距。

( ) **206** 減速比1：40之分度頭，配合使用27孔圈之分度板，以簡式分
度法將圓周依17°20'實施等分，則每等分搖柄應轉動：
(A)1圈又17孔　(B)18孔　(C)1圈又25孔　(D)1圈又18孔。

( ) **207** 有關分度頭使用，下列敘述何者<u>不正確</u>？
(A)要以直接分度法等分圓周8等分，可用24孔之分度盤每次轉
3孔
(B)要以複式分度法分度77等分，可用有21孔和33孔之分度板
(C)要以角度分度法分出17°24'，曲柄每次可轉$1\frac{15}{16}$圈
(D)以簡單分度法銑切32齒的齒輪，曲柄每次可轉$1\frac{4}{16}$圈。

(　) **208** 下列何種角度測量儀器是利用蝸桿與蝸輪原理實施分度，且適於銑床加工？
(A)分度盤　(B)正弦桿　(C)組合角尺　(D)量角器。　　　【統測】

(　) **209** 以白朗氏型（B&S）分度板等分19°時，曲柄應轉幾轉？
(A)$2\frac{2}{9}$轉　(B)$1\frac{1}{18}$轉　(C)$2\frac{2}{18}$轉　(D)$2\frac{2}{19}$轉。　　　【統測】

(　) **210** 一分度頭的蝸桿和蝸輪轉數比為40：1，並搭配辛西那提（Cincinati）分度板，且應用簡式分度法作圓周18等分之分度工作，試問每等分之搖柄轉數為多少？
(A)$2\frac{6}{25}$　(B)$2\frac{7}{39}$　(C)$2\frac{12}{54}$　(D)$2\frac{14}{62}$。　　　【統測】

(　) **211** 關於銑切一模數為3且齒數為30之正齒輪，下列敘述何者<u>不正確</u>？
(A)齒輪之周節為3πmm
(B)齒輪之外徑為93mm
(C)應選用相同模數、壓力角與適當齒形曲線之齒輪銑刀銑切之
(D)銑切完成後之齒輪，可以齒輪游標卡尺（gear tooth vernier caliper）檢驗其弦線齒厚。　　　【統測】

(　) **212** 銑床分度蝸輪為40齒，採用白郎夏普（Brown & Sharp）公司之分度頭及分度板，若欲銑製20齒之齒輪，其分度曲柄應轉動多少轉？　(A)0.5轉　(B)1轉　(C)2轉　(D)20轉。　　　【統測】

(　) **213** 在銑床上要利用成形銑刀來製作28齒的正齒輪，應使用何種裝置，可得到最好的等分精度？　(A)旋轉式工作台　(B)分度頭　(C)旋轉刀軸　(D)迴轉台。　　　【統測】

(　) **214** 某一銑床分度頭，其蝸桿和蝸輪的回轉比為40：1，蝸桿每英吋有4牙，以簡單分度法（普通分度法）在軸上銑削16齒之齒輪，則每銑完一齒後曲柄應轉多少圈才能重新銑下一齒？
(A)$1\frac{3}{5}$　(B)$2\frac{1}{2}$　(C)4　(D)10。　　　【統測】

（　）**215** 分度頭為銑床的重要附件，其內有蝸桿和蝸輪，一般分度頭蝸桿和蝸輪的回轉比為何？
(A)40：1　(B)30：1　(C)20：1　(D)10：1。　　　　【統測】

（　）**216** 無心磨床的優點甚多，下列敘述何者不正確？
(A)操作技術，勿需太多
(B)加工速度，適宜大量生產
(C)外圓尺度，易於控制
(D)磨削空心圓筒，保證內外圓為同心。

（　）**217** 關於無心磨床工作，下列敘述何者不正確？
(A)工件中心常高於兩輪的連心線
(B)扶料架之昇降將影響工件直徑尺度
(C)工件與磨輪轉向相同
(D)調節輪無磨削作用。

（　）**218** 對於無心磨床，下列敘述何者不正確？
(A)不需要夾持工件之夾具
(B)適於大量生產
(C)不能磨削有平面或溝槽之工件
(D)對於中空之工件，可確保內圓與外圓同心。

（　）**219** 將工件面與磨面相接觸，然後使兩面相對運動並時常做新接觸，兩面之間加入磨料細粉、水、油、油脂等使發生摩擦，以增進尺度精度，此種方法稱為？
(A)搪磨（honing）
(B)研磨（lapping）
(C)超光製（Superfinishing）
(D)拋光（polishing）。

（　）**220** 在已經完成的加工面上，以磨石作刀具再作精磨，去除表面磨痕的加工法稱為？
(A)超光製（super finishing）
(B)拋光（polishing）
(C)研磨（lapping）
(D)搪磨（honing）。

（　　）**221** 有關無心研磨加工，下列敘述何者<u>不正確</u>？
(A)工件需以頂心或夾頭支持
(B)無軸向推力，工件不會彎曲
(C)研磨工件長度不受限制
(D)操作迅速，適合大量生產。

（　　）**222** 無心磨床，並非指磨床或砂輪無中心軸，係指加工時工件不必夾持，而二個砂輪及一個工件：
(A)V型砧　(B)夾頭　(C)筒夾　(D)支持板　組成。

（　　）**223** 磨削工作中，下列敘述何者<u>不正確</u>？
(A)無心磨床有通過、定位和末端等三種進給法
(B)通過進給法適用於磨削整支直的圓柱或錐度等工作
(C)定位進給法適用於磨削工件有肩部或頭部
(D)末端進給法適用於磨削錐度工作。

（　　）**224** 有關無心磨床，下列敘述何者<u>不正確</u>？
(A)不需要夾頭　　　　　　(B)不需要頂心
(C)工作不易變形　　　　　(D)無法自動化操作。　　【統測】

（　　）**225** 下列何種加工方式，以去除工件之微量尺度：
(A)輪磨（grinding）　　　(B)車削（turning）
(C)研磨（lapping）　　　(D)抽製（drawing）。　　【統測】

（　　）**226** 關於磨床工作，下列敘述何者<u>不正確</u>？
(A)平面輪磨可分為水平心軸與垂直心軸二種輪磨
(B)外圓輪磨，若將工件支持在二頂心間，可輪磨外徑與外錐度
(C)無心磨床易於加工有數種直徑段差之軸件
(D)無心磨床之加工，無法完全免除工件之撓曲。　　【統測】

（　　）**227** 在一外圓無心磨床上作通過進給（直進法）研磨，切削磨輪直徑為200mm，每分鐘轉數為3000轉，調整輪直徑為120mm，每分鐘轉數為130轉，調整輪傾斜角度為8°，求工作件每分鐘的進給量：（$\sin 8° = 0.139$）
(A)6.8m／min　　　　　　(B)26.0m／min
(C)360.6m／min　　　　　(D)601.0m／min。　　【統測】

( ) **228** 無心磨床最適合進行下列何種磨削？
(A)凹槽　(B)平面　(C)端面　(D)外圓周。　【統測】

( ) **229** 下列關於磨床及磨削之敘述，何者不正確？　(A)磨削常用來加工硬度較高之工件　(B)磨床可控制之最小加工深度較車床或鉋床為淺　(C)砂輪是平面磨床最重要的消耗性零件之一　(D)不同於龍門鉋床，龍門平面磨床之床台固定而不做往復運動。　【統測】

( ) **230** 下列關於磨削加工之敘述，何者最正確？
(A)平面磨床常以磁力夾頭吸著需磨削之工件
(B)無心磨床係指其研磨砂輪不與動力軸心固定
(C)以無心磨床磨削加工時，在加工前須以中心沖定出工件之中心位置
(D)應選用粗粒度砂輪以精磨削精密塊規。　【統測】

( ) **231** 欲研磨銑刀刀刃，宜選擇下列何種磨床？　(A)工具磨床　(B)外圓磨床　(C)無心磨床　(D)平面磨床。　【統測】

( ) **232** 砂輪標記為WA－60－I－6－R－2－B－250×25×15，下列敘述何者不正確？　(A)I代表組織　(B)B代表緣形　(C)15代表孔徑　(D)60代表粒度。

( ) **233** 對於磨削軟材料之工作物，有關於磨料之粒度，結合度或組織之選擇，下列何者是不正確的？　(A)細粒　(B)粗粒　(C)硬結合度　(D)鬆組織。

( ) **234** 磨輪之磨料若為碳化矽結晶，不適合研磨：　(A)鋼　(B)鑄鐵　(C)銅及銅合金　(D)鋁及鋁合金。

( ) **235** 下列何者屬於砂輪人造磨料？
(A)氧化鋯　(B)PVC粉　(C)金剛砂　(D)固體石英。

( ) **236** 砂輪粒度之選擇原則，下列敘述何者不正確？
(A)粗磨削用粗粒，細磨削用細粒
(B)工件表面粗糙度高用細粒，表面粗糙度不高用粗粒
(C)工件材料軟用細粒，材料硬用粗粒
(D)與工件接觸面大用粗粒，接觸面小用細粒。

（　）**237** 有關磨床砂輪，下列敘述何者<u>不正確</u>？
(A)粗磨削用粗粒，細磨削用細粒
(B)硬材料用細粒，軟材料用粗粒
(C)軟材料用軟砂輪，硬材料用硬砂輪
(D)粗糙面用硬砂輪，光滑面用軟砂輪。

（　）**238** 有關砂輪製法，下列敘述何者<u>不正確</u>？
(A)V法是指金屬結合法
(B)E法所製的砂輪強韌且富彈性
(C)S法是以水玻璃當作結合劑
(D)樹脂結合法簡稱B法。

（　）**239** 一砂輪規格為WA－36－J－5－V－1A－200×25×32，其中「1」代表什麼意義？
(A)組織　(B)粒度　(C)形狀　(D)外徑。

（　）**240** 關於砂輪，下列敘述何者<u>不正確</u>？
(A)磨削軟材料應使用粗粒度磨料之砂輪
(B)迴轉數度高者應使用硬結合度之砂輪
(C)工件粗糙度要求高應採用組織（結構）細緻之砂輪
(D)樹脂法結合力強，用於金屬切斷。　　【統測】

（　）**241** 綠色碳化矽（GC砂輪）適用於下列何者？
(A)粗磨削碳化鎢刀具　　　(B)研磨低抗拉強度材料，如鑄鐵
(C)磨削高速鋼　　　　　　(D)磨削展性鑄鐵。　　【統測】

（　）**242** 在下列那一個加工條件下，使用鬆組織的砂輪比使用密組織的砂輪更為適當？　(A)粗磨削加工時　(B)磨削硬質材料時　(C)工作物與砂輪的接觸面積小時　(D)乾磨削加工時。　　【統測】

（　）**243** 關於砂輪之選用，下列敘述何者<u>不正確</u>？
(A)機械馬力較大者，可選用結合度較硬之砂輪
(B)砂輪面上若小孔多，易使磨料尖端顯露，因此磨削力較強
(C)水玻璃、橡膠及樹脂均可當作砂輪之結合劑
(D)砂輪編號中之組織是指磨料、結合劑與空隙之距離，其中0級最疏，而14級為最密。　　【統測】

( ) **244** 一砂輪規格為WA－36－J－5－V－1－A－200×25×32，其中「200」代表什麼意義？ (A)組織 (B)粒度 (C)形狀 (D)外徑。 【統測】

( ) **245** 有關砂輪選用，下列敘述何者正確？
(A)褐色氧化鋁磨料比白色氧化鋁磨料純度高，適用於磨削高速鋼及淬硬鋼
(B)粗磨削選用密組織的砂輪，精磨削選用鬆組織的砂輪
(C)粗磨削選用細粒度的砂輪，精磨削選用粗粒度的砂輪
(D)粗磨削選用結合度強的硬砂輪，精磨削選用結合度弱的軟砂輪。 【統測】

( ) **246** 砂輪規格C－46－K－8－V－2000，其中2000代表的標記內容為下列何者？
(A)有效使用年限　　　　　(B)最高使用周速度
(C)磨料粒度　　　　　　　(D)結合硬度。 【統測】

( ) **247** 研磨碳化物外徑車刀刀片時，通常選用何種砂輪？
(A)鑽石砂輪　　　　　　　(B)氧化鋁砂輪
(C)立方氮化硼砂輪　　　　(D)綠色碳化矽砂輪。 【統測】

( ) **248** 下列有關砂輪構造的敘述，何者正確？
(A)砂輪磨料硬度高稱為「硬砂輪」
(B)砂輪磨粒號數愈小，其粒度愈細
(C)疏（鬆）組織砂輪適用於精磨作業
(D)結合度弱之砂輪適用於硬質材料之磨削。 【統測】

( ) **249** 下列有關砂輪選用之敘述，何者正確？
(A)砂輪磨粒號數愈大，其粒度愈細
(B)研磨工具鋼及高速鋼，一般選用碳化矽磨料
(C)軟砂輪適用於軟質材料之磨削
(D)疏（鬆）組織砂輪適用於硬質材料之精磨作業。 【統測】

( ) **250** 有一規格為GC－46－M－6－B－1－A－200×25×32的砂輪，其中「B」代表砂輪的結合劑為：
(A)黏土 (B)合成樹脂 (C)金屬 (D)橡膠。 【統測】

(　) **251** 以下何者是砂輪製造最常使用的結合劑？
(A)黏土　(B)橡膠　(C)樹脂　(D)金屬。　　　　　【統測】

(　) **252** 砂輪之檢查與安裝，下列敘述何者正確？
(A)音響檢查聲音清脆表砂輪是好的
(B)平衡試驗是檢查砂輪外圓圓不圓
(C)緣盤與砂輪接觸而不必挾吸墨紙
(D)工件支架要調整與砂輪磨擦面不得超過10mm。

(　) **253** 下列敘述何者<u>不正確</u>？
(A)砂輪機心軸兩端之螺紋，左側為左螺紋，右側為右螺紋
(B)砂輪易碎所以切勿墜落、撞擊並注意存放勿受潮濕
(C)裝置砂輪之緣盤其內側應平直且不得大於砂輪直徑的1／3
(D)以黏土燒結製作的砂輪使用範圍較廣。

(　) **254** 磨削工作中，下列敘述何者<u>不正確</u>？
(A)平衡台及棒為砂輪位置平衡測試之用
(B)平衡台可置於任何位置，只要將砂輪位置平衡調整好即可
(C)砂輪音響檢查目的為察覺砂輪內部之裂痕
(D)砂輪音響檢查其聲音清脆為正常。

(　) **255** 砂輪做音響檢查，其目的為：
(A)檢查砂輪內部是否有裂痕
(B)檢查砂輪是否偏重
(C)檢查砂輪面是否平整
(D)檢查砂輪面是否填塞。

(　) **256** 兼具砂輪之削銳與削正工作之工具為下列何種削整器？
(A)鑽石削整器　　　　　　(B)碳化硼削整器
(C)機械式削整器　　　　　(D)化學式削整器。　　【統測】

(　) **257** 砂輪除了做音響檢查外，還需做平衡試驗，其目的為：
(A)檢查砂輪內部是否有裂痕
(B)檢查砂輪是否偏重
(C)檢查砂輪面是否平整
(D)檢查砂輪面是否填塞。　　　　　　　　　　【統測】

( ) **258** 一平面磨床有水平轉軸及往復式工作台，要磨削SAE1035中碳鋼，若砂輪的切線速度為30m／sec，砂輪直徑為250mm，則砂輪轉數應為若干？ (A)$\dfrac{1800}{\pi}$rpm (B)$\dfrac{3600}{\pi}$rpm (C)$\dfrac{7200}{\pi}$rpm (D)$\dfrac{14400}{\pi}$rpm。 【統測】

( ) **259** 砂輪規格A54－K10V－2000，尺度為300×100×25不適用於下列何種轉數？
(A)900rpm (B)1200rpm (C)1800rpm (D)2400rpm。 【統測】

( ) **260** 使用砂輪機研磨高速鋼（HSS）車刀，以下敘述何者不正確？
(A)調整扶刀架和輪面間隙不超過3mm
(B)避免站立於砂輪正前方工作
(C)研磨時，宜經常浸水冷卻以避免刀口溫度過高而軟化
(D)為使車刀磨削面整齊一致，宜多使用砂輪側面研磨。 【統測】

( ) **261** 平面粗磨削時，床台橫向進給量約為輪寬的？
(A)$\dfrac{1}{3}\sim\dfrac{1}{4}$ (B)$\dfrac{1}{2}\sim\dfrac{2}{3}$ (C)$\dfrac{2}{3}\sim\dfrac{3}{4}$ (D)$\dfrac{3}{4}\sim\dfrac{4}{5}$。

( ) **262** 圓筒磨床的工作分析，下列何種順序為正確：A砂輪修整，B砂輪及工件回轉，C手動調整移動空間，D裝上工件，E移動砂輪
(A)ACDBE (B)ACBDE (C)ADCBE (D)ABCDE。

( ) **263** 在磨床上作平面磨削，一般小型工件皆以下列何種方法固定？
(A)虎鉗夾持 (B)角板夾持
(C)床台夾持 (D)磁力夾持。 【統測】

( ) **264** 有關圓筒（柱）磨床磨削加工，下列敘述何者正確？ (A)使用軟質磨輪磨削工件時，磨輪轉數應增加 (B)工件轉數應與磨輪轉數相同 (C)控制磨削長度宜以擋塊設定 (D)磨削量不需考慮工件大小。 【統測】

( ) **265** 磨床手輪之刻度為每小格0.01mm，每轉一圈可移動5mm。進給量若設定為5.8mm時，則手輪應旋轉多少？ (A)1圈又40格
(B)1圈又60格 (C)1圈又80格 (D)1圈又120格。 【統測】

(　) **266** 下列關於磨削加工之敘述，何者最正確？ (A)平面磨床常以磁力夾頭吸著需磨削之工件 (B)無心磨床係指其研磨砂輪不與動力軸心固定 (C)以無心磨床磨削加工時，在加工前須以中心沖定出工件之中心位置 (D)應選用粗粒度砂輪以精磨削精密塊規。 　【統測】

(　) **267** CNC銑床的加工程式中，代表主軸機能及輔助機能的語碼字母分別為？ (A)S和M (B)G及F (C)G及M (D)F及T。

(　) **268** CNC銑床的加工程式中，代表準備機能及刀具輔助機能的語碼字母分別為？ (A)S及T (B)G及T (C)G及M (D)T及M。

(　) **269** 有關數值控制機械，下列敘述何者<u>不正確</u>？ (A)CNC車床只設定X、Z兩軸 (B)工件品質一致，檢查成本低 (C)需熟練之程式設計人員 (D)機器本身昂貴但維修容易。 　【統測】

(　) **270** 下列數值控制命令信號的儲存裝置，那一種最常被使用？ (A)孔卡 (B)磁碟 (C)孔帶 (D)磁帶。 　【統測】

(　) **271** 關於新型NC工具機，下列敘述何者<u>不正確</u>？ (A)NC工具機可任意設定工件座標之零點 (B)NC工具機大部份是利用梯形螺桿將旋轉運動轉換成直線運動 (C)NC工具機可利用刀具半徑補償功能來控制刀具路徑 (D)NC工具機除X、Y、Z軸之外，尚可加裝其它如A、B、C軸等。 　【統測】

(　) **272** NC工具機與非NC的專用工具機比較，下列敘述何者正確？
(A)NC工具機加工精度較差
(B)NC工具機對產品及產量的變化適應性較大
(C)NC工具機能加工的工件較簡單
(D)NC工具機設備比較便宜。 　【統測】

(　) **273** 何種設備整合自動化生產機器、工業機器人及無人搬運車，進行數種不同零件的加工？
(A)電腦輔助設計及製造系統（CAD／CAM）
(B)電腦數值控制系統（CNC）
(C)固定型自動系統（fixed automation）
(D)彈性製造系統（FMS）。 　【統測】

( ) **274** 撰寫數值控制程式必須先瞭解機器的座標系統，有關數值控制車床的座標系統，下列敘述何者正確？ (A)以X軸表示車刀作橫向移動，以Y軸表示車刀作縱向移動 (B)以Y軸表示車刀作橫向移動，以X軸表示車刀作縱向移動 (C)以X軸表示車刀作橫向移動，以Z軸表示車刀作縱向移動 (D)以Z軸表示車刀作橫向移動，以X軸表示車刀作縱向移動。 【統測】

( ) **275** 關於常用CNC車床程式碼，下列敘述何者<u>不正確</u>？
(A)程式碼之「X」軸是指「車床之主軸」方向
(B)程式碼之工作序號是以英文字母「N」開頭顯示
(C)「G97 S1200 M03」是指「主軸以1200 rpm正轉」之意
(D)「M30」、「M00」分別代表「程式結束」及「程式停止」
之意。 【統測】

( ) **276** 下列有關數值控制工具機的敘述，何者<u>不正確</u>？
(A)維護費用較傳統工具機低
(B)適合各種不同類型之加工，且工程管理容易
(C)產品品質穩定，檢驗費用減少
(D)主軸之轉數採無段變速。 【統測】

( ) **277** 下列有關數值控制工具機之敘述，何者<u>不正確</u>？
(A)有刀具庫與自動換刀裝置之銑床即為綜合切削中心機
（machining center）
(B)五軸綜合切削中心機可以利用平口端銑刀銑削出3D曲面
(C)綜合切削中心機無法加工出圓柱形工件
(D)銑床與車床可以複合化地結合在同一台機床。 【統測】

( ) **278** 數控工具機<u>不會</u>採用下列何者作為定位量測系統？
(A)感應尺又稱「磁力尺」 (B)光學尺
(C)編碼器 (D)滾珠導螺桿。 【統測】

( ) **279** 有關正確、安全的車床工作之敘述，下列何者正確？ (A)在車床上進行銼削時，操作者應儘量靠近夾頭以握持銼刀 (B)操作人員應穿工作服，並配戴安全眼鏡以及手套 (C)變換轉數前可先微微轉動夾頭，以使齒輪入檔 (D)刀塔夾爪上的方牙螺桿應添加潤滑油，以利螺紋鎖緊。 【統測】

(　　) **280** 一工件的直徑為40mm，若切削速度採用25m／min，則車床主
軸的轉數約為多少rpm？
(A)99rpm (B)199rpm
(C)299rpm (D)399rpm。 【統測】

(　　) **281** 有關車床切削加工之敘述，下列何者正確？
(A)工件材質愈硬，選用的主軸轉數應愈高
(B)主軸轉數愈慢，機械動力愈小，適合輕切削
(C)切削時是否使用切削劑，進給量都應維持一定
(D)切削鑄鐵時，可以不使用切削劑。 【統測】

(　　) **282** 有關高速鋼車刀的角度、名稱與功用之敘述，下列何者正確？
(A)斜角（rake angle）分為後斜角與邊斜角，功能之一是控制切
屑流向
(B)切削較硬材料時應採用大斜角，以減少摩擦
(C)間隙角（clearance angle）分為前間隙角與邊間隙角，角度通
常在20°左右
(D)切削較軟材料時應採用小間隙角，使刀具更銳利。 【統測】

(　　) **283** 一圓錐之錐度為1：25，若圓錐長為200mm，則其兩端直徑之
差為何？ (A)8mm (B)6mm (C)4mm (D)2mm。 【統測】

(　　) **284** 使用鑽床進行鑽孔加工時，下列敘述何者正確？ (A)小型工件
鑽孔時，用手直接抓住工件即可 (B)進行鑽孔工作時，應戴上
手套避免受傷 (C)大直徑的鑽孔，一般先鑽導孔，再更換為大
直徑的鑽頭 (D)小直徑鑽頭進行鑽孔工作時，宜採用低轉數、
大進給量。 【統測】

(　　) **285** 有關鉸刀與鉸孔加工之敘述，下列何者正確？
(A)鉸孔加工可以改善孔徑的精度，但對於提升表面粗糙度則不
顯著
(B)鋼料於鉸削加工時，一般應添加切削液
(C)鉸孔加工時，鉸刀以順時針方向旋轉鉸削，以逆時針方向旋
轉退出
(D)鉸孔加工時，鉸刀可以同時進行鑽孔與鉸孔切削。 【統測】

( ) **286** 有關手弓鋸的鋸切方法之敘述，下列何者<u>不正確</u>？ (A)工件的鋸切位置，以距離虎鉗的鉗口約5～10mm為宜 (B)一般鋸削行程，應在鋸條全長的80%以上 (C)每分鐘的鋸削次數以50～60次為恰當 (D)工件快要鋸斷前，要增加鋸切力量，並且加快鋸切速度。 【統測】

( ) **287** 在面銑（face milling）作業中，銑削300mm長之工件，已知銑刀直徑為200mm、銑刀齒數為10、每齒進刀量為0.25mm、切削速度為157m／min，則其加工時間約為多少秒？
(A)29秒 (B)39秒 (C)48秒 (D)58秒。 【統測】

( ) **288** 有關研磨加工之敘述，下列何者<u>不正確</u>？
(A)研磨加工屬多刃加工
(B)研磨面積大或砂輪迴轉數度高時，應選用硬砂輪
(C)研磨硬材料時，應選用軟砂輪
(D)無心磨床適合用於圓柱形工件之大量生產。 【統測】

( ) **289** 有關砂輪之敘述，下列何者正確？
(A)碳化矽磨料的代號為GC
(B)氧化鋁磨料的代號為WA
(C)硬材料應選用細粒度磨料，軟材料應選用粗粒度磨料
(D)砂輪結合劑使用黏土法時簡稱S法。 【統測】

( ) **290** 有關電腦輔助製造之敘述，下列何者<u>不正確</u>？
(A)開迴路（open-loop）與閉迴路（closed-loop）控制系統，最大的差別在於閉迴路系統具有回饋控制
(B)數值控制工具機，可以使用直流伺服馬達做為驅動裝置
(C)生產自動化的效益包含：產品多樣化、產品零件標準化與提高作業環境安全
(D)數值控制工具機使用的刀具，因切削速度與進刀變化範圍大，所以刀具耗損大、壽命短。 【統測】

( ) **291** 有一工件直徑為30mm，若以主軸轉數700rpm進行車削，則此工件之切削速度約為多少m／min？
(A)87 (B)66
(C)53 (D)34。 【統測】

考前實戰演練

（　　）**292** 有關車床切削加工之敘述，下列何者正確？
(A)工件的材質越硬，進給率應越小
(B)工件的材質越軟，切削速度應越小
(C)工件的切削深度增加時，應增加進給率
(D)工件的切削深度增加時，應增加切削速度。　　　【統測】

（　　）**293** 有關車床工作之敘述，下列何者正確？
(A)為了能確實夾緊工件，可增加夾頭扳手的力臂長度
(B)在車削中遇到嚴重的鐵屑纏繞時，應立即使用鐵屑勾清除
(C)調整複式刀座的角度應使用六角扳手
(D)車床的規格為300mm，表示夾頭的外徑為300mm。　　【統測】

（　　）**294** 有關高速鋼車刀之敘述，下列何者正確？
(A)後斜角（back rake angle）與邊斜角的功用，是避免刀具刃口
與工件產生摩擦
(B)切邊角（side cutting edge angle）的功用，是控制切屑厚薄與
切削力的分佈
(C)前間隙角（front clearance angle）與邊間隙角的功用，是引
導切屑流向與控制刃口強度
(D)在工件不產生振動的情形下，刀具的刀鼻半徑較小時，工件
的表面粗糙度較佳。　　　【統測】

（　　）**295** 有關碳化物刀具之敘述，下列何者正確？　(A)P01刀具材質適
用於低速切削與大進給率　(B)M01刀具材質適用於高速切削與
小進給率　(C)K50刀具材質適用於低速切削與大進給率　(D)M
類刀具的識別顏色為黃色，適用於切削韌性材料。　　【統測】

（　　）**296** 有關鑽孔切削之敘述，下列何者<u>不正確</u>？
(A)安裝直柄鑽頭時，夾持長度應儘量為鑽柄的全長
(B)畫十字線於工件欲鑽孔的位置後，再用中心衝在十字線交點
處衝出凹穴
(C)手動旋轉較大直徑的鑽頭，可以去除以小鑽頭鑽孔後所產生
的毛邊
(D)為讓工件於虎鉗上水平夾緊，可用鐵鎚敲平工件。　　【統測】

( )　**297** 一牛頭鉋床之鉋削行程角度為270°，回復行程角度為90°，若衝程長度為180mm，鉋削速率為60m／min，則每分鐘衝程次數為何？　(A)180　(B)200　(C)225　(D)250。　　【統測】

( )　**298** 用分度頭並以白朗氏（Brown&Shape）第一板之分度板銑削18齒的齒輪，則每銑削一齒，曲柄應旋轉的圈數與孔距為若干？
(A)在18孔圈上，旋轉2圈又4個孔距
(B)在21孔圈上，旋轉2圈又19個孔距
(C)在23孔圈上，旋轉2圈又17個孔距
(D)在31孔圈上，旋轉2圈又9個孔距。　　【統測】

( )　**299** 鎢系高速鋼，常見標準型為18-4-1，其中代號4表示：
(A)鉻含量4%　　　　　　　　(B)鎢含量4%
(C)鉬含量4%　　　　　　　　(D)鐵含量4%。　　【統測】

( )　**300** 有關碳化物車刀之敘述，下列何者正確？　(A)刀具編號33-2-P10，其中2為刀柄的尺寸　(B)右手外徑車刀的刀刃在右前方，適合由右向左的車削　(C)以油石礦光碳化物刀具時應保持乾燥，不可使用機油　(D)全新的銲接式碳化物車刀無須研磨刀角，可直接使用。　　【統測】

( )　**301** 工件直徑35mm，粗車削之切削速度50m／min，精車削時的切削速度需提高50%，則精車削之主軸轉數約為多少rpm？
(A)228　(B)455　(C)682　(D)1024。　　【統測】

( )　**302** 有關車削加工之敘述，下列何者正確？
(A)安裝車刀時刀把應盡量伸長，可防止刀架與工件碰撞
(B)工件校正好中心之後，應先車削外徑再車削端面
(C)工件具有黑皮表面時，不應使用劃線針與尾座頂心來校正中心
(D)端面車削刀尖超過中心點後，如果刃口低於工件中心，可能會導致刀尖崩裂。　　【統測】

( )　**303** 有關車床工作之敘述，下列何者<u>不正確</u>？　(A)車床尾座可安裝鑽頭進行鑽孔　(B)車床尾座可配合螺絲攻進行攻牙　(C)拉緊尾座的心軸固定桿可使整個尾座不再移動　(D)車床尾座手輪的刻度環，可計量尾座心軸前進與後退之距離。　　【統測】

（　）**304** 有關高速鋼車刀之敘述，下列何者正確？　(A)間隙角分為前間隙角與邊間隙角，通常在5°～10°之間　(B)斜角分為後斜角與邊斜角，功用是控制切屑厚薄與切削力分佈　(C)刀端角的功用是引導切屑流動方向與斷屑　(D)全新的高速鋼車刀通常先研磨刀端角，其次是切邊角。　　　　　　　　　　　　　【統測】

（　）**305** 有關鑽削加工之敘述，下列何者正確？　(A)用相同直徑的高速鋼鑽頭，當工件的材質愈硬，則鑽削速度應愈高　(B)工件欲衝製中心點，凹痕大小應比鑽頭的靜點小　(C)鑽削加工時鑽頭斷在工件內部，可用鐵鎚直接敲下去即可　(D)用相同直徑的高速鋼鑽頭，當工件的含碳量愈高，則鑽削速度應愈低。　【統測】

（　）**306** 下列敘述何者<u>不正確</u>？　(A)搪孔是將已經鑽好的孔擴大到正確的尺寸　(B)軸與孔的配合裕度＝孔最小尺寸－軸最大尺寸　(C)銑削加工之逆銑法是銑刀迴轉方向與工件進給方向相同　(D)以斜角較大的刀具切削延性材料時，比較容易形成連續切屑。　　　【統測】

（　）**307** 有關研磨加工之敘述，下列何者<u>不正確</u>？　(A)擦光（Buffing）與拋光（Polishing）的差異，在於拋光所使用的磨粒比較細　(B)化學機械拋光（Chemical Mechanical Polishing）常用於矽晶圓片之研磨　(C)超光（Super Finishing）使用油石在工件表面往復振動的方向，通常與工件旋轉方向垂直　(D)外圓磨削加工時，工件不用兩頂心支持，稱為無心研磨。　　　　【統測】

（　）**308** 有關車床工作之敘述，下列何者正確？　(A)位於床帷上的方刀塔（旋轉刀架），其主要功用為固定車刀　(B)操作車床時應戴手套，以防止鐵屑割傷手指　(C)垂直於工件軸心方向的進刀稱為橫向進刀　(D)夾頭扳手的頭部為內方柱形，可用來鎖緊夾頭之夾爪。　　　　　　　　　　　　【統測】

（　）**309** 有關高速鋼車刀的角度、名稱與功用之敘述，下列何者正確？(A)後斜角（back rake angle）的功用是使切屑順著刃口方向朝側面流動　(B)邊斜角（side rake angle）越大強度越低，車削鋼料一般使用負的邊斜角　(C)切邊角（side cutting edge angle）越大，切屑厚度越薄，進刀阻力越小　(D)前間隙角（end clearance angle）可避免刃口與工件摩擦，其角度可為負值。　【統測】

（　）**310** 工件直徑30mm，粗車削時切削速度應降低25%，經計算後主軸轉數為600rpm，則此材料原來的切削速度約為多少m／min？　(A)75.5　(B)70.8　(C)56.6　(D)42.5。　【統測】

（　）**311** 有關車床與車床操作之敘述，下列何者正確？　(A)三爪夾頭可夾持形狀不規則之工件，特別適合偏心車削工作　(B)四爪夾頭之夾爪無法反向裝置以夾持大直徑工件　(C)進行端面粗車削時，進刀方式通常由工件中心朝向外圓車削　(D)在車床上以游標卡尺量測工件外徑時應使用雙手扶持量測。　【統測】

（　）**312** 有關靈敏鑽床與立式鑽床之敘述，下列何者正確？
(A)靈敏鑽床只能用於13mm以下鑽頭，立式鑽床只能用於13mm以上鑽頭
(B)靈敏鑽床不能固定在地上使用，而立式鑽床可固定在地上使用
(C)立式鑽床有自動進刀機構，而靈敏鑽床則無
(D)靈敏鑽床可自動攻螺紋，而立式鑽床則不可。　【統測】

（　）**313** 有關調整靈敏鑽床的主軸每分鐘的迴轉數（rpm）之敘述，下列何者**不正確**？
(A)皮帶要放鬆時，鬆緊把手需拉向操作者
(B)皮帶拆卸移動之順序，須先行以塔輪直徑小端調至直徑大端為原則
(C)皮帶定位後，須使皮帶具有適當張力，同時鎖緊固定螺絲
(D)調整轉數時，主軸必須完全停止運轉。　【統測】

（　）**314** 有關砂輪之敘述，下列何者**不正確**？　(A)砂輪製法中的金屬結合法是以銅或鎳等作為結合劑與磨粒混合　(B)結合度T～Z屬於極硬砂輪　(C)碳化矽磨粒的硬度大於氮化硼（CBN），但小於鑽石　(D)砂輪組織的號數越大，代表磨粒越疏鬆。　【統測】

（　）**315** 有關砂輪與操作砂輪機之敘述，下列何者正確？
(A)使用砂輪機研磨車刀時應戴手套以避免手指燙傷
(B)砂輪與工作物（刀具）扶架之間的距離以10mm為宜
(C)砂輪的「音響檢查」是以鐵鎚輕敲砂輪側面，若聲音清脆則為正常
(D)砂輪機的左側心軸為左螺紋，右側心軸為右螺紋。　【統測】

（　　）**316** 有關車床使用的車刀，下列敘述何者<u>不正確</u>？　(A)高速鋼刀具的耐熱溫度達600°C～650°C　(B)P系碳化鎢刀具的識別顏色為藍色　(C)邊斜角對於切屑有導引作用　(D)碳化鎢刀具刀刃部分，應以氧化鋁材質砂輪研磨，並以水冷卻。　【統測】

（　　）**317** 有關切削加工，下列敘述何者正確？
(A)車刀之後斜角主要作用為引導排屑
(B)積屑刀口（BUE）之連續切屑，其循環過程為形成、脫落、分裂、成長
(C)車刀於切削中所受的三個主要分力：軸向分力、切線分力、徑向分力，以軸向分力最大
(D)水溶性切削劑適合用於鋁的切削加工。　【統測】

（　　）**318** 有關車床與其操作方法，下列敘述何者正確？
(A)外徑分厘卡可用於四爪夾頭上安裝圓桿之同心度校正
(B)車削錐度時，可使用複式刀座以自動進給方式進行加工
(C)車床尾座軸孔所使用的是國際標準錐度
(D)油溶性切削劑主要以潤滑為目的，水溶性切削劑主要以冷卻為目的。　【統測】

（　　）**319** 有一帶頭鍵斜邊水平長度150mm，斜邊大端高20mm、小端高10mm，則此帶頭鍵之斜度為何？
(A)1／5　(B)1／30　(C)1／15　(D)2／15。　【統測】

（　　）**320** 某刀具公司生產的高速鋼鑽頭，切削條件如表所示，若要於S45C材質上鑽削一直徑10mm的孔，則轉數應設定多少？
(A)1000rpm　　　　　　　　(B)500rpm
(C)380rpm　　　　　　　　(D)190rpm。　【統測】

工件材質工件材質	切削速度（m／min）
低碳鋼（<0.3%C）	約31.4
中碳鋼（0.3～0.6%C）	約15.7
不鏽鋼	約12
錳鋼	約4.5
鑄鐵	約25
黃青銅	約60

( ) **321** 鑽削直徑15mm，深度25mm的圓孔，如果某刀具公司提供較佳的加工參數為25m／min，每轉進給量為0.15mm／rev，則主軸轉數設定及單孔的加工時間分別為何？
(A)主軸轉數約530rpm，加工時間約18.8秒
(B)主軸轉數約530rpm，加工時間約6.3秒
(C)主軸轉數約1660rpm，加工時間約18.8秒
(D)主軸轉數約1660rpm，加工時間約6.3秒。 【統測】

( ) **322** 如圖所示要在C斜面鑽一個與A底面垂直之 ϕ 5mm的圓孔，下列步驟何者正確？
(A)先用高度規畫出要加工的孔位置，直接鑽孔不須使用中心衝打定位孔
(B)畫出孔位置後，用中心衝在垂直於C斜面上打定位孔，然後鑽孔
(C)直接使用小鑽頭先鑽小孔後，再換較大的鑽頭鑽孔
(D)先用銑床銑削與A底面平行之小平面，然後再於小平面上鑽出與A底面垂直之圓孔。 【統測】

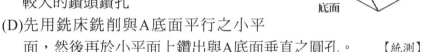

( ) **323** 有關手弓鋸鋸切金屬工件，下列敘述何者<u>不正確</u>？
(A)鋸切前應先畫出鋸切線
(B)為提高鋸切品質，鋸切時加入少許潤滑油比較不會震動
(C)較薄的金屬工件鋸切時應選用齒數多的鋸條
(D)手弓鋸切時向前推才有切削作用。 【統測】

( ) **324** 有關銑床之種類、刀具與銑削法，下列敘述何者正確？
(A)端銑及T型槽銑削工作宜選用臥式銑床
(B)心軸銑刀專用於裝置在立式銑床刀軸孔內
(C)上銑法常用於粗銑削鑄鐵工件
(D)下銑法之銑刀迴轉方向與工件進給方向互為相反。 【統測】

( ) **325** 有關車床規格之表示方式，下列何者<u>不正確</u>？
(A)車床高度 (B)兩頂心間距離
(C)最大旋徑 (D)主軸孔徑。 【統測】

( ) **326** 有關碳化物刀具之敘述，下列何者正確？ (A)K類碳化物刀具適用於切削鑄鐵及石材，其刀柄顏色塗紅色識別 (B)P類碳化物刀具適用於切削不鏽鋼及延性鑄鐵，其刀柄顏色塗黃色識別 (C)M類碳化物刀具適用於切削高強度鋼類，其刀柄顏色塗藍色識別 (D)碳化鎢刀具主要成份為碳、鎢及錳。 【統測】

( ) **327** 有關車床操作方式之敘述，下列何者正確？ (A)為了保護操作人員的手，不使之受傷，應戴上手套 (B)為了相互提醒、分工合作，以提升工作效率，最好二人同時操作 (C)車削工件產生之切屑，應立即直接以空手清除 (D)為進行主軸入檔，可用一手轉動夾頭，另一手撥動變化桿。 【統測】

( ) **328** 有關外徑車刀各刃角之功能說明，下列何者正確？ (A)後斜角：此角度可避免刃口與工件產生摩擦，使刃口在徑向（橫向）能順利進給 (B)邊斜角：此角度可避免切邊與工件產生摩擦，使刃口在徑向（橫向）能順利進給 (C)邊間隙角：此角度可避免切邊與工件產生摩擦，使刃口在軸向（縱向）能順利進給 (D)前間隙角：此角度可避免刃口與工件產生摩擦，使刃口在軸向（縱向）能順利進給。 【統測】

( ) **329** 有關車刀安置於刀塔（刀座）之敘述，下列何者正確？ (A)不論粗車刀或精車刀，其刃口高度必須高於主軸中心2mm以上 (B)車刀安置於刀塔（刀座）時，不可使用墊片，以免剛性不足 (C)車刀刃口高度不足時，須使用墊片，其數量應越多越好 (D)將車刀鎖於刀塔（刀座）上時，其伸出之長度應適中，勿太長或過短。 【統測】

( ) **330** 有關端面與外徑車削之敘述，下列何者<u>不正確</u>？
(A)車削外徑之前，須先車削端面，其目的是為了便於觀察車刀刃口是否與工件中心同高
(B)粗端面車削時，須由外向中心車削；細端面車削時，須由中心向外車削
(C)車削工件端面與車削工件外徑均會形成毛邊，且毛邊尖端方向相同
(D)切削刀具中心須與工件中心同高，否則會在工件端面留下凸點。 【統測】

(　) **331** 有關鑽削加工之敘述，下列何者**不正確**？

(A)若工件的切削速度為25m／min且鑽頭直徑為10mm，則鑽床主軸的轉數約為800rpm

(B)柱坑鑽頭之規格以能沉入螺絲頭來表示，如M4、M6等

(C)一般鑽削鋼料的鑽唇間隙角為20～25度，鑽唇角採118度

(D)鑽孔時，鑽頭之切邊一高一低或鑽唇半角不相同，容易引起孔徑擴大。　　　　　　　　　　　　　　　【統測】

(　) **332** 有關一般鋼材進行鉸孔加工之敘述，下列何者正確？

(A)欲鉸削一直徑為20mm的內孔，要先用直徑19.3mm鑽頭鑽孔

(B)可調式鉸刀當其中一刀片損壞時，須全部刀片更新

(C)機械鉸刀之鉸削速度約為鑽削的2～3倍

(D)機械鉸刀之鉸削進給量約為鑽孔的1／2～1／3。　　【統測】

(　) **333** 有關工作機械性能之敘述，下列何者**不正確**？　(A)龍門鉋床廣泛使用於小型工件鉋削　(B)拉床加工之粗切、精切可由一支刀具一次加工完成　(C)銑床之銑削工作如銑削方向為下銑法（順銑法），適合精銑削　(D)無心外圓磨床進行磨削，不需夾頭、頂心固定夾持。　　　　　　　　　　　　　　　【統測】

(　) **334** 有關外徑車刀研磨機砂輪片之敘述，下列何者正確？

(A)砂輪之磨料是對工作物（車刀）產生磨削作用的刀刃，具有高硬度

(B)傳統的磨料粒有兩大類，分別為碳化鋁與氧化矽

(C)為了增加砂輪強度，砂輪內部須為實心，不可有氣孔

(D)砂輪片的粒度編號，其數字越大者，顆粒也越大。　　【統測】

(　) **335** 有關數值控制機械直角座標系統標稱及程式機能代碼之敘述，下列何者正確？　(A)X軸表示主軸方向的運動軸，機能碼M代表刀具機能　(B)Z軸表示較長方向的運動軸，機能碼G代表輔助機能　(C)X軸表示較短方向的運動軸，機能碼M代表主軸機能　(D)Z軸表示主軸方向的運動軸，機能碼G代表準備機能。　　　　　　　　　　　　　　　【統測】

第10單元　螺紋與齒輪製造

>>> ▶▶▶

重點導讀

在這裡要探討螺紋與齒輪的各部分名稱與螺紋及齒輪的製造方法。此單元統測年年必考，是容易拿分的地方，只要特別注意螺紋與齒輪的各種製造方法，以及各種製造方法的條件限制即可，建議研讀內容時，可與機件原理的螺紋單元與齒輪單元一起唸，必可事半功倍。

10-1 螺紋介紹

一、螺紋名稱

(一)**外螺紋**：在圓柱、圓筒或圓錐外面之螺紋。

(二)**內螺紋**：在圓筒或圓錐內面之螺紋。

(三)**大徑**：即公稱直徑或外徑，為螺紋之齒頂直徑。

(四)**小徑**：又稱內徑，為螺紋之齒根直徑。

(五)**節圓直徑（節徑）**：螺紋之槽與實體部分具有相同大小的直徑。

(六)**右螺紋（R；RH）**：依順時針方向旋轉而產生向前進之螺紋。最常用。

(七)**左螺紋（L；LH）**：依反時針方向旋轉而產生向前進之螺紋。

(八)**螺距（Pitch；P）**：又稱節距，平行軸線相鄰兩螺紋相當點間的距離。

(九)**導程（Lead；L）**：螺旋紋轉一週之前進或後退的軸向距離。（$L=nP$）

(十)**單螺紋**：刻於圓柱體上僅有一條螺旋之螺紋。

(十一)**複螺紋**：刻於圓柱體上有兩條或兩條以上螺旋線之螺紋。

(十二)**螺紋深度**：重直軸線方向上齒頂與齒底間之距離，一般為0.65倍節距。

二、螺紋功用

(一) **固定裝配機器**：大都用V形螺紋。

(二) **傳達運動或輸送動力**：以方牙螺紋為最佳，梯形（Acme）螺紋次之。單方向傳動以斜方螺紋為主。<u>精密傳動利用滾珠螺桿</u>。

(三) **調整機件的距離或測微**：測微用之螺紋，為細齒距（導程、螺距小）的螺紋，如分厘卡，節距為0.5mm。

三、螺紋種類

(一) **依螺紋於工件之內外側分**：外螺紋及內螺紋。

(二) **依螺紋左右旋分**：左手螺紋（順時針旋轉會後退）及右手螺紋（順時針旋轉會前進）

(三) **依螺紋（開口）線數分為**：

1. 單線螺紋：導程等於節距，牙口螺紋線相隔360°。
2. 雙線螺紋：導程為節距的二倍，牙口螺紋線相隔180°。
3. 三線螺紋：導程為節距的三倍，牙口螺紋線相隔120°。
4. 四線螺紋：導程為節距的四倍，牙口螺紋線相隔90°。

(四) **依螺線之形狀分為**：

1. 國際標準（ISO）公制螺紋：牙角為60°，牙頂為平頂其寬為0.125P，牙底為圓弧，外徑及節距皆以公厘（mm）為單位，以M字開頭表示之。粗牙不標註節距，細牙要標註節距。如M8為粗牙，M8×1為細牙。M8×1表示外徑8mm，節距1mm。
2. 統一標準螺紋：牙角為60°，牙頂為平頂其寬為0.125P，牙底為圓弧，以外徑（以吋為單位）及每吋長度之牙數表示之，分為粗牙（UNC）、細牙（UNF）、特細牙（UNEF）及節距牙（UN）。
3. 美國國家標準螺紋：牙頂為牙底皆為平面，牙角為60°，牙深為0.6495×P。以外徑（以吋為單位）及每吋長度之牙數表示之，分為粗牙（NC）、細牙（NF）、特細牙（NEF）及節距牙（N）。
4. 方形螺紋：方牙因接觸面小，摩擦甚低，傳動效率最高，適用於起重機及鉗工虎鉗。
5. 梯形螺紋：斷面為梯形，強度較大，常取代方牙，用以傳送動力，如車床導螺桿。公制梯形螺紋之牙角為30°以節距表示之。英制梯形螺紋，即愛克姆（Acme）螺紋，其牙角為29°。CNS以Tr表公制梯牙，以Tr.S表公制短梯牙。

6. 蝸桿螺紋：與愛克姆螺紋相似，惟牙深較深，如蝸桿蝸輪傳動。

7. 英國惠氏螺紋（符號為W）：牙角55°，牙頂牙底均成圓弧形，螺紋製造不易但強度大。

8. 斜方螺紋（鋸齒、鎗鐜螺紋）：用於單向傳動，牙角為45°。

9. 圓頂螺紋：常用擠壓成形，適於板金與滾筒。常用於電燈泡螺紋。

10. 管子螺紋：具有1/16斜度螺紋，以保證緊密接合，牙角為55°。

11. 滾珠螺桿：用於精密加工之NC及CNC機械傳動。

四、公制螺紋表示法

(一) L－2N－M48：表示左手，雙線，公制粗牙，外徑48mm。

(二) L—M52×3：表示左手，單線，公制細牙，外徑52mm，節距3mm。

(三) L—2N—M8×1：表示左手，雙線，公制細牙，外徑8mm，節距1mm，導程2mm。

五、公制螺紋等級表示法

(一) 公制螺紋內牙以大寫英文字母表示。

(二) 公制螺紋外牙以小寫英文字母表示。

(三) 公制內、外螺紋標註時，節徑要優先標註，再標註內螺紋內徑（小徑）及外螺紋外徑（大徑）。

(四) 6H／6g：表示內螺紋節徑等級6H，配合外螺紋節徑等級6g。

(五) 6H／5g6g：表示內螺紋節徑等級6H，配合外螺紋節徑等級5g，外徑等級6g。

(六) L—3N—M30×3-7H6G／6g5h：表示左手，三線，公制細牙，外徑30mm，節距3mm，導程9mm，內螺紋節徑等級7H，內螺紋內徑（小徑）等級6G，配合外螺紋節徑等級6g，外螺紋外徑（大徑）等級5h。

六、英制螺紋等級表示法

(一) 英制統一螺紋外牙以A表示。

(二) 英制統一螺紋內牙以B表示。

(三) $\frac{1}{4}$—20UNC—2A／3B：表右手單線，外徑$\frac{1}{4}$吋，每吋20牙（節距$\frac{1}{20}$吋），統一標準粗牙，2級外螺紋，3級內螺紋配合。

10-2 螺紋加工

一、螺紋車削工作法

(一) 車床上車製螺紋：

1. 當加工少量特殊規格的內、外螺紋時，採用車床上車製方法最適合。
2. 車床使用各形車刀或搪孔刀切製外螺紋或內螺紋時，工作物是在迴轉，而刀具固定刀座上進刀。
3. 車床上螺紋車削時需變換齒輪，係利用齒輪系的傳動使導螺桿與主軸轉數成一定的速比，當工件（心軸）傳動時，導螺桿也依一定速度轉動帶動車刀移動，達成車螺紋之目的。

(二) 車螺紋搭配齒輪：

1. 公制導桿車公制螺紋：$\dfrac{欲車節距}{導桿節距} = \dfrac{主軸齒數}{導桿齒數}$

2. 若切削單線螺紋時，節距等於導程。
3. 若切削多線（多頭）螺紋時，節距p與導程L之關係為L＝n·p，其中n為螺紋數。
4. 搭配齒輪齒數為20～120之間4或5之倍數及127齒。
5. 搭配齒輪採用複式輪系為佳，以節省空間及材料。
6. 車床導桿螺距為6mm，擬切削螺距為3mm之工件，則當導桿轉一圈時，車床主軸應轉2圈。
7. 車床導桿螺距為3mm，擬切削螺距為6mm之工件，則當導桿轉一圈時，車床主軸應轉0.5圈。

(三) 螺紋車刀：

1. 螺紋車刀角度要正確外，刀鋒前端和兩側都要有充分間隙角，車刀行進方向另加一螺旋角，刀鼻應為平直或圓弧。
2. 裝置車刀刀頂面要和中心線水平外，並要對中心線垂直。若車刀尖高或低於工件中心線時，車削結果，牙角會變大。
3. 利用中心規（牙規）檢驗車刀角度與裝置車刀對工作物中心線垂直及檢查試削牙數或每吋牙數及節距，無法量測螺紋長度。

(四) **牙標（指示器）：**

1. 牙標（指示器）主要用於切削螺紋時為了使車刀每次往復切削，車刀在工作物圓桿端切入位置均能吻合不致有亂牙現象。牙標係利用蝸桿蝸輪之機構。

2. 牙標（指示器）位於床台下方，牙標配合導螺桿半離合螺帽，可以車製螺紋。

3. 公制導螺桿的車床，車削公制螺紋，嚙合離合半螺母，也要在工作物與導螺桿同時地迴轉到整數轉時，始能嚙合。

4. 公制牙標蝸輪齒數選擇要領：只看欲車節距決定、將節距化為整數、找可整除之蝸輪齒數。

(五) **車削螺紋進刀方法：**

1. **直進法**：60°牙進刀牙深H=0.65P；效果較差。

2. **垂直法（縱橫軸同進法）**：60°牙進刀牙深H=0.65P；效果較佳。

3. **斜進法**：旋轉複式刀座成29°斜進車削，60°牙進刀牙深H=0.75P；效果較佳。

(六) **車削螺紋主要方式：**

1. **右外螺紋切削法**：車刀進行方向必自右向左，車床導桿轉動方向與主軸相同。

2. **左外螺紋切削法**：車刀進行方向必自左向右，車床導桿轉動方向與主軸相反。

3. **內螺紋切削法**：車削內螺紋與車削外螺紋之原理相同、進刀方式相反。螺紋車刀之刀尖應與工件中心等高。

4. 車削盲孔內螺紋之內孔須車內槽，以便車刀有退刀空間。

5. 車削不同形狀內螺紋，只須改磨削車刀之形狀即可。

6. **錐度上螺紋切削法**：裝置刀具，對準車刀必與工作物直面垂直。

二、 **螺紋銑製**

(一) 欲製大型而精確光滑之內、外螺紋，可在銑床銑製，如銑製車床導螺桿。

(二) 銑床銑製以單牙螺紋銑刀或多牙螺紋銑刀加以銑製。

(三) 銑床上銑製螺紋要配合分度頭旋轉及利用萬能銑床。

(四) 單牙螺紋銑刀切製時，需將銑刀轉軸與工作物轉軸成傾斜角度，當工作物轉一周時，銑刀將有一導程之進給量，一直銑切至螺紋槽完成為止。

(五) 多牙螺紋銑刀切製採成形銑刀。

(六) 內螺紋之銑刀：採用行星式加工法，銑刀圍繞固定的工作物作偏心的迴轉，同時亦作自轉，有如行星之運行。

(七) 銑刀可藉導螺桿的帶動前進一定之距離，即可完成所要的螺紋長度。

三、螺紋機製造

(一) 專門製造螺紋的工廠，採用單能機之螺紋機大量生產。

(二) 製造方法則用自動或數值控制方式。

(三) 小型機件螺紋製造。

(四) 特別適合鐘錶、儀錶的零件製造。

四、螺紋的滾軋

(一) **滾軋加工：**

1.滾軋螺紋是將圓柱形胚料置於旋轉的圓滾模或往復運動的平滾模之間，迫使材料產生塑性流動。

2.螺紋壓進部分造成牙根（牙底），被擠出的材料形成牙頂（牙峰）。

3.滾軋材料較一般車製的節省16～25%。

4.胚料直徑約等於螺紋節圓直徑（節徑）。

5.市面上大量生產的螺紋幾乎皆使用滾軋製成。

(二) **螺紋滾製的方法：**

1.**圓滾模法**：係將胚料桿置於兩個或一個具有螺紋槽的圓滾模子之間，加壓滾製，所用滾模有兩個及三個兩種。適於大型螺紋加工。

2.**平滾模法**：將胚料放置在具有螺紋淬火硬鋼製成的平滾模之間，其中一平滾模固定，另一平滾模加壓滾動。適於小型螺紋加工。

(三) **滾軋加工優點：**

1.增進材料的抗拉、抗剪及抗疲勞強度。

2.可採用較價廉材料，製造高強度工件。

3.螺紋尺度精確，可得較佳表面粗糙度。

　　4.製造迅速，適宜大量生產。

　　5.節省材料，此一般切削法節省16～25%左右之材料。

　　6.所需桿徑約等於螺紋節徑即可。

　　7.可製造較多形狀的齒紋。

(四) **滾軋加工缺點：**

　　1.模具及設備較貴，不適合小量生產。

　　2.因材料不需切除，故胚料桿之尺度必須甚為正確。

　　3.硬度不宜超過HRC37之材料。

五、螺紋輪磨

(一) **輪磨製造螺紋：**

　　1.輪磨係以邊緣與螺紋形狀相同的磨輪（砂輪）來替代銑刀。

　　2.主要加工硬脆材料或淬火後工件。

(二) **輪磨法之特點：**

　　1.適於高硬度與高精度螺紋製造。

　　2.特別適於淬火後螺紋之加工。

　　3.小徑之內螺紋及螺距很小之外螺紋研削甚為困難。

　　4.螺紋先行粗車後，經淬火後再施以輪磨。

　　5.研磨內、外螺紋，錐度螺紋以及螺紋變形修整。

六、壓鑄

(一)壓鑄法利用金屬模製造熔點低的非鐵金屬外螺紋的機件。

(二)壓鑄法適於大量生產、數量較多時採用，可得到低成本高精度的產品，但模具成本較高。

(三)壓鑄法只適於製造外螺紋，不適於製造內螺紋。

(四)壓鑄法又分**熱膛（室）法及冷膛（室）法**。

(五)熱膛（室）法主要針對鉛、鋅、錫材料。

(六)冷（室）法主要針對鎂、鋁、銅材料。

七、螺紋拉刀製造

(一)拉刀主要拉製內螺紋，係將拉刀通過已穿孔的螺母胚料，刀具直向前進而胚料旋轉即可。

(二)拉刀拉製內螺紋，一次將螺紋拉成，適於大量生產，但拉刀成本高。

八、螺絲模

(一)螺絲模主要用於切削外螺紋稱做鉸絲，螺絲模類似螺帽。

(二)螺絲模分割縫螺絲模（<u>可微量調整；較常用</u>）、實體螺絲模、裝刃螺絲模。

(三)割縫螺絲模圓周分割處有一小螺釘，旋緊螺釘時將分割處張開，可增大刃部孔；如放鬆小螺釘後，裝於螺絲模扳手，再旋緊扳手上螺釘，可縮小刃部孔徑。

(四)一般鉸絲工作，須先攻內螺紋，再鉸外螺紋。

(五)螺絲模不易鉸削之原因：螺絲模已磨損、切齒崩裂、沒有倒轉只是單向前進的切削、螺絲模調整間隙過小、材料直徑過大、沒有使用切削劑、材料端面沒有倒角。

(六)自動螺絲模旋製：利用六角車床上切製，將螺絲模裝置在一個特殊的夾具上切削時，能固定不鬆動，切削接近完成，螺絲模不得轉動直至工作物從螺絲模上退出為止。

九、螺紋鈑刀

(一)螺紋鈑刀（chaser）係根據螺絲模切削原理改進製成，切削時將數枚螺紋鈑刀裝於工具中，並使刃口固定至外螺紋或內螺紋之底徑（根徑）位置。

(二)用螺紋鈑刀可切製內、外螺紋，可使用於大量生產。

(三)切削時當切至螺紋深度，刃口會自動迅速的張開脫離工作物，使螺紋鈑刀退出。

十、螺絲攻

(一)螺絲攻用以攻內螺紋的一種切削工具，利用螺紋攻切內螺紋謂之攻螺紋。

(二)螺絲攻材料高碳鋼（HC），合金工具鋼（SKS），高速鋼（HSS）等。

(三)螺紋攻表示法：其大小均刻於柄部，分為英制及公制兩種：

1.英制表示法：例 $\frac{1}{2}-13\text{UNC}-\text{SK2}$

2.公制表示法：M10×1.5－SKS2

(四) 攻螺紋的分類：

1. 手工螺紋攻：由三枚直徑相同螺紋攻組成，攻通孔只需用第一攻，而不通孔則三攻皆需使用之。

　　(1) 第一攻（斜螺紋攻）：前端至少有7～8牙倒角。

　　(2) 第二攻（塞螺紋攻）：前端約有3～4（3～6）牙倒角。

　　(3) 第三攻（底螺紋攻）：前端約有1～2牙倒角。

　　　　註：等徑螺絲攻第三攻可使螺絲攻盡量攻到不通孔底部。

2. 機器螺紋攻：裝置於攻絲機、鑽床或車床上使用，其螺紋攻為一支一組。前端錐度及柄部均較手攻螺紋攻長。

3. 順序螺紋攻：由三枚直徑不相同螺紋攻組成，又稱不等徑螺紋攻或稱連號螺紋攻（Searial Tap），適合於大直徑通孔之攻絲工作。

4. 管子螺紋攻：用於瓦斯管、油管等接管螺紋攻工作，其螺紋攻有錐柄（PT）和直柄（PS）兩種，一般為惠氏螺紋（55°），錐柄斜度為1／16。

(五) 切絲方法：

1. 攻絲前要先鑽的螺帽孔為導孔。

2. 導孔太小則抵抗大不易攻入，導孔太大，則牙深太淺沒有強度，其強度通常以65～85%接觸率為標準。

3. 攻絲裕量：實際上只留牙深為75%為攻絲裕量。

4. 公式：攻螺紋前導孔（底孔鑽頭）尺度之計算公式：

攻絲鑽頭直徑(D)＝螺紋外徑(D)－節距(P)

5. 攻內螺紋方法：

　　(1) 將第一螺紋攻放入導孔中使其與工作物成垂直。

　　(2) 每轉1／2圈（或1圈）即退回約1/4圈使鐵屑斷落（脫屑）。

(六) 螺紋攻折斷的原因：導孔直徑過小、攻絲時沒有加潤滑油、攻絲時未逆轉、螺紋攻傾斜的切削、所使用的絲攻扳手過大、螺紋已磨鈍不易切削而卡住、攻瞎孔螺紋時至底端時抵抗大增而仍繼續施以壓力、攻絲時螺絲攻扭力太大。

(七) 取斷螺紋攻的方法：敲擊法、螺紋攻抽取器、酸蝕法、退火軟化法（將螺紋攻施以退火軟化後，用適當的鑽頭重新鑽孔）。

十一、螺紋的檢驗法

(一) **螺紋分厘卡（或稱螺紋測微器）：**

1. 螺紋分厘卡可直接測量螺紋節圓直徑（節徑）。
2. 不需進行公式換算。

(二) **三線測量法：**

1. 間接測量外螺紋節徑最精準，需進行公式換算。
2. 利用三根尺度相同精確的圓鋼或圓桿,尚須搭配外側分厘卡間接（需帶入公式計算）測量外螺紋的節徑,此法是最精準正確。
3. 三圓鋼絲最理想直徑的公式為：$G = \dfrac{P}{2\cos\beta} = \dfrac{P}{2}\sec\beta$ 。
4. 若60°牙角時,最佳圓鋼絲直徑G＝0.577P；式中G＝最佳圓鋼絲直徑；P＝節距；β＝半牙角
5. 以外側分厘卡測量三線的外徑,設d=節徑,M=測量值,G=最佳圓鋼絲直徑,P=節距。測量60°三角螺紋測得螺紋節徑實際尺度的公式：d＝M＋0.886P－3G
6. 三線測量無法測量方螺紋及內螺紋。

(三) **螺紋樣規：**

1. 螺紋樣規適於大量生產,用以檢驗節徑、節距、導程、大小徑、螺紋角等。
2. 螺紋環規及螺紋卡規測量外螺紋,螺紋柱塞規測量內螺紋。
3. 螺紋環規之不通過端測頭可通過外螺紋,表示其節圓直徑太小。
4. 螺紋環規之通過端與不通過端測頭均可通過外螺紋,表示其節圓直徑太小。
5. 螺紋卡規之通過端滾規可控制外螺紋之最大節圓直徑尺度。

(四) **投影機（光學比較儀）：**

1. 投影機主要測量輪廓。把標準牙型透明片和螺紋實物,同時利用光學投射於影像鏡面上放大。
2. 可以很精確的同時測量牙角、節距及牙深等,但無法測內螺紋及螺旋角。

(五) **螺紋節距規**：稱螺紋牙規,用以檢驗螺紋節距。

(六) **盤式（圓盤）分厘卡**：可用來量測外螺紋之大徑（外徑）。

牛刀小試

(　) **1** 有關螺紋及其製造，下列敘述何者正確？　(A)節徑上螺旋線與軸線所構成之夾角稱為導程角　(B)M 20×1.5之螺紋螺距是1.5mm　(C)螺紋滾軋所需之胚料直徑約等於螺紋的外徑　(D)壓鑄適用於高熔點非鐵金屬機件之外螺紋大量生產。　　　　　　　　　　　　　　　【105統測】

(　) **2** 有關工作機械及螺紋與齒輪製造的敘述，下列何者正確？　(A)車床導螺桿導程為6mm，欲車削導程為3mm之螺紋，如主軸齒輪用40齒，則導螺桿齒數為20齒　(B)以尾座偏置法車削大小徑分別為30mm及15mm且錐度長度為150mm之錐度工件，則尾座偏置量為5mm　(C)分度頭使用簡式分度法銑削10齒的正齒輪，則每銑一齒搖桿曲柄應旋轉4圈　(D)無心外圓磨床操作時，調整輪與磨輪間之傾斜角愈大，則工件進給速度愈小。　　　　　　　　　　　　　　【108統測】

(　) **3** 有關螺絲攻的敘述，下列何者<u>不正確</u>？　(A)手工螺絲攻一組有三支螺絲攻　(B)螺絲攻是用來製造內螺紋的工具　(C)順序螺絲攻的第二攻切削負荷最小　(D)須依序使用三支等徑螺絲攻來攻盲孔（不通孔）。　　　　　　　　　【108統測】

(　) **4** 有關螺紋製造的敘述，下列何者正確？　(A)高精度螺紋磨削後，再淬火硬化處理　(B)銑削法適用於大尺寸內、外螺紋加工　(C)滾軋螺紋之胚料直徑與螺紋大徑相等　(D)拉製內螺紋需經過三次拉削加工完成。　　　　　　　　　【109統測】

(　) **5** 以手攻進行通孔、盲孔之攻螺紋的敘述，下列何者正確？　(A)攻螺紋後，兩者均應使用銼刀去除毛邊　(B)若使用增徑螺絲攻，不論通孔或盲孔，三支螺絲攻均應依序使用　(C)攻牙過程中，均應使用角尺檢查螺絲攻是否平行於工件　(D)兩者均應先鑽孔，且鑽孔直徑為螺紋內徑減去節距（螺距）。　　　　　　　　　【109統測】

───── **解答與解析** ─────

1 (B)。(A)節徑上螺旋線與軸線所構成之夾角稱為螺旋角。(C)螺紋滾軋所需之胚料直徑約等於螺紋的節徑。(D)壓鑄適用於低熔點非鐵金屬機件之外螺紋大量生產。

2 (C)。

(A)$\dfrac{\text{欲車削導程}}{\text{導螺桿導程}}=\dfrac{\text{主軸齒輪}}{\text{導螺桿齒數}}$，$\dfrac{3}{6}=\dfrac{40}{80}$，如主軸齒輪用40齒，則導螺桿齒數為80齒。

(B) $T=\dfrac{D-d}{\ell}=\dfrac{30-15}{150}=\dfrac{1}{10}$；$S=\dfrac{TL}{2}=\dfrac{\frac{1}{10}\times150}{2}=7.5(\text{mm})$。

(C)分度頭簡式分度法公式為 $n=\dfrac{40}{X}=\dfrac{40}{10}=4$（圈）。

(D)無心外圓磨床操作時，調整輪與磨輪間之傾斜角愈大，則工件進給速度愈大。

3 (C)。順序螺絲攻的第二攻切削負荷最大，約為55%。第一攻負荷約為25%。第三攻切削負荷約為20%。

4 (B)。(A)高精度螺紋應先經淬火處理後再施以輪磨處理。(C)滾軋螺紋之胚料直徑約與螺紋節徑相等。(D)拉製內螺紋只需一次拉削即可加工完成。

5 (B)。增徑螺絲攻，不論通孔或盲孔，三支螺絲攻均應依序使用，才能達到正確的螺紋外徑。

10-3 齒輪種類

一、齒輪

(一) 齒輪為輪狀之機件其輪緣上具有凸起之齒。

(二) 藉一輪之吻合作用，可將一軸之旋轉運動確實傳動至另一軸。

(三) 齒輪具有傳送動力、改變運動方向、改變旋轉數度、運動確實、速比正確等功能。

二、齒輪種類

(一)**兩軸平行之齒輪：**

1. **正齒輪**：輪齒為直線且平行於軸線，又可分為外接正齒輪及內接正齒輪。

2. **螺旋齒輪**：齒輪與軸線成一螺旋角，較正齒輪強度大且無噪音，但是有軸向推力，必須以利用人字齒輪或止推軸承固定消除軸向推力。

　　3.人字齒輪：螺旋角相等之左旋與右旋兩螺旋齒輪相對組合組成，可消除螺旋齒輪之軸向推力。

　　4.齒條：平板或平棒上有齒形者稱為齒條，為半徑無限大之齒輪，可將旋轉運動改為直線運動。

(二) 兩軸相交之齒輪：

　　1.直交斜齒輪：二軸線相交成90°傳動者。

　　2.斜交斜齒輪：二軸相交而不成直角者。

　　3.蝸線斜齒輪：斜齒輪之齒交線為蝸線者。

(三) 兩軸不平行亦不相交之齒輪：

　　1.戟齒輪：外形與蝸線斜齒輪類似，但二軸不相交。

　　2.螺輪：齒輪兩軸相交90°者。

　　3.蝸桿與蝸輪：互成直角而不相交，可獲得很大減速比，如分度頭之搖柄與主軸齒輪。

三、齒輪主要規格表示法

(一) **模數**：$M = \dfrac{D}{T}$，模數用以表示公制齒輪之大小，模數愈大，齒形愈大。

(二) **徑節**：$Pd = \dfrac{T}{D}$，徑節用以表示英制齒輪之大小，徑節愈大，齒形愈小。

(三) **周節**：$Pc = \dfrac{\pi D}{T}$，周節用以表示鑄造齒輪之大小。

四、齒輪主要公式

(一) $M = \dfrac{D}{T}$ 　　　　(二) $Pd = \dfrac{T}{D}$

(三) $Pc = \dfrac{\pi D}{T}$ 　　　　(四) $Pd = \dfrac{1}{M} \times 25.4$

(五) $M = \dfrac{1}{Pd} \times 25.4$ 　　　　(六) $M \times Pd = 25.4$

(七) $Pc \times Pd = \pi$ 　　　　(八) $Pc = \pi M$

(九) $C = \dfrac{M(T_1 \pm T_2)}{2}$　（＋表示外切；－表示內切。）

(十) OD＝（T＋2）M

式中　Pc：周節　　M：模數　　P_d：徑節　　D：節圓直徑（節徑）
　　　T：齒數　　C：中心距　　OD：外徑

10-4　齒輪加工

一、鑄造法加工

(一) **砂模鑄造**：

　　1.適於較大齒輪之加工，成本低。

　　2.製品尺度不精確、表面粗糙度不佳、細薄及特均無法鑄澆。

　　3.不適於大量生產。

(二) **金屬模鑄造**：

　　1.主要利用金屬模壓鑄成形。

　　2.壓鑄法又分熱膛（室）法及冷膛（室）法。

　　3.熱膛（室）法主要針對鉛、鋅、錫材料。

　　4.冷膛（室）法主要針對鎂、鋁、銅材料。

　　5.適於低熔點金屬齒輪之製造。

　　6.適於小件大量生產。

　　7.模具可重複使用，但模具成本高。

(三) **離心力鑄造法**：

　　1.以離心力對金屬熔液施加壓力注入旋轉之鑄模。

　　2.精密度高、品質優良。

　　3.適於大量生產。

　　4.目前市面上之齒輪、鑄鐵管、氣缸、襯套等採用最多。

(四) **精密或包模鑄造法（又稱脫蠟法）**：

　　1.利用低熔點模型鑄造形狀複雜的齒輪。

　　2.製品形狀準確，尺度精密。

　　3.只適合較小齒輪鑄件的製作。

　　4.適於高熔點金屬齒輪之製造。

　　5.鑄造成本高。

二、沖製法加工

(一)沖壓利用沖床加工。

(二)僅適宜加工薄件（厚度約在3mm以下）之小齒輪。

(三)加工效率高，產品均一，材料經濟。

(四)模具製作成本高。

(五)尺度精度低。

(六)適於大量少變化的薄材齒輪加工。

三、造型齒法

(一)造型齒法又稱創生法，屬於傳統工作母機加工之機製法。

(二)以傳統工作母機之刀具在工具機加工，例如<u>銑床加工</u>、<u>鉋床加工</u>。

(三)適於少量或特殊之齒輪加工。

(四)屬於斷續切削，一齒一齒的切削，速度慢，不適於大量生產。

(五)主要加工方式：

　1.銑床加工：

　　(1)屬於<u>傳統加工之機製法（工作母機加工）</u>。

　　(2)以傳統齒輪形銑刀在臥式銑床加工。

　　(3)需配合分度頭。適於少量或特殊之齒輪加工。

　2.鉋床加工：

　　(1)屬於傳統加工之機製法（工作母機加工）。

　　(2)以傳統齒輪形鉋刀在鉋床加工。

　　(3)需配合分度頭。適於少量或特殊之齒輪加工。

四、刀具造型齒法加工

(一)刀具造型齒法又稱刀具創生法，屬於傳統加工之機製法。

(二)以專用切製機械切削齒輪，例如滾齒機加工、鉋齒機（齒輪鉋床）加工。

(三)屬於連續刀齒切削，速度快，適於大量生產。

(四)主要加工方式：

　1.滾齒機加工：

　　(1)利用滾齒機與滾齒刀加工齒輪，最適於大量生產。

　　(2)加工方式如同齒輪之嚙合傳動。

　　(3)滾齒刀與齒輪胚料間成蝸桿與蝸輪關係加工。

　　(4)加工穩定，屬於連續切削，中途不需停止工作與分度。

2.鉋齒機（齒輪鉋床）加工：
(1) 利用成形刀齒之齒輪鉋刀加工齒輪，最適於大量生產。
(2) 鉋齒機（齒輪鉋床）可加工各種齒輪，而鉋床只能加工正齒輪及齒條。

五、樣板法加工

(一) 樣板法加工屬於傳統加工之機製法。
(二) 以樣板引導刀具進行加工。
(三) 適於較大齒輪之加工。
(四) 需配合分度頭。

六、輪磨法加工

(一) 屬於傳統加工之機製法。
(二) 適於高硬度及高精度之齒輪加工。
(三) 特別適於淬火後齒輪之加工。
(四) 小徑之齒輪輪磨甚為困難。
(五) 輪磨可先經粗加工後，經淬火後再施以輪磨。

七、拉床加工

(一) 適用於大量生產齒輪。
(二) 粗切及精切可由一枝刀具一次完成。
(三) 切削工作時間短，生產率高。
(四) 尺度精度高，表面粗糙度良好，具有良好之互換性。
(五) 工作件必須有良好的夾持，並能承受加工時工具所施之壓力。
(六) 切削之工作量少。

八、擠製法加工

(一) 擠製法為塑性加工之一，將金屬加熱至塑性狀態或成半固體狀態時，置於壓力室，以壓力方式通過齒輪型模具孔而製造齒輪。
(二) 擠製法可生產高強度之齒輪。
(三) 在高速生產下可得優良之精光及精確度之齒輪。

九、粉末冶金法加工

(一) 粉末冶金係利用金屬製成粉末後，再經壓力成形及燒結技術造產品。
(二) 粉末冶金最適於製造多孔性齒輪。

(三) 精度高、表面光平,適於小件大量之齒輪製造。

(四) 可製成高純度之齒輪。

(五) 施工時不生廢料。

(六) 金屬粉末價格昂貴、容易變質、容易氧化、儲存不易。

(七) 設備費用高,加工費用高。

(八) 燒結溫度需嚴格控制,部份金屬粉末有爆炸之危險。

(九) 因具有多孔性,無法產製密實之製品。

(十) 可減輕重量,適於航太工業。

十、 齒輪的檢驗法

(一) **齒輪分厘卡(或稱齒輪測微器)**:

　　1. **齒輪分厘卡(或稱齒輪測微器)**:可直接測量齒輪節圓直徑(節徑)。

　　2. **螺紋分厘卡(或稱螺紋測微器)**:可直接測量螺紋節圓直徑(節徑),使用時牙角需絕對正確,不需進行公式換算。

(二) **齒輪游標尺**:

　　1. 齒輪游標尺由二組游標卡尺組合而成。

　　2. 水平方向量弦齒厚,垂直方向量弦齒頂。

(三) **圓盤分厘卡**:圓盤分厘卡測量齒輪跨齒厚。

(四) **工具顯微鏡**:工具顯微鏡測量齒輪齒形。

(五) **投影機**:投影機測量齒輪齒形。

(六) **三次元座標量測儀**:可量測齒形誤差。

牛刀小試

(　　) 有關齒輪製造之敘述,下列何者**不正確**? (A)粉末冶金法適合用於小齒輪之大量生產 (B)滾齒機切製法切削正齒輪時,滾齒刀之軸方向需與齒輪之輪軸方向平行 (C)銑床銑切法銑削齒輪時,必須搭配分度頭附件 (D)壓鑄法製造齒輪,一般用於低熔點之非鐵金屬材料。 【106統測】

──────── 解答與解析 ────────

(B)。 滾齒機切製法切削正齒輪時,由於滾齒刀為螺旋形,滾齒刀之軸方向需與齒輪之輪軸方向必須偏置等於其導程角,才能滾齒切削正齒輪。

考前實戰演練

( ) **1** CNC工具機為提高精密度及移動速度，導螺桿都採用？
(A)方形牙導螺桿 　　　　(B)梯形牙導螺桿
(C)V形牙導螺桿 　　　　(D)滾珠導螺桿。

( ) **2** 現有一對內、外螺紋組合，其柱註尺度為M30×3－7H6G／6g5h時，下列敘述何者正確？
(A)內螺紋小徑公差為7級、公差域在H的位置
(B)內螺紋節徑公差域在G的位置
(C)外螺紋外徑公差為6級
(D)外螺紋節徑公差域在g的位置。

( ) **3** 對於螺紋標註符號"L－2N－M16×1－6g5g"所代表的意義，下列敘述何者不正確？
(A)左螺紋　(B)公差等級為2N　(C)公制螺紋　(D)螺紋大徑16。

( ) **4** 有關螺紋，下列敘述何者不正確？
(A)相鄰的二螺紋的對應點之間，其平行於軸線的距離，稱為螺距
(B)規格為M20×2的螺紋是細螺紋，2是表示螺距尺度（mm）
(C)三線螺紋的導程（L）與螺距（P）的關係是L＝3P
(D)順時針方向旋轉而前進的螺紋稱為左螺紋，反之，則是右螺紋。

( ) **5** 若螺紋標註為L－2N－M30×1.5－6H／6g，下列敘述何者正確？
(A)螺紋為右螺紋
(B)螺紋導程為1.5mm
(C)內螺紋公差6H及外螺紋公差6g的配合
(D)螺紋節徑為30mm。　　　　　　　　　　　　　　　　【統測】

( ) **6** 關於螺紋，下列敘述何者不正確？
(A)M5×0.8中，「5」表示螺紋的外徑
(B)可用於傳達動力或固定機件
(C)導程為螺紋旋轉一圈前進的距離
(D)英制螺紋又稱ISO螺紋標準。　　　　　　　　　　　　【統測】

( ) **7** 某一公制螺紋規格為L−2N−M20×2.5，則其導程為何？
(A)2mm (B)2.5mm (C)5mm (D)20mm。 【統測】

( ) **8** 有關螺紋，下列敘述何者<u>不正確</u>？
(A)若一螺紋標註為M30×2，則其螺距為2mm
(B)雙線螺紋的螺距為導程的2倍
(C)公制三角形螺紋的螺紋角為60°
(D)管螺紋的螺紋角為55°。 【統測】

( ) **9** 庫房內有一被壓在鋼板底下之舊紙盒，紙盒側面依稀可見「L−
M20×2.5**g**3**m」字樣，其中「**」代表若干不清楚之文
字，試問對盒內物品之猜測，下列何者較<u>不正確</u>？
(A)盒內物品為M20×2.5 length 30mm之雙螺紋導螺桿
(B)「**g」處字樣應是標示螺紋之公差等級
(C)「M20×2.5」應是標示M20螺紋、螺距2.5mm
(D)「L」標示為左螺紋，較少用，故也最可能是該物品被壓在庫
房之理由。 【統測】

( ) **10** 車床導螺桿的螺距為6mm，欲車削螺距為5mm的工件，其螺紋指
示器（牙標）之蝸輪的齒數應選用？
(A)15 (B)18 (C)21 (D)24。

( ) **11** 下列何者是以滾軋法製造螺紋時的缺點？ (A)降低材料的抗拉強
度 (B)生產速度慢 (C)精度差 (D)材料硬度超過HRC37度者，
不適滾軋。

( ) **12** 在攻螺絲孔時，通常每將扳手轉兩次，必須要反方向扳回一次其
作用為？ (A)使潤滑油進入 (B)使螺紋加深 (C)使切屑斷裂
(D)使螺孔粗糙度增加。

( ) **13** 欲攻M6×1之螺紋，應先選擇多大直徑的鑽頭鑽孔？
(A)∅6.0mm (B)∅5.5mm (C)∅5.0mm (D)∅4.5mm。 【統測】

( ) **14** 車床導螺桿之螺距（pitch）為8mm，若欲車製螺距為1.5mm之螺
紋，則主動齒輪齒數與從動齒輪齒數之可能搭配方式為何？
(A)$\frac{15}{18}$ (B)$\frac{18}{96}$ (C)$\frac{4}{32}\times\frac{30}{70}$ (D)$\frac{20}{80}\times\frac{45}{60}$。 【統測】

(　　) **15** 下列敘述那一項<u>不是</u>螺紋滾軋之特色？
(A)尺度精確，表面光滑
(B)節省材料
(C)模具便宜，適宜小量生產
(D)材料之硬度不能超過洛氏硬度HRC37。　　【統測】

(　　) **16** 適合大量生產螺紋之方法為：
(A)車床車削法　　　　　　　(B)輪磨法
(C)滾軋法　　　　　　　　　(D)螺絲模鉸製法。　　【統測】

(　　) **17** 車床導桿螺距為6mm，擬切削螺距為3mm之工件，則當導桿轉一圈時，車床主軸應轉幾圈？
(A)0.5圈　(B)1圈　(C)2圈　(D)3圈。　　【統測】

(　　) **18** 下列那一種量測儀器，最適宜同時量測螺紋之節距、牙深及牙角？
(A)光學投影機　　　　　　　(B)游標卡尺
(C)光學平鏡　　　　　　　　(D)分厘卡。　　【統測】

(　　) **19** 以車床車削節距為3mm之螺紋，導螺桿之節距為6mm，若主軸齒輪之齒數為24齒，則應搭配多少齒數的導螺桿齒輪？
(A)12齒　(B)36齒　(C)48齒　(D)72齒。　　【統測】

(　　) **20** 關於攻螺紋、鉸螺紋作業，下列敘述何者<u>不正確</u>？
(A)於鑄鐵工件上鉸螺紋，可以不用潤滑油
(B)每約攻1～2圈螺紋、退約1圈，加工者可稍微休息
(C)每約攻鉸1圈螺紋、退約1/4圈，以便斷屑
(D)手工用螺絲攻前端呈錐度之牙數最多者，應為第一攻。　　【統測】

(　　) **21** 下列何種螺紋的製造方法，最適合應用於高硬度及高精度的螺紋製造？　(A)滾軋法　(B)螺絲模法　(C)銑製法　(D)輪磨法。　　【統測】

(　　) **22** 下列有關螺紋樣規應用之敘述，何者最<u>不正確</u>？
(A)螺紋環規之不通過端測頭可通過外螺紋，表示其節圓直徑太小
(B)螺紋卡規之通過端滾規可控制外螺紋之最大節圓直徑尺度
(C)螺紋環規之通過端與不通過端測頭均可通過內螺紋，表示其節圓直徑太大
(D)螺紋樣規可檢驗螺紋角與節距。　　【統測】

(　　) **23** 關於螺紋之量測，下列敘述何者<u>不正確</u>？
(A)外螺紋節圓直徑可用三支相同直徑鋼線配合分厘卡量測
(B)外螺紋節距可用螺紋分厘卡量測
(C)螺紋樣規可以快速檢測螺紋是否正確
(D)螺紋角可用工具顯微鏡量測。　　　　　　　　　　　【統測】

(　　) **24** 下列何種方法較適合於低熔點非鐵金屬之外螺紋的大量生產？
(A)車床之車削　　　　　　(B)銑床之銑削
(C)壓鑄加工　　　　　　　(D)擠製加工。　　　　　　【統測】

(　　) **25** 下列以手工用螺絲攻進行攻螺紋作業之敘述，何者最正確？
(A)萬一螺絲攻於作業中折斷，應先敲斷外露部分，再以鑽頭鑽除
(B)近代之螺絲攻之材質已大幅改善，必要時可以直接由第一攻跳
　 至第三攻
(C)活動板手可以用來取代攻螺紋作業之T形旋轉板手
(D)螺絲攻一組為三支，但直徑卻都相同。　　　　　　【統測】

(　　) **26** 欲攻製M14×2之螺紋，須先行鑽孔，則應選用之鑽頭直徑為：
(A)11.5mm　(B)12mm　(C)12.5mm　(D)13mm。　　　【統測】

(　　) **27** 下列有關三支一組手工螺絲攻之敘述，何者<u>不正確</u>？　(A)手工
螺絲攻前端成錐度之牙數，最少者為第三攻　(B)以手工螺絲攻
攻牙，攻入1～2牙後，宜檢查螺絲攻之垂直度　(C)一般用於攻
內螺紋之鑽頭直徑尺度，其簡要計算為螺紋外徑減去節距（螺
距）　(D)手工螺絲攻之第一攻，其前端通常有1～2牙倒角成
錐度。　　　　　　　　　　　　　　　　　　　　　【統測】

(　　) **28** 欲加工50件低碳鋼零件上之內螺紋，採用下列何種加工方法較合
適？　(A)螺絲攻切製　(B)滾軋加工　(C)壓鑄加工　(D)螺紋機
製造。　　　　　　　　　　　　　　　　　　　　　【統測】

(　　) **29** 以1／4－20UNC之螺絲攻進行攻牙時，其攻螺紋鑽頭（tapdrill）
的直徑約為多少mm？　(A)4　(B)5　(C)6　(D)7。　　【統測】

(　　) **30** 螺絲攻三支為一組，分別稱為第一攻、第二攻及第三攻；第一攻
前端的倒角牙數，以下何者最接近？　(A)1牙　(B)2牙　(C)4牙
(D)8牙。　　　　　　　　　　　　　　　　　　　　【統測】

( ) **31** 下列何者能傳達一組軸中心線互成直角而不相交，且有高轉數比的兩軸？
(A)正齒輪 (B)蝸線斜齒輪 (C)冠狀齒輪 (D)蝸桿與蝸輪。

( ) **32** 下列何者齒輪可用於兩軸相交成90°間傳動？
(A)螺線齒輪 (B)戟齒輪 (C)蝸桿與蝸輪 (D)直齒斜齒輪。

( ) **33** 用以表示一個公制齒輪之輪齒大小者為：
(A)節圓直徑 (B)外徑 (C)模數 (D)徑節。

( ) **34** 欲滾製60齒，模數為3mm的正齒輪，則此正齒輪的節徑為：
(A)20 (B)63 (C)180 (D)186 mm。

( ) **35** 若齒輪的模數為3mm，齒數60，則齒輪的外徑為：
(A)180 (B)186 (C)183 (D)184 mm。

( ) **36** 若一正齒輪之齒數為80齒，模數為2.5mm毛胚加工量為3mm，求毛胚直徑為多少？
(A)200mm (B)205mm (C)208mm (D)203 mm。

( ) **37** 一正齒輪齒數為60，周節為6πmm，則其節圓直徑為：
(A)120mm (B)180mm (C)240mm (D)360 mm。

( ) **38** 下列何者<u>不</u>是沖床加工齒輪的特點：
(A)加工效率高 (B)模具製作成本低
(C)製品均一性高 (D)材料經濟。

( ) **39** 下列何者<u>不屬於</u>傳統加工之機製法齒輪加工？
(A)磨床加工 (B)粉末冶金 (C)銑床加工 (D)鉋床加工。

( ) **40** 下列何者加工方法最適合少量或特殊之齒輪加工的齒輪加工方法？ (A)鑄造 (B)銑床加工 (C)滾齒機 (D)粉末冶金。

( ) **41** 下列何者利用蝸桿與蝸輪關係加工之齒輪加工方法？
(A)鑄造 (B)銑床加工 (C)滾齒機 (D)粉末冶金。

( ) **42** 下列何者最適於高精度、高硬度之齒輪加工方法？
(A)輪磨 (B)銑床加工 (C)滾齒機 (D)粉末冶金。

（　）**43** 下列那一項**不是**粉末冶金製造齒輪的優點？　(A)施工時原料的損失較少　(B)可製成高純度之製品　(C)工作不需高度技術工人工資費用較低　(D)適於大件少量。

（　）**44** 鑄造法中適於較大型、尺度不精確、表面粗糙度不足的齒輪，採用下列何種加工方法最適合？
(A)砂模鑄造　　　　　　　　(B)金屬模鑄造
(C)離心力鑄造法　　　　　　(D)精密或包模鑄造法（又稱脫蠟）。

（　）**45** 齒輪之輪齒加工，若量少且精度要求不高時，可以在鉋床上加工，但所能鉋削之種類有：　(A)只能鉋齒條　(B)可鉋齒條及正齒輪　(C)可鉋齒條、正齒輪及螺旋齒輪　(D)可鉋齒條、正齒輪、螺旋齒輪及蝸齒輪。　　　　　　　　　【統測】

（　）**46** 下列有關正齒輪加工之敘述，何者**不正確**？　(A)拉床拉製不適用於大量生產　(B)可用臥式銑床銑削　(C)銑削宜配合分度頭使用　(D)模數或徑節是選擇銑刀之重要條件。　　　　　【統測】

（　）**47** 下列何種儀器較適合做齒輪之跨齒距量測？
(A)鋼尺　　　　　　　　　　(B)齒輪游標尺
(C)圓盤式分厘卡　　　　　　(D)齒輪分厘卡。　　　　　【統測】

（　）**48** 下列何種儀器較適合做齒輪之節圓直徑量測？　(A)鋼尺　(B)齒輪游標尺　(C)圓盤式分厘卡　(D)齒輪分厘卡。　　　　　【統測】

（　）**49** 下列何種儀器較適合做齒輪之弦齒厚量測？
(A)鋼尺　　　　　　　　　　(B)齒輪游標尺
(C)圓盤式分厘卡　　　　　　(D)齒輪分厘卡。　　　　　【統測】

（　）**50** 下列何種儀器較適合做齒輪之弦齒頂量測？　(A)鋼尺　(B)齒輪游標尺　(C)圓盤式分厘卡　(D)齒輪分厘卡。　　　　　【統測】

（　）**51** 關於齒輪之量測，下列敘述何者正確？　(A)節圓直徑可用齒輪游標尺量測　(B)跨齒厚可用齒輪分厘卡量測　(C)齒形可用工具顯微鏡量測　(D)齒輪游標尺是由三組游標卡尺組合而成。　　　　　【統測】

（　）**52** 有關攻螺紋之敘述，下列何者正確？　(A)以螺絲攻來攻製M14×2 的螺紋時，鑽頭直徑應使用14mm　(B)手工螺絲攻（hand tap）一組有三支，前端倒角牙數最多的是第一攻　(C)攻螺紋時，每旋轉1／2～3／4圈，需反轉1／4圈，目的是為了添加切削劑　(D)攻螺紋的順序，需按照第三攻、第二攻、第一攻依序攻製。　【統測】

（　）**53** 有關攻螺紋之敘述，下列何者<u>不正確</u>？　(A)攻螺紋是以螺絲攻（Tap）來製作工件內螺紋　(B)手工用螺絲攻（Hand Tap）一組有三支，第一攻大都用在盲孔的攻牙　(C)以手工用螺絲攻作貫穿孔攻牙，只須用第一攻即可　(D)攻螺紋時，可用角尺檢查螺絲攻是否與工件表面垂直。　【統測】

（　）**54** 齒輪經表面熱處理後，下列何種後加工方法可提升齒廓精度？
(A)銑削（Milling）　　　　　(B)鉋削（Shapping）
(C)滾齒（Gear Hobbing）　　(D)磨光（Lapping）。　【統測】

（　）**55** 有關螺紋及其加工之敘述，下列何者正確？　(A)導程是指螺紋旋轉一圈，沿徑向移動的距離　(B)車削時，工件作等速的旋轉及刀具作等速的移動　(C)冷作滾軋時，胚料的表面及內部一定都會產生塑性變形　(D)公制螺紋之螺旋角為60°，符號為M。　【統測】

（　）**56** 有關攻螺紋之敘述，下列何者<u>不正確</u>？　(A)對於盲孔的攻牙，愈接近孔的底部，攻螺紋的速度應愈慢　(B)對於貫穿孔的攻牙，必須使用第一攻、第二攻、第三攻的順序攻牙　(C)攻牙過程中螺絲攻斷裂時，不可以換另一支新的螺絲攻再繼續攻下去　(D)攻牙之前在孔的表面先倒角，以利於螺絲攻進入孔內。　【統測】

（　）**57** 有關螺紋與齒輪之敘述，下列何者正確？　(A)螺紋的導程角與導程的大小有關，而與節徑的大小無關　(B)英制齒輪的齒形大小以模數表示，公制齒輪的齒形大小以徑節表示　(C)使用螺絲攻製作盲孔的螺紋時，通常只需要第一攻即可　(D)滾齒加工時，滾齒刀與齒輪的動作類似蝸桿與蝸輪囓合運轉的情形。　【統測】

（　）**58** 有關螺紋及其製造，下列敘述何者正確？　(A)節徑上螺旋線與軸線所構成之夾角稱為導程角　(B)M20×1.5之螺紋螺距是1.5mm　(C)螺紋滾軋所需之胚料直徑約等於螺紋的外徑　(D)壓鑄適用於高熔點非鐵金屬機件之外螺紋大量生產。　【統測】

(　　) **59** 欲於中碳鋼材料上，加工一接觸比為75%、規格為M12××1.75的螺紋孔，其預先鑽孔直徑應為多少？　(A)ϕ9.3mm　(B)ϕ10.3mm　(C)ϕ11.3mm　(D)ϕ12.3mm。　　　　　　　　　　　　【統測】

(　　) **60** 有關螺紋孔攻牙，下列敘述何者正確？　(A)使用手動螺絲攻進行貫穿孔攻牙時，直接取第三攻進行工作　(B)手動螺絲攻之排屑槽為螺旋狀　(C)增徑螺絲攻在應用時，No.2的負載最大　(D)公制管螺紋的錐度為1／12。　　　　　　　　　　　　　　　　【統測】

(　　) **61** 某位學生攻牙時，不小心螺絲攻斷裂在孔中，關於斷裂原因與處置方法，下列敘述何者<u>不正確</u>？　(A)可能是攻牙前鑽孔的孔徑太小的緣故　(B)可能沒有退刀排屑　(C)可以在相同孔位打中心衝後，再次鑽孔取出斷掉的螺絲攻　(D)可使用放電加工機將斷掉螺絲攻加工去除。　　　　　　　　　　　　　　　　　　　　【統測】

(　　) **62** 有關攻螺紋之敘述，下列何者正確？　(A)工件欲攻製1／2－13UNC的螺紋時，若採75%的接觸比，則攻螺紋鑽頭直徑約為10.7mm　(B)增徑螺絲攻的三支外徑都不相同，但節距與前端的倒角牙數相同　(C)機器攻螺紋時，每旋轉1／2～3／4圈，需反轉1／4圈　(D)一般材料之螺紋接觸比為75%，對於硬度較高的材料可以使用較小直徑之鑽頭，以降低接觸比。　　　　　　　　【統測】

(　　) **63** 有關齒輪製造之敘述，下列何者<u>不正確</u>？　(A)粉末冶金法適合用於小齒輪之大量生產　(B)滾齒機切製法切削正齒輪時，滾齒刀之軸方向需與齒輪之輪軸方向平行　(C)銑床銑切法銑削齒輪時，必須搭配分度頭附件　(D)壓鑄法製造齒輪，一般用於低熔點之非鐵金屬材料。　　　　　　　　　　　　　　　　　　　　　【統測】

(　　) **64** 螺紋公差之標註M24×2-6H/5h6g，下列敘述何者<u>不正確</u>？　(A)牙角60°　(B)外螺紋節徑公差6g　(C)內螺紋節徑公差6H　(D)為細牙螺紋。

(　　) **65** 試車M8×1.25螺紋，在車削長度為30mm時，外徑上會出現：(A)8條　(B)12條　(C)18條　(D)24條　螺紋。

第11單元　非傳統加工

重點導讀

本單元主要討論各種特殊加工法，現在科技日新月異，已不再大量使用傳統加工法進行加工，故本單元非常的重要，名詞及代號配對需要非常熟悉，粉末冶金、塑膠加工及特殊加工法必須熟讀之才能拿到高分。

11-1　粉末冶金

一、粉末冶金之過程

(一) 製成粉末。　　　　　　　(二) 加壓成形。
(三) 燒結處理。　　　　　　　(四) 最後處理。

二、金屬粉末製造法

(一) **機製法**：又稱切割法、切削法，只適合於鎂、鋁粉末製造。
(二) **滾磨法**：又稱軋碎，針對硬脆的材料，製成粉末。
(三) **彈射法**：圓球形顆粒，粉末顆粒較粗。
(四) **噴霧法**：又稱霧化法，係將低熔點材料成霧狀後冷凝而得粉末。最適宜低熔點材料。
(五) **還原法**：氧化鐵加焦炭可還原得海綿狀之純鐵粉末。適於高熔點金屬粉末。
(六) **電解沉積法**：常用於鐵、銀、鉭粉末的製造，不鏽鋼為陰極，所得之金屬粉末<u>純度最高</u>。
(七) **成粒法**：粉末表面易生氧化。

三、粉末冶金成形法

(一) **壓製**：兩沖子同時向中間加壓成形。
(二) **離心力壓製**：旋轉並加壓，僅適於比重較大金屬之用，如碳化鎢。
(三) **擠製**：加入膠質、樹脂等材料以利擠製，成品為長條型如核能燃料棒。

(四) **滾軋**：最適於板、片、條狀之產品。

(五) **均壓模造**：利用油壓，密度最均勻。

(六) **爆炸模壓**：得到極高的密度。

(七) **爆炸加壓成形**：適於高熔點之金屬成形。

(八) **重力燒結**：不鏽鋼濾板之製造。

(九) **金屬纖維法**：用於多孔性金屬過濾器。

(十) **滑（黏）鑄法**：類似陶瓷之造形法，用於鎢鉭及其他若干種金屬上。

四、粉末冶金燒結

(一) **燒結**：經壓製成形之粉末密集體，加熱至熔點以下之溫度時，利用原子之吸力，將固體之顆粒結合，互相熔接在一起，使其收縮而緻密化，此操作謂之燒結。

(二) **燒結時間**：燒結在燒結爐中進行，各種材料加熱溫度不同，時間約為20至40分鐘。

(三) **電流的火花燒結法**：使溫度維持在熔點以下，同時加熱再以液壓機加壓，使製品得更堅實，密度大。如碳化鎢的製造，時間約12～15秒。

(四) **燒結爐**：常以一般熱處理爐，還須使用還原氣體，如氫氣或氮氣，以避免氧化。

(五) **各種不同材料之燒結溫度**：

　　1.銅之燒結溫度為870°C。

　　2.鐵之燒結溫度為1095°C。

　　3.不鏽鋼之燒結溫度為1175°C。

　　4.碳化鎢之燒結溫度為1500°C。

五、粉末冶金成品處理

(一) **滲油處理**：多孔性自潤軸承常作此種處理。

(二) **金屬滲入**：此法係將低熔點之熔融金屬，滲入多孔性之燒結製品中。

(三) **尺度矯正或壓印**：使得成品更精確，一般粉末冶金常採用之加工方式。

(四) **熱處理**：適於鋼鐵材料，不可使用浴鹽法。

(五) **塗層**：可以做各種表面加工處理。

(六) **機製加工**：粉末加工後可進行各項機械加工工作，鐵基粉末冶金製品若須切削加工，不適用水溶性切削劑，因粉末的多孔性會吸水入內而造成腐蝕。

六、 金屬粉末的特性

(一) **粒度**：適合之粒度為篩號（25.4mm長之粒度）100～325號，結合成多角不規則形狀最佳，粉末冶金的粉粒形狀品質，樹枝狀較球狀結合強度大，但流動性差。

(二) **流動性**：流動性高者易於成形。

(三) **壓縮性**：壓縮性好的成品強度高。

(四) **燒結性**：燒結溫度範圍太窄不易控制，燒結性差者不適於粉末冶金。

七、 粉末冶金之優點

(一) 常用於製造碳化鎢、碳化鈦、雙金屬、多孔性軸承等。

(二) 可控制多孔性材料中孔隙所占之百分比。

(三) 製品精度高、表面光平、適於小件大量之零件製造。

(四) 可製成高純度之產品。

(五) 施工時不生廢料。

(六) 製作設備不必高度技術工人，故工資低廉。

(七) 可減輕重量，材料使用經濟，適於航太工業。

(八) 不同性質金屬與非金屬粉末可以製成零件。

八、 粉末冶金之缺點

(一) 金屬粉末價格昂貴、容易氧化變質、儲存不易。

(二) 製程複雜，設備費用昂貴，加工費用高。

(三) 金屬粉末流動性不良，無法製造較複雜之製品，例如螺紋、鑽頭。

(四) 燒結時之溫度控制甚嚴，故加溫困難，尤以低熔點金屬：如錫、鋁。

(五) 部份金屬粉如鋁、鎂、鋯、鈦等易生火災及爆炸之危險。

(六) 粉末具有多孔性。無法產製密實之製品。

(七) 由於各種金屬粉末之壓縮性及壓力機之容量關係，製品之尺度受限制。

牛刀小試

(　　) **1** 有關金屬射出成型製程步驟：A.射出成型、B.燒結、C.後處理、D.粉末混煉、E.去結合劑（脫脂），下列製程順序何者正確？　(A)DEABC　(B)DAEBC　(C)DBAEC　(D)DABCE。　　　　　　　　　　　　　　　　　【105統測】

(　　) **2** 有關非傳統加工的敘述，下列何者正確？　(A)粉末冶金製造雙金屬板，其燒結溫度在較高與較低金屬熔點之間　(B)塑膠加工之擠製成型法適用於製造清潔劑容器　(C)雷射加工屬熱電式特殊切削法，只適用於金屬材料加工　(D)放電加工會產生高溫放電，不適用於高硬度金屬薄板加工。　　　【107統測】

(　　) **3** 有關非傳統加工的敘述，下列何者正確？　(A)粉末冶金的粉粒形狀品質，樹枝狀較球狀結合強度大　(B)鐵基粉末冶金製品若須切削加工，適用水溶性切削劑　(C)壓縮模成形法，塑料置於模具加熱及加壓成形，主要用於熱塑性塑膠成形　(D)線切割放電加工，原理與放電加工相同，但電極導線通常使用高速鋼線。　　　【108統測】

(　　) **4** 有關非傳統加工的敘述，下列何者正確？　(A)管袋式包裝用塑膠袋以滾壓成形法製造　(B)電子束加工不適用於非導電之硬材料　(C)電化加工時，工件因電解作用產生明顯的殘留應力　(D)金屬粉末以霧化法製造的純度較電解法差。　　　【109統測】

── 解答與解析 ──

1 (B)。有關金屬射出成型製程步驟：粉末混煉、射出成型、去結合劑（脫脂）、燒結、後處理。

2 (A)。(B)塑膠加工之吹製成型法適用於製造清潔劑容器，如寶特瓶。(C)雷射加工屬熱電式特殊切削法，適用於金屬材料與非金屬材料加工。(D)放電加工會產生高溫放電，適用於導電之高硬度金屬薄板加工。

3 (A)。(B)鐵基粉末冶金製品若須切削加工，適用非水溶性切削劑。(C)壓縮模成形法，塑料置於模具加熱及加壓成形，主要用於熱固（熱硬）性塑膠成形。(D)線切割放電加工，原理與放電加工相同，但電極導線通常使用純銅或黃銅線。

4 (D)。金屬粉末以電解法製造的純度較霧化法為佳。

11-2 塑膠加工

一、塑膠

(一)塑膠為人工合成之高分子有機聚合物。

(二)塑膠為將合成樹脂加入顏料、填充劑、安定劑及增塑劑等成形。

(三)加入填充劑可以降低脆性且增加塑性。加入安定劑可防止老化。

二、塑膠優點與缺點

(一)**塑膠優點**：質量輕、抗蝕性佳、絕緣性良好、易於著色、較金屬易於成形、可塑性大、造型容易、尺度精確、表面光平。

(二)**塑膠缺點**：強度低、硬度低、延展性小、耐磨性能差、低溫有脆性、尺度安定性低、高溫有毒。

三、塑膠的種類

(一)**熱塑性塑膠**：

1. 塑膠受熱即熔融而軟化，冷卻後凝固而成形，再加熱又可重新塑膠製，分子結構為長鏈狀，熱塑性塑膠在模壓時，起物理變化，可恢復原形。

2. 常用熱塑性塑膠：

(1) 聚乙烯（PE）：塑膠袋，寶特瓶（PET）。

(2) 聚丙稀（PP）：品質較聚乙烯佳。

(3) 聚苯乙烯（PS）：宜製造冷凍設備。

(4) 聚氯乙烯（PVC）：塑膠管。

(5) 碳酸樹脂（PC）：光碟片。

(6) 縮醛塑膠（PA）：拉鍊。

(7) 壓克力塑膠（PMMA）：聚甲基丙烯、光學鏡片、招牌廣告。

(8) 聚醯胺塑膠：尼龍。

(9) 纖維素塑膠。

(10) 氟碳塑膠。

(二)**熱硬化（熱固）性塑膠**：

1. 塑膠成形後，不因再度受熱而軟化，故只能塑製一次，分子結構為網狀。熱固性塑膠加熱時，發生聚合作用，使其硬化，可視為化學變化，不可恢復原形。

2.常用熱硬化（熱固）性塑膠：
(1)酚醛樹脂：俗稱電木，硬度最高。
(2)環氧樹脂：可以製成積體電路IC外形之成型、黏結性佳、耐高溫、絕緣性佳。
(3)尿素樹脂。　　　　　(4)聚脂樹脂。
(5)氨基樹脂。　　　　　(6)呋喃樹脂。

四、塑膠加工法

(一)壓縮模形法：
1.壓縮模形法又稱壓力模塑法，為熱固性的塑膠材料最常採用此種方法。
2.適於熱硬性（熱固性）塑膠製造面積較大、凹凸較深的電器開關或電器用品的外殼。

(二)傳遞模製法：
1.傳遞模法適用於熱硬性（熱固性）塑膠材料加工。
2.傳遞模法適於形狀複雜而厚度變化較大及中間夾有金屬插件之產品。

(三)射出（注射）成形法：
1.射出成形法為熱塑性塑膠最常用的製造法。
2.產品如茶杯、臉盆、垃圾筒、DVD光碟片等。
3.射出成形法由送料及壓入方式的不同，可分直接射出成形及螺旋式射出成形。

(四)擠製成形法（又稱押出成形）：
1.擠製成形法為熱塑性塑膠製造法之一。
2.塑膠材料欲製成長條型之工件。
3.常用於製造實心棒、空心管、板狀、薄膜、密封條等加工。
4.吹管擠製常用於製造塑膠袋、垃圾袋。

(五)壓延成形法（又稱滾延或滾壓成形）：
1.壓延成形法為熱塑性塑膠製造法之一。
2.利用滾輪滾壓成形，如製造窗簾布、雨衣、膠布、包裝膠膜、玩具等製造。
3.無法製造中空產品。

(六) 吹製成形法：

　　1.吹製成形法為熱塑性塑膠製造法之一。

　　2.吹入壓縮熱空氣於模內成形。

　　3.主要是使用熱塑性塑膠以製造中空薄壁之容器。

　　4.吹製成形法如製造塑膠瓶（保特瓶）、浮筒、洋娃娃等。

　　5.成型過程在加熱環境中進行，以壓縮空氣為成型之壓力源。

(七) **吹管擠製（吹膜成形法）：**

　　1.又稱為吹袋成形法。

　　2.用於薄軟片、管袋式包裝用塑膠袋或垃圾袋之製造。

(八) **真空成形法：**

　　1.真空成形法與吹製成形法加工方式相反。

　　2.係先將塑膠板固定於模框上，再加熱軟化之，然後從模腔底部抽除空氣，待冷卻後，即得所需形狀之成品。

　　3.小型遊艇船身、面具、部分容器、浴室用具、洗臉台等成品可採用此法製造。

(九) 補強成形：

　　1.補強塑膠是將熱固性塑膠加入不同纖維織品，以增加強度。

　　2.常以玻璃纖維（FRP）為主，有時亦可用石墨、石棉、玻璃、碳纖維及合成纖維。

　　3.製品有安全帽、行李箱、平板、遊艇、座椅、浴缸、大型容器及機械外殼，為一種重疊性補強塑膠。

(十) **鑄造法：**

　　1.將塑膠原料加熱使成液態，在加熱而不加壓下，注入鑄模。

　　2.常用簡單鑄造法製造壓克力板。

　　3.膠埋屬於鑄造法，常用於電線插頭、電子零件如IC卡。

　　4.嵌埋法屬於鑄造法，為將生物標本或物品封入透明塑膠內。

(十一) **發泡成形法：**

　　1.係利用物理或化學方法，使塑膠經適當的發泡，使其體積膨脹之加工法，又稱塑膠泡棉或稱泡沫塑膠。

　　2.優異之絕緣材料具有隔熱、隔音、防震等功效，其特性為成品具多孔性。

　　3.材料中常見的發泡塑膠有：聚苯乙烯（PS）、聚胺基甲。

(十二)**積層成形：**
　　1.積層成形適用於熱硬性（熱固性）塑膠材料加工。
　　2.重疊數件塑膠加壓、加熱成裝飾板之成形加工。
　　3.常用於建築材料成形。
　　4.安全玻璃亦採積層成形。

11-3　電積成型

一、電積成型原理
(一)電積成型又稱電鑄法，只適於製造薄件產品，加工速度慢。
(二)電積成型利用電鍍原理，在電解液中用純金屬桿作為陽極，導電之模具作為陰極。
(三)通電後金屬自陽極積聚於陰極模上，積成一相當薄之殼，而後與陰極模分開，取出此殼即為製造的成品。

二、電積成型特性
(一)電積成型成品需為導電性材料如銅、鎳、銀、鐵等，
(二)電積成型產品如鋼筆套、金屬網、金屬管、高科技產品等。
(三)電積成型鍍層應與被鍍物分離取出成品。
(四)電積成型之鍍層通常比電鍍加工厚。
(五)電積成型可以製作無縫金屬管。
(六)電積成型可以製作放電加工用之銅電極。
(七)可作出層狀金屬製品。
(八)電積成型表面外形尺度不易控制。

11-4　放電加工

一、放電加工（EDM）
(一)放電加工法乃是應用一電極（刀具）與導電體之工作物在非導體之液體媒質（冷卻液；絕緣液）之間產生放電作用，將金屬除去及成形之一種加工方法。
(二)放電加工又稱之為火星加工或電氣腐蝕加工法。為電能變熱能之加工方式。
(三)不論工作物硬度如何，均能加工，且工作物與電極不直接接觸，有適當之間隙。

二、放電加工（EDM）特性

(一) 將材料利用電弧高溫熔化蒸發工件，其冷卻液為絕緣液。

(二) 電極可用銅、黃銅、銅鎢等。電極及工件均需為導電體。

(三) 電極與工件有間隙，適於加工超硬之導電材料。以煤油為絕緣液。

(四) 放電之工具電極會慢慢消耗；且加工速度較慢。

(五) 適宜各種硬脆之導電性材料加工，如碳化鎢等硬質金屬。

(六) 在工件與電極間產生電弧，使工作物氣化、脫離、成形之加工法。石墨、銅、鋅合金等均可作為電極材料。

(七) 放電時，若電流小，頻率高，則工件表面光平度較佳。

(八) 缺點為速度太慢，成本太高，不適於大量生產。

三、線切割放電加工（WEDM）

(一) WEDM主要利用線電極加工二次元形狀之工件。

(二) WEDM不需製作工具電極、可加工細微的複雜形狀、可使用數值控制。

(三) WEDM加工時是捲取線電極，線電極用過就丟棄，沒有工具電極消耗問題。

(四) WEDM加工面良好，加工速度快，不必考慮電極的消耗。

(五) WEDM可不考慮線電極的消耗。

(六) WEDM用純水為加工液。

(七) WEDM線電極的張力也影響加工速度。

(八) WEDM線電極材料主要用銅和黃銅。

牛刀小試

（　　）有關放電加工之電極、加工液及其應用，下列敘述何者<u>不正確</u>？　(A)放電加工所使用之加工液應具有優良的導電性　(B)放電加工電極會消耗　(C)適合用於高硬度與高脆性導電材料加工　(D)可用於模具之模穴加工。　　　　【105統測】

───── 解答與解析 ─────

(A)。放電加工所使用之加工液以煤油為主，須具有優良的絕緣性，不具有導電性。

11-5　特殊切削加工

一、特殊加工

(一) 特殊加工法（special processes），係指金屬切削（傳統加工）、鑄造、鍛造、粉末冶金、熔接等加工法以外之特殊加工方法。

(二) 特殊加工藉電氣、化學、機械、高溫以及光能等，以執行切削工作。

(三) 特殊加工除少數方式用高硬度之磨粒外，其餘多用低硬度之工具。

(四) 工作對象除高硬度金屬外，非金屬材料亦在可加工對象之內。

(五) 特殊加工速度慢、成本高、精度高、不適於大量生產、廣用於超硬材料與特殊方式之加工。

二、特殊加工分類

(一) **熱能式**：放電加工（EDM）、線切割放電加工（WEDM）、雷射加工（LBM）、電子束加工（EBM）、高溫加工（ETM）。

(二) **電化學式**：電化加工（ECM）、電化研磨（ECG）。

(三) **機械式**：超音波加工（USM）、磨料噴射加工（AJM）、水噴射加工（WJM）。

(四) **化學式**：化學切胚、化學彫刻、化學銑切（CHM）、化學機械研磨（CMP）。

三、電化加工（ECM）

(一) 利用電化學能去除之非傳統切削加工。

(二) 原理與電鍍法相同，不過其工件為陽極而工具為陰極，所以也可以說是一種反電鍍法，電解液為氯化鈉。

(三) 工件與工具要導電，而液體需為電解液。加工不易生熱，只適於製造導電金屬材料。

(四) 電化加工之工件因電解作用而被蝕刻成形，並不會在工件上產生明顯的殘留應力。

(五) 特點為：不易生熱，可加工複雜形狀工件。

四、電化研磨（ECG）

(一) 類似電化加工，在電解液中加入鑽石磨料，電化占90%，研磨占10%。

(二) 電化研磨加工時，工件材料的去除主要靠 電解作用，次要靠磨料切除。

(三) 電解液以碳酸鈉為主，只適於製造導電金屬材料。

(四) 常利用鑽石磨料研磨碳化鎢刀具。

五、化學加工

(一) **化學切胚（化學下料）**：化學切胚利用化學腐蝕原理，用以製造薄片之金屬零件。

(二) **化學雕刻**：化學雕刻利用化學腐蝕原理，施工方法與化學切胚相同，但所雕之字或花紋等僅在金屬上面。如金屬之雕花門，工件較厚。

(三) **化學銑切（CHM）**：化學銑切利用化學腐蝕原理，可製造複雜之模型及錐度加工，如印刷電路板。

(四) **化學機械研磨（chemical mechanical polishing，簡稱CMP）**：

　　1. 結合化學加工（chemical machining）與精密拋光（polishing）兩種加工方法，可發展出半導體製造業使用之化學機械研磨（chemical mechanical polishing，簡稱CMP）技術。

　　2. CMP係使用強酸或強鹼液體，在堅硬之矽晶圓（wafer）表面腐蝕出一層薄而軟的氧化層，再用絨布以拋光方式拋除此氧化層，使底部未被氧化之基材顯露，之後由強酸鹼液體繼續腐蝕；如此週而復始，一直加工到所需尺度為止。

　　3. CMP特點：高精密之加工方法、需要使用大量清水沖洗、產生之廢液污染性相當高、不需使用大量人力。

六、雷射光束加工（LBM）

(一) 應用輻射的激發放射所生放大光線，集中成一束極強之單色光線，作用在材料上使材料熔融而揮發除去的加工方法。

(二) 將材料熔成液態進而揮發除去金屬，材料的深寬比較大（細長精密），且受熱及受力面積影響較小。

(三) 多在大氣中進行加工。

(四)加工件需要能吸收光線才能加工。

(五)尺度精密、適於小件產品。

(六)加工材料深寬比大（細長）。

(七)常使用固體雷射或氣體雷射，可以加工金屬與非金屬材料。

七、 電子束加工（EBM）

(一)電子束加工與雷射光相同，亦為一種熱能加工法。

(二)電子束加工適用於各式材料之加工，並非只限於導體材料。

(三)大多在真空中進行加工，需要高技術。

(四)加工材料深寬比大（細長）。

八、 超音波加工（USM）

(一)利用機械能以磨料高速振動撞擊，主要加工硬脆材料。

(二)磨料以碳化硼為主，磨料顆粒以280篩號為宜。

(三)不需使用熱能作用加工。無熱應力發生為其主要特性。

(四)工具以機械能高速振動，頻率每秒20,000到30,000次（20～30千赫）。

(五)超音波加工主要加工硬或脆之材料，如碳化物、工具鋼、人造瓷土、陶瓷、玻璃、寶石等材料的鑽孔、攻絲、製印模、模具孔之加工等。

(六)可以除毛邊、可以洗淨工件。

(七)不適合蜂槽狀、薄金屬板、軟韌、延展性大之材料加工。

九、 噴射加工（JM）

(一)**磨料噴射加工（AJM）**：磨料高速撞擊加工。

(二)**水噴射加工（WJM）（水刀）**：利用水流高速噴射加工，最適合使用於皮革、塑膠的切斷加工。

牛刀小試

(　　) **1** 下列何者屬於「熱電式非傳統加工法」？　(A)磨粒噴射加工法　(B)雷射加工法　(C)超音波加工法　(D)電化加工法。　【105統測】

( ) **2** 有關非傳統加工之敘述，下列何者正確？ (A)電積成型（Electroforming）是利用電鍍的作用，不須作脫模處理 (B)放電加工（Electrical Discharge Machining）時，電極與工件間會有火花，產生極大的殘留應力 (C)電化加工（Electrochemical Machining）之工件接陰極，工具接陽極，工件因電解作用而被蝕刻成形 (D)化學銑切（Chemical Milling）是利用化學腐蝕，工件浸入腐蝕液中，將工件未防蝕的部份去除。 【106統測】

( ) **3** 有關非傳統加工及電腦輔助製造的敘述，下列何者正確？ (A)電化研磨加工時，工件材料的去除主要靠磨料切除，次要靠電解作用 (B)數值控制機械的座標軸，C軸表示繞X軸旋轉的轉軸 (C)直線切削機能（G01）屬於CNC程式的輔助機能 (D)化學切胚（化學下料）適合薄板狀材料加工，加工後板片不會扭曲變形。 【108統測】

───── 解答與解析 ─────

1 (B)。熱能或熱電能式非傳統加工法主要有：放電加工（EDM）、線切割放電加工（WEDM）、雷射加工（LBM）、電子束加工（EBM）、高溫加工（ETM）。

2 (D)。(A)電積成型是利用電鍍的作用，須作脫模處理。(B)放電加工時，電極與工件間會有火花，工件不受力，不接觸，不會產生殘留應力。(C)電化加工之工件接陽極，工具接陰極，工件因電解作用而被蝕刻成形。

3 (D)。(A)電化研磨類似電化加工，加工時，工件材料的去除主要靠電解作用，次要靠磨料切除。(B)數值控制機械的座標軸，A軸表示繞X軸旋轉的轉軸。(C)直線切削機能（G01）屬於CNC程式的準備機能。

11-6 積層成型

一、積層成型

(一) 積層成型（Additive Manufacturing，AM）簡稱AM，又稱增材製造或3D列印（3D printing），屬於工業機器人的領域之一種。

(二) 積層成型可在電腦控制下層疊原材料，可列印出的三維物體之任何形狀和幾何特徵。

(三)積層成型技術從早期被稱為快速成型（RP）轉變成快速製造（RM）之技術。

(四)積層成型是指將材料有序沉積到粉末層噴墨列印頭的過程，擴大到廣泛包括的各種技術，如擠壓和燒結過程。

(五)主要進行步驟為建模與轉檔、切層處理、堆疊分層列印及物件後處理。

(六)積層成型列印材質適用於從金屬、合金、塑膠、陶瓷、石膏粉末與石材等。

(七)積層成型應用範圍從機械工業進展至電腦3C產品、牙齒、人體器官、首飾與食物等。

二、積層成型產品建構步驟

(一)**建模與轉檔**：使用電腦輔助設計（CAD）或三維掃描器來建立3D電腦模型，並轉換成.STL 或.OBJ 等格式可供印表機讀取列印。

(二)**切層處理**：進行流形錯誤檢查加以修正，包括各表面沒有相互連線或是模型存在空隙等。接著利用切片機（Slicer）的軟體功能將3D電腦模型轉換成一系列薄層，同時生成G代碼指令以備列印。

(三)**堆疊分層列印**：機器校正熱機後，根據G代碼從不同的橫截面，將材料一層層組合形成3D列印物件。

(四)**物件後處理**：取出物件後清除多餘支撐材與進行最後處理（如表面拋光、擦光）即為成品。

三、積層成型方法

(一)**層狀物體製造法（Laminated-object manufacturing，LOM）**：又稱分層實體製造法，類似點陣式印表機的列印方式，堆出立體物件，常用來製作實心物體。

(二)**熔合沉積法（Fused deposition moldeling，FDM）**：又稱熱熔解積層製造技術，常用於高分子聚合物，操作簡單安全、價格較低、機械強度較佳，其缺點為熱脹冷縮大，易產生翹曲。

(三)**數位光處理（Digital light processing，DLP）**：將切層處理後的截面圖案，用燈泡照射在光固化聚合物樹脂上，精度極佳，但耗材較貴。

(四)**立體平板印刷法（Stereo lithography apparatus，SLA）**：又稱立體光刻成型法，透過雷射光束將液態的光敏樹脂表面進行逐

層覆蓋，優點為自動化程度高、表面較佳、尺度精度高、解析度高，可製作結構較複雜模型。

(五) **選擇性雷射燒結**（Selective laser sintering，SLS）：以高能量雷射光在塑膠粉末上反覆燒結凝固成型，可製造複雜構件或模具，適用於製作高強度的元件模型，機件表面粗糙，會產生有害氣體。

四、積層成型特性

(一) 可縮短研發時間。
(二) 可作為機件尺度與功能驗證。
(三) 加工精度較工具機加工為低。

11-7 雷射加工

一、雷射

(一) 雷射是指藉由激勵放射進行光放大作用所產生的光線。
(二) 雷射是藉由光學振盪放大的光線輸出光子。
(三) 雷射光子具有相同的振幅、相位、與方向。
(四) 雷射光子具有方向性、單光性、高強度、同調性等特性。
(五) 光學振盪放大介質有固體雷射、液體雷射、氣體雷射等。
(六) 氣體發振的雷射以二氧化碳雷射最常使用。

二、雷射光束加工（LBM）

(一) 雷射加工屬於熱電式（熱能）加工的一種，是應用雷射光優秀的指向性和高輸出性。
(二) 可進行銲接、雕刻、切割、量測、標記、熱處理等。
(三) 材料的深寬比大，且受熱及受力面積影響較小。
(四) 多在大氣中進行加工，尺度精密、適於小件產品。
(五) 不需真空，不必防護 X 光。屬於非接觸加工。
(六) 裝置較簡便而且作業性良好。
(七) 可加工金屬與非金屬材料，可加工陶瓷、鑽石等硬脆材料。
(八) 容易自動化加工。
(九) 可經由透明物體（如石英玻璃）進行物件的加工。
(十) 雷射光束加工過程中，不可直接目視加工部位。

考前實戰演練

(　　) **1** 粉末冶金之成型法中，何者最適宜製造多孔性網板？
(A)模壓法　　　　　　　　　(B)擠製法
(C)金屬纖維法　　　　　　　(D)滾軋法。

(　　) **2** 下列何者<u>不是</u>粉末冶金之優點？
(A)製品尺度精確　　　　　　(B)加工時不生廢料
(C)可製高純度製品　　　　　(D)粉末原料儲存容易。

(　　) **3** 粉末冶金所製成之多孔性軸承為增加其功能，需作何種處理？
(A)表面加工處理　　　　　　(B)電鍍處理
(C)金屬滲透處理　　　　　　(D)滲油處理。

(　　) **4** 有關粉末冶金製造，下列敘述何者<u>不正確</u>？
(A)設備費及加工費用低廉　　(B)可製造多孔性產品
(C)成品精度及粗糙度佳　　　(D)製品尺度及形狀受限制。

(　　) **5** 下列那一項<u>不是</u>粉末冶金的優點？
(A)施工時原料的損失較少
(B)可製成高純度之製品
(C)工作不需高度技術工人工資費用較低
(D)金屬粉末不易變質，容易儲存。

(　　) **6** 粉末冶金過程中，下列敘述何者<u>不正確</u>？
(A)封閉孔隙之處理，可用珠擊
(B)金屬粉末經壓製再進行燒結後，不需作尺度矯正就可達到精密尺度
(C)多孔性軸承需作滲油處理
(D)鋁之金屬粉末有爆炸之危險。

(　　) **7** 粉末冶金是一種無屑加工的方法，但<u>不適於</u>大量製造下列何種元件？
(A)碳化鎢刀塊　　　　　　　(B)自潤軸承
(C)螺絲　　　　　　　　　　(D)永久磁鐵。　　　　　【統測】

( )　**8** 噴霧法常使用於粉末冶金製程中，該法為：
　(A)粉末攪拌時施加氣體噴霧以增加潤滑
　(B)在模壁施加噴霧以增加潤滑
　(C)將液態金屬噴散霧化以凝固成粉末
　(D)成形之成品表面施加噴霧以增加美觀。　　　【統測】

( )　**9** 一般積體電路IC外形之成型的主要原料為？
　(A)環氧樹脂　　　　　　　(B)ABS塑膠
　(C)合成橡膠　　　　　　　(D)聚氯乙烯。

( )　**10** 下列哪一種材料是屬於熱固性塑膠？
　(A)聚乙烯（PE）　　　　　(B)尼龍（nylon）
　(C)壓克力（丙烯酸類）　　(D)酚醛樹脂（phenol resin）。

( )　**11** 下列之描述那一項<u>不是</u>塑膠的特性？
　(A)對酸鹼的耐蝕性佳　　　(B)可塑性佳，造型容易
　(C)比重小，重量輕　　　　(D)高溫有脆性。

( )　**12** 下列敘述何者<u>不正確</u>？
　(A)塑膠中添入填充劑會增加材料脆性
　(B)塑膠中添入安定劑的目的在防止老化
　(C)塑膠的絕緣性及耐蝕性良好
　(D)射出成型為製造熱可塑性塑膠產品的主要方法之一。

( )　**13** 塑膠，可廣義的分成熱固性與熱塑性，下列敘述何者正確？
　(A)熱塑性塑膠在模壓時，起化學變化
　(B)熱固性塑膠加熱時，發生聚合作用，使其硬化，可視為物理變化
　(C)環氧樹脂可以製成積體電路IC外形之成型、黏結性佳、耐高溫、絕緣性佳
　(D)纖維素為製造玩具常用的材料，屬於熱固性化合物。

( )　**14** 將生物標本或裝飾品封入透明的塑膠內，藉以保護並供觀賞，是屬於何種加工成形方法？
　(A)發泡成形　　　　　　　(B)射出成形
　(C)嵌埋　　　　　　　　　(D)加熱成形。

考前實戰演練

(　　) **15** 使用熱硬性塑膠製造面積較大、凹凸較深的電器開關或電器用品的外殼，以下列何種成形方法最適當？
(A)滾延成形（calendering）
(B)擠出成形（extruding）
(C)壓縮模成形（compression molding）
(D)加熱成形（thermoforming）。　　　　　　　　　　　　　【統測】

(　　) **16** DVD光碟片是以哪一種塑膠成型方式大量製造？
(A)PE，壓縮成型（compression molding）
(B)PS，真空成型（thermoforming）
(C)PMMA，擠壓成型（extrusion）
(D)PC，射出成型（injection molding）。　　　　　　　　　【統測】

(　　) **17** PVC塑膠水管大多利用下列那一種方法成形的？
(A)吹製成形　　　　　　　　　(B)滾壓成形
(C)射出成形　　　　　　　　　(D)擠製成形。　　　　　　　【統測】

(　　) **18** 自動販賣機內常見的汽水瓶及礦泉水瓶，多為熱塑性塑膠的材質，若要大量製作，最常採用的方法為何？
(A)吹製成形　　　　　　　　　(B)疊層成形
(C)滾壓成形　　　　　　　　　(D)壓縮模成形。　　　　　　【統測】

(　　) **19** 有關塑膠加工，下列敘述何者正確？
(A)聚氯乙烯（PVC），為常用的熱固性塑膠
(B)環氧樹脂（Epoxy resin）是常見的黏結劑，為熱塑性塑膠
(C)生產聚氯乙烯塑膠布用滾壓成形法（Calendering）最適宜
(D)環氧樹脂與玻璃纖維混合製作浴缸等大型容器，最常使用射出成形法（Injectionmolding）。　　　　　　　　　　　　　【統測】

(　　) **20** 下列何種模塑成形法（Molding）最適合大量生產以軟性薄層塑膠為原料之包裝膠膜、窗簾布、雨衣等產品？
(A)射出成形（Injection molding）
(B)擠製成形（Extruding）
(C)滾壓成形（Calendering）
(D)吹製成形（Blow molding）。　　　　　　　　　　　　　【統測】

( ) **21** 有關塑膠吹製成型法（Blow molding），下列敘述何者**不正確**？
(A)適用於熱固型塑料
(B)成型過程在加熱環境中進行
(C)適合製造中空薄壁塑膠容器
(D)以壓縮空氣為成型之壓力源。 【統測】

( ) **22** 下列何種塑膠原料於加熱後具有可塑性，但聚合作用完成後，分子間會產生化學變化而逐漸硬化，硬化後不能再加熱而使其產生變形或軟化？
(A)聚氯乙烯（PVC） (B)尼龍（nylon）
(C)環氧樹脂（EP） (D)壓克力（PMMA）。 【統測】

( ) **23** 下列何者**不是**電積成型（electroforming）的優點？
(A)生產速度快 (B)可作出極薄的工件
(C)表面光平 (D)可作出層狀金屬製品。

( ) **24** 在電解液中用純金屬棒作為陽極，可導電的模作為陰極，通電後金屬自陽極積聚於陰極內，完成後自模中取出產品之加工法為？
(A)電化加工 (B)電鍍法
(C)電積成型 (D)金屬噴敷。 【統測】

( ) **25** 下列那一組材料，最常使用於電積成型法？
(A)鋅、鋁、錫、金 (B)銅、鎳、銀、鐵
(C)鉛、鉻、銻、鈦 (D)鎂、鉑、鎢、鈷。 【統測】

( ) **26** 對於電積成型（electroforming，又稱電鑄）之加工方法，下列敘述何者**不正確**？
(A)電積成型鍍層應與被鍍物體緊密結合，避免脫落
(B)電積成型之鍍層通常比電鍍加工厚
(C)電積成型可以製作無縫金屬管
(D)電積成型可以製作放電加工用之銅電極。 【統測】

( ) **27** 有關放電加工，下列敘述何者**不正確**？
(A)可切割任何高硬度之材料
(B)電極（刀具）可用黃銅製造
(C)加工精密度極高
(D)加工是在非導電性液體中進行。

(　) **28** 有關EDM加工法，下列敘述何者<u>不正確</u>？
(A)適合於高硬度如碳化鎢之加工
(B)可製極窄及深孔之加工
(C)所切削之模具精密度甚高
(D)可以使用非導體材料加工。

(　) **29** 對於放電加工特性，下列敘述何者<u>不正確</u>？
(A)不管工件多硬，只要是電的導體均可加工
(B)加工是在非導電性液體中進行，產生火花是因為加工液之絕緣破壞
(C)放電時電極也會損耗
(D)材料去除的原理主要是放電時產生的強大振動力將材料振出。

(　) **30** 關於EDM，下列敘述何者<u>不正確</u>？
(A)在工件與電極間產生電弧，使工作物氣化、脫離、成形之加工法
(B)石墨、銅、鋅合金等均可作為電極材料
(C)放電時，若電流小，頻率高，則工件表面光平度較佳
(D)碳化鎢等硬質金屬不適合此法加工。　　　　　　　　　【統測】

(　) **31** 下列何者，<u>不是</u>線切割放電加工的特性？
(A)不需製作工具電極
(B)可加工細微的複雜形狀
(C)工具電極會慢慢消耗
(D)可使用數位控制自動化加工。　　　　　　　　　【統測】

(　) **32** 放電加工廣泛的使用於製作模具，下列敘述何者<u>不正確</u>？
(A)放電加工中工具與工件置於直流電源之正負兩極，產生火花放電，故工具與工件皆必須是良導電體
(B)速度快，適合大量生產
(C)加工時無切削力，故加工較脆或較薄的工件也不虞破裂
(D)可以獲得良好的精密度。　　　　　　　　　　　　【統測】

(　) **33** 要在玻璃上加工出一個孔，<u>不能</u>使用哪一種非傳統加工方法？
(A)放電加工　　　　　　　　(B)雷射加工
(C)超音波加工　　　　　　　(D)磨料噴射加工。　　　【統測】

( ) **34** 有關放電加工，下列敘述何者正確？
(A)電極與工件須直接接觸形成電通路，才能放電加工
(B)加工原理是利用電能轉成熱能，再以熱能將工件局部蒸發或熔解而得
(C)電極與工件均須浸泡於電解液中以產生放電效應
(D)放電頻率高，故金屬移除速度很快。 【統測】

( ) **35** 關車削與放電加工敘述，何者不正確？
(A)車削利用機械能切除工件，放電加工則利用電化學能切除工件
(B)車削之材料移除率多比放電加工快速
(C)車刀硬度須較工件為高，放電加工之工具電極硬度則可較工件為低
(D)車刀須直接接觸工件，放電加工之工具電極則可不直接接觸工件。 【統測】

( ) **36** 在特殊加工法中，下列敘述何者不正確？
(A)放電加工（EDM）　　　(B)電化加工（ECM）
(C)電化研磨（ECD）　　　(D)高能率成形法（HERF）。

( ) **37** 下列敘述何者不正確？
(A)市面上稱線切割機是一種放電加工機
(B)市面上稱水刀切割機是一種水噴射加工機
(C)超音波加工適用於清除金屬元件之毛邊
(D)雷射加工適用於大工件之加工。

( ) **38** 下列敘述何者不正確？
(A)AJM是利用磨料細粒切削硬脆材料之加工
(B)USM能完成之工件包括：鑽孔、攻絲、製造壓印之鋼模等
(C)ECM加工時工件接陰極，成形工具接陽極
(D)LBM係利用集中之光能使金屬在極短時間內溶化，以達到加工之目的。 【統測】

( ) **39** 下列何種加工方式，並不適合蜂槽狀薄金屬板的加工？　(A)以薄板電極進行放電加工　(B)加水冷凍後進行鋸切加工　(C)以薄板刀具進行超音波加工　(D)以雷射方式進行加工。 【統測】

考前實戰演練

（　　）**40** 結合化學加工（chemical machining）與精密拋光（polishing）
兩種加工方法，可發展出半導體製造業使用之化學機械研磨
（chemical mechanical polishing，簡稱CMP）技術。此方法係
使用強酸或強鹼液體，在堅硬之矽晶圓（wafer）表面腐蝕出一
層薄而軟的氧化層，再用絨布以拋光方式拋除此氧化層，使底部
未被氧化之基材顯露，之後由強酸鹼液體繼續腐蝕；如此週而復
始，一直加工到所需尺度為止。針對這種複合加工方法，下列敘
述何者<u>不正確</u>？
(A)CMP是一種高精密之加工方法
(B)CMP需要使用大量清水
(C)CMP產生之廢液污染性相當高
(D)CMP需使用大量人力。　　　　　　　　　　　　　　【統測】

（　　）**41** 放電加工、雷射加工、電子束加工的共通點為何？
(A)均應用熱能將材料熔解、蒸發而去除
(B)均在大氣中加工
(C)均以絕緣液隔絕電極與工件
(D)均在真空中加工。　　　　　　　　　　　　　　　　【統測】

（　　）**42** 有關特殊切削加工，下列敘述何者正確？
(A)雷射束加工常使用固體雷射或氣體雷射，可以加工金屬與非金
屬材料
(B)放電加工的成品精度高，大多用在非金屬材料的去除加工
(C)電化學加工使用的模具不會耗損，廣用於非金屬材料的去除加工
(D)超音波加工可以做出異形孔，最適合具延展性的金屬材料的去
除加工。　　　　　　　　　　　　　　　　　　　　　【統測】

（　　）**43** 下列何種特殊加工法，<u>不是</u>利用熱能的作用對工件材料進行切削
加工，可應用於加工材質硬脆且不導電的工件？
(A)超音波加工　　　　　　　　(B)雷射束加工
(C)放電加工　　　　　　　　　(D)電子束加工。　　　　【統測】

（　　）**44** 下列何種加工方法最適合使用於皮革、塑膠的切斷加工？
(A)電化學加工　　　　　　　　(B)放電加工
(C)電漿加工　　　　　　　　　(D)水噴射加工。　　　　【統測】

( ) **45** 下列哪一種加工方法,其加工過程不需要使用磨料? (A)化學銑切加工 (B)磨粒噴射加工 (C)超音波加工 (D)滾筒磨光。 【統測】

( ) **46** 有關於非傳統加工之敘述,下列何者不正確? (A)粉末冶金法進行燒結時,為了防止氧化,可以加入惰性氣體 (B)吹氣成形法可製造厚壁中空之容器 (C)超音波加工係利用工具振動,激發磨料顆粒撞擊工件,產生切削作用 (D)雷射加工、電化學加工與超音波加工均可用於鑽孔。 【統測】

( ) **47** 有關粉末冶金之敘述,下列何者不正確? (A)可製作多孔性產品 (B)適用於小件大量之產品製造 (C)燒結須加熱至粉末熔解溫度以上 (D)燒結後之成品可利用精整模具衝壓至精確尺寸。 【統測】

( ) **48** 下列何種加工法,不需使用模具? (A)金屬射出成形 (B)放電加工 (C)擠製成形 (D)粉末冶金。 【統測】

( ) **49** 直徑100cm、壁厚為3mm之海上塑膠浮球,則此浮球以下列哪一種方法製造較佳?
(A)旋轉成型法(Rotational Molding)
(B)滾壓成型法(Calendering Molding)
(C)吹製成型法(Blow Molding)
(D)擠製成型法(Extruding Molding)。 【統測】

( ) **50** 有關非傳統加工之敘述,下列何者不正確? (A)熱固性塑膠在固化成形後,即使再加熱也無法再度軟化 (B)粉末冶金燒結之目的是加熱粉末使其互相結合 (C)電子束加工不需要在真空中進行 (D)超音波加工適合加工硬脆材料。 【統測】

( ) **51** 有關放電加工之敘述,下列何者正確? (A)環氧樹脂可以當作工具電極 (B)加工時通常工件及工具電極都會消耗 (C)線切割放電加工通常使用鐵線作為工具電極 (D)不可以加工碳化鎢材料。 【統測】

( ) **52** 有關粉末冶金缺點之敘述,下列何者不正確? (A)鋁、鎂、鈦、鎢等較活潑之金屬粉末,容易燃燒而引起火災 (B)設備費高,不適合少量生產 (C)金屬粉末價格較高,而且不易儲存 (D)金屬粉末之流動性不良,無法製造複雜形狀之產品。 【統測】

(　　) 53 有關非傳統加工與材料之敘述，下列何者<u>不正確</u>？　(A)雷射加工時，不需要在真空中的環境下也可以進行加工　(B)超音波加工時，工具必須直接與工件接觸並撞擊工件才可以進行加工　(C)水噴射加工可用於木材及塑膠之切割加工　(D)環氧樹脂（epoxy）屬於熱固性塑膠，而聚氯乙烯（PVC）屬於熱塑性塑膠。　【統測】

(　　) 54 有關金屬射出成型製程步驟：A.射出成型、B.燒結、C.後處理、D.粉末混煉、E.去結合劑（脫脂），下列製程順序何者正確？
(A)DEABC　　　　　　　(B)DAEBC
(C)DBAEC　　　　　　　(D)DABCE。　　　　　　　【統測】

(　　) 55 有關放電加工之電極、加工液及其應用，下列敘述何者<u>不正確</u>？
(A)放電加工所使用之加工液應具有優良的導電性　(B)放電加工電極會消耗　(C)適合用於高硬度與高脆性導電材料加工　(D)可用於模具之模穴加工。　　　　　　　【統測】

(　　) 56 下列何者屬於「熱電式非傳統加工法」？　(A)磨粒噴射加工法　(B)雷射加工法　(C)超音波加工法　(D)電化加工法。　【統測】

(　　) 57 有關非傳統加工之敘述，下列何者正確？　(A)電積成型（Electroforming）是利用電鍍的作用，不須作脫模處理　(B)放電加工（Electrical Discharge Machining）時，電極與工件間會有火花，產生極大的殘留應力　(C)電化加工（Electrochemical Machining）之工件接陰極，工具接陽極，工件因電解作用而被蝕刻成形　(D)化學銑切（Chemical Milling）是利用化學腐蝕，工件浸入腐蝕液中，將工件未防蝕的部份去除。　【統測】

(　　) 58 將金屬粉末加壓成形及燒結而製成產品的方法稱為？　(A)高能量成形法　(B)粉末冶金法　(C)金屬銲接法　(D)鍛造法。

(　　) 59 核能固體燃料棒係採用粉末冶金成形法中的：　(A)離心壓製法　(B)擠製法　(C)重力燒結法　(D)均壓成形法　製成。

(　　) 60 粉末冶金燒結時，其加熱溫度在金屬粉末之：　(A)熔點以上　(B)熔點以下　(C)再結晶溫度以下　(D)再結晶溫度以上。

第12單元 電腦輔助製造

重點導讀

隨著科技日新月異的發展，本單元的重要程度日益增加，請同學熟加研讀之。此外，在這裡有一些簡稱需熟記，其中數值控制常用機能代號幾乎年年必考，超級重要，另外半導體製程也考過好幾次，因此算是重要的單元，同學必須特別加強。

12-1 車銑複合與五軸機械加工

一、車銑複合工具機

(一)車銑複合工具機的目的就是讓一台工具機具有多功能性，結合車、銑、鑽、搪等多種功能。

(二)車銑複合工具機可一次裝夾完成多任務，縮短零件加工時程、降低人力成本、提高加工效率和加工精度，為高附加價值的現代化工具機。

(三)車銑複合工具機是複合加工工具機中發展最快，使用最廣泛的數控設備，亦是工具機未來發展的最重要方向。

(四)車銑複合工具機以車床為主體架構的加工機，複合化的加工已變成機械製造業永續生存所必須具備之工具機。

(五)車銑複合工具機優勢就是使用單一機台完成所有的加工程序，可避免工件在不同機台之間多次裝夾產生的位置精度誤差，實現高精度與高效率加工。

(六)車銑複合工具機配合上五軸同動控制器，能加工多面體、曲面體、複雜外型及旋轉車削加工需求。

二、五軸機械加工

(一)五軸機械加工（5 Axis Machining），顧名思義，數控工具機加工的一種模式。

(二) 五軸機械加工所採用的工具機通常稱為五軸工具機或五軸加工中心機。

(三) 五軸機械加工採用五軸除了原本的三個直線移動軸（X軸、Y軸和Z軸）外，還有二個旋轉移動軸（A軸和B軸，或B軸和C軸，或A軸和C軸）。

(四) 五軸機械加工可製造3D空間的任何位置之曲面或平面均可加工。無論工件輪廓如何變化，刀具均能保持與工件表面垂直或特定角度。

(五) 五軸機械加工刀具軸只有一個。

12-2 數值控制機械

一、數值控制機械

(一) **數值控制**（Numerical Control）：簡稱數控（NC），早期的NC係以穿孔的紙帶或磁帶。

(二) **電腦數值控**（Computerized Numerical Control）：簡稱CNC，將數值控制中之命令以電腦直接控制則稱為電腦化數值控。

二、數控工具機之功用

(一) 適宜工作經常變換的中量複雜生產。

(二) 車床、銑床、磨床、搪床、鉋床、綜合切削中心機（Machining Center；MC）、放電加工機、沖床、繪圖機、CNC線切割機等等。

> **小叮嚀**
> 數控工具機亦適宜大量及小量生產。

三、數控工具機之特性

(一) 數控工具機的刀具調換裝置，採用自動刀具交換裝置（Automatical Tool Change，簡稱ATC）為主。

(二) 數控工具機之馬達驅動系統採用直流伺服馬達（DC servo motor），具有起動轉矩大、轉動慣性小、隨時能作正反方向轉動、加減速之適應性強、速度控制安定。

(三) 工作台與刀具的進給是由直流（DC）伺服馬達帶動滾珠導螺桿所完成。

(四) 數控工具機採用感應尺（磁力尺）、光學尺、編碼器作為定位量測系統。

(五) 數控工具機之轉換器（transducer）：轉換器又稱感測器或變能器，為閉環系統中才具有的回饋測定裝置。

四、 數控工具機優缺點

(一) 數控工具機優點：

1. 產品良好，可靠性高，品質一致。
2. 可更改程式，加工其他工件。
3. 可減少檢驗費用。
4. 操作者不需太高之操作技術。
5. 可減少裝置刀及工件時間。
6. 減少加工之時間。
7. 由於切削速度及進給經過理想之設計，工具費降低。
8. 只要磁碟準備妥善，複雜之工作件均可迅速完成。
9. 適合各種不同類型之加工，且工程管理容易。
10. 主軸之轉數採無段變速。
11. 製造之適應性高，與特殊專門機械相比，不需太多附屬設備。

(二) 數控工具機之缺點：

1. 設備費用高昂，成本提高。
2. 控制系統需電子專業人才，維修困難，維護費用高。
3. 設計、生產及操作人員，需要精通操作特性。
4. 要了解加工程序。
5. 若磁碟準備欠妥或故障則此機械失去效用。
6. 機器所占的空間較大。

五、 數值控制控制方式

(一) 開口式（開環式）系統（open-loop system）：

1. 開口式（開環式）系統只接受控制單位的指令，不接受返回報告。
2. 構造簡單，適用於精度要求不高之工作。
3. 開環系統無回饋（feed back）信號。

(二) 閉口式（閉環式）系統（closed-loop system）

1. 工作台移動的情形，經過變能器（轉換器；感測器）反輸（回饋）到控制單位，而控制單位加以分析後，即予記錄命令的準確性及對差誤作自動的回饋（feed back）或補償。

2.有回饋（feed back）作用，較開口系統精密。採用直流伺服馬達控制。

六、 數值控制命令方式

(一)**點對點式（point-to-point）**：

1.點對點控制又稱定位控制（positioning control）；在任何時間，均只有一具驅動馬達在傳動，適於直線方向加工。

2.點對點式對於鑽孔、攻螺紋、搪孔（搪床加工）、工模搪床、沖孔、沖壓（沖床加工）等直線加工甚為理想。

(二)**連續式（continuous path）**：

1.連續路徑控制系統又稱輪廓控制系統，是具有同時連續控制單軸、兩軸或兩軸以上運動並產生切削的系統，可兩軸或三軸同時移動。

2.連續式控制系統常應用於車床、銑床、磨床、火焰切割機、切削中心機（MC）、繪圖機、兩軸檢驗機等曲線加工甚為理想，適於曲線方向加工。

(三)**複合式（point-to-point／contouring combination control）**：

1.是將點對點式與連續式做複合設計。

2.定位快速、節省時間、輪廓切削精確、提高產品品質。

七、 數值控制命令儲存方式

(一)**孔帶（punched tape）**：

1.孔帶尺度為寬25.4mm（1吋），有8個孔道（channel）。

2.打孔的方式計有二字碼十進位法及純二字碼法兩種，以二字碼十進位法較常用。

3.孔帶閱讀器分機械式、氣動式、光學式（此形式應用最廣，且讀帶速度較快）。

4.孔帶型式有<u>打孔帶（最常用）</u>、磁性帶、打孔卡、成音帶。

5.第5孔道為同位檢查孔，同位檢查孔道之目的是使每一橫過孔帶之打孔數為奇數。

(二)**磁帶（magnetic tape）**：磁帶比孔帶可儲存更多的資訊，但是磁帶易受污物或灰塵污染損害。

(三)**磁碟（magnetic disk）**：磁碟為目前最常用者，儲存能力最佳。

八、字碼的型別

(一)二字碼十進位（BCD）：

1.孔帶簡單，可以人工直接打孔，孔帶易於檢查，字碼容易了解。

2.各種數值控制操作中使用此種系統者有90%。

(二)純二字碼：

1.純二字碼法應用於部分的連續式控制信號。

2.由阿拉伯數字計算純二字碼字法，是將2的乘冪數加起來即得，例如22為10110。

九、數值控制座標軸向

(一)座標軸向：

1.Z軸向：Z軸向為平行於工具機之主軸。

2.X軸向：X軸向為水平（即工作台之縱向移動方向）而與Z軸向垂直。

3.Y軸向：Y軸向（床鞍之移動方向）垂直於X及Z。

4.數值控制座標轉動＋A、＋B、＋C為分別朝＋X、＋Y、＋Z看時之順時針方向。

(二)工具機軸向：

1.車床：以X軸為橫向（徑向）進刀，Z軸為縱向（主軸向）進刀。

2.立式銑床：床台縱向移動為X軸，床台橫向移動為Y軸，床台上下形成Z軸。

3.近年來已採用五軸綜合切削加工機，為工具機之主流。

(三)座標方式：

1.**絕對座標方式**：以0點為基點，用座標決定各點位置，稱絕對座標方式，車床大都採用。

2.**增減（增量）座標方式**：而以0點為起點，按進行程序決定各點位置的距離增減，稱增減方式，銑床大都採用。

十、機能代號

(一)N：順序（序號）機能，表示該語組的編號順序。

(二)G：準備機能，表示工作性質的準備機能。

(三) X、Y、Z：位址語碼，表示軸或其他輔軸移距機能。

(四) F：進刀（進給）機能，表示進刀速率機能。

(五) S：心軸（主軸）機能，表示主軸機能。

(六) T：刀具機能，表示刀具選擇機能。

(七) M：補助機能，表示冷卻劑等雜項輔助機能。

(八) CR或EOB：語組終結，表示一段終了機能。

> **小叮嚀**
>
> 刀具機能主要是儲放刀具以備選用之機能，並非用來指定刀具動作的機能。

十一、常用機能代號

(一) 輔助機能（M機能）：

字語	功能
M00	程式停止
M01	選擇性停止
M02	程式結束
M03	主軸正轉
M04	主軸反轉
M05	主軸停止
M06	自動刀具交換
M30	程式結束（記憶回原；原點復歸）
M98	主程式呼叫副程式

(二) CNC車床準備機能（G機能）：

G機能	功能
G00	快速定位
G01	直線切削（插值）
G02	圓弧切削（順時針）
G03	圓弧切削（逆時針）

G機能	功能
G21	公制系統資料輸入
G28	自動原點復歸
G41	刀鼻半徑補正偏左
G42	刀鼻半徑補正偏右
G50	坐標系設定／最高轉數設定
G96	每分周速一定機能（m／min）
G97	每分轉數一定機能（rpm）
G98	每分鐘進刀量（mm／min）
G99	每轉進刀量（mm／rev）

(三) **切削中心機（包含銑床）準備機能（G機能）：**

字語	機能
G00	快速定位
G01	直線切削（插值）
G02	順時針圓弧切削
G03	逆時針圓弧切削
G21	公制單位輸入選擇
G28	自動原點復歸
G29	由原點自動定位
G41	刀具徑補償－左
G42	刀具徑補償－右
G90	絕對座標尺度系統
G91	增量座標尺度系統
G92	絕對原點設定

十二、數值控制機械發展

(一) **電腦數值控制**（Computer Numerical Control；簡稱CNC）：
電腦數值控制，由一部電腦控制一部機械。

(二) **直接數值控制**（Direct Numerical Control；簡稱DNC）：由
一部電腦集中控制很多的機械，則稱為群管理式數值控制或稱
為直接式數值控制。

(三) **電腦輔助製造**（computer aided manufacturing；簡稱CAM）：
電腦輔助製造CAM（Computer Aided Manufacturing）係用電腦系
統及介面，配合CAD直接或間接的規劃、管理、控制製造的作業。

(四) **電腦輔助設計**（Computer Aided Design；簡稱CAD）：CAD
使用電腦來輔助設計上的創造、繪製、修正、分析與最佳化，
稱為電腦輔助設計。

(五) **自動程式製作刀具**（Automatically Programming Tools；簡
稱APT）：APT乃是一種程式語言系統，為用來描述數控工具
機各種的動作，以解決複雜工件的難題冗長的程式設計。

(六) **彈性製造系統**（Flexible Manufacturing System；簡稱
FMS）：彈性製造系統整合了自動化生產機器、工業機器人及
無人搬運車，進行數種不同零件的加工彈性製造系統，具有高
度適應性之製造系統。

(七) **電腦整合製造**（Computer Integrated Manufacturing；簡稱CIM）：
多種加工之製造過程，透過中央處理系統之電腦加以整合。

(八) **CNC車削中心機**（Turning Center；簡稱TC）：CNC車削中心
機又稱CNC車床綜合加工機，除具有CNC車床之功能外，並具有
ATC自動換刀裝置，可做X、Z軸之車削、鑽孔等之切削加工。

(九) **切削中心機**（Machine Center；簡稱MC）：

1. CNC機械若配置刀具庫與自動刀具交換器（Automatical
Tool Change；簡稱ATC），成為集數種工具機功能於一身的
切削中心機（Machine Center, MC）。

2. 切削中心機為一綜合性機器，能執行立式銑床、鑽床、搪床
等工作。

3. 可加工出平面及圓柱形等工件，加工精確、快速，可反覆從
事大量加工生產。

4. 另有五軸綜合切削中心機可以利用平口端銑刀銑削出3D曲
面，銑床與車床可以複合化地結合在同一台機床。

十三、特別說明（CNC車床部分）

(一) G50S120：最高轉數每分鐘120rpm。

(二) G96S120：每分鐘周速度120m／min。

(三) G97S120：每分鐘轉數120rpm。

(四) G98S120：每分鐘進刀量120mm／min。

(五) G99 F0.2：表示車刀以0.2mm／rev進給量切削。

(六) 刀具設定錯誤會造成工件直徑誤差。

(七) 刀柄強度會影響車削內孔之精度。

(八) 更換適當刀具可改善圓弧因過切所導致之錐面。

(九) 可修改程式改善內圓弧與外圓弧相交面之段差。

(十) 使用原來關機中的CNC車床，如果已經先打開電源和油壓開關，必須最先完成原點復歸（G28）。

牛刀小試

(　　) **1** 有關數值控制機械直角座標系統標稱及程式機能代碼之敘述，下列何者正確？　(A)X軸表示主軸方向的運動軸，機能碼M代表刀具機能　(B)Z軸表示較長方向的運動軸，機能碼G代表輔助機能　(C)X軸表示較短方向的運動軸，機能碼M代表主軸機能　(D)Z軸表示主軸方向的運動軸，機能碼G代表準備機能。　【106統測】

(　　) **2** 有關電腦輔助製造的敘述，下列何者正確？　(A)數值控制線切割放電加工機採用點至點控制方式　(B)數值控制臥式銑床的Z軸表示床台升降方向　(C)數值控制工具機的傳動機件通常為梯形牙導螺桿　(D)數值控制程式中控制切削劑開與關動作的機能為輔助機能。　【107統測】

(　　) **3** 有關非傳統加工及電腦輔助製造的敘述，下列何者正確？　(A)電化研磨加工時，工件材料的去除主要靠磨料切除，次要靠電解作用　(B)數值控制機械的座標軸，C軸表示繞X軸旋轉的轉軸　(C)直線切削機能（G01）屬於CNC程式的輔助機能　(D)化學切胚（化學下料）適合薄板狀材料加工，加工後板片不會扭曲變形。　【108統測】

(　) **4** 有關電腦輔助製造的敘述，下列何者正確？　(A)數值控制車床使用連續式路徑控制之命令方式　(B)控制主軸正、反轉的機能為主軸機能　(C)刀具機能是指定刀具動作的機能　(D)切削中心機繞主軸方向旋轉的軸為 A 軸。　　　　【109統測】

────── 解答與解析 ──────

1 (D)。(A)Z軸表示主軸方向的運動軸，機能碼T代表刀具機能。(B)Z軸表示主軸方向的運動軸，機能碼G代表準備機能。(C)X軸表示主軸垂直方向的運動軸，機能碼M代表輔助機能。

2 (D)。(A)數值控制線切割放電加工機採用連續式控制方式，適於加工曲線形狀工件。(B)數值控制臥式銑床的Y軸表示床台升降方向，Z軸表示主軸（旋轉軸）方向。(C)數值控制工具機的傳動機件通常為滾珠導螺桿。

3 (D)。(A)電化研磨類似電化加工，加工時，工件材料的去除主要靠電解作用，次要靠磨料切除。(B)數值控制機械的座標軸，A軸表示繞X軸旋轉的轉軸。(C)直線切削機能（G01）屬於CNC程式的準備機能。

4 (A)。(B)控制主軸正反轉的機能屬於輔助機能。(C)刀具機能主要是儲放刀具以備選用之機能。(D)切削中心機繞主軸方向旋轉的軸為C軸。

12-3　生產自動化

一、自動化意義

(一)自動化（Automation）係利用機械、油壓、氣壓、電力及汽力等系統，結合電腦、應用軟體、感測器、控制與通信技術，運用於生產加工之方式。

(二)自動化為近代加工之主流，為我國目前機械製造產業發展之目標。

二、常用自動化範疇

(一)辦公室自動化（Office Automation；簡稱OA）。

(二)生產自動化（Production Automation；簡稱PA）。

(三)設計自動化（Design Automation；簡稱DA）。

(四)服務自動化（Service Automation；簡稱SA）。

(五)倉儲自動化（Warehoues Automation；簡稱WA）。

(六)家庭自動化（Home Automation；簡稱HA）。

(七)程序（實驗室）自動化（Process or Laboratory Automation；簡稱LA）。

三、 生產自動化的範疇

(一) 電腦補助設計（Computer Aided Design；簡稱CAD）。

(二) 電腦補助製造（Computer Aided Manufacturing；簡稱CAM）。

(三) 電腦整合製造（Computer Integrated Manufacturing；簡稱CIM）。

(四) 群組技術（Group Technology；簡稱GT）。

(五) 彈性製造系統（Flexible Manufacturing System；簡稱FMS）。

(六) 無人搬運車（Automation Guided Vehicle；簡稱AGV）。

(七) 彈性自動化（Flexible automation；簡稱FA）。

(八) 工廠自動化（Factory Automation；簡稱FA）。

(九) 機器人（Robot System）。

(十) 自動倉儲（Automated Warehouse）。

> **小叮嚀**
>
> 微影技術（Lithography）為半導體製程之範疇。

四、 生產自動化效益

(一) 工作省時省力化。

(二) 提高產品品質。

(三) 降低生產成本。

(四) 產品多樣化。

(五) 產品零件標準化。

(六) 提高作業環境安全。

12-4 智慧製造與先進技術

12-4-1 智慧製造

一、 智慧製造

(一) 智慧製造（smart manufacturing）係指結合物聯網、機械學習具感知、決策虛實整合系統。

(二) 智慧製造涵蓋製造的各個領域，從原料、生產到市場，涉及工廠製造、配送中心、企業商務系統、顧客和整個供應鏈。

(三) 智慧製造利用虛實整合系統，將製造業、甚至整個產業供應鏈互聯網化的智慧生產系統。

(四) 智慧製造中人的角色不再是機械的操作者，而是整個流程中的管理者。

二、 工業4.0

(一) 工業革命主軸之演進：

工業1.0→主軸為機械化。

工業2.0→主軸為電氣化。

工業3.0→主軸為資訊化與自動化。

工業4.0→主軸為智慧化。

(二) 工業4.0（Industry 4.0）又稱生產力4.0，為第四次工業革命，工業4.0之主軸智慧製造。

(三) 工業4.0目標著重於現有的工業技術、產品銷售與產品體驗統合起來。

三、 智慧製造特性

(一) 達到智慧工廠、智慧生產、智慧物流及智慧產品等目標。

(二) 利用虛實整合系統，將整個產業供應鏈互聯網化。

(三) 整合物聯網、大數據、雲端計算、人工智慧及人因工程等技術。

(四) 可以利用藍芽作為物聯網通訊，經由各式感測元件收集產線資訊。

(五) 可運用VR或AR技術加速人員學習技能效率。

(六) 適合少量多樣的彈性生產需求。

12-4-2 先進技術

一、 人工智慧（Artificial Intelligence，AI）

(一) 人工智慧的定義可以分為兩部分，即「人工」和「智慧」。

(二) 「人工」即由人設計，為人創造、製造。

(三) 「智慧」涉及到意識、自我、心靈，包括無意識的精神等問題。

(四) 人工智慧（英語：artificial intelligence，縮寫為AI）亦稱智械或機器智慧，指由人製造出來的機器所表現出來的智慧。

(五) 人工智慧是指透過電腦執行來呈現人類智慧的技術，讓事物變更聰明的科技。

(六) 人工智慧讓機器展現人類的智慧，讓電腦執行人類工作。

(七) 人工智慧在機器人、經濟政治決策、控制系統、仿真系統中得到應用。

二、工業互聯網

(一) 工業互聯網就是將<u>人</u>、<u>數據</u>和<u>機器</u>連接起來。

(二) 工業互聯網把互聯網之<u>網路架構與技術應用到工業生產</u>。

(三) 工業互聯網是指工業系統與<u>高級計算</u>、<u>分析</u>、<u>感測技術及互聯網的高度結合</u>。

(四) 工業互聯網<u>結合軟體</u>、<u>大數據</u>、<u>複雜分析</u>、<u>預測演算法</u>等能力之技術。

(五) 互聯網中人與人之間的溝通延續到<u>人與機器及機器和機器</u>的溝通。

(六) 工業互聯網幫助工業部門<u>降低成本</u>，<u>節省能源並提高生產率</u>。

(七) 工業互聯網主要由<u>網路</u>、<u>平台和安全</u>等三大要素構成。

三、虛擬實境（VR、AR&MR）

(一) 實境係指真切實在的境界，廣義定義為直抒胸臆、或觸景生情或細寫風物之情境。

(二) 先進實境技術整合了<u>電腦圖形</u>、<u>電腦仿真</u>、<u>人工智慧</u>、<u>感應</u>、<u>顯示及網路並列處理</u>等技術的最新發展成果。

(三) <u>先進實境技術常應用之科技有三類</u>：

虛擬實境 （VR，Virtual reality）	簡稱<u>虛擬技術或虛擬環境</u>，是利用電腦類比產生一個<u>三度空間的虛擬世界</u>，可以沒有限制地觀察三維空間內的事物，如<u>文物保護</u>、<u>課堂教學</u>等。
擴增實境 （AR，Augmented reality）	是虛擬實境的一種延伸技術，在現實空間中加一個虛擬物件，藉攝影機辨識技術與電腦程式結合，將設定的圖片出現在鏡頭裡面（即虛擬物件），如<u>汽車導航即為擴增實境</u>的應用。
混合實境 （MR，Mixed reality）	是將產生的虛擬物件出現在現實生活中，即將虛擬的場景與現實世界進行更多的結合，在<u>現實世界與數位世界的物件共同存在且產生互動</u>。

四、半導體製程簡介（智慧製造核心晶片技術）

(一)固態物體依導電程度分三種

1. **導體**：一種導電性非常良好的元素，電流輸入及輸出的電壓相同，大多是<u>金屬</u>元素。

2. **絕緣體（非導體）**：一種無法導電的元素，電流無法通過，大多是<u>非金屬</u>元素。

3. **半導體**：一種導電性介於導體和絕緣體（非導體）之間的元素，此元素需要相當高溫及高電壓才能使電通過，當電壓輸入時會減少幾伏特，是<u>金屬元素中的少數幾種元素</u>。

(二)半導體特性

1. 半導體（Semiconductors）材料是指導電能力介於導體和非導體之間的元素（Element）或化合物（Compound）材料。

2. 半導體材料的電阻係數介於$10^{-3}\Omega$-cm與$10^{8}\Omega$-cm（歐姆‧公分）之間。

3. 半導體（Semiconductors）材料可區分為元素半導體及化合物半導體兩大類，

4. 半導體業界通常用線寬代表電晶體的尺寸，線寬越細，元件就越小，每個晶片上所能儲存的資料量就越大，速度也越快；16奈米指的是「線寬」的粗細16奈米。

5. 導體製程中，一般所謂的16奈米製程係指線寬為$0.016\mu m$。

6. 最直接影響線寬的製程稱為「微影」（lithography）技術。

7. 半導體的製造過程均需在無塵的環境下自動化進行。

8. 半導體的製造精密度高、製程複雜、成本高、設備昂貴。

(三)常用半導體材料

1. 早期的電子元件是以鍺製造，由於矽（Silicoh）能夠在約150℃下運作，<u>矽目前為今日半導體工業的標準材料</u>。

2. 常用的半導體材料為矽（silicon, Si）和鍺（germaniun, Ge）最外層軌道都具有四個價電子。【價電子：原子最外層軌道上的電子。】

3. 矽是最常見的半導體材料，每個矽有四個外層價電子，純矽是電的不良導體（<u>非導體；絕緣體</u>）。

4. 矽是氧化物，其二氧化矽是一種優良的絕緣體，可用做絕緣與保護的目的之用。

5.半導體元件是指在矽（四價）中添加三價或五價元素形成的電子元件。

6.半導體元件的電氣性質可藉著不同的摻雜原子（Dopants）與濃度梯度所產生的區域而得到控制，常見的摻質元素有如銻、磷、硼、鎵、砷等元素。

7.近年來，已使用化合物半導體為砷化鎵（Gallium arsenide）及「鉿」（Hafnium），未來可能會取代矽，成為優異之半導體。

(四) 半導體種類

1.**內稟半導體**：內稟半導體為純的半導體中，由於電子無法在固體內自由運動，所以導電性並不好，<u>較少使用</u>。

2.**外稟半導體**：為了提高導電能力，可摻入適當的雜質原子就變成外稟半導體，外稟半導體<u>常用於電晶體或小電流的有關電子零件</u>。

(五) 常用半導體類型

1.**N型半導體**：若在矽中摻雜具有五個外層價電子的銻或磷原子作為雜質取代一些矽原子，為N型半導體。

2.**P型半導體**：若在矽中摻雜具有三個外層價電子的硼或鎵，為P型半導體。

(六) 半導體產品主要類別

1.**積體電路（IC）**：是將一電路設計，包括電路線寬及電子元件，做在一片矽晶片上。IC依功能可分為記憶體IC、微元件IC、邏輯IC、類比IC等。

2.**分離式半導體元件**：指一般電路設計中與半導體有關的元件。常見的分離式半導體元件有電晶體、二極體、閘流體等。

3.**光電式半導體**：指利用半導體中電子與光子的轉換效應所設計出之材料與元件。主要產品包括發光元件、受光元件、複合元件和光伏特元件等。

(七) 半導體之應用

1.半導體之導電有方向性（等向性），使得半導體可用來製造邏輯線路，而使電路有處理資訊的功能。

2.我國的半導體產業主要包括矽的積體電路（IC）和砷化鎵的發光二極體（光電式半導體）。

3. 積體電路（IC）在電腦、通訊、精密電子（電子錶、電子詞典等）產品的使用廣泛，其市場需要量大，更是目前最當紅之產業。

4. IC主要應用在電腦與電腦週邊、消費性電子、通訊與網路、工業應用等。

(八) **半導體一般製程圖－以IC半導體為例**

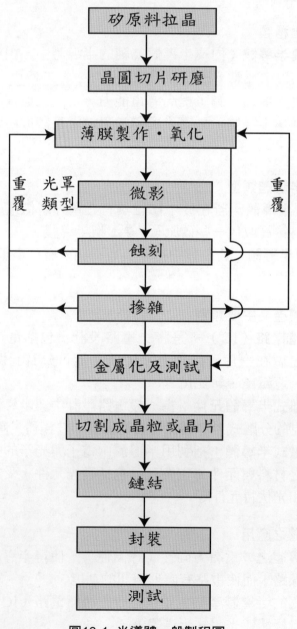

圖13-1　半導體一般製程圖

(九) **半導體製程詳圖－以IC半導體為例**

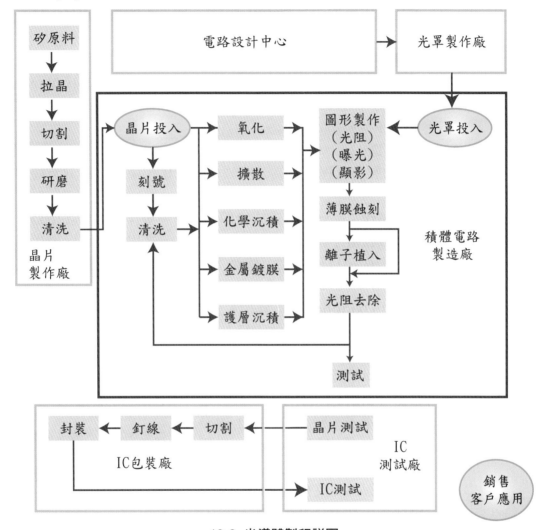

13-2　**半導體製程詳圖**

(十) **半導體一般製程說明－以IC半導體為例**

　　1. **晶圓製作：**

　　　　(1) **矽原料：**矽在自然界是以二氧化矽與矽酸鹽形態存在，必須
　　　　　　經過一連串的精煉成單晶矽材料，透過氫氣之純化與分解而
　　　　　　得純矽。

　　　　(2) **拉晶：**拉晶又稱單晶成長（Crystal growing），單晶矽的
　　　　　　製造大都採用柴可斯基法（Czochralski process），將一顆
　　　　　　「種晶」浸入熔融的矽液內，然後在旋轉時慢慢拉出長條之
　　　　　　圓柱狀之晶圓。

(3) **切割**：切割又稱晶圓切片，是利用鑽石鋸刀（砂輪）將晶錠切片成單獨的晶圓（Wafer），切下來的晶圓厚度0.5mm以下。

(4) **研磨、拋光及清洗**：晶圓切割過程所產生的刀痕、邊緣形狀與外徑尺度，需進行研磨（Lapping）、拋光（Polishing）及清洗（Cleaning）等工作。最常使用化學機械研磨（CMP）。

2. **半導體製造**：

半導體的製造流程主要為薄膜製作、氧化、微影、蝕刻及摻雜等製程。

(1) **薄膜製作**：晶圓製作完成後即進行薄膜製作，主要功用是作為擴散及離子植入的遮罩（masking）之用，並可保護半導體的表面，以便在此沉積層上製造龐大的電晶體與電子電路。

(2) **氧化（Oxidation）**：膜形製作除薄膜沉積法外，亦可採用氧化法得到更高純度的等級。現今在IC技術上，氧化矽是最廣泛使用的氧化物，具有摻質（Dopants）、遮罩、元件絕緣與表面保護層的功能。

(3) **微影（Lithography）**：微影是將元件電子電路（IC設計）的幾何圖案，經光罩（Mask）傳遞到矽晶圓基板表面的製程。微影主要過程為先完成圖案設計、光阻塗佈、烘烤（Prebaking）、圖案轉移（Registration）、烘乾（Postbaking）、去除光阻等過程。

> **小叮嚀**
>
> 微影製程曝光所照射的光線可為<u>紫外線雷射光（UV）</u>、電子束、離子束或X光等。

(4) **蝕刻（Etching）**：蝕刻是將部分未被光阻保護的氮化矽層加以除去，並留下所需的電子電路。常用的蝕刻方法有乾式蝕刻與濕式蝕刻兩種，乾式蝕刻目前較常使用。

(5) **摻雜（Doping）**：蝕刻之後接下來要在<u>不受保護的矽基板上</u>加入適當的摻雜原子（如銻、磷、硼、鎵、砷等元素），以便產生N型或P型外稟半導體。現今的IC製程大都應用離子植入法。

(6) 矽晶圓依元件所需電路層數反覆進行薄膜沉積或氧化→微影
→蝕刻→摻雜等製程，先進的IC製程可能要重複多達數十次
或數百次。

3. **半導體製造後段過程：**

(1) **金屬化及初步測試（Metallization and testing）**

A. 金屬化：矽晶圓經反覆的製程後，利用金屬（黃金為
主）製成的內連線進行內部的連接，製成完整的電子電
路構裝。

B. 初步測試：金屬化後的晶圓上每一個單獨電路必須利用
電腦控制的探針台進行初步測試（Testing）。

(2) **切割晶圓成晶粒或晶片：**

A. 初步測試完成後，常以鑽石砂輪鋸割，將每個晶粒或晶
片從晶圓切離，或僅部分地切割晶圓。

B. 切割晶圓後利用壓力將晶片從標線處分離，最後晶片加
以分級。

(3) **鍵結：**

A. 鍵結（Bonding）為將晶粒固著於較穩固的基底上，常利
用環氧樹脂（EP）的黏著劑將其與封裝材料貼合。

B. 最常用之熔接材料為混合94.6%金與3.6%矽之成份進行
熔接。

(4) **封裝：**

A. 鍵結（Bonding）完成後，必須進行封裝（Packaging），
通常依據不同的功能需求，選擇不同的封裝形式。

B. 封裝的目的主要有電力傳送、訊號傳送、熱的去除及電
路保護。

(5) **最終測試：**

A. 在封裝之後，晶片需加以標記，並進行最終測試。

B. 最終測試包括高溫、濕度、機械沖擊、腐蝕及震動等
項目。

(6) **組裝於印刷電路版：**

A. 封裝及最終測試完成的晶粒通常被組裝在印刷電路板上
與其他晶粒作結合，以形成大的電路結構單元。

B. 常以軟銲的方式將晶粒組銲接完成後再將此印刷電路板
與其他微電子裝置組合在一起就成為電腦或其他電子產
品的心臟。

牛刀小試

(　) **1** 有關半導體光學微影製程步驟：A光阻曝光、B光阻塗佈、C光阻顯影，下列製程順序何者正確？　(A)BCA　(B)ABC　(C)CAB　(D)BAC。　　　　　　　　　　　　　　　　【105統測】

(　) **2** 有關半導體製程之敘述，下列何者正確？　(A)矽晶棒成長法，將種晶加熱，再施以高壓由一模具口擠出　(B)乾式蝕刻較濕式蝕刻所得電路線條的精度較高　(C)積體電路的製作流程，先摻雜，再製作薄膜及微影，最後蝕刻　(D)為了保護晶片，須進行封裝，常用的封裝塑膠材料為電木（酚醛樹脂）。　　　　　　　　　　　　　　　　　　　【106統測】

(　) **3** 有關半導體製程的敘述，下列何者正確？　(A)柴可斯基法（Czochralski Process）拉晶形成的矽晶棒，其直徑精度很難控制　(B)半導體薄膜製作，通常採用氣相沈積和還原法　(C)半導體蝕刻製程是將顯影後晶片表面光阻覆蓋區域蝕除，露出矽晶材料　(D)半導體以離子植入法摻入碳原子至矽基板，可以製造P型半導體。　　　　　　　　　【107統測】

(　) **4** 有關新興製造技術的敘述，下列何者正確？　(A)晶粒封裝的順序，先黏晶再銲線然後再封膠　(B)摻雜是在矽基板上的氧化矽層植入摻雜原子　(C)晶圓元件密度不斷增加，線寬也不斷縮小，目前已進步到微米技術　(D)矽原子有5個外層電子，所以電子不能在固體中自由運動。　　　　【108統測】

(　) **5** 有關新興製造技術的敘述，下列何者正確？　(A)薄膜製程之氧化法適用於產生非矽質基板的沉積層　(B)摻雜之目的在不受保護的矽基板上產生B型或C型半導體　(C)非等向性蝕刻較等向性蝕刻容易在晶圓上產生過切現象　(D)晶粒經電路測試完成後，再從晶圓切離。　　　　　　　　　【109統測】

───── 解答與解析 ─────

1 (D)。微影主要過程為先完成圖案設計（IC設計圖）、光阻塗佈、光阻曝光、光阻顯影等過程。

2 (B)。(A)矽晶棒成長法，將一顆加熱「種晶」浸入熔融的矽液內，然後在旋轉時慢慢拉出長條之圓柱狀之晶圓，一般直徑是可達200mm以上，長度可超過一公尺。(C)積體電路的製作流程，先製作薄膜及微

影，再蝕刻，最後摻雜。(D)為了保護晶片，須進行封裝，常用的封裝塑膠材料為常利用環氧樹脂的黏著劑將其與封裝材料貼合。

3 (A)。(B)半導體薄膜製作，通常採用化學氣相沈積、蒸發法、濺鍍法、磊晶法等。(C)半導體蝕刻製程是將顯影後晶片表面未被光阻覆蓋區域蝕除，露出矽晶材料。(D)半導體以離子植入法摻入三價的原子如硼、鎵等至矽基板，可以製造P型半導體。

4 (A)。(B)摻雜要在不受保護的矽基板上植入摻雜原子。(C)晶圓元件密度不斷增加，線寬也不斷縮小，目前已進步到奈米技術。(D)矽原子有4個外層電子，所以電子不能在固體中自由運動。

5 (D)。(A)IC製造技術中的氧化法適用於矽質基板的沉積層。(B)摻雜之目的在不受保護的矽基板上產生N型或P型半導體。(C)非等向性蝕刻較不容易產生過切現象。

五、微細製造簡介

(一) 微細製造

1. 微細製造又稱微細加工其目的為使製品高精密化、高智能化、微小化、高產值化及高附加價值化。

2. 傳統機械加工的尺度單位為厘米（1厘米＝1mm）或1條（1條＝0.01mm）。

3. 微細製造尺度可達到微米（1微米=1μm＝10^{-6}m＝10^{-3}mm）或奈米（1奈米=1nm＝10^{-9}m）。

(二) 常用之微細製造

1. 微機械加工：

(1) 微機械加工（Micro mechanical machining）適用於微元件的生產，微機械加工將刀具微小化，以便加工出微細元件。

(2) 傳統微機械切削加工方法有微車削加工、微銑削加工、微鑽孔加工和微輪磨加工等。

(3) 非傳統微機械切削加工方法有微放電加工、微雷射加工、微電子束加工、微離子束加工和原子力顯微加工等。

2. 微機電系統：

(1) 微機電系統（Micro Electro Mechanical System）簡稱MEMS，乃是一涵蓋了機械、電子、光電、電機、化工等跨領域之專業知識。

(2) 微機電系統主要利用微機械技術所製造出來的微機械元件、微電機元件與微電子元件組合而成的智慧型系統。

(3) 微機電系統優點：整合機械結構和電子線路、縮小產品尺度、提高產品精度、適於批量生產、降低產品成本。

3. **奈米科技：**

(1) 人類文明在由機械、電子、資訊科技所帶來的三次工業革命後，第四次工業革命隨著奈米科技的興起而到來。

(2) 1奈米（nm）＝ 10^{-9}m ＝ 10^{-6}mm ＝ 10^{-3}μm ＝ 0.001μm，為十億分之一米的長度。

(3) 初期奈米科技發展路徑是「由大縮小」（top down）。

(4) 近期奈米科技發展路徑是「由小作大」（bottom up）。

4. **特別說明：**

(1) 近期奈米科技屬於「由小作大」（bottom up）的製程。

(2) 半導體產業透過薄膜（或氧化）、光罩、微影、蝕刻等「由大縮小」（top down）的製程。

(3) 導體製程中，一般所謂的90奈米製程係指線寬為0.09μm。

六、 其它製造技術

(一)快速成型（RP）

1. 快速成型（Rapid Prototyping）簡稱RP，又稱為實體自由曲面成形製造技術（Solid Freeform Fabrication）簡稱SSF。

2. 快速成型為將CAD的3D圖檔具體化為實體精密模型後進行加工。

3. 快速成型技術，由CAD轉成CAM，可快速完成產品的設計與製造。

(二)逆向工程（RE）

1. 逆向工程（Reverse Engineering）簡稱RE。

2. 逆向工程與快速成型相反，係將先有的實體模型資料量測出來，再依量測所得的資料建構物體的幾何模型轉換成圖檔後進行加工。

3. 逆向工程技術可快速完成產品的設計與製造。

12-5 機械製造之展望

一、機械製造之重要性

(一) 機械是工業的基礎，又稱<u>工業之母</u>。

(二) 機械業透過機械製造，以生產工業產品。

(三) 機械製造之展望：改善人類之生活，使人類更幸福。

二、機械製造之展望與發展

(一) 生產自動化為強化競爭實力。

(二) 以生產自動化取代低技術及人力密集加工方式。

(三) 善用電腦軟體的強大功能，輔助產品之設計及加工製造。

(四) 邁向無人化工廠，加工方式趨向無屑加工及非傳統式切削。

(五) 生產型態趨向專業化。材料使用趨向多元化。

(六) 切削刀具趨向耐高溫及耐磨損。工具機趨向高速度與高精度。

(七) 採用機械手臂或自動化機械生產與監控。

(八) 使用數值控制機械（CNC）、直接式數值控制機械（DNC）、電腦輔助設計（CAD）、電腦輔助製造（CAM）、逆向工程（RE）、快速成型（RP）、群組技術（GT）、彈性製造系統（FMS）、電腦整合製造（CIM）等系統。

考前實戰演練

( ) **1** 數控機械為提高移動速度、精密度,螺桿的型式大都使用:
(A)梯牙螺桿　(B)V型牙螺桿　(C)方牙螺桿　(D)滾珠螺桿。

( ) **2** 下列敘述何者不正確?
(A)彈性製造系統簡稱FMS　　(B)電腦輔助製造簡稱CAD
(C)電腦整合製造簡稱CIM　　(D)放電加工簡稱EDM。

( ) **3** 對於數據控制(NC)之描述,下列敘述何者不正確?
(A)機器由孔帶控制,故可減少人為的錯誤
(B)NC機器僅適合於大量生產,並不適合小量生產
(C)若數據控制部份發生故障機器之工作適應能力將減少
(D)NC機器之價格甚高,初期投資甚大,與非NC機器相較,利益
　　不敢保證優於後者。

( ) **4** 數值控制(NC)工具機:
(A)是完全自動大量生產的機器
(B)程式輸入多用磁碟儲存
(C)閉口式系統沒有反輸(回饋)的功能
(D)點對點式可以加工各種曲線形狀。

( ) **5** 對於數控工具機控制方法,下列敘述何者不正確?
(A)點到點控制適用於鑽床及火焰切割機
(B)連續式控制適用於銑床及車床
(C)開環路系統適用於精度不高之工作
(D)閉環路系統以回授信號校正誤差。

( ) **6** 有關數值控制,下列敘述何者正確?
(A)閉環式控制系統準確性低於開環式控制系統
(B)純二字碼系統的優點是程式簡化及檢查容易
(C)伺服馬達的起動轉距要大,轉子的轉動慣性要小
(D)自動程式刀具簡稱FMS。

( ) **7** G96 S100係表示：
(A)每分鐘進給率　　　　　(B)每分鐘轉數
(C)每分鐘週速　　　　　　(D)移動距離。

( ) **8** G97 S100係表示：
(A)每分鐘進給率　　　　　(B)每分鐘轉數
(C)每分鐘週速　　　　　　(D)移動距離。

( ) **9** G50 S100係表示：
(A)每分鐘進給率　　　　　(B)每分鐘最高轉數
(C)每分鐘週速　　　　　　(D)移動距離。

( ) **10** 下列數值控制命令信號的儲存裝置，那一種最常被使用？
(A)孔卡　(B)磁碟　(C)孔帶　(D)磁帶。　　　　　【統測】

( ) **11** 下述那一種NC機械的命令方式，以點到點的方式就能達成其功能？
(A)工模搪床　(B)火焰切割機　(C)磨床　(D)繪圖機。　　　【統測】

( ) **12** 關於新型NC工具機，下列敘述何者不正確？　(A)NC工具機可任意設定工件座標之零點　(B)NC工具機大部份是利用梯形螺桿將旋轉運動轉換成直線運動　(C)NC工具機可利用刀具半徑補償功能來控制刀具路徑　(D)NC工具機除X、Y、Z軸之外，尚可加裝其它如A、B、C軸等。　　　　　　　　　　　　　　　【統測】

( ) **13** NC工具機與非NC的專用工具機比較，下列敘述何者正確？
(A)NC工具機加工精度較差
(B)NC工具機對產品及產量的變化適應性較大
(C)NC工具機能加工的工件較簡單
(D)NC工具機設備比較便宜。　　　　　　　　　　　【統測】

( ) **14** 關於數控（NC）工具機常用之程式指令，下列敘述何者不正確？
(A)F200表示刀具之選擇機能指令
(B)G01表示直線切削之指令
(C)M02表示程式結束之輔助機能指令
(D)S800表示主軸之轉數大小機能指令。　　　　　　　【統測】

( ) **15** 要使用原來關機中的CNC車床,如果已經先打開電源和油壓開關,則下列四個動作,何者必須最先被完成?
(A)主軸正轉 　　　　　　(B)原點復歸
(C)轉動刀塔 　　　　　　(D)校正基準刀。　　　　　　【統測】

( ) **16** 下列哪一種設備整合了自動化生產機器、工業機器人及無人搬運車,進行數種不同零件的加工?
(A)電腦輔助設計及製造系統(CAD／CAM)
(B)電腦數值控制系統(CNC)
(C)固定型自動系統(fixed automation)
(D)彈性製造系統(FMS)。　　　　　　【統測】

( ) **17** 下列哪一項為閉環式數控機械特有而開環式數控機械沒有的元件?
(A)轉換器,或稱感測器(transducer)
(B)控制器(controller),或稱控制單元(control unit)
(C)程式閱讀器(program reader)
(D)滾珠螺桿(ball screw)。　　　　　　【統測】

( ) **18** 撰寫數值控制程式必須先瞭解機器的座標系統,有關數值控制車床的座標系統,下列敘述何者正確?
(A)以X軸表示車刀作橫向(或稱徑向)移動,以Y軸表示車刀作縱向(或稱軸向)移動
(B)以Y軸表示車刀作橫向(或稱徑向)移動,以X軸表示車刀作縱向(或稱軸向)移動
(C)以X軸表示車刀作橫向(或稱徑向)移動,以Z軸表示車刀作縱向(或稱軸向)移動
(D)以Z軸表示車刀作橫向(或稱徑向)移動,以X軸表示車刀作縱向(或稱軸向)移動。　　　　　　【統測】

( ) **19** 一般的數值控制工具機,若使用到操作指令T0100時,則其中的字母「T」代表何種意義?
(A)準備機能 　　　　　　(B)輔助機能
(C)主軸轉數機能 　　　　(D)刀具機能。　　　　　　【統測】

(　) **20** 有關數值控制之綜合切削中心機（Machine center），下列敘述何者<u>不正確</u>？　(A)可利用自動刀具交換裝置（Automatic tool changer）提升換刀效率　(B)利用製作數值資料組成之程式來控制機器的操作方式　(C)運動軸採用閉環迴路控制系統（Closed-loop control system）　(D)採用點對點的程式命令型式，控制刀具移動路徑以切削曲線。　　【統測】

(　) **21** 有關利用電腦數值控制車床進行車削加工，下列敘述何者<u>不正確</u>？
(A)刀具設定錯誤會造成工件直徑誤差
(B)刀柄強度會影響車削內孔之精度
(C)更換適刀具可改善圓弧因過切所導致之錐面
(D)修改程式並無法改善內圓弧與外圓弧相交面之段差。　　【統測】

(　) **22** 關於常用CNC車床程式碼，下列敘述何者<u>不正確</u>？
(A)程式碼之「X」軸是指「車床之主軸」方向
(B)程式碼之工作序號是以英文字母「N」開頭顯示
(C)「G97 S1200 M03」是指「主軸以1200 rpm正轉」之意
(D)「M30」、「M00」分別代表「程式結束」及「程式停止」之意。　　【統測】

(　) **23** 下列有關數值控制工具機的敘述，何者<u>不正確</u>？
(A)維護費用較傳統工具機低
(B)適合各種不同類型之加工，且工程管理容易
(C)產品品質穩定，檢驗費用減少
(D)主軸之轉數採無段變速。　　【統測】

(　) **24** 下列有關數值控制工具機之敘述，何者<u>不正確</u>？
(A)有刀具庫與自動換刀裝置之銑床即為綜合切削中心機（machining center）
(B)五軸綜合切削中心機可以利用平口端銑刀銑削出3D曲面
(C)綜合切削中心機無法加工出圓柱形工件
(D)銑床與車床可以複合化地結合在同一台機床。　　【統測】

(　) **25** 數控工具機不會採用下列何者作為定位量測系統？
(A)感應尺又稱「磁力尺」　　(B)光學尺
(C)編碼器　　(D)滾珠導螺桿。　　【統測】

(　　) **26** 電腦數值控制（CNC）銑床，啟動主軸正轉的程式指令是以下何者？　(A)M00　(B)M01　(C)M02　(D)M03。　　　　【統測】

(　　) **27** 下列何者為常用半導體材料？
(A)矽　(B)鋁　(C)銅　(D)塑膠。

(　　) **28** 切割晶圓常以下列何種刀具材料？
(A)高速鋼　(B)碳化物　(C)陶瓷　(D)鑽石。

(　　) **29** 關於封裝的目的，下列敘述何者<u>不正確</u>？
(A)電力傳送　(B)訊號傳送　(C)熱的保留　(D)電路保護

(　　) **30** 關於半導體製造特性，下列敘述何者<u>不正確</u>？
(A)精密度高　(B)製程簡單　(C)成本高　(D)設備昂貴。

(　　) **31** 選用銻或磷原子作為雜質取代一些矽原子者為？
(A)A型半導體　(B)B型半導體　(C)P型半導體　(D)N型半導體。

(　　) **32** 選用硼或鎵原子作為雜質取代一些矽原子者為？
(A)A型半導體　(B)B型半導體　(C)P型半導體　(D)N型半導體。

(　　) **33** 微影是將元件的幾何圖案，係經何種方式傳遞到矽晶圓基板表面？
(A)薄膜　(B)沉積　(C)蝕刻　(D)光罩。

(　　) **34** 下列何者<u>不是</u>半導體製造主要流程？
(A)薄膜製作　(B)微影　(C)蝕刻　(D)鑄造。

(　　) **35** 半導體元件的電氣性質可藉著不同的摻雜原子（Dopants）與濃度梯度所產生的區域而得到控制，下列何者<u>不是</u>常見的摻質元素？　(A)磷　(B)硼　(C)砷　(D)銅。

(　　) **36** 採用柴可斯基法（Czochralski process），將一顆「種晶」浸入熔融的矽液內，然後在旋轉時慢慢拉出，此種長晶技術稱為？
(A)結晶　(B)出晶　(C)拉晶　(D)轉晶。

(　　) **37** 材料導電能力介於導體（如鐵、鋁、銅等）和非導體（如玻璃、塑膠、石頭等）之間的元素（Element）和化合物（Compound）材料者為？　(A)全導體　(B)超導體　(C)半導體　(D)多導體。

（　　）**38** 關於半導體之特性，下列敘述何者<u>不正確</u>？
(A)半導體的電氣性質可藉著控制、植入結晶結構的雜質原子數量而改變
(B)近年來，已使用化合物半導體為砷化鎵（Gallium arsenide）及「鉿」（Hafnium），未來可能會取代矽，成為優異之半導體
(C)半導體元件的電氣效用可藉著不同的摻雜原子（Dopants）與濃度梯度所產生的區域而得到控制
(D)半導體的製造過程可以在任何的環境下進行。

（　　）**39** 結合化學加工（chemical machining）與精密拋光（polishing）兩種加工方法，可發展出半導體製造業使用之化學機械研磨（chemical mechanical polishing，簡稱CMP）技術。此方法係使用強酸或強鹼液體，在堅硬之矽晶圓（wafer）表面腐蝕出一層薄而軟的氧化層，再用絨布以拋光方式拋除此氧化層，使底部未被氧化之基材顯露，之後由強酸鹼液體繼續腐蝕；如此週而復始，一直加工到所需尺度為止。針對這種複合加工方法，下列敘述何者<u>不正確</u>？
(A)CMP是一種高精密之加工方法
(B)CMP需要使用大量清水
(C)CMP產生之廢液污染性相當高
(D)CMP需使用大量人力。　　　　　　　　　　　　　　【統測】

（　　）**40** 下列何者<u>不屬於</u>生產自動化技術之範疇？　(A)微影技術（Lithography）
(B)機器人（Robot）　(C)自動倉儲（Automated warehouse）　(D)群組技術（Group technology）。　　　　　　　　　　　【統測】

（　　）**41** 半導體製程中，一般所謂的90奈米製程係指：
(A)線寬為$0.009\mu m$　　　　　　(B)線寬為$0.09\mu m$
(C)膜厚為$0.009\mu m$　　　　　　(D)膜厚為$0.09\mu m$。　　　【統測】

（　　）**42** 有關半導體及其周邊產業的生產技術，下列敘述何者正確？
(A)化學機械拋光（CMP）技術可使用於晶圓表面拋光加工　(B)純矽是電的良導體，要加入其他雜質使其成為半導體　(C)光罩的作用是防止光阻曝光，並保護晶圓避免磨損　(D)微放電加工使用的電極無法細化，故不屬於微細製造的領域。　　　　　【統測】

(　　) **43** 微機電系統簡稱：
(A)MESM　(B)MEMS　(C)MSEM　(D)SMEM。

(　　) **44** 微細製造尺度可達到：　(A)厘米　(B)毫米　(C)微米　(D)1條。

(　　) **45** 現代的測長儀其精度可達0.1微米，其中「微米」代表下列何項
尺度？
(A)1×10^{-2}m　　　　　　　　(B)1×10^{-3}m
(C)1×10^{-6}m　　　　　　　　(D)1×10^{-9}m。

(　　) **46** 「奈米」代表下列何項尺度？
(A)1×10^{-2}m　(B)1×10^{-3}m　(C)1×10^{-6}m　(D)1×10^{-9}m。

(　　) **47** 在公制的量測單位中，「1條」是代表下列何項尺度？
(A)0.001mm　　　　　　　　(B)0.01mm
(C)0.1mm　　　　　　　　　(D)1mm。

(　　) **48** 半導體產業的製程為：
(A)由小作大　　　　　　　　(B)由大縮小
(C)由組而合　　　　　　　　(D)由合而組。

(　　) **49** 近期奈米科技的製程為：
(A)由小作大　　　　　　　　(B)由大縮小
(C)由組而合　　　　　　　　(D)由合而組。

(　　) **50** 下列何者<u>不是</u>傳統微機械切削加工方法？
(A)微車削加工　　　　　　　(B)微銑削加工
(C)微鑽孔加工　　　　　　　(D)微雷射加工。

(　　) **51** 下列何者<u>不是</u>非傳統微機械切削加工方法？
(A)微放電加工　　　　　　　(B)微雷射加工
(C)微離子束加工　　　　　　(D)微車削加工。

(　　) **52** 關於微機電系統元件組成，下列何者<u>不正確</u>？
(A)微感測器　　　　　　　　(B)微致動器
(C)IC控制元件　　　　　　　(D)微電鍍元件。

(　) **53** 利用微機械技術所製造出來的機械元件與微電子元件組合而成的智慧型系統稱為：
(A)微電機系統　　　　　　(B)微機電系統
(C)微機械系統　　　　　　(D)微電腦系統。

(　) **54** 微細製造技術所稱之奈米，其定義為何？
(A)1×10^{-2}m　　　　　(B)1×10^{-3}m
(C)1×10^{-6}m　　　　　(D)1×10^{-9}m。　　【統測】

(　) **55** 半導體製程中，一般所謂的90奈米製程係指：
(A)線寬為0.009μm　　　　(B)線寬為0.09μm
(C)膜厚為0.009μm　　　　(D)膜厚為0.09μm。　　【統測】

(　) **56** 有關數值控制機械直角座標系統標稱及程式機能代碼之敘述，下列何者正確？
(A)X軸表示主軸方向的運動軸，機能碼M代表刀具機能
(B)Z軸表示較長方向的運動軸，機能碼G代表輔助機能
(C)X軸表示較短方向的運動軸，機能碼M代表主軸機能
(D)Z軸表示主軸方向的運動軸，機能碼G代表準備機能。　　【統測】

(　) **57** 快速成型簡稱：　(A)PR　(B)RP　(C)RE　(D)RF。

(　) **58** 逆向工程簡稱：　(A)PR　(B)RP　(C)RE　(D)RF。

(　) **59** 將建構物體的幾何模型轉換成圖檔後進行加工者為：
(A)PR　(B)RP　(C)RE　(D)RF。

(　) **60** 將CAD的3D圖檔具體化為實體精密模型後進行加工者為：
(A)PR　(B)RP　(C)RE　(D)RF。

(　) **61** 有關半導體之敘述，下列何者<u>不正確</u>？
(A)半導體係利用電洞傳導電荷
(B)鍺為半導體材料
(C)微影係經由光罩將元件圖案複製到晶圓表面的製程
(D)半導體製程中，是先微影，再摻雜，最後蝕刻。　　【統測】

考前實戰演練

(　) **62** 半導體製程之敘述，下列何者正確？
(A)乾式蝕刻比濕式蝕刻容易造成二氧化矽的過切問題
(B)蝕刻是將晶圓上未受光阻保護之氧化膜移除
(C)微影製程通常是不需要經過光罩曝光就可以完成
(D)矽是半導體，如果摻雜硼或磷之後，就會變成導體。　　　【統測】

(　) **63** 有關研磨加工之敘述，下列何者<u>不正確</u>？　(A)擦光（Buffing）
與拋光（Polishing）的差異，在於拋光所使用的磨粒比較細　(B)
化學機械拋光（Chemical Mechanical Polishing）常用於矽晶圓片
之研磨　(C)超光（Super Finishing）使用油石在工件表面往復振
動的方向，通常與工件旋轉方向垂直　(D)外圓磨削加工時，工件
不用兩頂心支持，稱為無心研磨。　　　【統測】

(　) **64** 有關半導體之敘述，下列何者<u>不正確</u>？
(A)濕式蝕刻比乾式蝕刻容易造成二氧化矽的過切問題
(B)金屬化製程為製作積體電路中之一流程
(C)矽是半導體，摻雜砷或硼之後，就會變成導體
(D)半導體係利用電子或電洞傳導電。　　　【統測】

(　) **65** 有關半導體光學微影製程步驟：A光阻曝光、B光阻塗佈、C光阻
顯影，下列製程順序何者正確？　(A)BCA　(B)ABC　(C)CAB
(D)BAC。　　　【統測】

(　) **66** 有關半導體製程之敘述，下列何者正確？
(A)矽晶棒成長法，將種晶加熱，再施以高壓由一模具口擠出
(B)乾式蝕刻較濕式蝕刻所得電路線條的精度較高
(C)積體電路的製作流程，先摻雜，再製作薄膜及微影，最後蝕刻
(D)為了保護晶片，須進行封裝，常用的封裝塑膠材料為電木（酚
　醛樹脂）。　　　【統測】

(　) **67** 有關電腦輔助製造（CAM）的敘述，下列何者<u>不正確</u>？　(A)數
值控制機械包含：機械本體、伺服驅動系統、量測系統與數值控
制系統　(B)數值控制機能：G為準備機能、F為進給機能、T為刀
具機能　(C)數值控制車床G機能：G02為圓弧切削（順時針）、
G28為原點復歸　(D)數值控制車床之程式碼：G96S100M03是代
表主軸轉數為100rpm。　　　【統測】

( ) **68** 對於生產自動化中所用的專有名詞，下列敘述何者<u>不正確</u>？
(A)CAM為Computer Aided Manufacturing的簡稱，中文稱為電腦輔助製造
(B)FMS為Flexible Manufacturing System的簡稱，中文稱為彈性製造系統
(C)NC為Numerical Control的簡稱，中文稱為數值控制
(D)OA為Office Automation的簡稱，中文稱為倉儲自動化。　【統測】

( ) **69** 下列何者<u>不屬於</u>生產自動化技術之範疇？
(A)微影技術（Lithography）
(B)機器人（Robot）
(C)自動倉儲（Automated warehouse）
(D)群組技術（Group technology）。　【統測】

( ) **70** 關於機械製造之展望與發展，下列敘述何者<u>不正確</u>？
(A)生產型態趨向專業化
(B)材料使用趨向單純化
(C)善用電腦軟體的強大功能
(D)使用數值控制機械（CNC）。

( ) **71** 關於機械製造之展望與發展，下列敘述何者<u>不正確</u>？
(A)生產自動化
(B)切削刀具趨向耐高溫及耐磨損
(C)利用機械手臂或自動化機械生產與監控
(D)人力密集加工方式。

( ) **72** 有關電腦輔助製造之敘述，下列何者<u>不正確</u>？
(A)開迴路（open-loop）與閉迴路（closed-loop）控制系統，最大的差別在於閉迴路系統具有回饋控制
(B)數值控制工具機，可以使用直流伺服馬達做為驅動裝置
(C)生產自動化的效益包含：產品多樣化、產品零件標準化與提高作業環境安全
(D)數值控制工具機使用的刀具，因切削速度與進刀變化範圍大，所以刀具耗損大、壽命短。　【統測】

考前實戰演練

(　　) **73** 下列何者<u>不是</u>彈性製造系統（FMS）之優點？
(A)提高加工設備使用率
(B)適合小批量生產的自動加工線
(C)降低生產管理之需求
(D)改善產品之品質。　　　　　　　　　　　　　　　　【統測】

(　　) **74** CNC加工中，下列敘述何者<u>不正確</u>？
(A)G00為快速定位　　　　　　(B)減少工件及刀具常置時間
(C)不需要專門技術人才　　　　(D)檢驗費用減少。

(　　) **75** 下列何者對於數據控制（NC）之描述<u>不正確</u>？
(A)機器由孔帶控制，故可減少人為的錯誤
(B)NC機器僅適合於大量生產，並不適合小量生產
(C)若數據控制部分發生故障機器之工作適應能力將減少
(D)NC機器之價格甚高，初期投資甚大，與非NC機器相較，利益
　　不敢保證優於後者。

108年　統一入學測驗機械製造

( )　**1** 有關加工方法的敘述，下列何者正確？
(A)淬火可增加鋼材硬度
(B)退火可增加鋼材硬度
(C)冷作不能改變材料性質
(D)熱作不能改變材料性質。

( )　**2** 有關機械材料與加工性的敘述，下列何者正確？
(A)純銅的切削性比黃銅佳
(B)碳鋼的鑄造性比鑄鐵佳
(C)純鋁的鍛造性比鋁合金佳
(D)鑄鐵的銲接性比碳鋼佳。

( )　**3** 有關砂模的澆冒口系統敘述，下列何者<u>不正確</u>？
(A)豎澆道主要功用為輸送金屬液
(B)冒口一般設置在金屬液最快凝固處
(C)溢放口一般設置在離澆口最遠處
(D)通氣孔主要功用為避免鑄件產生氣孔。

( )　**4** 有關衝壓加工的敘述，下列何者正確？
(A)衝壓加工通常不需要製作模具配合
(B)壓床速度高，常用於剪切、衝孔加工
(C)衝床速度慢，常用於彎曲、抽製加工
(D)彎曲加工需考慮回彈角設計。

( )　**5** 工業上常用於電路板及食品罐頭摺縫密封的銲接方法為何？
(A)錫銲
(B)銅銲
(C)氬銲
(D)潛弧銲。

(　)　**6** 下列何者**不是**無電電鍍（化學鍍）的優點？
(A)鍍層均勻且孔隙率少　　　(B)鍍層厚度沒有限制
(C)耐蝕性比電鍍層佳　　　(D)可進行複合鍍層。

(　)　**7** 如圖所示，若使用長度（L）200mm
正弦桿測量錐度1：5的工件，則組
合塊規高度（H）應為多少mm？
(A)200
(B)100
(C)80
(D)40。

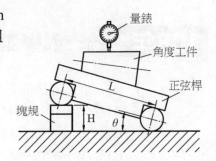

(　)　**8** 有關車削加工的敘述，下列何者正確？
(A)刀具切邊角60°較30°形成的切屑厚
(B)刀具刀鼻半徑愈大得到的加工表面粗糙度愈小
(C)提高切削速度可明顯降低刀具的切削力
(D)不連續切屑造成的刀具磨損大都在刀尖後方的刀頂面上。

(　)　**9** 有關工作機械的敘述，下列何者正確？
(A)面銑刀外徑較大適用於臥式銑床
(B)拉刀上前後段刀齒大小及高度一般皆相同
(C)鑽削鋁合金採用的鑽唇間隙角較鑽削合金鋼小
(D)砂輪磨粒100號較20號適用於硬材工件磨削。

(　)　**10** 有關工作機械及螺紋與齒輪製造的敘述，下列何者正確？
(A)車床導螺桿導程為6mm，欲車削導程為3mm之螺紋，如主軸齒輪用40齒，則導螺桿齒數為20齒
(B)以尾座偏置法車削大小徑分別為30mm及15mm且錐度長度為150mm之錐度工件，則尾座偏置量為5mm
(C)分度頭使用簡式分度法銑削10齒的正齒輪，則每銑一齒搖桿曲柄應旋轉4圈
(D)無心外圓磨床操作時，調整輪與磨輪間之傾斜角愈大，則工件進給速度愈小。

( ) **11** 有關非傳統加工的敘述，下列何者正確？
(A)粉末冶金的粉粒形狀品質，樹枝狀較球狀結合強度大
(B)鐵基粉末冶金製品若須切削加工，適用水溶性切削劑
(C)壓縮模成形法，塑料置於模具加熱及加壓成形，主要用於熱塑性塑膠成形
(D)線切割放電加工，原理與放電加工相同，但電極導線通常使用高速鋼線。

( ) **12** 有關非傳統加工及電腦輔助製造的敘述，下列何者正確？
(A)電化研磨加工時，工件材料的去除主要靠磨料切除，次要靠電解作用
(B)數值控制機械的座標軸，C軸表示繞X軸旋轉的轉軸
(C)直線切削機能（G01）屬於CNC程式的輔助機能
(D)化學切胚（化學下料）適合薄板狀材料加工，加工後板片不會扭曲變形。

( ) **13** 有關新興製造技術的敘述，下列何者正確？
(A)晶粒封裝的順序，先黏晶再銲線然後再封膠
(B)摻雜是在矽基板上的氧化矽層植入摻雜原子
(C)晶圓元件密度不斷增加，線寬也不斷縮小，目前已進步到微米技術
(D)矽原子有5個外層電子，所以電子不能在固體中自由運動。

109年　統一入學測驗機械製造

(　) **1** 有關金屬管製造方法的敘述，下列何者<u>不正確</u>？
(A)銲接法適用製造有縫鋼管
(B)擠製法適用於鉛、鋁等非鐵金屬管材之製造
(C)半離心鑄造法適用製造鑄鐵管
(D)穿孔法適用製造無縫鋼管。

(　) **2** 有關切削加工的一般敘述，下列何者正確？
(A)鑽削及車削均屬於刀具旋轉加工
(B)高速鋼刀具加入鈷5～12%，可提高耐熱性
(C)鑽石刀具硬度高，適合切削鐵類金屬
(D)碳化鎢刀具比陶瓷刀具硬度高。

(　) **3** 下列何者<u>不屬於</u>有機類的非金屬材料？
(A)陶瓷　(B)塑膠　(C)皮革　(D)木材。

(　) **4** 金屬鑄件設計需考慮收縮裕度，有關收縮率大小的比較，下列何者正確？　(A)鑄鐵＜鋁合金＜銅合金＜鑄鋼　(B)鑄鐵＜銅合金＜鑄鋼＜鋁合金　(C)鑄鐵＜鑄鋼＜銅合金＜鋁合金　(D)鑄鐵＜鋁合金＜鑄鋼＜銅合金。

(　) **5** 有關電漿電弧銲（PAW）的原理與設備，與下列何者銲接方法比較類似？
(A)潛弧銲（SAW）
(B)電子束銲（EBW）
(C)氣體金屬極電弧銲（GMAW）
(D)惰氣鎢極電弧銲（GTAW）。

(　) **6** 有關材料表面硬化方法的敘述，下列何者正確？
(A)滲碳法適用於高碳鋼，需再淬火硬化
(B)氮化法因工件變形量大，需再淬火硬化
(C)滲硫法是表面形成硫化物，具耐磨性但硬度低
(D)滲硼法是表面形成硼化層，具耐熱性但硬度低。

（　　）**7** 有關公差與量測的敘述，下列何者<u>不正確</u>？　(A)真圓度屬於形狀公差　(B)同心度屬於位置公差　(C)螺紋塞規主要檢驗內螺紋　(D)光學投影機可檢驗螺旋角。

（　　）**8** 下列何種車刀條件會產生較小的切削力？　(A)切邊角較大及後斜角較大　(B)切邊角較大及後斜角較小　(C)切邊角較小及後斜角較小　(D)切邊角較小及後斜角較大。

（　　）**9** 有關工作機械的敘述，下列何者正確？
(A)車床的從動式扶料架有三個扶料爪
(B)鑽頭之螺旋角愈大，刃口強度愈大
(C)砂輪結合度Z較結合度A硬
(D)銑刀轉數100rpm，每齒進刀0.1mm，刀刃數10，則每分進刀為157mm/min。

（　　）**10** 有關螺紋製造的敘述，下列何者正確？　(A)高精度螺紋磨削後，再淬火硬化處理　(B)銑削法適用於大尺寸內、外螺紋加工　(C)滾軋螺紋之胚料直徑與螺紋大徑相等　(D)拉製內螺紋需經過三次拉削加工完成。

（　　）**11** 有關非傳統加工的敘述，下列何者正確？
(A)管袋式包裝用塑膠袋以滾壓成形法製造
(B)電子束加工不適用於非導電之硬材料
(C)電化加工時，工件因電解作用產生明顯的殘留應力
(D)金屬粉末以霧化法製造的純度較電解法差。

（　　）**12** 有關電腦輔助製造的敘述，下列何者正確？
(A)數值控制車床使用連續式路徑控制之命令方式
(B)控制主軸正、反轉的機能為主軸機能
(C)刀具機能是指定刀具動作的機能
(D)切削中心機繞主軸方向旋轉的軸為A軸。

（　　）**13** 有關新興製造技術的敘述，下列何者正確？
(A)薄膜製程之氧化法適用於產生非矽質基板的沉積層
(B)摻雜之目的在不受保護的矽基板上產生B型或C型半導體
(C)非等向性蝕刻較等向性蝕刻容易在晶圓上產生過切現象
(D)晶粒經電路測試完成後，再從晶圓切離。

110年 統一入學測驗機械製造

( )　**1** 關於新興製造技術之敘述，下列何者<u>不正確</u>？
(A)立體印刷法，又稱為SLA，係使用光照射光敏樹脂固化成形
(B)LIGA製程利用X光微影、電解與射出成形製造微結構零件
(C)半導體單晶成長常使用的柴可斯基法，其拉出之速度為10微米／秒
(D)CVD法是在加熱爐中，將所需的氣體反應成化合物並沉積在晶圓表面。

( )　**2** 關於電腦輔助製造與齒輪製造之敘述，下列何者正確？
(A)數值控制機械之開環式系統優於閉環系統的移動精度
(B)數值控制CNC機械於1950年由麻省理工學院公開發表
(C)齒輪製造的粉末冶金法，必須使用模具將粉末加壓成形後才能進行燒結
(D)正齒輪的齒根是指節圓到齒頂圓的高度。

( )　**3** 關於切削加工之敘述，下列何者<u>不正確</u>？
(A)車刀之切邊角是指切邊與刀具縱軸的夾角
(B)車刀之刀端角設計，可避免刀端與工件表面的摩擦
(C)銅的質軟，切削性比黃銅差
(D)石墨常使用於混入加工液作為固體切削劑。

( )　**4** 關於雷射加工之敘述，下列何者正確？
(A)對於鎢鋼及鑽石也可以進行加工
(B)利用極強之多束光線集中於工件表面，進行加工
(C)以熔化或蒸發的方式移除材料，加工速度慢
(D)加工過程中，可直接目視加工部位。

( )　**5** 關於工作機械磨床之敘述，下列何者<u>不正確</u>？
(A)磨粒的大小，以英吋長度內網目數量表示
(B)立方氮化硼（CBN）的硬度大於金剛砂，屬於人造磨粒
(C)無心外圓磨床磨削時，砂輪與調整輪的轉向相同
(D)搪磨孔加工，可以在工件表面形成網狀交叉紋路。

（　　）　6 關於工件量測之敘述，下列何者正確？
　　　　　(A)光學平板（Optical flat）乃利用光的干涉原理來進行曲面量測
　　　　　(B)裕度又稱容差，正裕度是孔比軸小，負裕度是孔比軸大
　　　　　(C)為了降低阿貝誤差，應該盡量減少量具軸線與工件軸線之間的距離
　　　　　(D)表面織構的結構輪廓，代表濾去極長波的參數。

（　　）　7 關於塑性加工製程之敘述，下列何者不正確？
　　　　　(A)再結晶溫度以下之材料加工，其硬化現象來自於晶粒之變形、糾結與破碎
　　　　　(B)再結晶溫度以上之材料加工，晶粒可細化並使材料組織均勻
　　　　　(C)壓模印製程可於室溫中鍛造厚度不均之製品，為精密製幣方法之一
　　　　　(D)珠擊法製程可以製造張應力表面，增加疲勞強度。

（　　）　8 關於鋼構件之表面硬化製程選項，下列何者可製造最硬之硬化層？
　　　　　(A)滲硼法　　　　　　　　(B)滲碳法
　　　　　(C)滲硫法　　　　　　　　(D)氮化法。

（　　）　9 關於表面處理之製程敘述，下列何者不正確？
　　　　　(A)化學鍍可在玻璃或塑膠材料表面產生金屬鍍層
　　　　　(B)真空鍍膜可在非導體材料表面產生金屬鍍層
　　　　　(C)陽極氧化可在鋁合金材料表面產生金屬鍍層
　　　　　(D)物理氣相沉積製程可在金屬材料表面產生陶瓷鍍層。

（　　）10 關於金屬材料加工性之敘述，下列何者正確？
　　　　　(A)不鏽鋼具加工硬化特性，較不容易切削
　　　　　(B)晶粒細小比晶粒粗大之材料，較容易鍛造
　　　　　(C)熔點高比熔點低之金屬材料容易鑄造
　　　　　(D)熔接性與含碳量無關。

（　　）11 關於機械製造自動化演進趨勢之敘述，下列何者不正確？
　　　　　(A)以高速切削改善傳統切削加工，並且提高加工精度
　　　　　(B)以非傳統式切削加工取代鍛造、鑄造與滾軋成形製程
　　　　　(C)使用電腦數值控制工具機，取代傳統機械工作母機
　　　　　(D)透過機器人、無人搬運車與自動倉儲管理系統，提高彈性製造能力。

( ) **12** 關於銲接之敘述，下列何者正確？
(A)銲接溫度在母材熔點以下為軟銲，在母材熔點以上為硬銲
(B)電弧銲之工件接直流負極所產生之熱量，適合銲接薄板工件
(C)電阻銲產生之熱量與電流、電阻及時間有關，其中電阻值最具
影響力
(D)超音波銲接之接觸面為互熔接合，產生相平衡組織。

( ) **13** 影響砂模鑄造失敗之主要原因，下列何者<u>不正確</u>？
(A)模型之製作　　　　　(B)模砂之選用
(C)金屬之澆鑄溫度　　　(D)重複使用之模型。

111年 統一入學測驗機械製造

(　　) **1** 關於真離心鑄造法的敘述，下列何者正確？
(A)須配合砂心才能製作中空鑄件
(B)鑄件製品內部易產生收縮孔
(C)需要有豎澆道及冒口
(D)適於長管的鑄造。

(　　) **2** 關於傳統加工參數的敘述，下列何者不正確？
(A)砂輪磨粒粒度的計算，與每英吋網目數有關
(B)銑削時間的計算，與銑削行程、每分鐘進給量有關
(C)車床切削速度的計算，與刀具直徑、每分鐘迴轉數有關
(D)錐度車削時錐度的計算，與工件大徑、小徑及錐度處的軸長有關。

▲ **閱讀下文，回答第3～4題**

若車削一個階級軸件時，如圖所示，其材質的粗切削速度範圍為60～70m/min、精切削速度範圍為110～120m/min，試求下列各題切削條件為何？

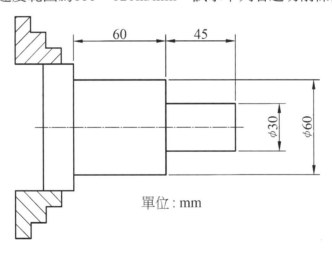

單位：mm

(　　) **3** 粗車削⌀30的外徑時，其所需車削轉速應約為多少rpm？
(A)500　　　　　　　　　(B)650
(C)800　　　　　　　　　(D)950。

(　) 4 精車削外徑∅60的長度，進給率為0.1mm/rev時，其所需車削時間約為多少分鐘？
(A)0.5 　　　　　　　　　　(B)1
(C)1.5 　　　　　　　　　　(D)2。

(　) 5 若鐵的沸點為2862°C，熔點為1538°C，再結晶溫度為450°C，下列何種溫度適合進行熱作塑性加工？
(A)300°C 　　　　　　　　　(B)600°C
(C)1600°C 　　　　　　　　(D)3000°C。

(　) 6 關於工作機械操作及工件加工的敘述，下列何者不正確？
(A)以車床進行偏心切削時，可以使用四爪夾頭夾持工件
(B)車床進行圓柱工件的壓花加工，工件直徑會稍微變大
(C)多軸鑽床會安裝鑽模或導套，用以引導鑽頭進行加工
(D)使用花盤夾持大型不規則形狀工件時，無須配重平衡。

(　) 7 關於齒輪加工或處理的敘述，下列何者不正確？
(A)切削加工法包括滾齒、刨齒、拉齒、成型刀銑齒
(B)提高表面精度可採用熱浸鍍鋅、高週波感應淬火
(C)精修加工法包括刮齒、搪齒、磨齒、研齒
(D)非切削加工法包括鑄造、鍛造、粉末冶金。

(　) 8 關於材料組成對於加工性影響的敘述，下列何者正確？
(A)添加鎳及鉻合金元素，可以提升鋼材可鍛性
(B)青銅因添加有低熔點的錫，使其鑄造性變差
(C)於不鏽鋼中添加硫，可以改善其切削性
(D)鋁因有高熱傳導性，故有良好的銲接性。

(　) 9 塑膠加工須考慮其製品分類與回收，若某塑膠製品的回收標章如圖所示，下列的敘述何者正確？
(A)為第二類熱固性塑膠材料
(B)塑膠材質為高密度聚乙烯
(C)屬於纖維強化塑膠的一種
(D)用在製作發泡保麗龍成品。

（　）**10** 關於螺紋加工的敘述，下列何者正確？
(A)銑削螺紋時，必須正確地設定螺紋指示器
(B)輥軋外螺紋時，胚料的外徑等於螺紋底徑
(C)螺紋經輪磨後，可以提高尺寸精度與韌性
(D)螺紋輥軋加工較節省材料，適合大量生產。

（　）**11** 關於智慧製造的敘述，下列何者最符合？
(A)結合物聯網、機械學習具感知、決策虛實整合系統
(B)充分的利用車銑複合機、五軸加工機進行精密製造
(C)以機械手臂進行少量、多樣且能自動化的生產系統
(D)運用光學尺、控制器進行閉迴路電腦數值控制加工。

（　）**12** 關於鑄造砂模流路系統功用的敘述，下列何者正確？
(A)豎澆道是為了容易澆鑄金屬液，並防止雜質流入
(B)澆池是為了補充凝固過程收縮所需的金屬液
(C)冒口是為了輸送金屬液，調節澆鑄壓力
(D)橫流道是為了能輸送及分配金屬液。

（　）**13** 100公斤重的ＳＡＥ規格的8045鎳鉻鉬鋼，碳的含量約為多少公克重？
(A)45　　　　　　　　　　(B)80
(C)450　　　　　　　　　 (D)800。

（　）**14** 關於梅花開口扳手電鍍鉻操作的敘述，下列何者正確？
(A)扳手兩端分別與直流電源的陰極和陽極相接
(B)避免金屬釋放電子使用氧化鋁陶瓷作為陰極
(C)以不會溶於電解液的鉛作為陽極
(D)以硫酸銅作為電解液。

（　）**15** 假設切削刀具的壽命（Ｔ）滿足泰勒（Taylor）公式，即$VT2=100$，其中Ｖ為切削速度。如果要求刀具壽命變為原來的2倍，則需控制切削速度為原來的多少倍？
(A)0.25　　　　　　　　　(B)0.5
(C)4　　　　　　　　　　 (D)10。

( ) **16** 一金屬材料進行拉伸試驗，其結果如圖所示，若要進行塑性加工，採用下列何種大小的工作應力（MPa）較合適？

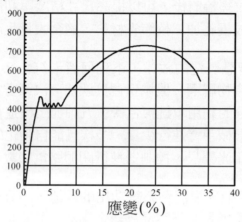

應力(MPa)

應變(%)

(A)350　　　　　　　　　　(B)420
(C)650　　　　　　　　　　(D)780。

( ) **17** 為防止手工氣銲的乙炔氣瓶爆炸，通常會於氣瓶中添加下列何種物質？
(A)甲烷　　　　　　　　　　(B)乙醚
(C)丙酮　　　　　　　　　　(D)丁醇。

( ) **18** 所謂量測原理係指量具的尺寸軸線與待測工件軸線須重疊，如果不符合量測原理，量測時會產生阿貝誤差（Abbe's Error）。試問使用下列量具進行量測時，何者最符合量測原理？
(A)槓桿式量錶量測高度　　(B)內徑分厘卡量測內徑尺寸
(C)光學平板量測平行度　　(D)游標卡尺量測階級尺寸。

112年 統一入學測驗機械製造

( ) **1** 以低速重車削進行SAE1335材料加工時，應選用下列何種刀具最合適？　(A)使用高硬度之鑽石刀具　(B)正斜角15°的陶瓷刀具　(C)6-6-4-2型鉬系高速鋼　(D)刀柄漆藍色之K01刀具。

( ) **2** 某鋼鐵廠以電弧爐生產10噸SAE4025鋼材，此鋼材中之化學成分及重量，下列何者正確？　(A)含錳2.5公斤　(B)含碳25公斤　(C)含釩250公斤　(D)含鎳550公斤。

( ) **3** 有關濕砂模鑄造，若樣砂為50公克，則下列選項中何者為此模砂最合適的含水量（公克）？　(A)2.4　(B)5.6　(C)10.8　(D)12.1。

( ) **4** 有關金屬澆鑄之敘述，下列何者正確？　(A)較高的澆鑄溫度時，可以避免產生氣孔　(B)通常澆鑄溫度應高於熔解溫度50度以上　(C)鑄件厚度較薄時，應該要降低澆鑄速率　(D)澆鑄方式採底澆式可避免熔渣混入鑄件中。

( ) **5** 以沖床剪切5mm厚的金屬板，沖頭與沖模每邊的間隙應為多少mm較合適？　(A)0.03　(B)0.3　(C)1.5　(D)3。

( ) **6** 有關金屬成形之熱作加工與冷作加工對材料性質的影響，下列敘述何者正確？
(A)熱作加工提升硬度相較於冷作加工為大
(B)熱作加工較冷作加工有較大的殘留應力
(C)熱作加工較冷作加工有較大的電阻增加
(D)熱作加工較冷作加工會有較佳的延展性。

( ) **7** 有關銲接方法的敘述，下列何者正確？　(A)閃光銲通電前兩母材須緊密壓合，再通以大電壓進行接合　(B)電阻銲接是一種利用高電壓而使銲接金屬產生熔融接合　(C)雷射銲是利用雷射與工件產生的集膚效應生熱進行接合　(D)超音波銲是一種固相冷銲接合方法，可銲接金屬或塑膠。

( ) **8** 在車削軸向加工過程中，刀具承受力大至小依序何者正確？ (A)切線分力>軸向分力>徑向分力　(B)軸向分力>切線分力>徑向分力　(C)徑向分力>軸向分力>切線分力　(D)切線分力>徑向分力>軸向分力。

( ) **9** 砂輪規格為C-60-J-8-V-1A-200×25×32最適合磨削下列何種材料？　(A)玻璃　(B)高速鋼　(C)鑄鐵　(D)鎳鉻鉬合金鋼。

( ) **10** 下列何者<u>不是</u>車床可加工項目？　(A)鏟花　(B)錐度　(C)偏心軸　(D)圓柱外徑。

( ) **11** 下列何者<u>不是</u>車削螺紋時使用中心規的功能？　(A)校正工件中心　(B)校正車刀刀刃角度　(C)檢查車削工件螺紋螺距　(D)校正車刀與工件間是否垂直。

( ) **12** 有關粉末冶金製程之敘述，下列何者正確？　(A)先燒結後，再模壓成型　(B)不鏽鋼燒結溫度比碳化鎢高　(C)金屬粉末以電解法製造，粉末純度最高　(D)不同性質金屬與非金屬粉末無法製成零件。

( ) **13** 有關智慧製造的敘述，下列何者<u>不正確</u>？　(A)可以利用藍芽作為物聯網通訊　(B)經由各式感測元件收集產線資訊　(C)不適合少量多樣的彈性生產需求　(D)可運用VR或AR技術加速人員學習技能效率。

( ) **14** 有關CNC車床程式中G99G01×10.F0.2之敘述，下列何者正確？ (A)車刀以10mm/min進給量切削　(B)車刀以0.2mm/min進給量切削　(C)車刀以10mm/rev進給量切削　(D)車刀以0.2mm/rev進給量切削。

( ) **15** 有關防腐蝕處理之敘述，下列何者正確？　(A)滲鋁防蝕方法主要是應用於提升鋁或鋁合金抗高溫氧化　(B)發藍防蝕亦稱磷酸鹽處理方法，是生成磷化膜的防蝕法　(C)陰極防蝕法是利用較易氧化的金屬作為陰極的防蝕方法　(D)犧牲陽極是利用電位差供應電子給陰極金屬的防蝕方法。

▲ 閱讀下文，回答第16～18題

CNC加工廠品管工程師主要負責產線零件抽檢與品質分析。近期，現場即將投產一量產零件，該零件中有一孔尺寸為∅8.3±0.05（單位：mm），該工程師要以塞規來作現場檢測用，並繪製一張塞規圖面，如圖所示，以提供廠商製造。

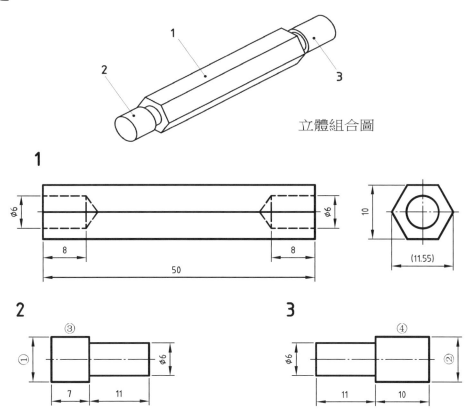

立體組合圖

( ) **16** 如圖所示中①與②處之公稱尺寸分別為何？
(A)∅8.275與∅8.325　　　　(B)∅8.25與∅8.35
(C)∅8.35與∅8.25　　　　　(D)∅8.30與∅8.35。

( ) **17** 圖面中③與④處的外徑表面粗糙度為Ra0.8，其圖面表面織構符號何者正確？

(A) ╱‾Ra 0.8‾＜

(B) ▽‾Ra 0.8‾

(C) ◎╱‾Ra 0.8‾

(D) Ra 0.8 ▽。

(　　) **18** 工程師要在品質會議簡報上，呈現該檢測孔每天不合格件數圖，使用下列何種類型管制圖表示最正確？

(A)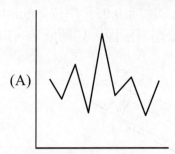

(B)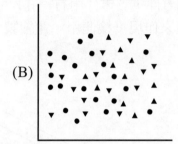

(C)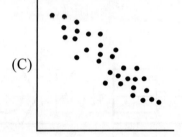

(D)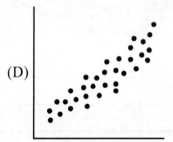

113年 統一入學測驗機械製造

( )　**1** 有關切削刀具的特性及發展趨勢，下列何者正確？
(A)刀具材質朝向高硬度、高摩擦係數、耐高溫發展
(B)鍍層刀具（又稱披覆刀具）常採用鋯（Zr）作為鍍層材料
(C)碳化物刀具係利用鍛造技術製成，分為K、P、M三類
(D)紅熱硬度由小至大為高碳工具鋼＜高速鋼＜鑄鈷合金。

( )　**2** 今有4類材料：(1)鎳基超合金、(2)鋁合金、(3)低碳鋼、(4)塑膠；另有4種加工方法：冷鍛（CF）、熱鍛（HF）、壓鑄（DC）、射出成型（IM）。有關各種材料與其最適合加工方法的配對，下列何者正確？
(A)(1)-HF、(2)-DC、(3)-CF、(4)-IM
(B)(1)-DC、(2)-CF、(3)-IM、(4)-HF
(C)(1)-IM、(2)-DC、(3)-HF、(4)-CF
(D)(1)-CF、(2)-IM、(3)-HF、(4)-DC。

( )　**3** 有關鑄造之敘述，下列何者正確？
(A)石膏模鑄造法較適合高熔點的鐵合金材料鑄造，但鑄模只能使用一次
(B)不鏽鋼、鑄鐵、鈦合金、塑膠等材料，均適合消散模型鑄造方式生產鑄件
(C)鋁合金的熔點比鋅合金高，鋁合金壓鑄較適合冷室法、鋅合金較適合熱室法
(D)包模鑄造法生產的鑄件，表面精度高且無分模線、適合較大尺寸鑄件。

( )　**4** 有關離心鑄造之敘述，下列何者錯誤？
(A)離心加壓鑄造可以同時生產數個鑄件
(B)真離心鑄造適合用於生產實心之圓柱狀零件
(C)半離心鑄造用於旋轉對稱性零件的鑄造
(D)經由機器的轉動而將熔融金屬送入模穴。

( ) **5** 有關塑性加工之敘述，下列何者正確？
(A)爆炸成形屬塑性加工的一種方法，成形速度極慢
(B)塑性加工所需負荷與材質成份有關，但與溫度無關
(C)金屬材料之塑性加工，所施載應力須高於降伏強度，但低於抗拉強度
(D)衝擊擠製材料厚度變化不大，而沖壓加工材料厚度變化極大。

( ) **6** 為提高汽車安全性能，汽車板金會採用高張力鋼板，下列何者為其最佳塑性成形方式？
(A)壓鑄（Die casting）　　　(B)熱沖壓（Hot stamping）
(C)熱擠製（Hot extrusion）　(D)衝擊擠製（Impact extrusion）。

( ) **7** 今有4種銲接需求：(1)不鏽鋼板銲接、(2)汽車油箱銲接、(3)電路板電子元件銲接、(4)碳化鎢刀片與刀柄銲接；另有4種銲接工法：電阻縫銲法（RSEW）、氣體遮蔽鎢極電弧銲（TIG）、硬銲（Brazing）、軟銲（Soldering）。有關銲接需求與工法之配對，下列何者正確？
(A)(1)-RSEW、(2)-TIG、(3)-Brazing、(4)-Soldering
(B)(1)-Soldering、(2)-Brazing、(3)-TIG、(4)-RSEW
(C)(1)-Brazing、(2)-Soldering、(3)-RSEW、(4)-TIG
(D)(1)-TIG、(2)-RSEW、(3)-Soldering、(4)-Brazing。

( ) **8** 有關電鍍與無電電鍍（又稱無電鍍）之敘述，下列何者正確？
(A)電鍍是一種化學反應，製程中須通以交流電
(B)電鍍可於被加工物表面產生一層薄的氧化鐵
(C)無電鍍過程可視為物理現象，製程中不需要鍍液
(D)電鍍、無電鍍均可在被加工物表面生成防鏽蝕層。

( ) **9** 有一游標卡尺游尺20格、最小讀值為0.05mm，今量測某工件尺寸為32.55mm，則從游尺刻度為0算起第幾格的右側線會與本尺刻度對齊？　(A)9　(B)11　(C)13　(D)15。

( ) **10** 有關車床切削加工用的刀具後斜角設計，下列敘述何者正確？
(A)刀具後斜角設計可使用正值亦可有負值
(B)後斜角設計愈大，刀具較銳利，適合較大的進刀量
(C)後斜角設計愈小，切削阻力較小，但刀具強度較弱
(D)切削脆性材料時，應選用後斜角較大之刀具，以增加刀具強度。

( ) **11** 以尾座偏置法車削一工件如圖所示，該工件總長L0＝300mm，車削長度L1成為1/20的錐度，若大徑D＝50mm、小徑d＝40mm，求車削長度L1與尾座偏移量S各是多少mm？
(A)L1＝100，S＝3.5
(B)L1＝150，S＝5.5
(C)L1＝200，S＝7.5
(D)L1＝250，S＝9.5。

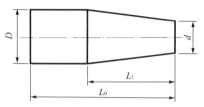

( ) **12** 在中碳鋼材質上加工一個高精度的貫穿圓孔，下列何者為正確的加工順序？
(A)鑽孔→搪孔→鉸孔　　　　(B)搪孔→鑽孔→鉸孔
(C)鉸孔→鑽孔→搪孔　　　　(D)搪孔→鉸孔→鑽孔。

( ) **13** 下列何者為螺紋之螺旋線切線與軸心垂直線所夾的角度，且角度越小時螺紋鎖緊<u>不易</u>鬆脫？　(A)牙角　(B)螺旋角　(C)螺紋角　(D)導程角。

( ) **14** 粗加工的齒輪（又稱齒輪胚）進行精加工時，下列何種加工方式可製造的精度最高？　(A)滾齒加工　(B)刮齒加工　(C)搪齒加工　(D)磨齒加工。

( ) **15** 下列何者<u>不是</u>粉末冶金的優點？
(A)加工過程無廢料產生
(B)可控制產品的孔隙度
(C)適合選用在少量且體積大的產品生產
(D)與鑄件相比較，產品精度高表面光滑。

( ) **16** 下列何種製程方式最適合生產長度6m、內徑50mm和厚度5mm的澆水用塑膠軟管？　(A)擠製成型　(B)旋轉成型　(C)吹製成型　(D)射出成型。

( ) **17** 有關五軸銑削工具機設備與加工的敘述，下列何者<u>錯誤</u>？
(A)具有兩個直線移動軸及三個旋轉軸
(B)允許加工倒勾區，方便進行複雜曲面加工
(C)減少工件重複裝夾次數，降低拆裝所造成的誤差
(D)在曲面加工時有較佳切削力，提高刀具使用壽命。

解答及解析

第1單元　機械製造的演進

P.9 **1 (A)**。電腦數值控制之英文縮寫為CNC。

2 (D)。彈性製造系統（FMS）整合了自動化生產機器、工業機器人及無人搬運車，進行數種不同零件的加工。

3 (C)。單能機又稱專用機，適合單樣而大量的生產方式。

4 (D)。彈性製造系統（FMS）整合了自動化生產機器、工業機器人及無人搬運車，進行數種不同零件的加工。

5 (C)。處理：包括設計、加工、管理、製造、裝配等。

6 (B)。輸出：包括產品、廢棄物、消耗品等。

7 (D)。折舊費屬於成本計算中的製造費用。

8 (D)。放電加工屬於非傳統加工。

P.10 **9 (D)**。珠擊法為改變材料物理性質或機械性質加工方法。

10 (B)。拋光（polishing）屬於表面加工。

11 (D)。珠擊法（Shot peening）屬於改變材料物理性質或機械性質加工方法（為非切削加工）。

12 (D)。熱處理加工法屬於改變材料物理性質或機械性質加工方法（為非切削加工）。

13 (A)。銑床之銑削加工屬於切削性加工。

14 (B)。研磨高速鋼刀具，刃口必須經常浸水，以防刃口退火軟化。

15 (C)。K類：適於切削鑄鐵、非鐵金屬、非金屬材料、石材等，車刀刀柄端常塗紅色。P類：適於切削連續長條狀之鋼或鑄鋼等，車刀刀柄塗藍色。M類：適於切削不鏽鋼、合金鋼、延性鑄鐵等抗拉強度大難切削之材料，車刀刀柄黃色。

16 (A)。切削工具紅熱硬性依序：鑽石、立方氮化硼、陶瓷、瓷金、碳化鎢、非鐵鑄合金、高速鋼、合金工具鋼、高碳鋼。

P.11 **17 (A)**。鑽石為最高硬度刀具，用於超高速之超精密加工。鑽石主要切削軟質非鐵金屬材料，可得鏡面之切削精度。鑽石常用於研磨碳化鎢刀具、修整砂輪、切割玻璃、鏡面加工等。鑽石不適合切削鐵系材料。

18 (C)。燒結碳化物車刀中最適合車削鑄鐵的是K類。

19 (D)。鑽石主要切削軟質非鐵金屬材料，可得鏡面之切削精度。

20 (A)。(B)陶瓷刀具主要成分為氧化鋁，不適合重切削或斷續切削。(C)鑽石刀具不適合切削鐵系材料。(D)高速鋼硬度小於碳化鎢刀具。

21 (C)。切削工具紅熱硬性依序：鑽
石、立方氮化硼、陶瓷、瓷金、碳化
鎢、非鐵鑄合金、高速鋼、合金工具
鋼、高碳鋼。

22 (A)。研磨碳化物外徑車刀刀片精磨
用鑽石砂輪（D），粗磨用綠色碳化
矽砂輪（GC）。

23 (A)。(B)切削加工產生的熱會降低刀
具的強度、硬度與耐磨性。(C)切削加
工不可完全以精密鑄造及粉末冶金之
加工法取代。(D)切削加工的時間較沖
壓加工的時間長，材料也較不節省。

24 (B)。依據ISO規定，可替換式碳化物
車刀分P、M、K。

25 (C)。碳化物車刀之末端沒有末端塗
綠色者。

P.12

26 (C)。零件製造專業化，主工廠負責
生產主件及最後裝配。

27 (B)。電腦輔助製造簡稱CAM。

28 (D)。CIM的簡稱中文稱為電腦整合
製造。

29 (A)。微影技術（Lithography）為半
導體技術之範疇。

30 (C)。彈性製造系統（FMS）適合提
高生產管理之需求。

31 (D)。碳化物主要分P、M、K三類編
號，各類編號愈小用於高速精加工；編
號愈大用於低速粗加工。M類刀具的識
別顏色為黃色，適用於切削韌性材料。

32 (A)。鎢系高速鋼18-4-1，含18%鎢，
4%鉻及1%釩。

P.13

33 (C)。改變材料物理性質或機械性質
加工之主要方法有熱處理、熱作、冷
作、珠擊法等。

34 (A)

35 (D)。碳化鎢刀具刀刃部分，應以綠
色碳化矽或鑽石砂輪研磨，並不可以
水冷卻。

36 (A)。K類碳化物刀具刀柄顏色塗紅
色識別。M類碳化物刀具刀柄顏色塗
黃色識別。P類碳化物刀具刀柄顏色
塗藍色識別。

37 (B)。第一級工業為天然資源開發的
基本工業。第二級工業為加工成工業
用品或日常生活必須品之製造工業。第
三級工業為熔接與服務性質之工業。
機械製造業是屬於第二級工業。

38 (C)。單能專用機又稱專用機為專門
生產某類產品，而將工具機加以改造
成一種專用機器，適合單樣而大量的
生產方式。

39 (A)。數值控制（Numerical Control；
簡稱NC）機器，將各種加工數據資
料，儲存於卡片、紙帶、磁帶、磁碟或
直接輸入方式，用來控制機器的運轉。

40 (A)。電腦數值控制之英文縮寫為
CNC。

第2單元 材料與加工

P.27 **1 (A)**。青銅為銅、錫合金。青銅流動性好，鑄造性優，大都採用鑄造成型。含錫8～11%之青銅稱砲銅或機械青銅。青銅可製成軸承、貨幣、美術品、鏡青銅、鐘青銅。

2 (D)。石材是屬於無機質材料。

3 (C)。塑膠是屬於有機質材料。

4 (B)。鋁是屬於非鐵金屬材料。

5 (A)。合金鋼是屬於鐵金屬材料。

6 (D)。碳鋼一般由平爐、轉爐（最常用）或電爐冶鍊而得。

7 (B)。熔鐵爐（Cupola）提煉出來的產品為鑄鐵。

8 (C)。低碳鋼：含碳量在0.02%～0.3%。中碳鋼：含碳量在0.3%～0.6%。高碳鋼：含碳量在0.6%～2.0%。

9 (B)。含碳量0.5％之碳鋼被歸類為中碳鋼。

P.28 **10 (A)**。白鐵皮為金屬塗層成品之一，採用浸鋅處理。

11 (B)。電木（Bakalite）屬於熱固性塑膠。

12 (C)。環氧樹脂屬於熱固性塑膠。

13 (B)。合金硬度及強度常較其成分金屬為高。

14 (B)。筆記型電腦的外殼是以鎂合金屬於非鐵金屬材料。

15 (C)。黃銅的主要合金元素為銅與鋅。

16 (C)。環氧樹脂（EP）不能再加熱而使其產生變形或軟化。

17 (C)。SAE1325代表錳鋼。

18 (B)。CNS碳鋼S40C，代表含碳量0.40%。

19 (B)。鋼鐵材料S12C是代表含碳量約為0.12%低碳鋼。

P.29 **20 (C)**。鋼鐵材料S45C是代表含碳0.45%中碳鋼。

21 (D)。鋼鐵材料S120C是代表含碳1.20%高碳鋼。

22 (D)。SEA 31開頭代表鎳鉻鋼。

23 (A)。依CNS規格，S34C表示含碳量為0.34%的碳鋼。

24 (B)

25 (B)。CNS規格中S(50)C表示一般構造用碳鋼，最小抗拉強度約為50N／mm^2。

26 (D)。材質「S40C」為碳鋼之一種，且其「含碳約在0.4%左右之機械結構用鋼」。

27 (A)。碳鋼加入硫、鉛可改善切削性。

P.30 **28 (C)**。碳鋼含碳約0.3%之中碳鋼軟硬適中，具有優良之切削性。

29 (D)。 (A)S45C和S(45)C的意義不同。
(B)P2代表兩公厘厚的鋼板。(C)S45C
比S22C鋼的熔接性差。

30 (D)。碳鋼的冷作鍛造性與含碳量成
反比。

31 (B)。碳鋼的含碳量愈高則其鍛造性
愈差。

32 (C)。鋁之切削易成刀口積屑,宜採
用大斜角及高速切削。

33 (D)。要選用標準編號的材料。

34 (D)。要了解材料生產管制與品質管制。

P.31 **35 (D)**。若鑄鐵中之石墨主要為片狀形
態時,則為灰鑄鐵。

36 (D)。 (A)合金鋼加入硫、鉛之切削性
佳。(B)碳鋼含碳量愈高,熔接性愈
差。(C)硬度高及延展高之材料,切削
性愈差。

37 (D)。不鏽鋼含鉻12%以上,可防鏽之
主要因為其表面有氧化鉻薄膜層。

38 (C)。 S(50)C材料編號,表示抗拉
強度最小為50kg/mm²的碳鋼。

39 (C)。金屬晶粒細、硬度愈高者,其
鍛造性較差。

40 (A)。合金延展性常較其成分金屬為
低。

第3單元 鑄造

P.47 **1 (D)**。模砂:亦即砂,為形成鑄模之
主要材料,應具有強度、透氣性及
耐熱性。

2 (D)。鑄型(鑄模)所用的材料是以
模砂為主。

3 (D)。鑄造模型,常用木材製作。

4 (D)。砂心又稱為心型,其用途為形
成鑄件的中空部分。

5 (D)。砂模鑄造時,一般至少需準備
模砂、砂心及模型(或稱木模)。

6 (B)。一般收縮率鐵1%,鋼2%,銅
1.5%,鋁、鎂1.3%。

7 (C)。冷卻收縮最易產生變形。

8 (B)。震動(搖動)裕度為負的裕度。

9 (D)。消散模型最常使用聚苯乙烯
(PS)。

10 (C)。製作消散模型時,不需考慮拔
模及震動裕度。

P.48 **11 (A)**。一般而言,鑄件的收縮裕度約
為每呎1/8吋。

12 (C)。消散模型不需考慮拔模及震動
裕度。

13 (A)。應避免尖銳之轉角,做成圓角
(圓弧),以增鑄品強度。

14 (D)。消散模型最常使用聚苯乙烯
(PS)。

15 **(A)**。 模鑄造時，將模型的尺度製作成比鑄件稍大，最主要理由是考慮到收縮裕度。

16 **(B)**。 工件採鍛造加工容易產生殘留應力，變形大，不可以忽略。

17 **(B)**。 呋喃模為型砂與磷酸徹底攪拌之，在攪拌中加入呋喃樹脂，適用於消散模型及模心之製作。

18 **(A)**。 金屬模可以重複使用。

19 **(C)**。 二氧化碳模專用於製造砂心，而且可用於形狀複雜之鑄件。

P.49 **20** **(D)**。 含水分

$$=\frac{含水總重不含水-砂重}{含水總重}\times100\%$$

$$=\frac{50-46.51}{50}\times100\%=6.98\%。$$

21 **(C)**。 翻砂鑄造所用之基本模砂，其主要原料是氧化矽。

22 **(D)**。 (A)較粗的砂，則砂模透氣性較佳。(B)較細的砂，可得較佳鑄件表面光度。(C)砂的含水2～8%，結合強度愈高。

23 **(B)**。 模砂主要的成分為氧化矽，配合適量的黏土（clay）和水。

24 **(B)**。 砂模需具有適當的強度，強度試驗以抗壓試驗最為重要。

25 **(A)**。 二氧化碳模係將砂與矽酸鈉混合成型後再通以CO_2。

26 **(A)**。 砂心為鑄件之中空部分或其外型凹入部分，造模時難以順利製出時，可以利用一種嵌入件來達成。

27 **(A)**。 澆槽（澆池）用以減緩熔漿（液）流速，避免渦流擾動形成。

P.50 **28** **(B)**。 鑄造時應在砂模上開一澆注金屬之澆口，最佳位置為距砂模孔25mm處。

29 **(C)**。 補充金屬液收縮不足之冒口位於最大斷面處。

30 **(D)**。 冒口之功用：補充金屬液收縮不足、做為通氣孔、去除熔渣、能窺視澆注是否充足、可對鑄品加大壓力，使得組織密緻之鑄件。

31 **(C)**。 冒口之功用：補充金屬液收縮不足、做為通氣孔、去除熔渣、能窺視澆注是否充足、可對鑄品加大壓力，使得組織密緻之鑄件。

32 **(D)**。 CO_2模中為了提高通氣的效果，模砂的顆粒應愈粗愈好。

33 **(B)**。 冒口之功用：補充金屬液收縮不足、做為通氣孔、去除熔渣、能窺視澆注是否充足、可對鑄品加大壓力，使得組織密緻之鑄件。

34 **(B)**。 應具備通氣的結構。

35 **(A)**

P.51 **36** **(B)**。 冒口（Riser）不可具有加速鑄件之冷卻速度之功能。

37 **(A)**。 冒口之功用：補充金屬液收縮不足、做為通氣孔、去除熔渣、能窺視澆注是否充足、可對鑄品加大壓力，使得組織密緻之鑄件。

38 (C)。半離心鑄造法廣泛應用於形狀對稱之較大型鑄件之鑄造，如火車輪。

39 (A)。操作者之技術要求可不用過高。

40 (C)。砂心機不為機械製造模機之種類。

41 (C)。包模法又稱為脫蠟法。

42 (C)。瀝鑄法將熔融金屬液，澆鑄於模穴內，趁中心部份尚未凝固即行倒出之鑄造法。

43 (C)。鑄模中通氣性與絕熱性最佳的模型為石膏模。

44 (A)。連續鑄造法的冷卻方式大都採用水冷式。

P.52 45 (D)。殼模鑄造中，製造殼模的原料為乾矽細砂和酚樹脂。

46 (B)。垂直式真離心鑄造法製造之管，其內徑易成拋物線。

47 (D)。離心力鑄造時純金屬首先拋於外表，而內部有雜質。

48 (B)。中華民國鋼鐵公司所生產的鋼胚是採用連續鑄造法。

49 (B)。噴射引擎之渦輪葉片、假牙，最適合用脫蠟鑄造法。

50 (C)。模具成本較高。

51 (C)。壓鑄法屬於金屬模鑄造法。

52 (B)。(A)壓鑄法之金屬模費用高，適合大量生產。(C)壓鑄法的鑄件較砂模鑄件精度高。(D)壓鑄法熔融金屬注入金屬模的速度較砂模鑄造法快。

53 (B)。長鑄鐵管適用水平式真離心鑄造法。

54 (B)。不鏽鋼高爾夫球桿頭形狀複雜，熔點高，適合用瓷殼模脫蠟鑄造法。

P.53 55 (D)。瀝鑄法：將熔融金屬液，澆鑄於模穴內，趁中心部份尚未凝固時須即刻傾倒熔液，形成中空鑄件，可節省材料。瀝鑄法常用於製造玩具、人像及藝術品等。

56 (A)。熱膛（熱室）壓鑄法：熔化設備在壓鑄機內，適用於熔點較低之鉛、鋅、錫等金屬之鑄造。冷膛（冷室）壓鑄法：熔化設備在壓鑄機外，適用於熔點稍高之鎂、鋁、銅等金屬之鑄造，冷室法常用於大量製作高精度的鋁、鎂合金零件，如筆記型電腦與手機等產品。

57 (B)。金屬模之造模成本較砂模高，故大量之小形鋁鑄件，宜採金屬模鑄造。

58 (B)

59 (D)。脫蠟鑄造法（lost wax casting）使用之「蠟」，其用途為模型（pattern）。

60 (C)。熱膛（熱室）壓鑄法：熔化設備在壓鑄機內，適用於熔點較低之鉛、鋅、錫等金屬之鑄造。冷膛（冷室）壓鑄法：熔化設備在壓鑄機外，適用於熔點稍高之鎂、鋁、銅等金屬之鑄造，冷室法常用於大量製作高精

度的鋁、鎂合金零件,如筆記型電腦與手機等產品。

P.54 **61 (B)**。瀝鑄法:將熔融金屬液,澆鑄於模穴內,趁中心部份尚未凝固時須即刻傾倒熔液,形成中空鑄件,可節省材料。瀝鑄法常用於製造玩具、人像及藝術品等。

62 (C)。溫度太高,易造成鑄件內含氣泡。

63 (D)。與厚的工件比較,薄的工件應使用較高溫度來澆鑄。

64 (A)。直接目測法亦可判定鑄鐵金屬液溫度,若顏色愈白,則表示溫度愈高。

65 (D)。磁粉檢驗法屬於非破壞性檢驗。

66 (D)。非鐵的鑄件由於材質較軟,不可用鋼珠噴擊以提高其表面光度和硬度。

67 (A)。沖擊試驗屬於破壞性檢驗。

P.55 **68 (A)**。製造鋁鎂合金筆記型電腦的金屬外殼時,宜使用壓鑄模鑄造法配合CNC銑削製造技術組合。

69 (B)。瀝鑄法係將熔融金屬液,澆鑄於模穴內,不用砂心或心型(Core)即可製作。

70 (D)。良好的鑄件模型(木模)設計所需考慮的裕度包括:收縮裕度、拔模裕度、加工裕度、變形裕度、震動裕度等。

71 (C)。鑄件輪輻之輻條設計數目應為奇數,可減少冷卻收縮產生之應力。

72 (C)。工作母機之床體部分通常以鑄鐵材料製造,其目的在於具有吸震作用。

73 (C)。澆鑄溫度不影響拔模斜度。

74 (C)。為減少鑄件收縮時引起龜裂,應在鑄件轉角處作成圓角。

75 (B)。一般鑄件加工裕度為3～5mm。

第4單元　塑性加工

P.72 **1 (D)**。為了使外形改變迅速,同時又可得光滑的表面,一般採用先熱作再冷作。

2 (D)。金屬表面光淨為冷作特性。

3 (D)。冷作後會產生金屬內部殘留應力。

4 (D)。冷作易產生殘留應力。

5 (B)。冷作易使電阻變高。

6 (D)。熱作:金屬加工過程在再結晶溫度以上實施者。冷作:金屬加工過程在再結晶溫度以下實施者。

7 (B)

P.73 **8 (A)**。塑性加工所施加的應力,需小於工件材料的極限應力或抗拉強度。

9 (C)。熱作加工不會產生加工硬化現象。

10 (B)。在室溫下塑性變形後,強度比未塑性變形高。

11 (B)。(A)冷作加工通常會引起加工硬化。(C)冷作加工會使晶粒發生扭歪變形,產生應變,故硬度會增加。(D)冷作加工是將材料加熱至再結晶溫度以下,再施以加工。

12 (C)。滾軋常用於製造鋼筋、鋼板、角鋼、型鋼(T、L、H、I型)等。

13 (B)。滾軋常用於製造鋼筋、鋼板、角鋼、型鋼(T、L、H、I型)等。

14 (B)。滾軋常用於製造鋼筋、鋼板、角鋼、型鋼(T、L、H、I型)等。

15 (A)。加工溫度太低時鍛件會產生裂痕。

P.74
16 (C)。壓力鍛造是利用緩慢的擠壓作用使塑性金屬變形。

17 (B)。擠製以壓力將可塑性材料通過一定形狀之模孔,而成為斷面形狀均一的長條狀製品。

18 (C)。覆層擠製法適於製造電纜線。

19 (C)。牙膏的可摺薄鋁管是用擠壓方法製造。

20 (D)。製造無縫管的方法為穿孔法。

21 (C)。引伸可將薄鋼板製成杯狀成品。

22 (D)。低熔點合金之金屬管(如:銅管、鋁管等),最常用的製法為擠製法。

23 (D)。壓力鍛造之成品其機械性質優於重力落鎚鍛造。

24 (A)。航空發動機的汽缸,最適合用端壓鍛造法方法製造。

25 (A)。開模鍛造(open-die forging)較適合小量生產。

P.75
26 (A)。鍛造不可鍛粗石墨棒材。

27 (D)。液壓式壓鍛機的輸出壓力是由高壓泵之功率決定。

28 (C)。冷鍛會產生工件內部的殘留應力。

29 (A)。滾軋適合用於生產鋼板以及建築用鋼筋等產品。

30 (D)。熱鍛較適用於抵抗塑性變形強度較高的材料。

31 (B)。圓筒形不鏽鋼杯最適合用引伸(Drawing)方法製造。

P.76
32 (B)。工件採鍛造加工容易產生殘留應力,變形大,不可以忽略。

33 (A)。使用在冷氣機中之銅管,工業上常用擠製法製造。

34 (A)。鑄造可獲得高韌性及高強度。

35 (D)。珠擊法為一種冷加工。

36 (C)。珠擊法不可作機件尺度之矯正。

37 (B)。珠擊法在工件表面層殘留壓應力。

38 (A)。硬幣上的花紋，常用壓印法方法製成。

39 (C)。鋼線抽拉過程中，須施以製程退火，可使加工硬化之鋼材改善延性，以便繼續加工。

P.77 **40 (D)**。注射用的金屬針頭可用管子抽製法製造。

41 (C)。沖擊擠製法不屬於HERF的加工方法。

42 (A)。鏇壓法係將材料置於車床之模具與尾座固持器間，隨模具旋轉，另以鈍頭工具或滾子與旋轉中之材料接觸，並加壓成形之加工方法。

43 (C)

44 (A)。珠擊法會在材料表面殘留壓應力。

45 (C)。曲柄式沖床，其最大速度在行程之中點。

46 (B)。模具製作成本高。

47 (B)。沖孔（punching）為非切削性加工。

P.78 **48 (A)**。無曲柄沖床的主要優點是沖程長度可拉長。

49 (A)。板金屬彎曲成形模具設計時必須考慮彈回（spring back）現象。

50 (C)。從金屬板上剪切下所需的平板材料，以作為下一步施工之用的沖床剪切工作稱為下料。

51 (C)。沖床工作中，當材料被沖頭剪切三邊而仍保留一邊時，此剪切工作稱為沖縫。

52 (D)。將金屬板剪開一邊而保留三邊的剪切工作稱為沖凹孔。

53 (B)。級進模或連續模柱一個上下行程，模具能在不同位置完成兩個以上不同的加工步驟。

54 (D)。機械式壓床適合金屬板之大量沖孔及剪切工作。

55 (A)。複合模沖柱一個上下行程，模具能完成兩個以上不同的加工步驟。

56 (B)

P.79 **57 (C)**。齒輪是沖壓加工模具最不常用的零組件。

58 (B)。利用90°沖頭及90°沖模壓製金屬平板，使彎曲成90°時，會有彈回的現象，要解決彈回造成的角度誤差，應同時減少沖頭角度及沖模角度，使之略小於90°。

59 (C)。滾軋不適合使用沖床或壓床來執行。

60 (C)。剪切、沖孔及下料是屬於沖壓加工。

61 (D)。(A)機械式沖床的生產速度較液壓者快。(B)肘節式沖床之機械利益及承受高負荷能量較佳。(C)液壓式沖床能產生較大之沖壓力。

62 (D)。壓床比沖床適合用於引伸成形。

63 **(A)**。沖床應用於彎曲加工時,若沖(衝)頭(Punch)前端之圓角半徑愈大,則工件彈回量(Spring back)會愈大。

64 **(A)**。冷作加工完成之工件的尺寸精度,較熱作為佳。

P.80 65 **(C)**。獎牌可採用壓浮花。

66 **(A)**。熱加工時材料常加熱至工件材料再結晶溫度以上。

67 **(B)**

68 **(B)**。搭接法經常用於有縫管之製造。

69 **(D)**。使工件表面產生凹陷,對其表面產生壓應力。

70 **(D)**。冷作、熱作的區別主要為再結晶溫度。

第5單元 銲接

P.98 1 **(C)**。潛弧銲簡稱SAW。

2 **(D)**。雷射銲簡稱LBW。

3 **(D)**。惰氣遮護鎢極電弧銲簡稱GTAW。

4 **(C)**。惰氣金屬電極電弧銲簡稱GMAW。

5 **(C)**

6 **(B)**。工件採鍛造加工容易產生殘留應力,變形大,不可以忽略。

7 **(C)**。軟銲與硬銲的銲接溫度約以427°C為分界。

8 **(D)**。軟銲之主要銲料為鉛錫之合金。

9 **(A)**。硬銲之主要銲料為銅鋅合金。

P.99 10 **(D)**。軟或硬銲工件本身不熔化。

11 **(A)**

12 **(D)**。可減少熔融狀銲錫的表面張力,以利銲錫球的產生。

13 **(B)**。軟銲(Soldering)銲接材料熔點低於427°C(800°F)之鑞接。

14 **(D)**。錫銲填料俗稱為「銲錫」,而銲錫主要是錫、鉛合金。

15 **(D)**。乙炔先開後關。

16 **(C)**。氧乙炔(氣銲)切割鋼鐵時是利用中性焰。

P.100 17 **(B)**。乙炔各處管接頭皆為左螺紋。

18 **(C)**。(A)還原焰長度最長,氧化焰長度最短。(B)中性焰廣用於各種銲接或切割工作。氧化焰呈藍色。(D)碳化焰可用於蒙納合金、鎳的銲接。

19 **(D)**。切割用的氧-乙炔火焰之火嘴,中心有一較大的孔及周圍有若干小孔,銲接用的火嘴則僅有中心一孔。

20 **(C)**。回火(back fire)發生的原因,可能是乙炔與氧氣的工作壓力太低。

21 **(C)**。乙炔先開後關。

22 **(C)**

P.101 23 **(C)**。乙炔先開後關。

24 **(D)**。氧乙炔氣銲氧作為助燃氣體。

25 **(C)**。惰性氣體鎢極電弧銲接（TIG 或GTAW）補槽要用填料。

26 **(C)**。潛弧銲接除平銲外，不適用於立銲及仰銲。

27 **(B)**　28 **(B)**

29 **(B)**。惰氣鎢電極電弧銲（tungsten inert gas arc welding，簡稱TIG）使用非消耗性電極來銲接。

P.102 30 **(C)**。金屬電極電弧銲使用銲條之銲劑塗層的功能可減少增加熔融金屬的濺散。

31 **(B)**。多層銲接之第一層銲道，為防止熔化不足之缺陷，宜採用直徑較小之銲條。

32 **(B)**。惰氣鎢極電弧銲（TIG）俗稱氬銲的銲接。

33 **(C)**。惰氣金屬極電弧銲（MIG）俗稱CO_2銲的銲接法。

34 **(A)**。惰氣鎢極電弧銲接（TIG）選用的輔助氣體為氬氣。

35 **(D)**

103 36 **(B)**

37 **(D)**。電弧銲之電銲條被覆材主要是用以防止氧化。

38 **(B)**。電阻銲種類包括點銲、浮凸銲、縫銲、端壓銲、閃光銲、撞擊銲。

39 **(A)**。點銲機是電阻銲接之一種，可用於薄鐵板之搭接銲接。

40 **(A)**。在銲接作業中，點銲接之程序可分為四部份，其作業內容及順序為加壓、銲接、保持、完成。

41 **(B)**。鋁粉及氧化鐵粉用於鋁熱銲接產生化學反應的冶金材料。

42 **(A)**。摩擦銲接利用銲件高速旋轉，使兩銲件接合面因摩擦生熱，並在軸向施加壓力，以達成結合作用。

P.104 43 **(B)**。雷射束銲接在大氣的環境中，將平行之單頻雷射束聚焦，使銲件接合面的母材受熱產生高溫熔化而結合。

44 **(C)**。電子束銲接在充滿真空的環境中，將電子加速成高速的狀態撞擊銲件，藉由其動能所轉換成的熱能來熔化銲件接合面的母材，以達結合作用。

45 **(D)**。發熱銲接又稱為鋁熱銲接，是利用化學反應所產生的熱將粉末狀鋁粉熔化於銲件接合面，以達成結合作用。

46 **(A)**。電阻點銲，需施加外力作用，即可形成牢固接合。

47 **(A)**。$H=I^2RT$（焦耳定律）
又$V=IR$（歐姆定律）
$\therefore H=IVT$
H＝電熱（焦耳）；I＝電流（安培）；
R＝電阻（歐姆）；V＝電壓（伏特）；
T＝時間（秒）。
$H=IVT$；$500=2000\times5\times T$；
$T=0.05$秒。

48 (D)。雷射銲接適用於精密工件的銲接法。

49 (A)

P.105 **50 (A)**

51 (A)。電阻銲種類包括點銲、浮凸銲、縫銲、端壓銲、閃光銲、撞擊銲。

52 (B)。爆炸銲（EXW）適用於銲接大面積之不同金屬板材。

53 (A)。電阻銲種類包括點銲、浮凸銲、縫銲、端壓銲、閃光銲、撞擊銲。

54 (C)。「⊖」係表示縫銲接。

55 (A)。「⌀」表示為現場全周銲接。

56 (C)。平銲：以F符號代表。橫銲：以H符號代表。立銲：以V符號代表。仰銲：以OH或O符號代表。

57 (C)。標示線係由引線、基線、副基線及尾叉組成。

P.106 **58 (A)**。副基線為平行於基線上方或下方之虛線，約與基線等長，而與基線之間隔約1.5mm。

59 (D)。43代表材料之抗拉強度在430 MPa以上。

60 (D)。14代表被覆劑。

61 (A)。電銲（焊）條標號「E6010」，於銲接後，其銲道之最小抗拉強度至少應為600MPa。

62 (B)。電氣熔渣銲最適於兩塊厚板的工件銲接。

63 (C)

64 (A)。軟銲常使用錫及其合金為銲料。

65 (B)。(A)軟銲又稱為錫銲，因其銲料中有高比例之錫成分。(C)點銲接屬於電阻銲的一種，通電加熱且必加壓。(D)石墨與鎢之熔點高，可用為不消耗性電極。

P.107 **66 (B)**。立銲的代號為V。

67 (D)。摩擦銲接是應用摩擦生熱能，須施加適當壓力接合的銲接法。

68 (A)。碳化焰又稱還原焰，碳化焰之火炬表示乙炔量大於氧氣量。

69 (D)。銲接可適用於相同或不相同種類金屬材料間的結合。

70 (C)。軟銲溫度在427°C（800°F）以下，硬銲在427°C（800°F）以上。

第6單元　表面處理

P.118 **1 (B)**。滲碳屬表面硬化加工。

2 (B)。為使產品外觀美麗光滑及增加防腐、防鏽之效能，來刺激購買慾望的加工方法為表面塗層加工。

3 (D)。鋁門窗，大多經過陽極處理。

4 (D)。電鍍是將被鍍物放在陰極。

5 (A)

6 (A)。滲氮法為化學式的表面處理法。

7 (B)。含碳量低適於滲碳處理。含碳量高適於熱處理。

8 (D)。含碳量低適於滲碳處理。含碳量高適於熱處理。

P.119 **9 (D)**。(A)滲碳法主要用於低碳鋼。(B)氰化法以氰化鈉為滲碳劑。(C)火焰硬化法最適用於中、高碳鋼。

10 (A)。滲碳法主要用於低碳鋼。

11 (C)。高週波表面硬化法，適合於含碳量在0.3%～0.6%的中碳鋼。

12 (B)。火焰硬化法屬於物理的表面硬化。

13 (D)。高週波硬化法屬於物理的表面硬化。

14 (A)。含碳量低適於滲碳處理。含碳量高適於熱處理。

15 (C)。滲碳法主要用於低碳鋼之表面硬化。

120 **16 (B)**。液體滲碳法係將鋼材浸於以氰化鈉為主要成分的溶液中進行滲碳。

17 (A)。白鐵皮為浸鋅處理。

18 (B)。馬口鐵為浸錫處理。

19 (C)。防止鋼高溫氧化利用滲鋁處理。

20 (A)。現代槍管，大多經過發藍處理。

21 (D)。鋁門窗大多經過陽極處理。

22 (D)。噴敷前，基材必須先粗糙化。

23 (A)。PVD為物理氣相沉積法的簡稱；CVD為化學氣相沉積法的簡稱。

P.121 **24 (B)**。高週波硬化法使用交流電電流。

25 (B)。齒輪可採用感應加熱硬化法改善表面耐磨耗性質，並提高表面硬度。

26 (A)。電鍍係利用電解原理，是把被電鍍之工件接在陰極。

27 (B)。氮化法的材料有所限制，一般用於鋁、鉻、鉬、釩之類之合金鋼為主。

28 (A)。高週波硬化法係利用感應交流電流，常用於含碳量0.3%～0.6%之中碳鋼。

29 (B)。為使產品外觀美麗光滑及增加防腐、防銹之效能，來刺激購買慾望的加工方法是表面塗層。

30 (D)。溶解硝化纖維於揮發性溶劑而成之塗料為亮光漆。

第**7**單元　量測與品管

P.145 **1 (D)**。依據CNS公差位置共有28級。

2 (C)。依據ISO公差標準等級分為20級。

3 (C)。依據CNS公差標準等級500mm以下分為20級。

4 (C)。H下偏差皆為0。

5 (A)。h上偏差皆為0。

6 (A)。尺度合格範圍為最小極限與最大極限之間尺度。

7 (C)。（A～G）上下偏差皆為正值。

8 (A)。（a～g）上下偏差皆為負值。

9 (A)。CNS中標準公差等級愈大，公差值愈大。

P.146 **10 (B)**。公差等級之選擇：

(1) IT01～IT4用於規具公差。（註：IT01～0常用於製造量具用）

(2) IT5～IT10用於配合機件公差。

(3) IT11～IT16（IT18）用於不配合機件公差或初次加工。

11 (B)。尺度合格範圍為最小極限與最大極限之間尺度。

12 (A)。40H7中之7代表公差等級。

13 (B)。公差等級之選擇：

(1) IT01～IT4用於規具公差。（註：IT01～0常用於製造量具用）

(2) IT5～IT10用於配合機件公差。

(3) IT11～IT16（IT18）用於不配合機件公差或初次加工。

14 (C)。裕度＝容差（許差）＝孔小－軸大＝30.00－29.95＝0.05(mm)。

15 (C)。基孔制中，孔的下偏差為0；原尺度大小不可改變。

16 (B)。基軸制中，軸的上偏差為0；原尺度大小不可改變。

17 (C)。

制度 種類	基孔制	基軸制
間隙配合	H／a～h	A～H／h
干涉配合	H／n～zc	N～ZC／h
過渡配合	H／j、js、k、m	J、JS、K、M／h

P.147 **18 (C)**。最大餘隙＝孔大－軸小
＝0.03－（－0.01）＝0.04mm。

19 (D)。

制度 種類	基孔制	基軸制
間隙配合	H／a～h	A～H／h
干涉配合	H／n～zc	N～ZC／h
過渡配合	H／j、js、k、m	J、JS、K、M／h

20 (B)。最小干涉＝孔大－軸小
＝0.030－0.087＝－0.057(mm)。

21 (B)。最大餘隙＝孔大－軸小
＝0.04－（－0.01）＝0.05(mm)。

22 (B)。最大干涉（或過盈）＝孔小－軸大
＝－0.016－0.026＝－0.042(mm)。

23 (A)。最小餘隙＝孔小－軸大
＝0.050－0＝0.050(mm)。

24 (B)。最大干涉＝孔小－軸大
＝0－0.101＝－0.101(mm)。

P.148 **25 (C)**。

種類＼制度	基孔制	基軸制
間隙配合	H／a～h	A～H／h
干涉配合	H／n～zc	N～ZC／h
過渡配合	H／j、js、k、m	J、JS、K、M／h

26 (A)。最大干涉＝孔小－軸大
＝ 0 － 0.169 ＝－ 0.169(mm)。

27 (B)。零件製造所允許之最大與最小尺度稱為極限尺度。孔與軸配合H10/d9係表示留隙配合（或稱餘隙配合）。過盈配合（或稱干涉配合）之最大過盈係指孔之最小尺度與軸之最大尺度之差。CNS所規範之公差等級共18級。

28 (A)

29 (D)。

種類＼制度	基孔制	基軸制
間隙配合	H／a～h	A～H／h
干涉配合	H／n～zc	N～ZC／h
過渡配合	H／j、js、k、m	J、JS、K、M／h

30 (D)。最大餘隙＝孔大－軸小
＝ 25.033 － 24.987 ＝ 0.046(mm)。

31 (C)。若軸的尺度為∅35 h7，則其最大軸徑為35.00mm。

32 (A)。多次測量之分散程度稱為精密度。

33 (B)。代表實際量測值（或量測平均值）與真值間的一致性程度稱為準確度。

34 (C)。量具精度：$\frac{1}{10}$×工件公差。

35 (A)。測量的分類：
(1) 計量：凡利用量具來直接測量者。如游標尺、分厘卡、塊規。
(2) 規量（量規）：凡利用樣規來比較間接測量者。如柱塞規（量孔）、環規（量軸）、卡規（量外尺度）等，適於大量生產。

36 (A)。能顯示出最小讀數的能力稱為解析度（resolution）。

37 (C)。量具精度：$\frac{1}{10}$×工件公差
＝量具精度：$\frac{1}{10}$×0.2 ＝ 0.02mm。

38 (B)。游標卡尺較容易發生嚴重的阿貝（Abbe）誤差。

39 (B)。游標尺精度＝$\frac{主尺1格長}{副尺格數}$，
$0.02 = \frac{x}{25}$，$\therefore$ x ＝ 0.5mm。

40 (A)。S＝$0.5mm - \frac{12mm}{25}$＝0.02mm。

41 (A)。S＝9＋(0.02×9)＝9.18mm。

42 (B)。S＝9＋(0.05×9)＝9.45mm。

43 (B)。組合角尺是由直尺、直角規（或稱角尺）、角度儀（或稱量角規）和中心規組合而成。

44 (C)。國際標準組織（ISO）品質管理標準為ISO 9000。

45 (D)。游標尺精度＝$\frac{主尺1格長}{副尺格數} = \frac{1}{50}$
＝ 0.02(mm)。

46 (B)。 S＝11＋(0.02×17)＝11.34mm。

47 (C)。 齒輪游標卡尺主要量測正齒輪的弦齒厚或弦齒頂。

48 (A)。 組合角尺是由直尺、直角規（或稱角尺）、角度儀（或稱量角規）和中心規組合而成。

P.151 **49 (D)**。 本尺最小刻度1mm，游尺之刻度方法為在39mm作20等分者為0.05mm精度之游標卡尺。

50 (C)。 游標卡尺不可用來量測工件真直度。

51 (B)。 輪游標卡尺，是由二組游標卡尺組合而成。齒輪游標卡尺主要量測正齒輪的弦齒厚或弦齒頂。

52 (D)。 游標卡尺不可用於工件之表面粗糙度量測。

53 (A)。 誤差＝12－11.86＝0.14mm。正確尺度＝58.16＋0.14＝58.30mm。

54 (D)。 游標卡尺利用深度測桿測量工件深度。

55 (B)。 組合角尺直尺與中心規組合，可求得圓桿端面的中心。

P.152 **56 (C)**。 組合角尺適用於量測30º±1º。

57 (A)。 游標卡尺的使用越靠近測爪根部夾持工件，產生之阿貝（Abbe）誤差越小。

58 (C)。 S＝(60－14)＋(0.02×14)＝46.28(mm)。

59 (A)。 誤差＝27.12－26.96＝0.16mm。
正確尺度＝ 62.42 － 0.16
＝ 62.26(mm)。

60 (C)。 量測內徑時軸向尋找最小讀值。

61 (B)。 精度(R)＝$\dfrac{導程(L)}{外套筒刻度數(N)}$
＝$\dfrac{1}{100}$＝ 0.01(mm)。

62 (B)。 精度(R)＝$\dfrac{導程(L)}{外套筒刻度數(N)}$
＝$\dfrac{0.5}{50}$＝ 0.01(mm)。

P.153 **63 (B)**。 S＝P×$\dfrac{\theta}{360°}$＝0.5×$\dfrac{180°}{360°}$
＝ 0.25(mm)。

64 (B)。 V溝分厘卡最適合用來量測具有五個刃邊的鉸刀外徑。

65 (D)。 當外套筒旋轉一圈，心軸伸或縮0.5mm。

66 (B)。 S＝16.5＋(0.01×20)
＝ 16.70(mm)。

67 (A)。 S＝6.0＋(0.01×31)＋(0.001×3)＝6.0＋0.31＋0.003＝6.313(mm)。

P.154 **68 (C)**

69 (A)。 盤式分厘卡可用來量測外螺紋之大徑（外徑）。

70 (A)

71 (B)。 外徑分厘卡之心軸採用螺距0.5mm的單線螺紋，當外套筒旋轉一圈，心軸前進或後退0.5mm。

72 (D)。 精度$(R) = \dfrac{\text{導程 (L)}}{\text{外套筒刻度數 (N)}}$；

$0.0025 = \dfrac{0.5}{N}$　$\therefore N = 200$等分。

73 (D)。 齒輪分厘卡較適合做齒輪之節圓直徑量測。

P.155 **74 (D)**。 分厘卡無法直接測量槽角度。

75 (A)。 分厘卡的砧座接觸到主軸測量面以進行歸零時宜調整套筒。

76 (A)。 精測塊規由於精度分為00、0、1、2四級。

77 (A)。 塊規之組合以片數愈少愈好。

78 (D)。 在機械工廠中進行製造加工及檢驗工件時，選用2級塊規。

79 (A)。 對於長度塊規，精度分4級。

80 (D)。 塑膠不適用於製造塊規。

81 (D)。 組合應由最厚尺度者開始且應採用旋轉密接法。

82 (A)。 尺度選擇要領，應自最小（最薄；最右方）尺度做為基數而開始。

156 **83 (C)**。 $H = L \times \sin\theta = 300 \times \sin30^\circ$
$= 150\text{mm}$。

84 (C)。 $H_1 = H_2 + L \times \sin\theta$
$= 50 + 200 \times \sin30^\circ = 150\text{mm}$。

85 (A)。 正弦桿$H = L \times \sin\theta$。

86 (B)。 正弦桿無法直接讀出所量測之角度值，須由$H = L \times \sin\theta$求得。

87 (D)。 $H_1 = H_2 + L \times \sin\theta$
$= 25 + 100 \times \sin30^\circ = 75\text{mm}$。

88 (B)。 $(1)32^\circ = 41^\circ - 9^\circ$。
$(2)26' = 27' - 1'$。
$(3)6''$。

89 (A)。 組合角尺可直接式角度量測法來量測工件的角度。

90 (B)。 $\theta = 2^\circ - \dfrac{23^\circ}{12} = \dfrac{1^\circ}{12} = 5$分。

P.157 **91 (C)**。 $H = L \times \sin\theta = 200 \times \sin\theta$
$= 200 \times \dfrac{3}{5} = 120(\text{mm})$。

92 (C)。 用光學平鏡檢驗工件或量具的平面度或平行度時，一條色帶所代表的高度為單色燈光半波長。

93 (B)。 利用指示量錶測量工件，測軸產生偏差角度時容易發生餘弦誤差。

94 (A)。 利用指示量錶（dial indicator）測量工件高度時，則量錶指針的壓縮量愈大，愈容易發生接觸變形誤差。

95 (A)。 S（正確值）
$= M$（測量值）$\times \cos\theta$（偏差角度）
$= 0.5\cos30^\circ$。

96 (B)。 槓桿式量錶可測量工件有歪斜現象。

97 (A)。 進行比較式量測時，需要利用塊規作為比較之依據。

98 (D)。 光學平板係利用光波干涉原理，執行檢測工件表面的平坦狀態。

P.158 **99 (B)**。 球形測頭槓桿式指示量錶本身基於槓桿原理，其測桿擺動被局限於240°範圍。

100 (A)。 光學平板係利用光波干涉原理，執行檢測工件表面的平坦狀態。

101 (A)。 光學平板色帶為直線者，且間隔相等，表示受驗平面為平坦，其平面度為0μm。

102 (C)。 指示量錶不可用於量測表面粗糙度。

103 (B)。 測量高度差
＝精度×長度×漂移格數
$=\dfrac{0.01}{1000}\times 200 \times 2 = 0.004mm$。

104 (B)。 對於水平儀適用於小角度的量測。

105 (C)。 針盤指示器不可量測工件表面粗糙度。

P.159 **106 (B)**。 S（正確值）＝M（測量值）
$\times\cos\theta=2.0\times\cos 60°=1$。
誤差＝2－1＝1(mm)。

107 (A)。 增大玻璃管圓弧半徑可提高氣泡式水平儀的量具靈敏度。

108 (A)。 光學平板色帶為直線者，且間隔相等，表示受驗平面為平坦，其平面度為0μm。

109 (B)。 靈敏度$=\dfrac{0.01mm}{500mm}$
$=\dfrac{0.02mm}{1000mm}=0.02mm／m$。

110 (D)。 用樣柱量度孔工件時其通端通過，不通端也通過則該工件之尺度為過大。

111 (D)。 環規不能用於檢驗孔徑。

112 (D)。 可用以大量檢測圓孔是否合格，具有「通過」與「不通過」端之量規為柱塞規。

113 (A)。 U型卡規可用以檢測之圓柱外徑或工作物外部尺度，具有「通過」和「不通過」鉗口之量規。

114 (B)。 檢測之圓柱或圓棒外徑尺度，具有「通過」和「不通過」之量規稱為環規。

P.160 **115 (D)**。 大量生產時，車削內孔應使用柱規（plug gauge）測量。

116 (D)。 環規或套規，通常區別「不通」環規是以在此環規外圓周上壓花並在當中車一圓凹槽。

117 (D)。 大量且快速的精密圓棒直徑與真圓性查核檢測利用環規。

118 (D)。 樣圈外徑周緣有凹槽者為不通過端，用於監測工件外徑尺度。

119 (D)。 量具使用分類：
(1) 一次元（一維；1D）量具：直尺、游標卡尺、分厘卡。
(2) 二次元（二維；2D）量具：工具顯微鏡、投影機。
(3) 三次元（三維；3D）量具：測量工件長、寬、高（X、Y、Z）三軸向尺度關係與位置，如座標測量儀（CMM）。

120 **(A)**。量具使用分類：
(1) 一次元（一維；1D）量具：直尺、游標卡尺、分厘卡。
(2) 二次元（二維；2D）量具：工具顯微鏡、投影機。
(3) 三次元（三維；3D）量具：測量工件長、寬、高（X、Y、Z）三軸向尺度關係與位置，如座標測量儀（CMM）。

121 **(C)**。量具使用分類：
(1) 一次元（一維；1D）量具：直尺、游標卡尺、分厘卡。
(2) 二次元（二維；2D）量具：工具顯微鏡、投影機。
(3) 三次元（三維；3D）量具：測量工件長、寬、高（X、Y、Z）三軸向尺度關係與位置，如座標測量儀（CMM）。

122 **(C)**。尺度薄而小，擬量測其內、外徑之尺度大小，應選用光學比測儀（投影比較儀）。

123 **(D)**。欲同時測量螺紋之節距、牙角及牙深時，使用光學比較儀。

124 **(D)**。關於工具顯微鏡可進行非接觸式之二次元量測。

161 125 **(A)**。光學投影機不適合用於量測盲孔錐度。

126 **(C)**。光學投影機較適合進行工件輪廓形狀量測。

127 **(A)**。量具使用分類：
(1) 一次元（一維；1D）量具：直尺、游標卡尺、分厘卡。

(2) 二次元（二維；2D）量具：工具顯微鏡、投影機。
(3) 三次元（三維；3D）量具：測量工件長、寬、高（X、Y、Z）三軸向尺度關係與位置，如座標測量儀（CMM）。

128 **(C)**。光學投影機不適用於量測深孔深度。

129 **(D)**。投影放大儀又稱輪廓投影機或光學投影機可做工件的外緣輪廓量測。

130 **(A)**。輪廓量測儀較適合用於量測眼鏡鏡片之表面各點間的高低變化量。

131 **(C)**。厚薄規可以量測工件之間隙，可重疊兩片以進行量測。

132 **(A)**。厚薄規可以量測工件之間隙，可重疊兩片以進行量測。

P.162 133 **(D)**。有關工具顯微鏡不適用於量測深孔之深度。

134 **(D)**。CNC三次元座標量測儀，可以根據工件之CAD模型規劃與進行自動量測。

135 **(C)**。將一群品質數據按量測值的大小順序分組，記錄每一組的次數，其次數分配以圖表示者為直方圖。

136 **(D)**。探討兩個變量間的相關性，蒐集二組成對的數據所繪的圖形者為散佈圖。

137 **(A)**。主要用於表達產品品質特性以及影響品質變異之主要因素及次要因素圖形為特性要因圖。

138 (B)。品質發生變異的原因很多，為了解何者為重大原因或是影響有多大時可利用重點分析圖。

139 (D)。磁化探傷法為非破壞性檢查法。

140 (C)。以少數之樣本去推定全體成品之特性乃指抽樣法。

P.163 **141 (C)**。平均缺陷比率＝$\dfrac{\text{不良個數}}{\text{量測個數}}$

$=\dfrac{1025}{1000\times 20}=0.0513$。

142 (B)。品質管制利用統計學方法，實施製程管制。

143 (C)。管制圖常用於分析工件品質變異，其中用於表達產品品質特性以及影響品質變異之主要因素及次要因素者為特性要因圖。

144 (A)。沖擊試驗屬於破壞性檢驗。

145 (A)。最大干涉量＝孔最小－軸最大

$=-0.06-0.06=-0.12$（mm）。

146 (A)

P.164 **147 (A)**。特性要因圖又稱魚骨圖，可表示品質問題與形成原因之關係。

148 (D)。劃線台適合作為迴轉工件的校正參考基準點。

149 (A)。圓軸直徑上限界偏差為0，屬於基軸制（h）。孔軸配合簡易判別法如表所示：

制度 種類	基孔制	基軸制
間隙配合	H／a～h	A～H／h

制度 種類	基孔制	基軸制
干涉配合	H／n～zc	N～ZC／h
過渡配合	H／j、js、 k、m	J、JS、K、 M／h

150 (A)。S＝23＋（0.02×14）

＝23.28（mm）。

151 (C)。使用游標高度規之前，需將主尺與副尺（或稱游尺）固定在平板上歸零檢查。

P.165 **152 (D)**。光學投影機適用於小件產品之輪廓測量，如縫衣針之輪廓測量。

153 (C)

154 (A)。精密量測人類頭髮直徑時利用分厘卡最適宜。

155 (A)。配合種類的簡易判別【此為簡易判別，中間有些許誤差】：

制度 種類	基孔制	基軸制
間隙配合	H／a～h	A～H／h
干涉配合	H／n～zc	N～ZC／h
過渡配合	H／j、js、 k、m	J、JS、K、 M／h

156 (B)。∅40G7／h6之孔與軸配合為基軸制（h）之餘隙配合。

157 (B)。通常Rz＞Ra。且CNS舊標準Rz≒4Ra。

P.166 **158 (B)**。表面織構符號的完整符號之組成：

(1) 位置a：單一項表面織構要求。

(2) 位置b：對2個或更多表面織構之要求事項。

(3) 位置c：加工方法。

(4) 位置d：表面紋理及方向。

(5) 位置e：加工裕度。單位mm。

159 (D)。 完整表面織構符號如下：

(1) APA（Any process allowed）：允許任何加工方法。

(2) MRR（Material removal required）：必須去除材。

(3) NMR（No material removed）：不得去除材料。

160 (B)。 塊規組合時先從大（厚）尺寸堆疊到小（薄）尺寸。塊規拆卸時先從小（薄）尺寸拆卸到大（厚）尺寸。

161 (A)

162 (C)。 圓桿的直徑誤差為尺度公差，真圓度為形狀公差。國際公差等級IT01至IT18分為20等級。∅36H5／g5是為孔與軸的餘隙配合。表面粗糙度的取樣長度，預設值為0.8mm。

163 (D)。 (A)鋼尺的最小讀值為0.5mm。(B)加工現場常聽到尺寸單位「條」，1條等於0.01mm＝10μm。(C)機械式游標卡尺的量測精度比分厘卡的量測精度差。

164 (A)。 螺紋分厘卡的用途是測量螺紋的節徑。

167

165 (A)。 高度規的劃線刀不可伸出太長，以免影響精度。

166 (A)。 欲量測間隙的尺寸應使用量具為厚薄規。

167 (B)。 下限界尺度＝上限界尺度－公差＝35.007－0.025＝34.982（mm）。

168 (B)。 ∅10H7代表基本尺度（基本尺寸）為10mm的孔，公差等級為IT7級，且其下限界偏差（下偏差）為零。

P.168 **169 (C)**。 塊規選用時塊數越少越好，由厚至薄進行組合。

170 (B)。 國際標準（ISO）及中華民國國家標準（CNS）之標準公差等級，500mm以下分為20級。500至3150mm則分18等級。

第8單元 切削加工

P.179 **1 (D)**。 產生黏附切刃（堆積刀刃）的連續性切屑其加工面最不理想。

2 (D)。 進刀小較易產生連續切屑。

3 (A)。 積屑刀口（B.U.E.）之連續切屑其循環過程為(A)形成→成長→分裂→脫落。

4 (C)。 積屑刃緣連續切屑形成的原因為不良的切削。

5 (A)。 (B)切削加工產生的熱會降低刀具的強度、硬度與耐磨性。(C)切削加工不可完全以精密鑄造及粉末冶金之加工法取代。(D)切削加工的時間較沖壓加工的時間長，材料也較浪費。

P.180 **6 (B)**。 軟材宜高速切削。

7 (B)。 車床的切削速度單位為公尺／每分鐘。

8 (C)。 車床的進給量單位為公厘／每迴轉。

9 (A)。 軟材宜高速切削。

10 (C)。 泰勒公式：切削速度與刀具壽命之乘積為一常數，即 $VT^n = C$。式中V為切削速度，以公尺／分表示。T為刀具壽命，以分表示。n為經驗常數，C為常數。

11 (C)。 影響刀具壽命最大之因素是切削速度。

12 (C)。 切削速度與切削力（切削阻力）較無關。

13 (A)。 車削時可控制切屑流向的刀角是側傾角（Side Rake Angle）。

14 (C)。 斷屑裝置主要為阻斷連續切屑。

15 (D)。 切削速度和阻力較無關。

P.181 **16 (B)**。 切削刀具作用主要切線阻力占67%、縱向（軸向）阻力占27%及徑向（橫向）阻力占6%。

17 (A)。 切削速度與切削力較無關。

18 (A)。 金屬切削時，在下列三個區域中所產生的熱量分配值大約為剪力面60%，摩擦面30%，工件表面10%。

19 (D)。 泰勒公式：切削速度與刀具壽命之乘積為一常數，即 $VT^n = C$。式

中V為切削速度，以公尺／分表示。T為刀具壽命，以分表示。n為經驗常數，C為常數。

20 (D)。 (A)進刀量愈大，切削力愈大。(B)切削深度愈深，切削力愈大。(C)切削速率對切削力的影響比切削深度小。

21 (A)

P.182 **22 (A)**。 設 $VT^{0.5} = C$，則V與 $T^{0.5}$ 成反比，速度增加二倍則刀具壽命為原來 $\dfrac{1}{4}$。

23 (D)。 $V = \dfrac{\pi DN}{1000}$，

$$20 = \dfrac{3.14 \times 20 \times N}{1000}$$

$\therefore N \cong 318$ (rpm)。

24 (C)。

(1) $V = \dfrac{\pi DN}{1000}$，

$$200 = \dfrac{3.14 \times 50 \times N}{1000}$$

$\Rightarrow \therefore N \cong 1272$(rpm)。

(2) $V = \dfrac{\pi DN}{1000}$，

$$300 = \dfrac{3.14 \times 50 \times N}{1000}$$

$\Rightarrow \therefore N \cong 1908$(rpm)

25 (B)。 單鋒或多鋒刀具的斜角（Rake angle）又稱為傾角，主要作用為控制切屑的流動，故其角度值可以是負的，形成積屑刀口的連續切屑之切削加工所得到的平均粗糙度，通常會大於形成連續切屑之切削加工所得到的

平均粗糙度。在刀具上裝置階梯式斷屑器時，若階梯高愈大則斷屑效果愈差，同時可使刀尖的受力愈大。

26 (A)。 (B)刃口附近磨溝槽之主要目的為斷屑。(C)負斜角車刀較適用於黑皮工件之重車削。(D)刀鼻半徑與工件車削精度有關。

27 (B)。 欲達成較佳的表面粗糙度，合適車削條件組合之選擇原則為較小進給、較小切深、較大刀鼻半徑。

P.183 **28 (B)**。 $V = \dfrac{\pi DN}{1000}$，

$$130 = \frac{3.14 \times 60 \times N}{1000}$$

$\therefore N = 700(rpm)$。

29 (B)。 $V = \dfrac{\pi DN}{1000}$，

$$120 = \frac{3.14 \times 200 \times N}{1000}$$

$\therefore N = 190(rpm)$。

30 (C)。 $V = \dfrac{\pi DN}{1000}$，$20 = \dfrac{3.14 \times 12 \times N}{1000}$

$\therefore N = 530(rpm)$。

31 (B)。 增加刀具斜角（rake angle）可降低積屑刀口（BUE）之形成。

32 (D)。 端刃角／刀端角（end cutting edge angle）越小，車刀強度越大。

33 (D)。 欲獲得較小工件表面粗糙度之組合宜為進給小、刀鼻半徑大、切削深度小、切削速率快、側刃角大、端刃角小者。

P.184 **34 (D)**。 前間隙角＋後斜角＋刀唇角＝90º。

∴刀唇角＝90º－前間隙角－後斜角 ＝90º－8º－（－5º）＝87º。

35 (D)。 鑄鐵→不加切削劑。

36 (D)。 切削劑的主要功用：冷卻作用（最重要者）、潤滑作用、光滑作用、高速作用、清潔作用、防蝕控制、增加刀具壽命。

37 (A)。 石墨本身已具幫助潤滑之功能。

38 (A)。 切削劑的主要功用：冷卻作用（最重要者）、潤滑作用、光滑作用、高速作用、清潔作用、防蝕控制、增加刀具壽命。

39 (D)。 鑄鐵使用乾切。

40 (B)。 切削劑由於具有好的冷卻能力，因此使工件減少變形，尺度正確。

41 (B)。 切削劑的主要功用：冷卻作用（最重要者）、潤滑作用、光滑作用、高速作用、清潔作用、防蝕控制、增加刀具壽命。

42 (A)。 (B)切削時產生的熱能造成切削區域溫度升高，通常在產生連續切屑的情況下，刀頂面處即為刀具之最高溫所在位置。(C)以車床進行斜切削時，通常切線分力為三方向分力之最大者，約占切削力的67%。(D)切削完成後的工件表面，若其粗糙度係由刀具的幾何形狀及進給量推導而得，稱之為理想粗糙度。

P.185 **43 (C)**。切削劑應具有潤滑性、防蝕性、散熱快、不易揮發之特性。

44 (D)。(A)工件材質愈硬,選用的主軸轉速應愈低。(B)主軸轉速愈慢,適合粗重切削。(C)切削時是否使用切削劑與進給量,與切削材質有關。

45 (D)。切削深度較小,易於形成連續切屑。

46 (D)　47 (A)

48 (A)。鎢系高速鋼,常見標準型為18－4－1,含18%鎢,4%鉻及1%釩。

49 (B)

P.186 **50 (A)**。提高切削速度可使刀頂面與切屑不易附著,而降低形成刀口積屑（BUE）的問題。

51 (D)。碳化鎢刀具刀刃部分,應以綠色碳化矽或鑽石砂輪研磨,並不須以水冷卻。

52 (A)

53 (A)。K類碳化物刀具刀柄顏色塗紅色識別。M類碳化物刀具刀柄顏色塗黃色識別。P類碳化物刀具刀柄顏色塗藍色識別。

54 (B)

55 (D)。(A)P類適於鋼料。(B)碳化鎢以鈷為結合劑。(C)高碳工具鋼耐熱不佳,耐熱約200℃。

第9單元　工作機械

P.237 **1 (B)**。CNC車床:電腦數據控制車床,由磁碟控制,加工適應性大。以X軸為橫向進刀,Z軸為縱向（主軸）進刀。車削偏心（曲軸）較困難。

2 (C)。車床為工作母機之前身。

3 (D)。車床規格表示法:
(1) 旋徑（主軸中心至床台距離2倍）。
(2) 兩頂心間距離。
(3) 床台的長度。

4 (B)。鑽中心孔只需用縱向進刀。

5 (C)。S形彎管無法在車床上製作。

6 (C)。(A)主軸一律設計成中空。(B)床台以鑄造而成。(D)尾座位於車床尾端,上方的心軸可裝頂心,用以支持工件。

P.238 **7 (D)**。車床是藉著工件旋轉、刀具平移運動以達到切削目的之工具機。

8 (D)。普通車床之主要構造,包括有機床、車頭（head stock）、刀具溜架（carriage,又稱群鞍）、變速與進刀機構及尾座。

9 (A)。複式刀座在床鞍上。

10 (C)。立式車床:屬於大型工件加工,工作台為圓形,具有側機柱側刀座進刀、橫向導軌橫向刀座進刀,適宜重量大,形狀複雜的工作,外形如搪床。

11 (D)。(A)刀具溜座包括床鞍及床帷。(B)床台一般以鑄造而成。(C)床帷部分設置自動進給機構及螺紋車削機構。

12 (A)。車削利用機械能切除工件，放電加工則利用電能切除工件。

13 (D)。操作車床時，為避免意外事故的發生，不得使用棉手套。

P.239 **14 (A)**。莫斯錐度（MT）慣用於車床和鑽床主軸孔。

15 (C)。前間隙角＋後斜角＋刀唇角＝90º。

∴刀唇角＝90º－前間隙角－後斜角
＝90º－8º－(5º)＝77º。

16 (D)。前間隙角＋後斜角＋刀唇角＝90º。

∴刀唇角＝90º－前間隙角－後斜角
＝90º－8º－(－5º)＝87º。

17 (B)。(A)左手車刀切削時，係自左向右車削。(C)切螺紋刀，僅車刀二側磨成側間隙角，以便車削。(D)內削刀需裝於鏜桿上，自右向左車削。

18 (B)。斜角皆可為負值，隙角不可為負值。

19 (A)

20 (C)。為避免車刀切刃（cutting edge）與工件產生摩擦，並使切刃在徑向進給中能順利切入工件的是車刀的前間隙角。

240 **21 (D)**。為避免車刀切刃（cutting edge）與工件產生摩擦，並使切刃在軸向進給中能順利切入工件的是車刀的邊間隙角。

22 (A)。鑽石適於鏡面加工。

23 (C)。燒結碳化物車刀中最適合車削鑄鐵的是K類。

24 (D)。鑽石刀具最適用於鋁合金工件之超精密加工。

25 (A)。(B)刃口附近磨溝槽之目的為斷屑。(C)負斜角車刀較適用於黑皮工件之重車削。(D)刀鼻半徑與工件車削精度有關。

26 (B)。欲達成較佳的表面粗糙度，合適車削條件組合之選擇原則為較小進給、較小切深、較大刀鼻半徑。

27 (B)。(A)為螺紋刀。(B)為截斷刀。

P.241 **28 (A)**。(B)陶瓷刀具主要成分為氧化鋁，不適合重切削或斷續切削。(C)鑽石刀具不適合切削鐵系材料。(D)高速鋼硬度小於碳化鎢刀具。

29 (C)

30 (B)。依據ISO規定，可替換式碳化物車刀之分類為P、M、K。

31 (D)。端刃角／刀端角（end cutting edge angle）越小，車刀強度越大。

32 (D)。欲獲得較小工件表面粗糙度之組合宜為：(D)進給小、刀鼻半徑大、切削深度小、切削速率快、側刃角大、端刃角小者。

P.242 **33 (C)**。a為刀端角；b為切邊角；c為前隙角；d為後斜角。

34 (C)。碳化物車刀，刀柄末端沒有塗綠色者。

35 (D)。前間隙角＋後斜角＋刀唇角＝90º。

∴刀唇角＝90º－前間隙角－後斜角
＝90º－8º－（－5º）＝87º。

36 (B)。車床的切削速度單位是公尺／每分鐘。

37 (C)。車床的自動進給量單位是公厘／每迴轉。

38 (B)。

(1) $V = \dfrac{\pi DN}{1000}$ ；

$100 = \dfrac{3.14 \times 25 \times N}{1000}$

∴N＝1272rpm。

(2) $T = \dfrac{L}{f \times N} = \dfrac{70+5+5}{0.05 \times 1272} = 1.25 \min$。

39 (A)。$V = \dfrac{\pi DN}{1000}$

$= \dfrac{3.14 \times 20 \times 500}{1000} = 3.14 \text{m}／\min$

$= 0.52 \text{m}／\sec$。

40 (C)。$T = \dfrac{L}{f \times N} = \dfrac{150}{0.3 \times 625} = 0.8 \min$

P.243 **41 (C)**。

(1) $V = \dfrac{\pi DN}{1000}$ ，

$200 = \dfrac{3.14 \times 50 \times N}{1000}$

$\Rightarrow \therefore N \cong 1272$ rpm。

(2) $V = \dfrac{\pi DN}{1000}$ ，

$300 = \dfrac{3.14 \times 50 \times N}{1000}$

$\Rightarrow \therefore N \cong 1908$rpm。

42 (B)。$V = \dfrac{\pi DN}{1000}$ ；

$130 = \dfrac{3.14 \times 60 \times N}{1000}$

$\therefore N = 700(rpm)$。

43 (B)。$V = \dfrac{\pi DN}{1000}$ ；

$120 = \dfrac{3.14 \times 200 \times N}{1000}$

$\therefore N = 190(rpm)$。

44 (B)。從動扶架（跟刀架）車削外圓直徑相同之細長軸時，常用一種隨著車刀移動，且與車刀尖形成三點支承住該軸。

45 (D)。內孔工件不宜將工件夾持在兩頂心之間。

46 (B)。以四爪夾頭夾持工件作偏心車削。

47 (D)。面盤（花盤）使用於車床，用於不規則且重量不均勻之工件上之夾具。

48 (B)。實心圓桿長工件宜在兩頂心間夾持。

P.244 **49 (D)**。四爪夾頭較適合夾持方形工件，亦可夾持圓形工件。

50 (C)。四爪夾頭之各爪可獨立調整，適合夾持不規則截面之工件，亦能用於截面為圓形者。

51 (A)。面盤（又稱花盤）專用於夾持大型或不規則形狀的工件。

52 (C)。選用六爪單動夾頭者最適用於不規則工件之重車削。

53 (A)。內圓工件不適合以兩頂心加工。

54 (C)。偏心軸不適合使用三爪聯動夾頭夾持。

55 (C)。1格＝6÷300＝0.02mm。
進1格外徑會變小0.04mm。
S＝54－(0.04×12)＝53.52(mm)。

P.245 **56 (D)**。1格＝6÷300＝0.02mm。
進1格內徑會變大0.04mm。
S＝54＋(0.04×12)＝54.48(mm)。

57 (B)。以CNC車床車端面，當車刀切削點由中心向外緣方向移動時，其主軸轉速應降低。

58 (C)。車內螺紋最不需要使用尾座。

59 (D)。汽車上使用的曲柄軸（偏心軸），最適合的加工法為車床車削。

60 (B)。量錶校正偏量E＝2×偏心量。

61 (D)。壓花必須使用切削液或機油。

62 (C)。進一格外徑少0.04mm∴N＝(39.60－38)÷0.04＝40格。

63 (D)。車削短工件之錐度時，應採用複式刀具台進刀。

P.246 **64 (C)**。一般鋁材通常壓1次為宜。

65 (C)。車削工件時，通常先車端面，然後再修外徑。

66 (D)。(A)左手車刀的刀刃口在右側，車削時是由左向右進刀。(B)工件從外徑40.0mm車削成38.0mm時，其切削深度為1.0mm。(C)利用車床進行圓棒端面鑽孔時，鑽頭裝在不旋轉的尾座心軸孔中。

67 (B)。車削工件時，通常先車端面，然後再修外徑。

P.247 **68 (C)**。此題沒有輥花（壓花）工作。

69 (B)。(A)一般而言，粗車削轉速宜小於精車削轉速。(C)車削深度越大，進給宜越小。(D)使用同一把刀具，工件材質越硬，主軸轉數宜越低。

70 (C)。壓花後的工件直徑會比原直徑稍大一些。

71 (B)。莫氏錐度5號最大。

72 (C)。車削錐度小及錐度長度較長的工件，可使用尾座偏置法。

P.248 **73 (A)**。車削錐度大及錐度長度較短的工件，可使用複式刀座法。

74 (B)。車削錐度大及錐度長度較長的工件，且又要大量生產時，可使用錐度附件法。

75 (A)。$S = \dfrac{TL}{2} = \dfrac{\frac{1}{5} \times 200}{2} = 20(mm)$。

76 (A)。車削錐度時，車刀刀尖未對準中心，將使錐度變小。

77 (C)。

(A) $T = \dfrac{D-d}{\ell}$; $\dfrac{1}{6} = \dfrac{45-d}{120}$;

　　$d = 25(mm)$。

(B) $\tan^{-1}\alpha = \dfrac{T}{2}$; $\alpha = \tan^{-1}(1/12)$。

(C) $L = \sqrt{120^2 + 10^2} = 120.42\ (mm)$。

(D) $T = \dfrac{D-d}{\ell}$; $\dfrac{1}{6} = \dfrac{45-d}{60}$;

　　$d = 35(mm)$。

78 (A)。$T = \dfrac{D-d}{\ell} = \dfrac{25-20}{20} = \dfrac{1}{4}$;

$S = \dfrac{TL}{2} = \dfrac{\dfrac{1}{4} \times 40}{2} = 5\ (mm)$。

P.249 **79 (D)**。$T = \dfrac{D-d}{\ell}$; $0.05 = \dfrac{55-d}{40}$

∴ $d = 53(mm)$。

80 (B)。$T = \dfrac{D-d}{\ell} = \dfrac{30-20}{100} = \dfrac{1}{10}$;

$S = \dfrac{TL}{2} = \dfrac{\dfrac{1}{10} \times 150}{2} = 7.5\ (mm)$。

81 (B)。

(1) 錐度$T = \dfrac{D-d}{\ell} = \dfrac{24-20}{200} = \dfrac{1}{50}$

(2) 半錐角$\alpha = \tan^{-1}(\dfrac{T}{2})$。

(3) 錐角$\theta = 2 \times \tan^{-1}(\dfrac{T}{2}) = 2\tan^{-1}(\dfrac{1}{100})$。

82 (D)。$T = \dfrac{D-d}{\ell} = \dfrac{30-25}{100} = \dfrac{1}{20}$。

83 (C)。

(1) 錐度值$T = \dfrac{D-d}{\ell}$

　　$= \dfrac{30-20}{100} = \dfrac{1}{10}$。

(2) 尾座偏置量

　　$S = \dfrac{TL}{2} = \dfrac{\dfrac{1}{10} \times 160}{2} = 8\ (mm)$。

84 (B)。

(1) 錐度值$T = \dfrac{D-d}{\ell}$

　　$= \dfrac{50-40}{200} = \dfrac{1}{20}$。

(2) 尾座偏置量

　　$S = \dfrac{TL}{2} = \dfrac{\dfrac{1}{20} \times 400}{2} = 10(mm)$。

85 (C)。應用車床複式刀台車削錐度不可使用自動進刀車削。

P.250 **86 (B)**。多軸鑽床用於工件上一次同時鑽許多孔，孔徑不可差太多。

87 (C)。排列鑽床：在同一床台上裝置兩個以上的鑽床，可完成多種加工。如鑽孔、攻牙、鉸孔及鑽魚眼等重複鑽孔之工件。

88 (B)。(A)旋臂鑽床規格一般以旋臂長度表示。(C)用鉸刀鉸削時，為斷屑與潤滑不可反轉，以得精光加工面。(D)鑽床主軸孔應用莫斯錐度。

89 (B)。 旋臂鑽床之規格常以旋臂長度表示。

90 (D)。 鑽床不適合用來鑽方孔。

91 (D)。 鑽削一般鋼材,鑽唇角為118º。

92 (B)。 鑽削一般鋼材,鑽唇間隙角為8º～15º。

93 (D)。 鑽削一般鋼材,螺旋角約為20º～30º。

94 (C)。 鑽削一般鋼材,靜點角約為120º～135º。

95 (A)。 直柄鑽頭Ø10mm以下,每隔0.1mm一支。

96 (C)。 鑽孔時鑽頭跳動不停,鑽出的孔比原來尺度大許多,其原因可能為兩切邊不等長。

251 **97 (B)**。 麻花鑽頭之螺旋角越小,強度越大。

98 (C)。 螺旋角一般鑽頭的螺旋角約為20º～30º。

99 (C)。 鑽唇角(lip angle,又稱鑽頂角)約120º。

100 (D)。 鑽削鋼料的鑽唇角(又稱鑽頂角)為118度。

101 (D)。 鑽頂(唇)角約120º,半角約60º。

102 (A)。 莫斯錐度(MT)慣用於車床和鑽床主軸孔。

103 (B)。 吱吱叫聲為鑽唇間隙角太小。

P.252 **104 (A)**。

(1) $V = \dfrac{\pi DN}{1000}$; $31.4 = \dfrac{3.14 \times 20 \times N}{1000}$

∴N=500rpm。

(2) $T = \dfrac{L}{f \times N} = \dfrac{40 + 5 + (0.3 \times 20)}{0.2 \times 500}$

=0.51分。

105 (D)。 進刀太慢最不可能為鑽頭折斷的原因。

106 (D)。

$V = \dfrac{\pi DN}{1000}$, $20 = \dfrac{3.14 \times 20 \times N}{1000}$

∴N ≅ 318 rpm。

107 (B)

108 (B)。

(1) 鑽孔時間:$T_1 = 12 \times 10$

=120秒=2min。

(2) 移動長度:

S=(40×6)+(120×5)

=840mm。

(3) 移動時間:

$T_2 = \dfrac{S}{V} = \dfrac{840}{840} = 1min$。

(4) 總共時間:T=T_1+T_2=3min。

109 (D)。 鑽削加工除鑽削鑄鐵及黃銅外要使用切削劑。

P.253 **110 (B)**。 $V = \dfrac{\pi DN}{1000}$,

$63 = \dfrac{3.14 \times 10 \times N}{1000}$

∴N ≅ 2000 (rpm)。

111 (B)。 鑽中心孔要用中心鑽。

112 (D)。 進行圓桿工件之圓周面鑽孔時，最容易定位之夾具為V形枕。

113 (A)。 以壓板夾持工件時，T型螺桿應儘量靠近工件，工件夾持比較牢固。

114 (D)。 鉸孔裕量與直徑有關，要鉸一個5～20mm直徑的孔，預留0.2～0.3mm。

115 (C)。 鉸孔裕量與直徑有關，要鉸一個5～20mm直徑的孔，預留0.2～0.3mm。

P.254 **116 (D)。** 鉸削不鏽鋼材料的孔時，要使用切削劑。

117 (B)。 (A)麻花鑽頭是目前機工廠使用最多的鑽頭，最常見的麻花鑽頭有二條槽及二個刃口。(C)麻花鑽頭直徑在13mm以上者使用錐柄，可以直接套入鑽床主軸內孔。(D)中心鑽頭的規格係以小麻花鑽頭直徑來表示。

118 (B)。 為使鉋削之圓柱形工件可較穩固地夾持，宜選擇V形枕及虎鉗。

119 (A)。 鑽削加工之離心力較大，不可用手將工作物握持固定。

120 (C)。 機械鉸刀之鉸削速度小於同直徑鑽頭之鑽削速度。

121 (A)。 鑽模夾具（drill jig and fixture）適用於大量生產、精密鑽孔之工件夾持。

P.255 **122 (C)。** 鉸削裕留量，不為固定值，和鉸孔直徑有關。

123 (C)。 中心沖的沖頭角度通常為90度，而刺沖為30度到60度。

124 (A)。 沖子可分為中心沖及刺沖，皆為高碳工具鋼製成。

125 (B)。 鑽削大孔徑時，先用小鑽頭鑽削導引孔的最主要目的為減少鑽頭靜點阻力。

126 (A)。 使用切削劑鉸削鋼料時，不容易損傷鉸刀。

127 (A)。 莫斯錐度（MT）慣用於車床和鑽床主軸孔。

P.256 **128 (C)。** 鑽魚眼孔僅將孔端周圍粗糙或不平的表面削平。

129 (C)。 精確圓孔的加工程序為鑽中心孔→鑽孔→搪孔→鉸孔。

130 (B)。 精密工件之孔要精確定位且要有精密公差，應以工模搪床製造。

131 (C)。 臥式搪床加裝光學尺輔助器具可以增進搪孔精度。

132 (A)。 車用汽缸若要精加工應精密搪孔。

133 (C)。 摩擦鋸切不可鋸切銅、鋁等軟金屬。

134 (C)。 手工鋸回復沒有切削功能。

P.257 135 **(A)**。 欲將帶鋸條銲成環帶狀，其操作步驟依序為(A)剪斷→熔接→回火（退火）→修整。

136 **(C)**。 帶鋸鋸切圓角時，圓角半徑愈大，選用之鋸條寬度要愈大。

137 **(D)**。 (A)細鋸齒適合鋸切薄工件，粗鋸齒適合鋸切厚工件。(B)細鋸齒適合鋸切硬材料，粗鋸齒適合鋸切軟材料。(C)跳躍齒適合鋸切大截面的工件。

138 **(B)**。 手弓鋸切時，不應添加適當機油加以潤滑。

139 **(D)**。 立式帶鋸機可作直線鋸切，也可以鋸切曲線或內輪廓。

140 **(D)**。 鉗工使用鋸條鋸切#18以下的薄鋼板時，以32齒／25.4mm最為適當。

141 **(B)**。 鋸條之規格係將其長度×寬度×厚度－每25.4mm長齒數依序排出。

258 142 **(A)**。 帶鋸機鋸條寬度小者，最適合進行直角的鋸切工作。

143 **(B)**。 帶鋸機最適合用來鋸切工件輪廓及曲線。

144 **(A)**。 鉗工使用鋸條鋸切軟鋼時用14齒／25.4mm鋸條鋸切。

145 **(A)**。 鋸條的齒數越多，齒距越小，適用於小斷面或較硬材料之鋸切。

146 **(A)**。 鑿刀不是以鋸切原理達成加工目的。

147 **(D)**　148 **(A)**

P.259 149 **(D)**。 以手弓鋸進行鋸切時鋸切速度太快，易造成鋸齒磨損，操作者疲勞。因此，鋸切次數一般約為每分鐘50至60次。

150 **(B)**。 欲鋸切內曲線輪廓，宜選擇立式帶鋸機。

151 **(B)**。 帶鋸機鋸條通常30m裝成一盒，使用時，截取適當長度銲接之，其工作次序為剪斷、銲接、回火及修整（銲接用對接電阻銲）。

152 **(D)**。 拉床適於製造較厚工件圓孔，大量生產時，可以應用鑽床鑽孔，車床車孔及銑床銑孔等法加工，如需製造非圓形的通孔，如矩形或六角形等形狀等。

153 **(D)**。 (A)鑽頭柄錐度與車床頂心錐度相同。(B)壓（滾）花分成一次完成為宜，以免傷及刀具與工件。(C)拉刀之切齒從頭到尾皆不一樣。

154 **(D)**。 機製栓槽孔，其斷面最佳的加工方式為拉削。

155 **(D)**。 砲管、鎗管之來復線採以臥式拉力拉床拉削而成。

P.260 156 **(B)**。 對於槍管或大砲內側面的螺旋線，可以此方法加工。

157 **(A)**。 拉床拉製適用於大量生產。

158 **(C)**

159 (B)。(A)立式銑床的主軸與水平面垂直。(C)床式銑床的床台不可做上下方向運動。(D)臥式銑床（horizontal milling machine）的主軸與水平面平行。

160 (D)。銑床的規格經常以「號數」表示，而銑床號數係指銑床床台的移動距離。

161 (A)。銑床的規格經常以「號數」表示，而銑床號數係指銑床床台的移動距離。

P.261 **162 (D)**。立式銑床上用途最為廣泛者為端銑刀。

163 (A)。臥式銑床上用途最為廣泛者為平（普通）銑刀。

164 (D)。直柄立式端銑刀與銑床主軸之結合多仰賴彈簧夾頭。

165 (C)。臥式銑床之刀軸（桿）有一端為錐體，當它與主軸錐孔結合時，同時需以拉桿鎖固。

166 (B)

167 (D)。銑T槽要用兩把銑刀，先用端銑刀先開直槽，再用T槽銑刀銑T槽，用於立式銑床。

168 (D)。(A)常用的銑刀材質為高速鋼與碳化鎢。(B)平銑刀屬於心軸銑刀，其中心有一孔，專用於臥式銑床。(C)端銑刀屬於有柄銑刀，大多用於立式銑床。

P.262 **169 (B)**　　**170 (A)**

171 (B)。端銑刀（end mills）可以端面形狀多種，故應用範圍很廣。

172 (C)

173 (D)。T型銑刀之端面有刀刃。

174 (C)。銑削時，銑刀直徑之大小，使用不同之轉速銑切。

P.263 **175 (D)**。銑削正六面體的鑄鐵，銑削到第四面時，才不需要在工件與活動鉗口間放置銅質圓棒。

176 (B)

177 (B)。欲獲得較光滑的銑切面，可適當增加銑刀之切削速度並降低工件之進給速度。

178 (C)。$V = \dfrac{\pi DN}{1000}$，

$15 = \dfrac{3.14 \times 32 \times N}{1000}$

$\therefore N = 149$ rpm。

179 (D)。

(1) $V = \dfrac{\pi DN}{1000}$，$150 = \dfrac{3.14 \times 100 \times N}{1000}$

$\therefore N = 478$ rpm

(2) $F = F_t \times t \times N = 0.35 \times 6 \times 478$

$= 1003$ mm／min。

180 (C)。$V = \dfrac{\pi DN}{1000}$，

$314 = \dfrac{3.14 \times 100 \times N}{1000}$

$\therefore N = 1000$ rpm。

181 (C)。$F = F_t \times t \times N = 0.45 \times 10 \times 100$
$= 450 \text{ mm}／\text{min}$

P.264 **182 (C)**。 單位時間削除量為
　＝深度×寬度×每分進刀長度。
　$1200\text{mm}^3／\text{min} = 0.4\text{mm} \times 25\text{m} \times F$
　$\therefore F = 120\text{mm}／\text{min}$。
　銑削每分進刀F，若進刀L長，
　則銑削時間T＝L÷F。
　$\therefore T = \dfrac{L}{F} = \dfrac{480}{120} = 4(\text{min})$。

183 (B)。 $F = F_t \times t \times N$
　$= 0.2 \times 12 \times 180 = 432 \text{ mm}／\text{min}$

184 (A)。
　(1) 每分進刀量$F = F_t \times t \times N$
　　　$= 0.25 \times 8 \times 100 = 200\text{mm}／\text{min}$。
　(2) 切銑削時間$T = \dfrac{L}{F} = \dfrac{250}{200} = 1.25$。

185 (A)。 F（進給率）＝F_t（每刃的進給
　量）×t（刃數）×N（主軸轉速）
　$120／\text{min} = 0.1 \times t \times 300$
　$\therefore t = 4$刃。

186 (B)。
　(1) $V = \dfrac{\pi DN}{1000}$，$80 = \dfrac{3.14 \times 100 \times N}{1000}$
　　　$\therefore N = 254\text{rpm}$。
　(2) $F = F_t \times t \times N = 0.1 \times 6 \times 254$
　　　$= 152 \text{ mm}／\text{min}$。

187 (D)。
　$F = F_t \times t \times N = 0.25 \times 12 \times N = 3N$。
　$FB = F_t \times t \times N = 0.15 \times 8 \times N = 1.2N$
　$\therefore FA／FB = 3／1.2 = 2.5$

P.265 **188 (C)**。 $V = \dfrac{\pi DN}{1000}$；
　$20 = \dfrac{3.14 \times 12 \times N}{1000}$
　$\therefore N = 530(\text{rpm})$。

189 (D)。 $F = F_t \times t \times N = 0.12 \times 5 \times 400$
　$= 240 (\text{mm}／\text{min})$。

190 (D)。 銑削鑄鐵應採用向上銑法。

191 (B)。 上銑法夾持不容易、有震動、
　加工面精度較差。

192 (C)。 下銑法是工件進給方向與銑刀
　迴轉方向相同。

193 (A)

194 (A)。 向上銑切又名逆銑法，易引起
　週期性震動。

P.266 **195 (A)**。 順銑法（或稱下銑法）銑刀向
　下壓，夾持工件較簡單。

196 (C)。 順銑法的加工面較平滑，比逆
　銑法適合精加工。

197 (A)。 順銑法切屑形成係由厚至薄。

198 (A)。 角銑刀銑削要向上銑切。

199 (A)。 跨銑（騎銑）法使用銑刀同時
　銑切工作物之二邊。

200 (D)。 排銑根據刀齒數少計算進給率。

201 (C)。 銑削工作順序：(1)裝上銑刀
　及工件→(2)選擇轉速與轉向→(3)開
　動機器→(4)移近工作→(5)歸零→(6)
　開始切削。

P.267 **202 (C)**。前後二面（3、6）最後加工。

203 (D)。$\theta = 360^\circ \times \dfrac{1}{40} = 9^\circ$。

204 (C)。$\theta = 9^\circ \times 10 = 90^\circ$。

205 (D)。$n = \dfrac{40}{30} = 1\dfrac{10}{30} = 1\dfrac{1}{3} = 1\dfrac{13}{39}$ 圈。

206 (C)。$n = \dfrac{x'}{540'} = \dfrac{17 \times 60' + 20'}{540'}$
$= 1\dfrac{25}{27}$ 圈。

207 (C)。$n = \dfrac{x'}{540'} = \dfrac{17 \times 60' + 24'}{540'}$
$= 1\dfrac{14}{15}$ 圈。

P.268 **208 (A)**

209 (C)。$n = \dfrac{x^\circ}{9^\circ} = \dfrac{19^\circ}{9^\circ} = 2\dfrac{1}{9} = 2\dfrac{2}{18}$ 轉。

210 (C)。$n = \dfrac{40}{X} = \dfrac{40}{18} = 2\dfrac{12}{54}$ 圈。

211 (B)。外徑 OD $= (T + 2) \times M$
$= (30 + 2) \times 3 = 96$mm。

212 (C)。$n = \dfrac{40}{X} = \dfrac{40}{20} = 2$圈。

213 (B)。在銑床上要利用成形銑刀配合分度頭來製作正齒輪。

214 (B)。$n = \dfrac{40}{X} = \dfrac{40}{16} = 2\dfrac{8}{16} = 2\dfrac{1}{2}$圈。

P.269 **215 (A)**。銑床的一般分度頭蝸桿和蝸輪的回轉比為40：1。

216 (D)。磨削空心圓筒，無法保證內外為同心。

217 (C)。工件與磨輪轉向不同。

218 (D)。對於中空之工件，不可確保內圓與外圓同心。

219 (B)。研磨（lapping）將工件面與磨面相接觸，然後使兩面相對運動並時常做新接觸，兩面之間加入磨料細粉、水、油、油脂等使發生摩擦，以增進尺度精度。

220 (A)。超光製（super finishing）為在已經完成的加工面上，以磨石作刀具再作精磨，去除表面磨痕的加工法。

P.270 **221 (A)**。工件不需以頂心或夾頭支持。

222 (D)。無心磨床，並非指磨床或砂輪無中心軸，係指加工時工件不必夾持，而二個砂輪及一個工件支持板組成。

223 (B)。通過進給法只適用於磨削整支直的圓柱工作。

224 (D)。無心磨床常以自動化操作。

225 (C)。研磨（lapping）可去除工件之微量尺度。

226 (C)。無心磨床不易於加工有數種直徑段差之軸件。

227 (A)。無心磨床進刀速度
$F = \pi DN \times \sin\alpha$
$= 3.14 \times 120 \times 130 \times \sin 8^\circ$
$= 6800$mm／min $= 6.8$m／min。

P.271 **228 (D)**。無心磨床最適合外圓周磨削。

229 (D)。相同於龍門鉋床，龍門平面磨床之床台做往復運動。

230 (A)。(B)無心磨床係指其研磨之工件砂輪不與動力軸心固定。(C)以無心磨床磨削加工時，在加工前不須以中心沖定出工件之中心位置。(D)應選用細粒度砂輪以精磨削精密塊規。

231 (A)。欲研磨銑刀刀刃，宜選擇工具磨床。

232 (A)。6代表組織。

233 (A)。軟材料之工作物磨料為粗粒度。

234 (A)。碳化矽結晶，適合研磨鑄鐵、銅及銅合金、鋁及鋁合金等。

235 (A)。人造磨料為化合物。

236 (C)。工件材料軟用粗粒，材料硬用細粒。

237 (C)。軟材料用硬砂輪，硬材料用軟砂輪。

238 (A)。M法是指金屬結合法。

239 (C)。1為形狀。

240 (B)。迴轉速度高者應使用軟結合度之砂輪。

241 (A)。綠色碳化矽（GC砂輪）適用於粗磨削碳化鎢刀具。

242 (A)。鬆組織的砂輪適於粗磨削加工。

243 (D)。砂輪編號中之組織是指磨料、結合劑與空隙之距離，其中14級最疏，0級為最密。

244 (D)。200×25×32為外徑×厚度孔徑。

245 (D)。(A)白色氧化鋁磨料比褐色氧化鋁磨料純度高，適用於磨削高速鋼及淬硬鋼。(B)精磨削選用密組織的砂輪，粗磨削選用鬆組織的砂輪。(C)精磨削選用細粒度的砂輪，粗磨削選用粗粒度的砂輪。

246 (B)

247 (#)。研磨碳化物外徑車刀刀片時，通常選用鑽石砂輪或綠色碳化矽砂輪。本題官方公告選(A)或(D)均給分。

248 (D)。(A)砂輪磨料結合度高稱為「硬砂輪」。(B)砂輪磨粒號數愈大，其粒度愈細。(C)疏（鬆）組織砂輪適用於粗磨作業。

249 (A)。(B)研磨工具鋼及高速鋼，一般選用白色氧化矽磨料。(C)軟砂輪適用於硬質材料之磨削。(D)疏（鬆）組織砂輪適用於軟質材料之精磨作業。

250 (B)。「B」為合成樹脂。

251 (A)。黏土是砂輪製造最常使用的結合劑。

252 (A)。(B)平衡試驗是檢查砂輪是否偏重。(C)緣盤與砂輪接觸而要挾吸墨紙。(D)工件支架要調整與砂輪磨擦面不得超過3mm。

253 (C)。裝置砂輪之緣盤其內側應平直且不得小於砂輪直徑的1／3。

254 (B)。平衡台要置於水平位置。

255 (A)。 砂輪做音響檢查，其目的為檢查砂輪內部是否有裂痕。

256 (A)。 鑽石削整器兼具砂輪之削銳與削正工作之工具。

257 (B)。 平衡試驗，其目的為檢查砂輪是否偏重。

P.275

258 (C)。 $V = 30m/sec = 30 \times 60m/min = 1800m/min$。

$V = \dfrac{\pi DN}{1000}$，$1800 = \dfrac{\pi \times 250 \times N}{1000}$

$\therefore N = \dfrac{7200}{\pi}$(rpm)。

259 (D)。 砂輪規格A54-K10V-2000表示最高速度為V=2000m/min。

砂輪尺度為300×100×25表示外徑D=300mm。

由$V = \dfrac{\pi DN}{1000}$；$2000 = \dfrac{3.14 \times 100 \times N}{1000}$

$\therefore N = 2123$(rpm)。

故轉速不可超過2123rpm。

260 (D)。 為使車刀磨削面整齊一致，不宜使用砂輪側面研磨。

261 (B)。 平面粗磨削時，床台橫向進給量約為輪寬的$\dfrac{1}{2} \sim \dfrac{2}{3}$。平面精磨削時，床台橫向進給量約為輪寬的$\dfrac{1}{3} \sim \dfrac{1}{4}$。

262 (C)。 圓筒磨削之工作順序：砂輪修整、裝上工件、手動調整移動空間、砂輪及工件回轉、移動砂輪接近工件，並歸零、歸零後，視精度及磨削量大小，開始磨削。

263 (D)。 在磨床上作平面磨削，一般小型工件皆以磁力夾持。

264 (C)。 (A)使用軟質磨輪磨削工件時，磨輪轉數應降低。(B)工件轉速低於磨輪轉速。(D)磨削量需考慮工件大小。

265 (C)。 小格0.01mm，進給一圈移動5mm，進給移動格數N=5÷0.01=500格，若進給量若設定為5.8mm，進給移動格數N求法為：

$\dfrac{5mm}{500格} = \dfrac{5.8mm}{N}$

$\therefore N = 580格 = 1圈又80格$。

P.276

266 (A)。 (B)無心磨床係指其研磨之工件不與動力軸心固定。(C)無心磨床磨削加工時，在加工前不須以中心沖定出工件之中心位置。(D)應選用細粒度砂輪以精磨削精密塊規。

267 (A)。 主軸機能為S，輔助機能為M。

268 (B)。 準備機能為G，刀具機能為T。

269 (D)。 機器本身昂貴且維修不易。

270 (B)。 數值控制命令信號的儲存裝置，最常使用磁碟。

271 (B)。 NC工具機大部份是利用滾珠螺桿將旋轉運動轉換成直線運動。

272 (B)

273 (D)。 彈性製造系統（FMS）設備整合自動化生產機器、工業機器人及無人搬運車，進行數種不同零件的加工。

274 (C)。車床的座標系統，以X軸表示車刀作橫向移動，以Z軸表示車刀作縱向移動。

275 (A)。程式碼之「Z」軸是指「車床之主軸」方向。

276 (A)。維護費用較傳統工具機高。

277 (C)。綜合切削中心機可以加工出圓柱形工件。

278 (D)。滾珠導螺桿為傳動機構，不為定位量測系統。

279 (C)

280 (B)。
$$V = \frac{\pi DN}{1000}, 25 = \frac{3.14 \times 40 \times N}{1000}$$
$$\therefore N = 199(rpm)。$$

281 (D)。(A)工件材質愈硬，選用的主軸轉速應愈低。(B)主軸轉速愈慢，適合粗重切削。(C)切削時是否使用切削劑與進給量，與切削材質有關。

282 (A)

283 (A)。$T = \frac{D-d}{\ell}, \frac{1}{25} = \frac{D-d}{200}$
$$\therefore D-d=8(mm)。$$

284 (C)。(A)小型工件鑽孔時，不可用手直接抓住工件，一般常用虎鉗夾持。(B)進行鑽孔工作時，不可戴上手套。(D)小直徑鑽頭進行鑽孔工作時，宜採用高轉速、小進給量。

285 (B)。(A)鉸孔加工可以改善孔徑的精度，並可提升表面粗糙度。(C)鉸孔加工時，鉸刀以順時針方向旋轉鉸削，以順時針方向旋轉退出。(D)鉸孔加工時，鉸刀不可以同時進行鑽孔與鉸孔切削。

286 (D)。工件快要鋸斷前，要降低鋸切力量，並且降低鋸切速度。

287 (C)。
(1) $V = \frac{\pi DN}{1000}$,
$$157 = \frac{3.14 \times 200 \times N}{1000}$$
$$\therefore N = 250rpm。$$
(2) 每分進刀量$F = F_t \times t \times N$
$$= 0.25 \times 10 \times 250$$
$$= 625（mm／min）$$
(3) 切銑削時間
$$T = \frac{L}{F} = \frac{300+200}{625}（分）$$
$$= 0.8（分）$$
$$= 48（秒）。$$
註：切削長度要加上銑刀直徑；L $= 300+200=500（mm）$

288 (B)。研磨面積大或砂輪迴轉速度高時，應選用軟砂輪。

289 (C)

290 (D)。數值控制工具機使用的刀具，刀具耗損小、壽命長。

291 (B)。$V = \frac{\pi DN}{1000} = \frac{3.14 \times 30 \times 700}{1000}$。
$$= \frac{3.14 \times 30 \times 700}{1000} = 66(m/min)$$

P.280 **292 (A)**

293 (C)。 為了能確實夾緊工件,不可增加夾頭扳手的力臂長度。在車削中遇到嚴重的鐵屑纏繞時,應立即退出車刀,停止車削。車床的規格為300mm,表示最大旋徑為300mm。調整複式刀座的角度,應使用六角扳手鬆緊內六角窩頭螺絲。

294 (B)

295 (D)。 碳化物主要分P、M、K三類編號,各類編號愈小用於高速精加工;編號愈大用於低速粗加工。M類刀具的識別顏色為黃色,適用於切削韌性材料。

296 (D)。 為讓工件於虎鉗上水平夾緊,可用軟鎚敲平工件,不可用鐵鎚敲平工件。

P.281 **297 (D)**。 鉋削行程時間:回復行程時間＝270°:90°＝3:1。

故切削時間占3／4＝0.75。

$V(m／min)=$

$$\dfrac{N(次/min)\times\dfrac{L}{1000}(m/次)}{0.75}$$

$$=\dfrac{N\times L}{750}(m/min)。$$

$$\therefore 60=\dfrac{N\times180}{750}$$

$$\therefore N=250(次／min)。$$

298 (A)。 $n=\dfrac{40}{x}=\dfrac{40}{18}=2\dfrac{4}{18}$（圈）。

亦即在18孔圈上,旋轉2圈又4個孔距。

299 (A)。 鎢系高速鋼,常見標準型為18－4－1,含18%鎢,4%鉻及1%釩。

300 (A)

301 (C)。

$$V=\dfrac{\pi DN}{1000};50=\dfrac{\pi\times35\times N}{1000}$$

$\therefore N=455(rpm)$；精車削時的切削速度需提高50%,因此

$N=455\times1.5=682(rpm)。$

302 (D)

303 (C)。 拉緊尾座的心軸固定桿可使尾座心軸不再移動。

P.282 **304 (A)**

305 (D)。 (A)用相同直徑的高速鋼鑽頭,當工件的材質愈硬,則鑽削速度應愈低。(B)工件欲衝製中心點,凹痕大小應比鑽頭的靜點大。(C)鑽削加工時鑽頭斷在工件內部,不可用鐵鎚直接敲下去。

306 (C)。 銑削加工之逆銑法是銑刀迴轉方向與工件進給方向相反。

307 (A)。 擦光（Buffing）與拋光（Polishing）的差異,在於擦光所使用的磨粒比較細。

308 (C)   **309 (C)**

P.283 **310 (A)**。 $V=\dfrac{\pi DN}{1000}$；

$$V=\dfrac{3.14\times30\times600}{1000}=56.52(m/min)$$

切削速度應降低25%後V＝56.52(m/min)，為原來的75%速度。

∴原來的切削速度為

$$V = \frac{56.52}{75\%} = \frac{56.52}{0.75} = 75.36(m/min)。$$

311 (D)

312 (C)。 靈敏鑽床只能用於13mm以下鑽頭，立式鑽床能用於13mm以上或以下鑽頭。靈敏鑽床與立式鑽床皆可固定在地上使用。立式鑽床有自動進刀機構，可自動攻螺紋。靈敏鑽床則沒有自動進刀機構，不可自動攻螺紋。

313 (B)。 調整靈敏鑽床的主軸，須先行以塔輪直徑大端調至直徑小端為原則。

314 (C)。 砂輪硬度依序為鑽石、氮化硼（CBN）、碳化矽、氧化鋁。

315 (D)

316 (D)。 碳化鎢刀具刀刃部分，應以綠色碳化矽或鑽石砂輪研磨，並不須以水冷卻。

317 (A)　　**318 (D)**

319 (C)。 $T = \frac{H-h}{L} = \frac{20-10}{150} = \frac{1}{15}$。

320 (B)。 S45C為含碳0.45%之中碳鋼，查表切削速度為15.7m／min，

$$V = \frac{\pi DN}{1000}; 15.7 = \frac{3.14 \times 10 \times N}{1000}$$

∴N＝500(rpm)。

P.285 **321 (A)**。

(1) $V = \frac{\pi DN}{1000}, 25 = \frac{3.14 \times 15 \times N}{1000}$

∴N＝531(rpm)

(2) $T = \frac{L}{f \times N} = \frac{25}{0.15 \times 531}$

＝0.31（分）＝18.8（秒）。

322 (D)。 斜面鑽孔，先用銑床銑削與A底面平行之小平面，然後再於小平面上鑽出與A底面垂直之圓孔。

323 (B)。 手弓鋸鋸切金屬工件，鋸切時不可加入潤滑油或切削劑。

324 (C)。 (A)端銑及T型槽銑削工作宜選用立式銑床。(B)心軸銑刀專用於裝置在臥式銑床刀軸孔內。(D)下銑法之銑刀迴轉方向與工件進給方向互為相同。

325 (A)。 車床規格表示法：旋徑（主軸中心至床台距離2倍）、兩頂心間距離、床台的長度、主軸孔徑等。

P.286 **326 (A)**。 K類碳化物刀具刀柄顏色塗紅色識別。M類碳化物刀具刀柄顏色塗黃色識別。P類碳化物刀具刀柄顏色塗藍色識別。

327 (D)。 車床操作，為進行主軸入檔，可用一手轉動夾頭，另一手撥動變化桿。

328 (C)。 後斜角邊斜角主要為排屑。邊間隙角可避免切邊與工件產生摩擦，使刃口在軸向（縱向）能順利進給。

284

329 (D)

330 (C)。車削工件端面與車削工件外徑均會形成毛邊，由於車削工件端面與車削工件外徑進刀方向不同，毛邊尖端方向會不同。

P.287 **331 (C)**。一般鑽削鋼料的鑽唇間隙角為8～15度，鑽唇角採118度。

332 (B)

333 (A)。龍門鉋床廣泛使用於大型工件鉋削。

334 (A)　　**335 (D)**

第10單元　螺紋與齒輪製造

P.305 **1 (D)**。CNC工具機為提高精密度及移動速度，導螺桿都採用滾珠導螺桿。

2 (D)。M30×3-7H6G／6g5h：表示外徑30mm，節距3mm，導程9mm，內螺紋節徑等級7H，內螺紋內徑（小徑）等級6G，配合外螺紋節徑等級6g，外螺紋外徑（大徑）等級5h。

3 (B)。2N為雙線螺紋。

4 (D)。順時針方向旋轉而前進的螺紋稱為右螺紋，反之，則是左螺紋。

5 (C)。(A)為L-2N-M30×1.5-6H／6g，螺紋為左螺紋。(B)螺紋導程為2×1.5mm=3mm。(D)螺紋外徑為30mm。

6 (D)。公制螺紋又稱ISO螺紋標準。

P.306 **7 (C)**。2N為雙線螺紋。
　L＝2×P＝2×2.5＝5mm。

8 (B)。雙線螺紋的導程為螺距的2倍

9 (A)。盒內物品為M20×2.5length 30mm之單線螺紋導螺桿。

10 (A)。公制牙標只看欲節P＝5，找可被5整除之蝸輪齒數，故取15齒。

11 (D)。材料硬度超過HRC 37度者，不適滾軋法製造螺紋。

12 (C)。每約攻鉸1圈螺紋、退約1/4圈，以便斷屑。

13 (C)。攻絲鑽頭直徑(d)＝螺紋外徑(D)-節距(P)＝6-1＝5mm。

14 (D)。$\dfrac{欲節}{導節}=\dfrac{主齒}{導齒}$，

　$\dfrac{1.5}{8}\Rightarrow\dfrac{15}{80}\Rightarrow\dfrac{3}{16}\Rightarrow$

　後面答案約分找正確者$\dfrac{1.5}{8}\Rightarrow\dfrac{20}{80}\times\dfrac{45}{60}$。

　註：搭配齒輪齒數為20～127之間4或5之倍數及127齒。搭配齒輪採用複式輪系為佳，以節省空間及材料。

P.307 **15 (C)**。螺紋滾軋模具昂貴，適宜大量生產。

16 (C)。滾軋法適合大量生產螺紋之方法。

17 (C)。N＝6／3＝2圈。

18 (A)。光學投影機最適宜同時量測螺紋之節距、牙深及牙角。

19 (C)。$\dfrac{欲節}{導節} = \dfrac{主齒}{導齒}$，$\dfrac{3}{6} = \dfrac{24}{導齒}$。
∴導齒＝48齒。

20 (B)。每約攻鉸1圈螺紋、退約1/4圈，以便斷屑。

21 (D)。輪磨法最適合應用於高硬度及高精度的螺紋製造。

22 (C)。螺紋環規之通過端與不通過端測頭均可通過外螺紋，表示其節圓直徑太小。

23 (B)。外螺紋節徑可用螺紋分厘卡量測。

24 (C)。壓鑄加工較適合於低熔點非鐵金屬之外螺紋的大量生產。

25 (D)。手工用螺絲攻一組為三支，但直徑都相同。

26 (B)。攻絲鑽頭直徑(d)＝螺紋外徑(D)－節距(P)＝14－2＝12mm。

27 (D)。手工螺絲攻之第一攻，其前端通常有7～8牙倒角成錐度。

28 (A)

29 (B)。攻絲鑽頭直徑(d)
＝螺紋外徑(D)－節距(P)
$\left(\dfrac{1}{4} - \dfrac{1}{20}\right) \times 25.4 = 5.1(mm)$。

30 (D)。手工螺絲攻之第一攻，其前端通常有7～8牙倒角成錐度。

31 (B)。蝸線斜齒輪能傳達一組軸中心線互成直角而不相交，且有高轉速比的兩軸。

32 (D)。直齒斜齒輪可用於兩軸相交成90°間傳動。

33 (C)。齒輪主要規格表示法
(1) 模數：$M = \dfrac{D}{T}$，模數用以表示公制齒輪之大小，模數愈大，齒形愈大。
(2) 徑節：$Pd = \dfrac{T}{D}$，徑節用以表示英制齒輪之大小，徑節愈大，齒形愈小。
(3) 周節：$Pc = \dfrac{\pi D}{T}$，周節用以表示鑄造齒輪之大小。

34 (C)。D＝TM＝60×3＝180mm。

35 (B)。OD＝(T＋2)M＝(60＋2)×3
＝186mm。

36 (C)。OD＝(T＋2)M＝(80＋2)×2.5
＝205mm。
另加毛胚量答案為205+3＝208mm。

37 (D)。$Pc = \dfrac{\pi D}{T}$；$6\pi = \dfrac{\pi D}{60}$；
D＝360mm。

38 (B)。沖床加工齒輪的特點為模具製作成本高。

39 (B)。粉末冶金為非傳統加工之機製法齒輪加工。

40 (B)。銑床加工方法最適合少量或特殊之齒輪加工的齒輪加工。

41 (C)。滾齒機利用蝸桿與蝸輪關係加工之齒輪加工方法。

42 (A)。 輪磨法最適於高精度、高硬度
之齒輪加工方法。

P.310 **43 (D)**。 粉末冶金製造齒輪適於小件大
量。

44 (A)。 砂模鑄造適於較大型、尺度不
精確、表面粗糙度不足的齒輪。

45 (B)。 鉋床上加工可鉋齒條及正齒輪。

46 (A)。 拉床拉製適用於大量生產正齒輪。

47 (C)。 圓盤式分厘卡較適合做齒輪之
跨齒距量測。

48 (D)。 齒輪分厘卡（或稱齒輪測微器）
可直接測量齒輪節圓直徑（節徑）。螺
紋分厘卡（或稱螺紋測微器）可直接測
量螺紋節圓直徑（節徑），使用時牙角
需絕對正確，不需進行公式換算。

49 (B)。 齒輪游標尺較適合做齒輪之弦
齒頂及弦齒厚量測。

50 (B)。 齒輪游標尺較適合做齒輪之弦
齒頂及弦齒厚量測。

51 (C)。 (A)節圓直徑可用齒輪分厘卡量
測。(B)跨齒厚可用圓盤分厘卡量測。(D)
齒輪游標尺是由二組游標卡尺組合而成。

P.311 **52 (B)**。 手工螺絲攻（hand tap）一組有三
支，前端倒角牙數最多的是第一攻。

53 (B)。 手工用螺絲攻一組有三支，第
一攻大都用在通孔的攻牙。

54 (D)。 齒輪經表面熱處理後常利用磨
光（研光）提升齒廓精度。

55 (B)。 (A)導程是指螺紋旋轉一圈，沿
軸向移動的距離。(C)冷作滾軋時，胚
料的表面產生塑性變形。(D)公制螺紋
之螺紋角為60°，符號為M。

56 (B)。 對於貫穿孔（通孔）的攻牙，
只須使用第一攻攻牙。

57 (D)

58 (B)。 M20×1.5之螺紋公稱直徑（外
徑）20mm，螺距是1.5mm。

P.312 **59 (B)**。 d（孔徑）＝D（外徑）－P（節
距）＝12－1.75＝10.25（mm）；取
∅10.3mm。

60 (C)。 (A)使用手動螺絲攻進行貫穿孔
攻牙時，直接取第一攻進行工作。(B)
手動螺絲攻之排屑槽為直槽。(D)公制
管螺紋的錐度為1／16。

61 (C)。 螺絲攻斷裂在孔中，不可以在
相同孔位打中心衝後，再次鑽孔取出
斷掉的螺絲攻。

62 (A)。 工件欲攻製1／2－13UNC的螺
紋時，若採75%的接觸比，則攻螺紋
鑽頭直徑＝螺絲外徑(D)－節距(P)＝
$(\frac{1}{2}-\frac{1}{13})×25.4=10.7$（mm）。

63 (B)。 滾齒機切製法切削正齒輪時，
滾齒刀之軸方向需與齒輪之輪軸方向
必須偏置等於其導程角，才能滾齒切
削正齒輪。

64 (B)。外螺紋節徑公差5h。

65 (D)。螺紋條數＝30mm÷1.25mm＝24條

第11單元　非傳統加工

P.328

1 (C)。粉末冶金之成型法中，金屬纖維法最適宜製造多孔性網板。

2 (D)。粉末原料儲存不易。

3 (D)。粉末冶金所製成之多孔性軸承為增加其功能，需作滲油處理。

4 (A)。設備費及加工費用高。

5 (D)。金屬粉末易變質，不易儲存。

6 (B)。金屬粉末經壓製再進行燒結後，需作尺度矯正就可達到精密尺度。

7 (C)。粉末冶金是一種無屑加工的方法，但不適於大量製造螺絲、鑽頭等。

P.329

8 (C)。噴霧法常使用於粉末冶金製程中，該法為製成粉末。

9 (A)。一般積體電路IC外形之成型的主要原料為環氧樹脂。

10 (D)。常用熱硬化（熱固）性塑膠：酚醛樹脂（電木）、環氧樹脂、尿素樹脂、聚脂樹脂、氨基樹脂、呋喃樹脂等。

11 (D)。塑膠低溫有脆性。

12 (A)。塑膠中添入填充劑會降低材料脆性。

13 (C)。(A)熱塑性塑膠在模壓時，起物理變化。(B)熱固性塑膠加熱時，發生聚合作用，使其硬化，可視為化學變化。(D)纖維素為製造玩具常用的材料，屬於熱塑性化合物。

14 (C)。將生物標本或裝飾品封入透明的塑膠內，藉以保護並供觀賞，是屬於嵌埋成形方法。

P.330

15 (C)。壓縮模成型（compression molding）使用熱硬性塑膠製造面積較大、凹凸較深的電器開關或電器用品的外殼。

16 (D)。DVD光碟片是射出成型（injection molding）方式大量製造。

17 (D)

18 (A)。自動販賣機內常見的汽水瓶及礦泉水瓶，多為熱塑性塑膠的材質，若要大量製作，最常採用的方法為吹製成形法。

19 (C)。(A)聚氯乙烯（PVC），為常用的熱塑性塑膠。(B)環氧樹脂（Epoxy resin）是常見的黏結劑，為熱固性塑膠。(D)環氧樹脂與玻璃纖維混合製作浴缸等大型容器，最常使用補強成形法。

20 (C)。滾壓成形（Calendering）最適合大量生產以軟性薄層塑膠為原料之包裝膠膜、窗簾布、雨衣等產品。

P.331

21 (A)。吹製成型法適用於熱塑型塑料。

22 (C)。環氧樹脂（EP）為熱固型塑料，硬化後不能再加熱而使其產生變形或軟化。

23 (A)。電積成型（electroforming）的缺點為生產速度慢。

24 **(C)**。電積成型為利用在電解液中用純金屬棒作為陽極,可導電的模作為陰極,通電後金屬自陽極積聚於陰極內,完成後自模中取出產品之加工法。

25 **(B)**。 最常使用於電積成型法材料為銅、鎳、銀、鐵等。

26 **(A)**。 電積成型鍍層應與被鍍物體分離取出,形成產品。

27 **(A)**。 EDM需使用導體材料加工。

P.332 28 **(D)**。 EDM需使用導體材料加工。

29 **(D)**。 材料去除的原理主要是放電時產生的高溫電弧將材料熔化。

30 **(D)**。 碳化鎢等硬質金屬適合此EDM法加工。

31 **(C)**。 線切割放電加工沒有工具電極。

32 **(B)**。 放電加工速度慢,不適合大量生產。

33 **(A)**。 玻璃不導電,不能使用放電加工。

P.333 34 **(B)**。 (A)電極與工件須不直接接觸形成電通路,才能放電加工。(C)電極與工件均須浸泡於絕緣液中以產生放電效應。(D)放電頻率低,故金屬移除速度很慢。

35 **(A)**。 車削利用機械能切除工件,放電加工則利用電能切除工件。

36 **(C)**。 電化研磨:ECG。

37 **(D)**。 雷射加工適用於小工件之加工。

38 **(C)**。 ECM加工時工件接陽極,成形工具接陰極。

39 **(C)**。 超音波加工,不適合蜂槽狀薄金屬板的加工。

P.334 40 **(D)**。 CMP不需使用大量人力。

41 **(A)**。 放電加工、雷射加工、電子束加工的共通點為均應用熱能將材料熔解、蒸發而去除。

42 **(A)**。 (B)電加工的成品精度高,大多用在金屬材料的去除加工。(C)電化學加工使用的模具不會耗損,廣用於金屬材料的去除加工。(D)超音波加工可以做出異形孔,最不適合具延展性的金屬材料的去除加工。

43 **(A)**。 超音波加工利用機械能,不是利用熱能的作用。

44 **(D)**。 水噴射加工(WJM)(水刀):利用水流高速噴射加工,最適合使用於皮革、塑膠的切斷加工。

P.335 45 **(A)**。 化學銑切加工利用腐蝕加工,加工過程不需要使用磨料。

46 **(B)**。 非傳統加工之吹氣成形法可製造薄壁中空之容器。

47 **(C)**。 粉末冶金燒結須加熱至粉末熔解溫度以下。

48 **(B)**。 放電加工需製作工具電極,不需使用模具。

49 **(A)**。 旋轉成型法主要用於製造中空的熱塑性塑膠產品,如塑膠浮球、玩具、洋娃娃、噴霧球、油箱等。

50 (C)。　電子束加工需要在真空中進行。

51 (B)。　(A)環氧樹脂不導電,不可以當作工具電極。(C)線切割放電加工通常使用銅線作為工具電極。(D)放電加工可以加工碳化鎢材料。

52 (A)。　粉末冶金缺點為鋁、鎂、鈦、鋯等較活潑之金屬粉末,容易燃燒而引起火災。

P.336 **53 (B)**。　超音波加工時,工具與工件不直接接觸,並利用磨料高速振動撞擊工件進行加工。

54 (B)。　有關金屬射出成型製程步驟:粉末混煉、射出成型、去結合劑(脫脂)、燒結、最後處理。

55 (A)。　放電加工所使用之加工液應具有優良的絕緣性,不具有導電性。

56 (B)。　熱能或熱電能式非傳統加工法主要有:放電加工(EDM)、線切割放電加工(WEDM)、雷射加工(LBM)、電子束加工(EBM)、高溫加工(ETM)。

57 (D)

58 (B)。　粉末冶金之過程為:加壓→成形→燒結→成品處理。

59 (B)。　核能燃料棒利用擠製成形,擠製法需加入膠質材料,如此方能利於擠製加工。

60 (B)。　粉末冶金燒結溫度在熔點以下,冷作溫度在再結晶溫度以下。

第**12**單元　電腦輔助製造

P.360 **1 (D)**。　數控機械為提高移動速度、精密度,螺桿的型式大都使用滾珠螺桿。

2 (B)。　電腦輔助製造簡稱CAM。

3 (B)。　NC機器適合於大量生產,亦適合小量生產,但最適於中量生產。

4 (B)。　(A)數值控制(NC)工具機是半自動中量生產的機器。(C)閉口式系統有反輸(回饋)的功能。(D)點對點式可以加工各種直線形狀。

5 (A)。　連續式控制適用於火焰切割機。

6 (C)

P.361 **7 (C)**。　G96 S100係表示每分鐘週速。

8 (A)。　G97 S100係表示每分鐘進給率。

9 (B)。　G50 S100係表示每分鐘最高轉數。

10 (B)。　值控制命令信號的儲存裝置,最常使用磁碟。

11 (A)。　點對點控制又稱定位控制(positioning control);在任何時間,均只有一具驅動馬達在傳動,適於直線方向加工。點對點式對於鑽孔、攻螺紋、搪孔(搪床加工)、工模搪床、沖孔、沖壓(沖床加工)等直線加工甚為理想。

12 (B)。　NC工具機大部份是利用滾珠螺桿將旋轉運動轉換成直線運動。

13 (B)

14 (A)。 F200表示進刀之選擇機能指令。

P.362 **15 (B)**。 要使用原來關機中的CNC車床，如果已經先打開電源和油壓開關，則下列四個動作，必須最先完成原點復歸。

16 (D)。 彈性製造系統（FMS）整合了自動化生產機器、工業機器人及無人搬運車，進行數種不同零件的加工。

17 (A)。 轉換器，或稱感測器（transducer）為閉環式數控機械特有。

18 (C)。 數值控制車床的座標系統；以X軸表示車刀作橫向（或稱徑向）移動，以Z軸表示車刀作縱向（或稱軸向）移動。

19 (D)。「T」代表刀具機能。

P.363 **20 (D)**。 數值控制之綜合切削中心機（Machine center），採用連續式（輪廓式）的程式命令型式，控制刀具移動路徑以切削曲線。

21 (D)。 修改程式可以改善內圓弧與外圓弧相交面之段差。

22 (A)。 程式碼之「Z」軸是指「車床之主軸」方向。

23 (A)。 維護費用較傳統工具機高。

24 (C)。 綜合切削中心機可以加工出圓柱形工件。

25 (D)。 滾珠導螺桿為傳動機構。

P.364 **26 (D)**。 M03為主軸正轉的程式指令。

27 (A)。 常用半導體材料為矽。

28 (D)。 切割晶圓刀具材料常以鑽石為主。

29 (C)。 關於封裝的目的包括電力傳送、訊號傳送、熱的去除、電路保護。

30 (B)。 半導體製造製程複雜。

31 (D)。N型半導體：若在矽中摻雜具有五個外層價電子的銻或磷原子作為雜質取代一些矽原子。

32 (C)。 P型半導體：若在矽中摻雜具有三個外層價電子的硼或鎵，為P型半導體。

33 (D)。 微影是將元件的幾何圖案，係經光罩方式傳遞到矽晶圓基板表面。

34 (D)。 半導體製造主要流程薄膜製作、微影、蝕刻與摻雜。

35 (D)。 銅不是摻質元素。

36 (C)。 拉晶採用柴可斯基法（Czochralski process），將一顆「種晶」浸入熔融的矽液內，然後在旋轉時慢慢拉出。

37 (C)。 半導體導電能力介於導體（如鐵、鋁、銅等）和非導體（如玻璃、塑膠、石頭等）之間的元素（Element）和化合物（Compound）。

P.365 **38 (D)**。 半導體的製造過程在無塵的環境下進行。

39 (D)。 CMP不需使用大量人力。

40 (A)。 微影技術屬於半導體技術之範疇。

41 (B)。 90奈米製程係指線寬為0.09μm。$1nm＝10^{-9}m＝10^{-6}mm＝10^{-3}μm＝0.001μm＝奈米。$

42 (A)。 (B)純矽是電的不良導體，要加入其他雜質使其成為半導體。(C)微影是將元件的幾何圖案，係經光罩的作用方式傳遞到矽晶圓基板表面。(D)微放電加工使用的電極可以細化，故不屬於微細製造的領域。

P.366 **43 (B)**。 微機電系統（Micro Electro Mechanical System）簡稱MEMS，乃是一涵蓋了機械、電子、光電、電機、化工等跨領域之專業知識。

44 (C)。 傳統機械加工的尺度單位為厘米（1厘米＝1mm）或1條（1條＝0.01mm）。微細製造尺度可達到微米（1微米=1μm＝10^{-6}m＝10^{-3}mm）或奈米（1奈米＝1nm＝10^{-9}m）。

45 (C)。 微米為$1×10^{-6}$m。

46 (D)。 1奈米（nm）＝10^{-9}m＝10^{-6}mm＝10^{-3}μm＝0.001μm，為十億分之一米的長度。

47 (B)。 在公制的量測單位中，「1條」是代表0.01mm。

48 (B)。 半導體產業的製程為由大縮小。

49 (A)。 近期奈米科技的製程為由小作大。

50 (D)。 傳統微機械切削加工方法有微車削加工、微銑削加工、微鑽孔加工和微輪磨加工等。

51 (D)。 非傳統微機械切削加工方法有微放電加工、微雷射加工、微電子束加工、微離子束加工和原子力顯微加工等。

52 (D)。 微機電系統元件組成不包括微電鍍元件。

P.367 **53 (B)**。 利用微機械技術所製造出來的機械元件與微電子元件組合而成的智慧型系統稱為微機電系統。

54 (D)。 1奈米（nm）＝10^{-9}m＝10^{-6}mm＝10^{-3}μm＝0.001μm，為十億分之一米的長度。

55 (B)。 90奈米製程係指線寬為0.09μm。$1nm＝10^{-9}m＝10^{-6}mm＝10^{-3}μm＝0.001μm＝奈米。$

56 (D)

57 (B)。 快速成型（Rapid Prototyping）簡稱RP，又稱為實體自由曲面成形製造技術（Solid Freeform Fabrication，簡稱SSF）。

58 (C)。 逆向工程（Reverse Engineering）簡稱RE，可快速完成產品的設計與製造。

59 (C)。 逆向工程（Reverse Engineering）簡稱RE。逆向工程與快速成型相反，係將先有的實體模型資料量測出來，再依量測所得的資料建構物體的幾何模型轉換成圖檔後進行加工。

60 (B)。 快速成型為將CAD的3D圖檔具體化為實體精密模型後進行加工。快速

成型技術，由CAD轉成CAM，可快速完成產品的設計與製造。

61 (D)。 半導體製程中，是先薄膜、微影，再蝕刻，最後摻雜。

P.368 **62 (B)**。 (A)濕式蝕刻比乾式蝕刻容易造成二氧化矽的過切問題。(C)微影製程通常是需要經過光罩曝光就可以完成。(D)矽是非導體，如果摻雜硼或磷之後，就會變成半導體。

63 (A)。 擦光（Buffing）與拋光（Polishing）的差異，在於擦光所使用的磨粒比較細。

64 (C)。 矽是非導體，摻雜砷或硼之後，就會變成半導體。

65 (D)。 微影主要過程為先完成圖案設計、光阻塗佈、光阻曝光、光阻顯影、去除光阻等等過程。

66 (B)。 濕式蝕刻比乾式蝕刻容易造成二氧化矽的過切問題。因此乾式蝕刻較濕式蝕刻所得電路線條的精度較高。

67 (D)。 G96S100M03是代表主軸每分鐘周速度100m／min。

P.369 **68 (D)**。 OA為Office Automation的簡稱，中文稱為辦公室自動化。

69 (A)。 微影技術屬於半導體技術之範疇。

70 (B)。 材料使用趨向多元化。

71 (D)。 以生產自動化取代低技術及人力密集加工方式。

72 (D)。 數值控制工具機使用的刀具，刀具耗損小、壽命長。

P.370 **73 (C)**。 彈性製造系統（FMS）適合提高生產管理之需求。

74 (C)。 CNC加工中，需要專門技術人才。

75 (B)。 NC機器適合於大量生產，也適合小量生產。

第13單元 近年試題

108年 統一入學測驗機械製造

P.371 **1 (A)**。 退火不可增加鋼材硬度。冷作與熱作能改變材料性質。

2 (C)。 純鋁較軟的鍛造性比鋁合金佳。

3 (B)。 冒口一般設置在金屬液最慢凝固處，一般設置在最大斷面處。

4 (D)。 彎曲加工一定會彈回，需考慮回彈角設計。

5 (A)。 電路板及食品罐頭摺縫密封的銲接為錫銲。

P.372 **6 (B)**。 無電電鍍鍍層厚度會有限制。

7 (D)。 $H = L \times \sin\theta = L \times T = 200 \times \frac{1}{5} = 40$（mm）。

8 (B)。 刀具刀鼻半徑愈大得到的加工表面粗糙度愈小。連續切屑造成的刀具磨損大都在刀尖後方的刀頂面上。

9 (D)

10 (C)。分度頭公式$n = \dfrac{40}{X} = \dfrac{40}{10} = 4$（圈）。車床導螺桿導程為6mm，欲車削導程為3mm之螺紋，如主軸齒輪用40齒，則導螺桿齒數為80齒。以尾座偏置法車削大小徑分別為30mm及15mm且錐度長度為150mm之錐度工件，則尾座偏置量為7.5mm。

P.373 **11 (A)**。粉末冶金的粉粒形狀品質，樹枝狀及多角形較球狀結合強度大。

12 (D)。化學切胚適合薄板狀材料加工，加工後板片不會扭曲變形。

13 (A)

109年 統一入學測驗機械製造

P.374 **1 (C)**。真離心鑄造法適用製造中空鑄鐵管。

2 (B)。(A)車削乃是工件旋轉加工，並非刀具旋轉。(C)鑽石刀具與鈦、鎳、鈷以及鋼鐵類金屬的親和力高，故不適合鋼鐵材料之切削。(D)碳化鎢刀具硬度約可達HRA92，陶瓷刀具硬度可達HRA94，陶瓷刀具硬度較高。

3 (A)。陶瓷屬於無機類的非金屬材料。

4 (A)。鑄鐵收縮率約為1%；鋁合金收縮率約為1.3%；銅合金收縮率約為1.5%；鑄鋼收縮率約為2%。鑄件設計收縮率由小至大為鑄鐵＜鋁合金＜銅合金＜鑄鋼。

5 (D)。電漿電弧銲與惰氣鎢極電弧銲原理設備非常類似，只在噴嘴構造有所不同。

6 (C)。滲硫法可使鋼材表面光滑化降低摩擦係數以增加耐磨性，但硬度並不高。

P.375 **7 (D)**。光學投影機並無法檢驗螺旋角。

8 (A)。切邊角及後斜角皆較大時會產生較小之切削力。

9 (C)。(A)從動式扶料架（跟刀架）只有2個扶料爪。(B)鑽頭螺旋角愈大，則刃口強度會愈小。(D)銑削每分進刀量F$= F_t \times t \times N = 0.1 \times 10 \times 100 = 100$（mm/min）。

10 (B)。(A)高精度螺紋應先經淬火處理後再施以輪磨處理。(C)滾軋螺紋之胚料直徑約與螺紋節徑相等。(D)拉製內螺紋只需一次拉削即可加工完成。

11 (D)。金屬粉末以電解法製造的純度較霧化法為佳。

12 (A)。(B)控制主軸正反轉的機能屬於輔助機能。(C)刀具機能主要是儲放刀具以備選用之機能。(D)切削中心機繞主軸方向旋轉的軸為C軸。

13 (D)。(A)IC製造技術中的氧化法適用於矽質基板的沉積層。(B)摻雜之目的在不受保護的矽基板上產生N型或P型半導體。(C)非等向性蝕刻較不容易產生過切現象。

110年 統一入學測驗機械製造

P.376 1 **(B)**。LIGA製程利用微影、電鍍與射出成形製造微結構零件。

2 **(C)**。(A)閉環式精度較佳。(B)數值控制工作母機的概念起源於美國1950年代。(D)齒根是指節圓到齒底（齒根）圓的高度。

3 **(D)**。石墨不是混入加工液作為固體切削劑。

4 **(A)**。(A)雷射光束加工可以對於鎢鋼及鑽石進行加工。

5 **(A)**

P.377 6 **(C)**。(A)光學平板為平面度量測。(B)裕度正裕度是孔比軸大。(D)R輪廓為評定粗糙度輪廓參數。

7 **(D)**。珠擊法製程可以製造壓應力表面。

8 **(A)**。鋼構件之表面硬化之滲硼法可製造最硬硬化層。

9 **(C)**。陽極氧化可在鋁合金材料表面產生氧化層。

10 **(A)**

11 **(B)**。以非傳統式切削加工無法完全取代鍛造、鑄造與滾軋成形製程。

P.378 12 **(B)**

13 **(D)**。重複使用之模型不為砂模鑄造失敗之主要原因。

111年 統一入學測驗機械製造

P.379 1 **(D)**。(A)真離心鑄造法不需砂心即可得中空對稱鑄件。(B)真離心鑄造法因離心力作用，金屬填充能力佳，不易產生收縮孔。(C)真離心鑄造法不需豎澆道與冒口。

2 **(C)**。車床切削速度的計算與工件直徑、每分鐘迴轉數有關。

3 **(B)**。$V=\dfrac{\pi DN}{1000}$，$60=\dfrac{3.14\times30\times N_1}{1000}$，$N_1=637$rpm。

$V=\dfrac{\pi DN}{1000}$，$70=\dfrac{3.14\times30\times N_2}{1000}$，

$N_2=743$rpm。

637rpm<N<743rpm，

故選擇650rpm。

P.380 4 **(B)**。

(1) $V=\dfrac{\pi DN}{1000}$，$110=\dfrac{\pi\times60\times N_1}{1000}$，

$N_1\approx584$rpm。

切削時間$T=\dfrac{L}{f\times N}=\dfrac{60}{0.1\times N_1}$，

$T_1=\dfrac{60}{0.1\times584}\approx1.03$分

(2) $V=\dfrac{\pi DN}{1000}$，$120=\dfrac{\pi\times60\times N_2}{1000}$，

$N_2\approx637$rpm。

切削時間$T=\dfrac{L}{f\times N}=\dfrac{60}{0.1\times N_2}$，

$T_2=\dfrac{60}{0.1\times637}\approx0.94$分

(3) 故選擇最接近答案之(B)選項1（分鐘）。

5 (B)。 熱作為金屬加工過程在再結晶溫度以上，不可超過熔點。

6 (D)。 使用花盤夾持大型不規則形狀工件時，須注意平衡配重。

7 (B)。 熱浸鍍鋅為金屬防蝕法；高週波感應淬火為表面硬化法。

8 (C)。 (A)添加鎳及鉻合金元素，會提高耐磨、耐蝕及增加工件硬度。(B)青銅因添加有低熔點的錫，使其鑄造性變佳。(D)鋁活性大，銲接性差。

9 (B)。 高密度聚乙烯樹脂（HDPE）為一種熱塑性塑膠，不屬於纖維強化塑膠。保麗龍為聚苯乙烯（PS）。

P.381

10 (D)。 (A)銑床銑製螺紋要配合分度頭旋轉且需利用萬能銑床，無需設定螺紋指示器。(B)輥軋外螺紋時，胚料的外徑等於螺紋節徑。(C)輪磨法適於高硬度、高精度之齒輪加工，可以提高尺寸精度與硬度。

11 (A)。 智慧製造係指結合資訊、技術與人工智慧等，形成製造智慧，利用虛實整合系統，將製造業甚至整個產業供應鏈互聯網化的智慧生產系統。

12 (D)。 (A)豎澆道主要功能為輸送金屬液體。(B)澆池可減緩熔漿（液）流速，避免渦流，防止熔渣進入鑄模，有除渣與整流功用。(C)冒口之功用為補充凝固收縮、排氣、排泄不潔金屬液體。

13 (C)。 8045鎳鉻鉬鋼含碳量為0.45%，碳的含量重
W=100000g×0.0045=450g。

14 (C)。 (A)電鍍是利用電解原理，將工件置於電解液中，以欲鍍之純金屬為陽極，被鍍之工件（梅花開口扳手）為陰極。(B)鉻電鍍一般係以鉛合金為陽極，被鍍物件為陰極。(D)電解液主要為鉻酸溶液，加上少量催化劑。

15 (A)。 若$VT^2=100$，則V與T^2成反比，
$$\frac{V_1}{V_2}=\frac{T_2^{\ 2}}{T_1^{\ 2}} \qquad \therefore \frac{V_1}{V_2}=\frac{2^2}{1}$$
$$\therefore \frac{V_1}{V_2}=\frac{4}{1} \qquad \therefore V_2=\frac{1}{4}V_1=0.25V_1$$

P.382 **16 (C)**。 進行塑性加工應使工件材料之受力大於屈服（降伏）強度而小於極限強度或抗拉強度。

17 (C)。 乙炔氣瓶可加入丙酮防爆。

18 (D)。 游標卡尺量測時應該盡量減少量具軸線與工件軸線之間的距離，以免產生阿貝誤差。

112年 統一入學測驗機械製造

P.383 **1 (C)**。 (A)鑽石刀具主要切削材料為非金屬或非鐵金屬。(B)陶瓷刀具適合高速輕切削，且使用時採用$-5°\sim-7°$之負斜角。(D)碳化物刀具P類刀柄端塗藍色，適於切削鋼、鑄鋼等連續切屑材料。

2 (B)。 SAE4025為鉬鋼含碳量0.25%，0.25%=0.0025，10噸=10000公斤，碳的含量重W=10000×0.0025=25（公斤）。

3 (A)。濕砂模含水量一般為2%～8%，
50公克×（2～8%）=1～4公克。

4 (D)。(A)較高的澆鑄溫度時，容易產
生氣孔。(B)澆鑄溫度應高於金屬熔點
10%～20%左右，熔解溫度應高於澆
鑄溫度50℃～100℃左右。(C)鑄件厚
度較薄時，應該要提高澆鑄速率。

5 (B)。一般而言間隙為5%～8%板
厚，5mm×（0.05～0.08）=0.25mm～
0.4mm。

6 (D)。(A)冷作加工提升硬度相較於熱
作加工為大。(B)冷作加工較熱作加工
有較大的殘留應力。(C)冷作加工較熱
作加工有較大的電阻增加，冷作後電
阻變大，導電性變小。

7 (D)。(A)閃光銲通電前兩母材僅輕輕
接觸，接合面留有細小的空隙，再通
以大電流進行接合。(B)電阻銲接是一
種利用大電流、低電壓而使銲接金屬
產生熔融接合。(C)雷射銲是利用雷
射與工件產生的聚焦效應生熱進行接
合。

P.384 **8 (A)**。切線分力67%>軸向（縱向）分
力27%>徑向分力6%。

9 (C)。C磨料為黑色碳化矽，性脆，
用於磨削抗張強度小於30kg/mm²以下
的材料，如鑄鐵、陶瓷、軟非鐵金屬
如鋁、黃銅、銅等。

10 (A)。鏟花是針對切削後或銼削後的
平面再利用銼刀加工之精密加工，具
有儲油潤滑作用。

11 (A)。螺紋中心規無法校正工件中心。

12 (C)。(A)粉末冶金製程先模壓成型
後，再燒結。(B)碳化鎢燒結溫度
（1500℃）比不鏽鋼（1175℃）高。
(D)不同性質金屬與非金屬粉末可以製
成零件。

13 (C)。智慧製造適合少量多樣的彈性
生產需求。

14 (D)。G99車刀以0.2mm/rev進給量切
削。

15 (D)。(A)滲鋁防蝕方法主要是應用於
提升鋼鐵抗高溫氧化。(B)派克處理亦
稱磷酸鹽處理方法，是生成磷化膜的
防蝕法。(C)陰極防蝕法的原理是利用
外來電流給鋼材一個電流，使其電位
下降到鏽蝕很慢或停止鏽蝕的區域，
利用較易氧化的金屬作為陽極的防蝕
方法。

P.385 **16 (C)**。
(1) 處其長度較短並塗紅漆為不通過
端，可控制孔的最大尺度，塞規
取大尺度8.3＋0.05＝8.35mm。
(2) 處其長度較長為通過端，可控制
孔的最小尺度，塞規取小尺度
8.3－0.05＝8.25mm。

17 (B)。(B)MRR為必須去除材料。(A)
(D)沒有這種符號。(C)為不得去除材
料（NMR）。

P.386 **18 (A)**。(A)為管制圖，每日將生產工廠
中成品之品質公佈記錄於管制圖上，
品管員再依此管制圖上之品質分佈是

不是有變異，進一步探究原因而做適當之處理。(B)為無相關散佈圖。(C)為負相關散佈圖。(D)為正相關散佈圖。

113年 統一入學測驗機械製造

1 (D)。 (A)刀具材質朝向耐摩擦、耐衝擊、耐高壓、耐高溫發展。(B)鍍層刀具（又稱披覆刀具）常採用氮化鈦、氮化鋁、氮化鉻或鑽石膜為鍍層材料。(C)碳化物刀具係利用粉末冶金技術製成，ISO主要分為K、P、M三類。

2 (A)。 鎳基超合金適合熱鍛（HF）加工，鋁合金適合壓鑄（DC）加工，低碳鋼適合冷鍛（CF）加工，塑膠適合射出成型（IM）加工。

3 (C)。 (A)石膏模法只能澆鑄非鐵金屬，如鋁、鋅等材料，但鑄模只能使用一次。(B)塑膠材料較不適於消散模型之鑄造方式產生鑄件。(D)包模鑄造法可得到表面光滑且無分型線的鑄件、適合較小尺寸鑄件。

4 (B)。 真離心鑄造適合用於生產中空對稱空心之圓柱狀零件。

5 (C)。 (A)爆炸成型屬塑性加工，其成型速度極快。(B)塑性加工所需負荷與材質成份有關，亦與材料的再結晶溫度有關。(D)衝擊擠製材料厚度變化大，而沖壓加工材料厚度變化小。

6 (B)。 熱沖壓（Hot stamping）適汽車車身、車架等塑性成形製造。壓鑄適極細薄工件。熱擠製適斷面均一之

長條狀。衝擊擠製適可捏壓的薄壁管子，如牙膏等。

7 (D)。 氣體遮蔽鎢極電弧銲（TIG）適於鋁、鎂、鋼鐵及不鏽鋼板之銲接。電阻縫銲法（RSEW）適用於金屬罐、汽車油箱銲接。硬銲（Brazing）適於碳化鎢刀片與刀柄銲接。軟銲（Soldering）適於電路板電子元件銲接。

8 (D)。 (A)電鍍是一種電化學的氧化還原過程，製程中須通以直流電。(B)電鍍可於被加工物表面產生一層金屬薄層，由電解液金屬離子決定。(C)無電電鍍在無電控制的環境下產生化學還原，不需要通入電流，以還原化學劑如次磷酸鹽、甲醛、硼氫化合物等為電鍍液。

9 (B)。 $S = 32.00 + 0.05 \times (11)$
$= 32.55$（mm）。

10 (A)。 (B)後斜角設計愈大，刀具較銳利，適合較小的進刀量。(C)後斜角設計愈小，切削阻力變大，但刀具強度較強。(D)切削脆性材料時，應選用後斜角較小之刀具，以增加刀具強度。

11 (C)。

(1) $T = \dfrac{D-d}{1}, \dfrac{1}{20} = \dfrac{D-d}{1}, \dfrac{1}{20} = \dfrac{50-40}{L_1}$

$= L_1 \ 200mm$。

(2) $S = \dfrac{TL}{2} = \dfrac{\dfrac{1}{20} \times 300}{2} = 7.5mm$。

12 (A)。一般圓孔加工至精確尺度之程序為：鑽中心孔、鑽孔、搪孔、鉸孔、研磨、搪光。

13 (D)。螺紋牙與中心垂直線（節徑上螺旋線與中心軸線之垂直線）形成的角度為導程角，導程角小的螺紋鎖得比較緊。

14 (D)。齒輪加工精度高到低，磨齒加工>刮齒加工>搪齒加工>滾齒加工。

15 (C)。粉末冶金適合選用在小件大量的製品生產。

16 (A)。擠製成型法適用於塑膠材料欲製成長條型之實心棒、中空塑膠管、密封壓條等加工。旋轉成型適用於空心形、閉合無縫之塑膠製品。吹製成型適於瓶子、熱水瓶等。射出成型適於臉盆、垃圾桶等。

17 (A)。五軸銑削工具機具有三個直線移動軸及兩個旋轉軸。

學習方法 系列

如何有效率地準備並順利上榜，學習方法正是關鍵！

作者在投入國考的初期也曾遭遇過書中所提到類似的問題，因此在第一次上榜後積極投入記憶術的研究，並自創一套完整且適用於國考的記憶術架構，此後憑藉這套記憶術架構，在不被看好的情況下先後考取司法特考監所管理員及移民特考三等，印證這套記憶術的實用性。期待透過此書，能幫助同樣面臨記憶困擾的國考生早日金榜題名。

榮登金石堂暢銷排行榜

連三金榜 黃禕

| 翻轉思考 破解道聽塗說 | 適合的最好 調整習慣來應考 | 一定學得會 萬用邏輯訓練 |

三次上榜的國考達人經驗分享！
運用邏輯記憶訓練，教你背得有效率！
記得快也記得牢，從方法變成心法！

作者線上分享

網路書店

最強校長 謝龍卿

榮登博客來暢銷榜

作者線上分享

經驗分享＋考題破解
帶你讀懂考題的know-how！

open your mind！
讓大腦全面啟動，做你的防彈少年！

108課綱是什麼？考題怎麼出？試要怎麼考？書中針對學測、統測、分科測驗做統整與歸納。並包括大學入學管道介紹、課內外學習資源應用、專題研究技巧、自主學習方法，以及學習歷程檔案製作等。書籍內容編寫的目的主要是幫助中學階段後期的學生與家長，涵蓋普高、技高、綜高與單高。也非常適合國中學生超前學習、五專學生自修之用，或是學校老師與社會賢達了解中學階段學習內容與政策變化的參考。

國家圖書館出版品預行編目(CIP)資料

機械製造完全攻略/盧彥富編著. -- 第三版. -- 新北市：
千華數位文化股份有限公司, 2024.09
　面；　公分
升科大四技
ISBN 978-626-380-695-5(平裝)

1.CST: 機械製造

446.89   113013634

[升科大四技] **機械製造 完全攻略**

編 著 者：盧 彥 富

發 行 人：廖 雪 鳳
登 記 證：行政院新聞局局版台業字第 3388 號
出 版 者：千華數位文化股份有限公司
　　　　　地址：新北市中和區中山路三段 136 巷 10 弄 17 號
　　　　　電話：(02)2228-9070　　傳真：(02)2228-9076
　　　　　客服信箱：chienhua@chienhua.com.tw

法律顧問：永然聯合法律事務所
編輯經理：甯開遠
主　　編：甯開遠
執行編輯：陳資穎
校　　對：千華資深編輯群
設計主任：陳春花
編排設計：翁以健

千華官網
／購書

千華蝦皮

出版日期：2024 年 9 月 25 日　　　第三版／第一刷

本書如有勘誤或其他補充資料，
將刊於千華官網，歡迎前往下載。

50 技術證照 千華名師 十五年

[升科大四技] 機械製造 完全攻略

編 著 者：盧彥富

發 行 人：廖雪鳳
登 記 證：行政院新聞局版台業字第 3388 號
出 版 者：千華數位文化股份有限公司
地址：新北市中和區中山路三段 136 巷 10 弄 17 號
電話：(02)2228-9070　傳真：(02)2228-9076
客服信箱：chienhua@chienhua.com.tw

法律顧問：永然聯合法律事務所
編輯經理：甯開遠
主　　編：甯開遠
執行編輯：陳資穎
校　　對：千華資深編輯群
設計主任：陳春花
編排設計：張以凡

千華公職／
證照粉絲頁　　千華網路書店

出版日期：2024 年 9 月 25 日　第三版／第一刷

本書依出版日期印製其相關法律資料，
書中所引用之法條、數字如有更新，請以最新公布之資料為準。